中国学科发展战略

极端力学

中国科学院

科学出版社

北 京

内 容 简 介

　　极端力学源于力学研究与科技进步的相互促进，是研究物质在极端服役条件下的极端性能和响应规律的科学。本书系统介绍了极端服役环境下的材料与结构力学，极端自然环境力学，极端性能材料，极端时空尺度的力学，极端流动与输运，极端条件的实验与测试，极端力学的基础理论、方法与数值模拟等前沿内容，总结了力学学科的发展现状与存在的主要挑战。

　　本书不仅能够帮助科技工作者了解极端力学的理论基础、核心技术和最新研究进展，而且可以为科技管理部门提供重要的决策参考，同时也是社会公众了解力学学科发展新前沿和新热点的重要读本。

图书在版编目（CIP）数据

极端力学 / 中国科学院编. —北京：科学出版社，2024.1
（中国学科发展战略）
ISBN 978-7-03-076495-9

Ⅰ.①极… Ⅱ.①中… Ⅲ.①力学 Ⅳ.①O3

中国国家版本馆 CIP 数据核字（2023）第 188547 号

丛书策划：侯俊琳　牛　玲
责任编辑：朱萍萍　孔晓慧 / 责任校对：韩　杨
责任印制：师艳茹 / 封面设计：黄华斌　陈　敬

科 学 出 版 社 出版
北京东黄城根北街 16 号
邮政编码：100717
http://www.sciencep.com
北京中科印刷有限公司 印刷
科学出版社发行　各地新华书店经销
*
2024 年 1 月第 一 版　开本：720×1000　1/16
2024 年 1 月第一次印刷　印张：28
字数：443 500
定价：228.00 元
（如有印装质量问题，我社负责调换）

中国学科发展战略

指 导 组

组　　长：侯建国

副 组 长：常　进　包信和

成　　员：高鸿钧　张　涛　裴　钢

　　　　　朱日祥　郭　雷　杨　卫

工 作 组

组　　长：王笃金

副 组 长：周德进

成　　员：马　强　王　勇　缪　航

　　　　　彭晴晴　龚剑明

中国学科发展战略·极端力学

项 目 组

组　长：郑晓静

成　员（以姓氏汉语拼音为序）：

陈云敏　程耿东　邓小刚　邓子辰　段慧玲

方岱宁　郭万林　何国威　何满潮　胡海岩

金　科　李玉龙　索　涛　田永君　汪卫华

王光谦　魏悦广　杨　伟　于起峰　张　超

郑晓静　周又和

编 写 组

（以姓氏汉语拼音为序）

段慧玲　郭　旭　郭亚洲　冯　雪　金　科　刘　桦

卢同庆　王建祥　郗恒东　张　超　郑晓静

九层之台，起于累土①

白春礼

近代科学诞生以来，科学的光辉引领和促进了人类文明的进步，在人类不断深化对自然和社会认识的过程中，形成了以学科为重要标志的、丰富的科学知识体系。学科不但是科学知识的基本的单元，同时也是科学活动的基本单元：每一学科都有其特定的问题域、研究方法、学术传统乃至学术共同体，都有其独特的历史发展轨迹；学科内和学科间的思想互动，为科学创新提供了原动力。因此，发展科技，必须研究并把握学科内部运作及其与社会相互作用的机制及规律。

中国科学院学部作为我国自然科学的最高学术机构和国家在科学技术方面的最高咨询机构，历来十分重视研究学科发展战略。2009 年 4 月与国家自然科学基金委员会联合启动了"2011～2020年我国学科发展战略研究"19 个专题咨询研究，并组建了总体报告研究组。在此工作基础上，为持续深入开展有关研究，学部于2010 年底，在一些特定的领域和方向上重点部署了学科发展战略研究项目，研究成果现以"中国学科发展战略"丛书形式系列出版，供大家交流讨论，希望起到引导之效。

根据学科发展战略研究总体研究工作成果，我们特别注意到学

---

① 题注：李耳《老子》第 64 章："合抱之木，生于毫末；九层之台，起于累土；千里之行，始于足下。"

科发展的以下几方面的特征和趋势。

一是学科发展已越出单一学科的范围，呈现出集群化发展的态势，呈现出多学科互动共同导致学科分化整合的机制。学科间交叉和融合、重点突破和"整体统一"，成为许多相关学科得以实现集群式发展的重要方式，一些学科的边界更加模糊。

二是学科发展体现了一定的周期性，一般要经历源头创新期、创新密集区、完善与扩散期，并在科学革命性突破的基础上螺旋上升式发展，进入新一轮发展周期。根据不同阶段的学科发展特点，实现学科均衡与协调发展成为了学科整体发展的必然要求。

三是学科发展的驱动因素、研究方式和表征方式发生了相应的变化。学科的发展以好奇心牵引下的问题驱动为主，逐渐向社会需求牵引下的问题驱动转变；计算成为了理论、实验之外的第三种研究方式；基于动态模拟和图像显示等信息技术，为各学科纯粹的抽象数学语言提供了更加生动、直观的辅助表征手段。

四是科学方法和工具的突破与学科发展互相促进作用更加显著。技术科学的进步为激发新现象并揭示物质多尺度、极端条件下的本质和规律提供了积极有效手段。同时，学科的进步也为技术科学的发展和催生战略新兴产业奠定了重要基础。

五是文化、制度成为了促进学科发展的重要前提。崇尚科学精神的文化环境、避免过多行政干预和利益博弈的制度建设、追求可持续发展的目标和思想，将不仅极大促进传统学科和当代新兴学科的快速发展，而且也为人才成长并进而促进学科创新提供了必要条件。

我国学科体系由西方移植而来，学科制度的跨文化移植及其在中国文化中的本土化进程，延续已达百年之久，至今仍未结束。

鸦片战争之后，代数学、微积分、三角学、概率论、解析几何、力学、声学、光学、电学、化学、生物学和工程科学等的近代科学知识被介绍到中国，其中有些知识成为一些学堂和书院的教学内容。1904年清政府颁布"癸卯学制"，该学制将科学技术分为格致科（自然科学）、农业科、工艺科和医术科，各科又分为诸多学科。1905 年清朝废除科举，此后中国传统学科体系逐步被来自西方的新学科体系取代。

民国时期现代教育发展较快，科学社团与科研机构纷纷创建，现代学科体系的框架基础成型，一些重要学科实现了制度化。大学引进欧美的通才教育模式，培育各学科的人才。1912 年詹天佑发起成立中华工程师会，该会后来与类似团体合为中国工程师学会。1914 年留学美国的学者创办中国科学社。1922 年中国地质学会成立，此后，生理、地理、气象、天文、植物、动物、物理、化学、机械、水利、统计、航空、药学、医学、农学、数学等学科的学会相继创建。这些学会及其创办的《科学》《工程》等期刊加速了现代学科体系在中国的构建和本土化。1928 年国民政府创建中央研究院，这标志着现代科学技术研究在中国的制度化。中央研究院主要开展数学、天文学与气象学、物理学、化学、地质与地理学、生物科学、人类学与考古学、社会科学、工程科学、农林学、医学等学科的研究，将现代学科在中国的建设提升到了研究层次。

中华人民共和国成立之后，学科建设进入了一个新阶段，逐步形成了比较完整的体系。1949 年 11 月中华人民共和国组建了中国科学院，建设以学科为基础的各类研究所。1952 年，教育部对全国高等学校进行院系调整，推行苏联式的专业教育模式，学科体系不断细化。1956 年，国家制定出《十二年科学技术发展远景规划纲要》，该规划包括 57 项任务和 12 个重点项目。规划制定过程中形成的"以任务带学科"的理念主导了以后全国科技发展的模式。1978 年召开全国科学大会之后，科学技术事业从国防动力向经济动力的转变，推进了科学技术转化为生产力的进程。

科技规划和"任务带学科"模式都加速了我国科研的尖端研究，有力带动了核技术、航天技术、电子学、半导体、计算技术、自动化等前沿学科建设与新方向的开辟，填补了学科和领域的空白，不断奠定工业化建设与国防建设的科学技术基础。不过，这种模式在某些时期或多或少地弱化了学科的基础建设、前瞻发展与创新活力。比如，发展尖端技术的任务直接带动了计算机技术的兴起与计算机的研制，但科研力量长期跟着任务走，而对学科建设着力不够，已成为制约我国计算机科学技术发展的"短板"。面对建设创新型国家的历史使命，我国亟待夯实学科基础，为科学技术的持续发展与创新能力的提升而开辟知识源泉。

反思现代科学学科制度在我国移植与本土化的进程，应该看到，20世纪上半叶，由于西方列强和日本入侵，再加上频繁的内战，科学与救亡结下了不解之缘，中华人民共和国成立以来，更是长期面临着经济建设和国家安全的紧迫任务。中国科学家、政治家、思想家乃至一般民众均不得不以实用的心态考虑科学及学科发展问题，我国科学体制缺乏应有的学科独立发展空间和学术自主意识。改革开放以来，中国取得了卓越的经济建设成就，今天我们可以也应该静下心来思考"任务"与学科的相互关系，重审学科发展战略。

现代科学不仅表现为其最终成果的科学知识，还包括这些知识背后的科学方法、科学思想和科学精神，以及让科学得以运行的科学体制，科学家的行为规范和科学价值观。相对于我国的传统文化，现代科学是一个"陌生的""移植的"东西。尽管西方科学传入我国已有一百多年的历史，但我们更多地还是关注器物层面，强调科学之实用价值，而较少触及科学的文化层面，未能有效而普遍地触及到整个科学文化的移植和本土化问题。中国传统文化及当今的社会文化仍在深刻地影响着中国科学的灵魂。可以说，迄20世纪结束，我国移植了现代科学及其学科体制，却在很大程度上拒斥与之相关的科学文化及相应制度安排。

科学是一项探索真理的事业，学科发展也有其内在的目标，探求真理的目标。在科技政策制定过程中，以外在的目标替代学科发展的内在目标，或是只看到外在目标而未能看到内在目标，均是不适当的。现代科学制度化进程的含义就在于：探索真理对于人类发展来说是必要的和有至上价值的，因而现代社会和国家须为探索真理的事业和人们提供制度性的支持和保护，须为之提供稳定的经费支持，更须为之提供基本的学术自由。

　　20世纪以来，科学与国家的目的不可分割地联系在一起，科学事业的发展不可避免地要接受来自政府的直接或间接的支持、监督或干预，但这并不意味着，从此便不再谈科学自主和自由。事实上，在现当代条件下，在制定国家科技政策时充分考虑"任务"和学科的平衡，不但是最大限度实现学术自由、提升科学创造活力的有效路径，同时也是让科学服务于国家和社会需要的最有效的做法。这里存在着这样一种辩证法：科学技术系统只有在具有高度创造活力的情形下，才能在创新型国家建设过程中发挥最大作用。

　　在全社会范围内创造一种允许失败、自由探讨的科研氛围；尊重学科发展的内在规律，让科研人员充分发挥自己的创造潜能；充分尊重科学家的个人自由，不以"任务"作为学科发展的目标，让科学共同体自主地来决定学科的发展方向。这样做的结果往往比事先规划要更加激动人心。比如，19世纪末德国化学学科的发展史就充分说明了这一点。从内部条件上讲，首先是由于洪堡兄弟所创办的新型大学模式，主张教与学的自由、教学与研究相结合，使得自由创新成为德国的主流学术生态。从外部环境来看，德国是一个后发国家，不像英、法等国拥有大量的海外殖民地，只有依赖技术创新弥补资源的稀缺。在强大爱国热情的感召下，德国化学家的创新激情迸发，与市场开发相结合，在染料工业、化学制药工业方面进步神速，十余年间便领先于世界。

　　中国科学院作为国家科技事业"火车头"，有责任提升我国原始创新能力，有责任解决关系国家全局和长远发展的基础性、前瞻性、战略性重大科技问题，有责任引领中国科学走自主创新之路。中国科学院学部汇聚了我国优秀科学家的代表，更要责无旁贷地承担起引领中国科技进步和创新的重任，系统、深入地对自然科学各学科进行前瞻性战略研究。这一研究工作，旨在系统梳理世界自然科学各学科的发展历程，总结各学科的发展规律和内在逻辑，前瞻各学科中长期发展趋势，从而提炼出学科前沿的重大科学问题，提出学科发展的新概念和新思路。开展学科发展战略研究，也要面向我国现代化建设的长远战略需求，系统分析科技创新对人类社会发展和我国现代化进程的影响，注重新技术、新方法和新手段研究，提炼出符合中国发展需求的新问题和重大战略方向。开展学科发展战略研究，还要从支撑学科发展的软、硬件环境和建设国家创新体系的整体要求出发，重点关注学科政策、重点领域、人才培养、经费投入、基础平台、管理体制等核心要素，为学科的均衡、持续、健康发展出谋划策。

2010 年，在中国科学院各学部常委会的领导下，各学部依托国内高水平科研教育等单位，积极酝酿和组建了以院士为主体、众多专家参与的学科发展战略研究组。经过各研究组的深入调查和广泛研讨，形成了"中国学科发展战略"丛书，纳入"国家科学思想库—学术引领系列"陆续出版。学部诚挚感谢为学科发展战略研究付出心血的院士、专家们！

按照学部"十二五"工作规划部署，学科发展战略研究将持续开展，希望学科发展战略系列研究报告持续关注前沿，不断推陈出新，引导广大科学家与中国科学院学部一起，把握世界科学发展动态，夯实中国科学发展的基础，共同推动中国科学早日实现创新跨越！

前　言

　　2019 年 5 月，我在西北工业大学极端力学研究院的成立大会上做了题为"极端力学"的报告，就极端力学的定义和定位及内涵和外延、极端力学研究的需求和机遇及现状和挑战等给予了初步的阐述。受与会学者积极的肯定和热烈的呼应之鼓励，我把中国科学院数学物理学部委托我牵头开展的有关力学学科发展战略研究的项目聚焦到极端力学，由此形成本书内容。

　　众所周知，力学在自然科学中是成熟较早的一门学科。早期的基于牛顿三大定律的经典力学是物理学的基础和核心部分，但是随着一次次的科技革命和产业变革及人类社会的发展进步，力学在解决房屋、道路、桥梁和车辆、舰船、飞行器等关键共性基础问题的同时，发展形成了以连续介质理论为核心的现代力学。现代力学无论是在研究对象和方法还是在研究风格和品位上已经明显不同于物理学，已经成为几乎大部分工程学科的基础，既是一门自然科学的基础学科，也是一门有广泛应用背景的技术学科。

　　21 世纪以来，一系列与深空、深海、深地、深蓝及更快、更健康、更清洁相关的现代工程成为当今社会发展进步的需求和牵引。2021 年 5 月 28 日，习近平总书记在中国科学院第二十次院士大会、中国工程院第十五次院士大会和中国科学技术协会第十次全国代表大会上指出："现代工程和技术科学是科学原理和产业发展、工程研制之间不可缺少的桥梁，在现代科学技术体系中发挥着关键作用。要大力加强多学科融合的现代工程和技术科学研究，带动基础科学和工程技术发展，形成完整的现代科学技术体系。"[①] 这些现代工程

---

① 习近平. 论科技自立自强. 北京：中央文献出版社，2023：8。

与深空、深海、深地、深蓝的开发及更快、更健康、更清洁的需求相关，涉及物性更加极端的新材料、工况更加极端的服役环境、尺度更加极端的工程结构，产生了相当广泛的一类极端力学问题。此类问题往往使得连续介质力学的前提假设和公理定律不再完全适用，往往不能依靠现有理论和方法的简单外推，亟须发展新的基础理论、实验技术和计算方法。因此，极端力学的发展将有力促进力学学科带动其他基础科学和相关工程技术发展、持续发挥力学学科基础科学的引领和技术学科的支撑作用。

鉴于此，本书围绕极端服役条件下的材料与结构力学，极端自然环境力学，极端性能材料，极端时空尺度的力学，极端流动与输运，极端条件的实验与测试，极端力学的基础理论、方法与数值模拟等方面开展咨询调研，总结了力学学科的发展现状与存在的主要挑战，详细论述了极端力学的理论基础、核心技术、最新研究进展及国内外研究对比分析、工程应用及发展前景，试图为极端力学和力学学科的进一步发展提供指导，同时使更多其他学科的学者们了解力学学科发展的新前沿和新热点，更期待能有更多科技工作者加入。

全书共八章。第一章"关于力学"概述了力学的内涵与历史沿革，阐述了我国现代力学学科发展历程、学科发展现状与布局，指出了极端力学的定义与内涵及其需求引领，深入探讨了极端力学的研究现状与挑战及其学科影响力，最后对极端力学未来的发展进行了思考和展望。

第二章"极端服役条件下的材料与结构力学"详细介绍了非常规温度场（极高温、极低温）、非常规重力场（微重力、超强重力）、超强电磁场、超强辐照场、强腐蚀-氧化和超高压强等极端条件下的材料与结构力学，论述了各个极端条件领域的主要研究现状、进展及面临的挑战。

第三章"极端自然环境力学"详细介绍了极端自然环境过程的力学机理及模拟技术在我国生态环境建设、防灾减灾和重大工程技术创新方面的重要作用，着重围绕风沙、风雪、深部岩石、海啸与极端海浪等主题系统地阐述了极端自然环境要素的力学内涵、研究方法及主要研究进展，并指出了极端自然环境力学研究的前沿领域和交叉学科研究发展方向。

第四章"极端性能材料"详细介绍了在医疗健康、智能装备、航空航天、海洋科技和信息技术等多个领域受到高度关注的极端性能材料，全面详细介绍了超硬、超软、超延展、可折叠、超材料和超低密度等多种极端性能材料的相关研究背景及需求、研究现状及当前面临的挑战，总结了近期重点研究问题。

第五章"极端时空尺度的力学"主要对极端时间尺度和极端空间尺度两个方面进行了论述，全面介绍了极大、极小、极快、极慢等条件下的力学研究现状和研究进展，并对极端时空尺度下的力学研究进行了展望。首先以超大型空间航天器结构为例，对超大空间尺度对象中的力学问题进行了分析和阐述，然后对微纳米力学进行了简要介绍，最后讨论了极端时间尺度力学问题。

第六章"极端流动与输运"围绕多相多组分、超高速、微纳尺度、超重力、强电磁场、超高温燃烧等极端条件下的流体力学问题的研究现状进行了总结，分别对上述极端条件下的流动及其输运特性进行了详细介绍，最后对若干极端环境的流体力学科学问题进行了展望。

第七章"极端条件的实验与测试"从经济民生和军事国防的国家重大需求出发，全面系统地介绍了用于极端温度、极端尺度、极端速度和其他极端条件下的重大工程装备实验与测试的相关技术研究现状和研究进展，对上述极端条件下的实验与测试技术进行了展望，总结了实验与测试技术的发展面临的严峻挑战和问题。

第八章"极端力学的基础理论、方法与数值模拟"首先预测了极端力学的空间形式和几何基础，然后剖析了作为连续介质力学基础的本构理论的适用性，继而总结了原子尺度理论方法在极端条件下应用的进展，还概括了复杂流动模拟及其面临的挑战，总结了强非线性复杂系统的小波高精度仿真技术、极端条件优化理论与方法和多场耦合力学仿真方法，最后详细论述了数值模拟方法面临的主要挑战。

本书由郑晓静、段慧玲等组织编著。各章编著分工为：第一章由郑晓静组织编写,第二章由段慧玲组织编写,第三章由刘桦组织编写,第四章由卢同庆组织编写,第五章由郭亚洲组织编写,第六章由郗恒东组织编写,第七章由冯雪组织编写,第八章由王建祥和郭旭组织编写。全书由张超和金科统稿定稿。

书中难免存在疏漏和不足之处,恳请读者批评指正。

郑晓静

2021 年 12 月

摘　要

　　本书是中国科学院数学物理学部部署的关于极端力学及其各分支领域、学科前沿的战略研究报告。报告以"极端力学"为主要研究内容，围绕极端服役条件下的材料与结构力学，极端自然环境力学，极端性能材料，极端时空尺度的力学，极端流动与输运，极端条件的实验与测试，极端力学的基础理论、方法与数值模拟等方面开展咨询调研，总结了力学学科的发展现状与存在的主要挑战，详细论述了极端力学的理论基础、核心技术、最新研究进展及国内外研究对比分析、工程应用及发展前景，提出未来5～10年极端力学学科的重点发展方向，试图为极端力学和力学学科的进一步发展提供引导。

　　本书共八章。第一章"关于力学"概述了力学学科的特点、内涵及其发展历程，从固体力学、流体力学、动力学与控制、交叉力学四个方面介绍了我国现代力学学科的发展现状，详细诠释了极端力学的定义与内涵及其发展的必然性，并从研究对象的极端性和载荷环境的极端性两个方面，阐述了极端力学的研究现状和面临的主要挑战，提出了关于极端力学理论体系的思考和未来发展前景的展望。

　　随着工业和重大科学工程的需求提升，材料在服役时常常面临超高低温度场、超高声速、超高压、超强重力场、超强电磁场、超强辐照场等极端环境，材料与结构物性参数（包括力学、化学、热学、电磁学等参数）的演化及其失效机制成为制约关键装备材料与结构设计的核心问题。同时，材料与结构的极端尺度（超大型结构尺度、精细化微纳尺度）及内部力学参量的准确化测量与表征，也对现有实验设备与测试技术提出了新的挑战。因此，发展极端条件下的实验与测试技术意义重大，亟须研制极端条件测试平台设备，提出更为先进的硬件、软件等测量方法和系统。为此，第二章"极端服役条件下的材料与结构力学"围绕非常规温度场、非常规重力场、超强电磁场、超强辐照场、强腐蚀-氧化和超高压强"等极端服役环境条件，详细阐述了极端服役条件下材料与结构力学的主要研究现状和进展，论述了面临的主要挑战，展望了未来的研究方向。

极端自然环境力学研究在大气、深地、深海科学与技术领域的创新研究与发展中起着不可或缺的支撑与引领作用。基于此，第三章"极端自然环境力学"针对风沙、风雪、深部岩石、海啸与极端海浪等领域的复杂流动与极端载荷作用机理和预示方法研究进展，系统地介绍了计及高雷诺数湍流效应的风沙运动、沙丘场演化的定量模拟及防治措施优化、沙尘暴风沙电场及电荷结构、"深部"的界定与极限开采深度、不同深度岩石力学行为差异性、大跨度复杂屋盖积雪飘移堆积机理与模拟技术、海啸数值模拟方法与近海海啸波的实验水池模拟技术、极端波浪与海洋结构物相互作用的数值模拟方法等重要研究进展。作者指出，当前需要重点解决沙尘暴中气-固两相相互作用规律及机理、高雷诺数湍流与大惯性颗粒相互作用的气-固两相流模型、不同深度原位赋存环境与工程扰动对岩石物理力学行为的影响规律、多场耦合作用下风雪荷载演变全过程数值模型、地震与大规模海底滑坡等极端海啸致灾机理与模型、强非线性波与破碎波的气-液两相流动模型等科学问题，亟须建立高雷诺数气-固两相壁湍流理论体系、极深环境原位岩石力学新体系、风雪荷载多因素全过程耦合力学、极端海啸的多介质耦合模型与预警方法、极端海况与极地风雪及海冰载荷预示等新理论和新技术。

为了保障高端装备能够在超常温度、速度、场强和恶劣天气等极端环境下正常服役，发展极端性能的战略性材料意义重大。当前应用在医疗健康、智能装备、航空航天、海洋科技和信息技术等领域的极端性能材料受到了高度关注。第四章"极端性能材料"系统介绍了超硬、超软、超延展、可折叠、超材料和超低密度等极端性能材料的研究现状、研究进展和存在的挑战，并对近期重点研究问题进行了详细论述。在未来需重点解决的研究问题包括：深入理解高性能超硬材料服役过程中变形行为和失效机理，超软材料多场耦合本构、异质复合的界面力学、材料-结构-功能一体化设计，发展优异的柔性功能材料和结构设计方法以实现将其与人工智能、能源科学和数据科学等深入交叉融合，多物理场下可折叠超结构材料的动力学研究，力学超材料/超结构的大尺度适用性、多学科优化和验证方法，以及超低密度材料在多场条件下的本构关系和动态响应关系等。

　　极端时间尺度和极端空间尺度下的力学问题日益受到重视。为此，第五章"极端时空尺度的力学"详细介绍了极端时间尺度和极端空间尺度两个方面的研究现状与研究进展。首先，在超大空间尺度方面，主要介绍了超大型空间航天器研制所面临的力学挑战，包括空间组装、长时间在轨运行动力学与控制等，未来应主要关注的研究方向包括空间超大尺度结构的建模、复杂太空环境的影响、长时间数值仿真算法、高精度姿轨控制及结构振动抑制等；在超小空间尺度方面，总结了当前关注的重点问题，如微纳米结构金属/合金、低维纳米材料、微纳结构力学、微纳米力学理论和计算方法、微纳实验力学测试技术等，指出了单个纳米材料表征、跨尺度的力学传递规律等亟须发展的研究方向。在极小时间尺度方面，主要关注结构和材料的冲击动力学问题，介绍了我国在这方面的代表性成果，并总结了当前需要重点关注的方向，包括率相关力学本构模型、超高时间分辨率实验技术、高速冲击数值仿真技术、大着速下弹靶响应机制、超高速侵彻冲击毁伤效应等。在极大时间尺度方面，书中主要关注超高周疲劳问题，介绍了仪器设备、裂纹萌生机制、裂纹扩展与寿命预测等研究现状，提出了发展相关实验方法、材料超高周行为数据库、统一疲劳寿命预测模型、极端环境-超长寿命疲劳耦合实验-理论体系等未来发展方向。

　　相比于传统流体力学，极端条件下的流动与输运涉及相变、流-固耦合、燃烧、化学反应、电磁场等多场耦合和物理化学过程，表/界面效应，极大、极小尺度等极端条件，为流体力学的发展带来了极大的挑战和新的机遇。第六章"极端流动与输运"主要总结了极端流动与输运中亟待解决的关键科学问题,包括:高体积分数、高雷诺数等条件下分散相对湍流结构发展和输运特性的影响,发展针对多相和多组分湍流研究有效的实验方法和测量手段;理解超高速流动中的激波、湍流、转捩、燃烧、力-热耦合、化学非平衡、黑障等极端物理现象,发展快速响应的高频高能主动控制方法;为微纳尺度流动中占主导的表面效应、低雷诺数效应、多尺度及多物理场效应和非连续介质效应发展新的理论方法、模拟算法和实验技术;发展新的理论方法、数值模型和实验方法,研究高聚物在流动中构型的变化及其与湍流结构的相互作用,揭示高聚物流动减阻等现象的物理机制;建立高超声速飞行器等离子体流场的力-热-电-磁-化耦合模型,精确模拟多场多组分多过程复杂带电流体的流动;建立多孔介质中毛细凝聚和吸附相变、压裂尖端滞后区的应力奇异性和网缝连通与多尺度孔隙中驱替导致的非线性渗流的理论模型,进一步理解其微观机理;发展极端条件燃烧实验新方法、高分辨率测量和高精度数值模拟方法,进而建立微米级燃烧流动结构的定量表征理论,以及参数突变、大梯度流场中瞬变燃烧机理及其调控机制。

极端力学的发展离不开极端条件下的实验与测试技术。众多大型工程、重大工程装备、航空航天器及大型科学仪器在运行过程中常常遭遇极端工作环境,可导致关键装备材料与结构性能发生显著变化,进而导致装备失效甚至引发灾难事故。当前亟须发展极端条件下的实验与测试技术,从而对上述各类型重大工程和装备进行在线测量,揭示极端复杂环境对结构材料失效破坏的影响机理,为重大装备更新换代、灾害预警、高效测控应用和力学特性分析等提供支撑。基于此,第七章"极端条件的实验与测试"首先介绍了以极端高/低温测试技术为代表的温度测试实验技术,阐述非接触式温度和变形测试技术、高温纳米压痕测试技术、极端低温环境实现与大型低温力学测试设备研发及相应的多场测量技术等的研究进展;接着描述了极端"大"、"小"和"内部"三种尺度特征的极端尺度实验技术;进一步分析了以极端速度加载实验技术、高速电测实验技术、高速光测方法为代表的极端速度条件下的测试和加载技术；给出了超导、高辐射、电–化–热–力多场耦合、电磁、超重力等其他极端环境下材料性能评估和结构健康监测的实验技术；最后介绍了加热型高超声速风洞、加热轻气体驱动高焓激波风洞、爆轰驱动高焓激波风洞在内的高超声速风洞技术，以及结冰风洞技术、低温/高温风洞技术，并展望了极端条件下实验与测试技术的发展趋势。

极端力学的基础理论与方法及数值模拟是研究并分析极端力学问题的基础。第八章"极端力学的基础理论、方法与数值模拟"首先预测了极端力学的空间形式和几何基础，并强调了黎曼空间形式作为极端力学空间形式的有力候选；同时逐条剖析了因果原理、等存在原理、相容性原理、物质不变性原理、决定性原理、局部作用原理、邻域原理、记忆原理、客观性原理、坐标不变性原理等作为连续介质力学基础的本构理论的适用性及其面临的挑战；总结了原子尺度理论方法在极端条件下应用的进展，概括了复杂流动模拟的研究现状及其面临的挑战；进一步总结了强非线性复杂系统的小波高精度仿真技术，表明发展该技术是解决强非线性、强间断、多物理场强耦合或高度复杂的几何形态问题的有力工具；并详细介绍了极端条件优化理论与方法的研究进展和发展方向，期望在超大规模复杂结构材料建模与计算方法上取得重大突破；最后深入分析了多场耦合力学仿真方法的研究进展和主要面临的挑战，以实现多场耦合数值算法与仿真软件的完全自主知识产权。

Abstract

This is a strategic research report on extreme mechanics and its branches and frontiers of the discipline of mechanics deployed by the Chinese Academy of Sciences. The subject of this report is extreme mechanics, and this report conducts consultation and research on materials and structural mechanics under extreme service environment, environmental mechanics under extreme natural conditions, materials and structural mechanics with extreme performance and scale, fluid mechanics under extreme flow and transport conditions, experiments and tests under extreme conditions, basic theories and computational methods of extreme mechanics, etc. This report summarizes the development status and main challenges of mechanics, discusses the theoretical basis in detail, core technologies, latest research progresses, the comparative analysis of domestic and foreign researches, and the engineering application and development prospects of "extreme mechanics", puts forward the key development directions of extreme mechanics in the next 5-10 years, and attempts to provide guidance for the further development of extreme mechanics and mechanics.

There are totally 8 chapters in this report. Chapter 1 is "On Mechanics", in which the characteristics, connotation and historical evolution of mechanics are reviewed. The development history, development status and layout of the subject in China are presented. It points out the definition, connotation and demand guidance of extreme mechanics, discusses the research status, challenges and influence of extreme mechanics, and discusses and prospects for the future development of extreme mechanics.

With the development of industry and major scientific projects, the evolution of physical parameters of materials and structures (including mechaniccal parameters, chemical parameters, thermal parameters, electromagnetical parameters, etc.) and their failure mechanism are essential to the design of materials and structures. Meanwhile, the extreme scale of materials and structures (extremely large structural scale, refined micro/nano scale), and precise measurement and characterization of internal mechanical parameters also present new challenges to existing experimental equipment and measurement techniques. Therefore, it is urgent to develop experimental platform equipment and advanced measurement methods such as hardware and software for extreme conditions. For this reason, Chapter 2 "Mechanics of Materials and Structures Under Extreme Service Conditions", introduces in detail the mechanics of materials and structures under extreme end conditions such as unconventional temperature field (extremely high and low temperatures), unconventional gravity field (microgravity, hypergravity), ultra strong electromagnetic field, ultra strong radiation field, strong corrosion-oxidation and ultra-high pressure, and discusses in depth the main research status, progress and challenges in each extreme condition field.

Studies on mechanics associated with extreme natural events serve a vital role in the innovative research and development of atmosphere, deep-earth and deep-sea science and technology. In Chapter 3 "Extreme Natural Environmental Mechanics", the recent progresses in understanding the mechanism of and developing the prediction method of complex medium and their mechanical behaviors in the fields of wind-blown sand/snow, deep-earth rocks, tsunami and extreme oceanic waves are reviewed. Several canonical achievements in physics and modeling of wind-blown sand flows at the high Reynolds number, the evolution of sand dunes, the electric field and charge structure of sand storms, the difference of rock mechanical behavior at well-defined deep-depth, snow drift and accumulation on long-span complex roofs, tsunamis and nonlinear wave-structure interaction are presented. The cutting-edge technologies including the Qingtu Lake observation array system for synchronous multipoint long-term measurement of high-Reynolds-number two-phase turbulent flows, the air snow-wind combined experimental facility for snowdrift and its load on structures, in-situ stress recovery and reconstruction for deep rock test, and the offshore tsunami wave basin have been developed. It is essential to focus on the law and mechanism of gas-solid two-phase interaction in dust storms, the gas-solid two-phase turbulent flow model of high Reynolds number turbulence interacting with large inertial particles, the influence law of in-situ occurrence environment and project disturbance at different depths on rock responses, the numerical model of the evolution of drifting snow and its load under multi-field coupling, the disaster mechanism and model of extreme tsunamis generated by earthquakes and large-scale submarine landslides, the bubbly flow model of breaking waves. Our goal is to establish a new theoretical regime of gas-solid two-phase wall turbulence with the high Reynolds number, in-situ rock mechanics in extremely deep environment, the multi-factor coupling model for drifting snow, and the multi-media coupling model of extreme tsunami, oceanic wave and ice in the polar region.

Materials with extreme properties are strategic materials to ensure sophisticated equipment serving in extreme environments such as extreme temperature, speed, field and weather. At present, materials with extreme properties have received great attention in the fields of medical health, intelligent equipment, aerospace, marine science and technology, and information technology. In Chapter 4 "Materials with Extreme Properties", the current research status, progress and existing challenges on ultra-hard materials, ultra-soft materials, ultra-stretchable materials, foldable materials, metamaterials and materials with ultra-low density are reviewed. Key research issues to be addressed in the near future are illustrated and discussed accordingly. The major scientific problems that are urgent to be studied in the further future include: the development of high-performance ultra-hard materials relies on a deep understanding of their deformation and failure mechanism during service. To this end, the mechanism of friction and wear, the influence of microstructure, advanced testing and characterization methods. Research on the multi-field coupling constitutive model of ultra-soft materials, interface mechanics of heterogeneous composites, and the integrated design of soft materials is urgently needed. And high performance of flexible electronic devices is the key to integrating them with artificial intelligence, energy science and data science. Meanwhile, the dynamic study of foldable superstructures under multiple physical fields, large-scale applicability of mechanical metamaterials/superstructures, multidisciplinary optimization and verification methods, and the constitutive relations and dynamic response relations of ultra-low density materials under multiple field conditions need to be studied.

More and more attention has been paid to mechanical problems at extreme time scales and extreme spatial scales. Chapter 5 is "Mechanics at Extreme Spatiotemporal Scales". In the aspect of the ultra-large space scale, the mechanical challenges faced by the development of ultra-large spacecraft, including space assembly, long-term on-orbit operation dynamics and control, etc., are introduced. In terms of the ultra-small space scale, the current key issues of concern, such as micro/nanostructured metals/alloys, low-dimensional nanomaterials, micro/nanostructural mechanics, micro/nano mechanics theory and calculation methods, micro/nano experimental mechanics, etc., are summarized. For extremely small-time scales, it mainly focuses on the impact dynamics of structures and materials, including: rate-dependent constitutive models, ultra-high time resolution experimental technology, high-speed impact numerical simulation technology, bullet/target response at high speed, ultra-high-speed impact damage effect, etc. In terms of extremely large-time scales, this chapter mainly focuses on the ultra-high cycle fatigue problem, including testing instruments, crack initiation mechanism, crack propagation and life prediction, etc. Meanwhile, the development of related experimental methods, materials behavior database under ultrahigh cycle, the unified fatigue life prediction model, extreme environment-ultra-long life fatigue coupling experiment-theory system and other future development directions is proposed.

Compared with traditional fluid mechanics, flow and transport under extreme conditions involve physicochemical processes such as phase change, fluid-structure interaction, combustion, chemical reaction, electromagnetic field and other multi-field couplings, surface and interface effects, extreme conditions such as very large and very small scales, which bring great challenges as well as new opportunities to the development of fluid mechanics. In Chapter 6 "Flow and Transport Under Extreme Conditions", the key scientific problems that need to be solved in extreme flow and transport phenomena are summarized: the influence of dispersed phase on turbulent flow structure development and transport characteristics under high volume fraction and high Reynolds number conditions, the development of effective experimental methods and measurement means for multiphase and multi-component turbulent flow studies; understanding the physics phenomena of extreme conditions such as the shock wave, turbulence, laminar-turbulence transition, combustion, thermal-mechanical coupling, chemical non-equilibrium, ionization blackout, etc. in supersonic/hypersonic flow, and developing high-frequency, high-energy active flow control methods; developing new theoretical methods, simulation algorithms and experimental methods to study the dominant surface effects, low Reynolds number effects, multi-scale and multi-physics field effects and discontinuous medium effects in micro- and nano-scale flows; developing new theoretical methods, numerical models and experimental methods to study the conformational changes of polymers in flow and their interaction with the turbulent flow structures, and to reveal the physical mechanisms of phenomena such as the polymeric drag reduction in turbulent flow; establishing a model which involves the coupling between mechanics and the thermal-electrical-magnetic-chemical effects of the hypersonic plasma flow, simulating precisely the flow of complex charged fluids with multiple fields and multiple components and multiple processes; developing theoretical models of capillary coalescence and adsorption phase transitions in porous media, stress singularities in the fracture tip hysteresis zone and nonlinear seepage, to further understand the microscopic mechanisms; to develop new methods for high-resolution measurements and high-precision numerical simulations under extreme conditions, and to establish the quantitative characterization theory of the flow structures of combustion at the micro-scale level, as well as the transient combustion mechanism and its regulation mechanism in the flow field with abrupt parameter changes and large gradients.

The development of extreme mechanics is inseparable from the experiment and measurement technology under extreme conditions. Many large projects, major engineering equipment, aerospace vehicles and large scientific instruments are often exposed to extreme working environments, which can lead to significant changes in the material and structural properties of key equipment, thus lead to equipment failure and even disasters. At present, it is urgent to develop the experiment and testing technology under extreme conditions, so as to conduct the online measurement of the above types of major projects and equipment, reveal the impact mechanism of extremely complex environment on the failure and damage of structural materials, and provide support for major equipment upgrading, disaster early warning, efficient measurement and control applications, and mechanical property analysis. Based on this, Chapter 7 "Experiment and Testing Under Extreme Conditions", first introduces the temperature testing experimental technology represented by extreme high/low temperature testing technology, and expounds the research progress of non-contact temperature and deformation testing technology, high-temperature nano indentation testing technology, the realization of extreme low temperature environment, the research and development of large-scale low-temperature mechanical testing equipment, and corresponding multi-field measurement technology; then it describes the extreme scale experiment technology of three scale characteristics: extreme "large", "small" and "internal"; the experimental technologies under extreme speed conditions, such as extreme speed loading experimental technology, high-speed electrical measurement experimental technology and high-speed optical measurement method, are further analyzed; the experimental techniques for material performance evaluation and structural health monitoring in other extreme environments, such as superconductivity, high radiation, electro-chemical-thermal-mechanical multi-field coupling, electromagnetism, and hypergravity, are presented; finally, the technologies of super high speed wind tunnels, including the heated hypersonic wind tunnel, the heated light gas driven high enthalpy shock wave wind tunnel, the detonation driven high enthalpy shock wave wind tunnel, as well as the icing wind tunnel technology and the low/high temperature wind tunnel technology, are introduced, and the development trend of experiment and testing technology under extreme conditions is prospected.

The fundamental theories and methods of extreme mechanics are the basis of studying and analyzing extreme mechanics problems. Chapter 8 is "The Fundamental Theories and Computational Methods and Numerical Simulation of Extreme Mechanics". First, the spatial form and geometric basis of extreme mechanics are predicted and highlight the Riemann spatial form as a strong candidate for extreme mechanics. Then, it provides an analysis of the applicability and challenges to the ontological axioms underlying continuum mechanics, such as the axioms of causality, equipresence, admissibility, material invariance, determinism, neighborhood, memory, objectivity and principles of local action, coordinate invariance. Moreover, the progress of the application of atomic-scale theoretical methods under extreme conditions is summarized. The current research status and challenges faced by complex flow simulation is summarized; Further the wavelet high-precision simulation technology for strong nonlinear complex systems is summarized, the development of this technology is a powerful tool for solving strong nonlinearity, strong discontinuity, strong coupling of multiple physical fields or highly complex geometric problems; And a detailed introduction is given to. the research progress and development direction of extreme condition optimization theory and methods, with the expectation of achieving significant breakthroughs in modeling and calculation methods for ultra large scale complex structural materials; Finally, a thorough analysis is conducted on the research progress and main challenges of multi-field coupling mechanical simulation methods, in order to achieve complete independent intellectual property rights of multi-field coupling numerical algorithms and simulation software.

目　录

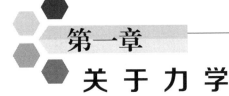

第一章
关 于 力 学

  力的作用与物质的运动是自然界和人类活动中最基本的现象，这奠定了力学在自然科学中的基础地位。经过开普勒、伽利略、牛顿等伟大科学家的探索，力学发展成为一门精密的科学。近年来，随着前沿科技的快速发展，工程结构和高端装备的服役环境日趋严酷，常常需要在超高温/超低温、强电磁场、极端天气、高速飞行、爆炸冲击、强烈辐照等极端条件下确定材料/结构的力学响应。同时，也往往需要工程材料或结构具有超软、超硬、超延展、超致密等极端物性，才能满足一些特殊或超常规应用需求。在上述背景下，产生了相当广泛的一类力学问题——极端力学问题。此类问题的解决往往不能依靠现有理论和方法的简单外推，亟须发展新的基础理论、实验技术和计算方法。本章详细介绍了力学的内涵与历史沿革，阐述了我国现代力学学科发展历程、学科发展现状与布局，指出了极端力学的定义与内涵及其需求引领，深入探讨了极端力学的研究现状与挑战及其学科影响力，最后对极端力学未来的发展进行了思考和展望。

第一节　力学的内涵与历史沿革

一、力学学科的定义

  力学是关于物质相互作用和运动的科学，研究介质运动、变形、流动的宏观与微观力学过程，揭示力学过程及其与物理学、化学、生物学等过程的相互作用规律。力学为人类认识自然和生命现象、解决实际工程和技术问题提供理论与方法，是人类科学知识体系的重要组成部分，对工程技术的众多学科分支发展具有引领、支撑和推动作用。

我国具有完整的力学学科体系，包含固体力学、流体力学、动力学与控制等主要分支学科，以及爆炸与冲击力学、环境力学、物理力学、生物力学与医学工程、一般力学与力学基础等重要交叉学科分支。

二、力学学科的特点与内涵

力学是一门应用性很强的基础学科，在发展中既受自身的核心科学问题或前沿科学问题的驱动，也受国民经济、社会发展和国家安全中战略性、关键性的应用基础问题对力学提出挑战的驱动，呈现显著的"双力驱动"规律。力学是工程科技的先导和基础，为开辟新的工程领域提供概念和理论，为工程设计提供有效的方法。力学与其他学科交叉渗透突出，具有很强的开拓新研究领域的能力，不断涌现新的学科生长点，在支撑现代工业、高新技术和国家安全等方面发挥着不可替代的作用。

力学学科具有"实验观测、力学建模、理论分析、数值计算"相结合的研究方法和学术风格。学者们善于在实验和假设基础之上，通过力学建模和推理过程建立理论，剖析复杂现象所隐含的客观规律，进而对力学系统进行设计和调控。这为解决自然科学和工程技术中的关键科学问题提供了重要范式。

（一）力学是一门既经典又现代的学科，以机理性、定量化地认识自然与工程中的规律为目标，兼具基础性和应用性

力学曾是经典物理学的基础和重要组成部分，后因具有独立的理论体系和一以贯之的认知方法，在工程技术需求推动下从物理学中独立出来，成为一门应用性较强的基础学科，在促进人类文明和现代科技进步中发挥了重要作用。无论是过去、现在还是未来，力学都具有独立性和不可替代性。

（二）力学是工程科技的先导和基础，为开辟新的工程领域提供概念和理论，为工程设计提供有效的方法，是科学技术创新和发展的重要推动力

力学以工程系统作为研究的出发点和应用对象，侧重于研究其宏观尺度上呈现的运动规律，探究其建模和分析方法；同时探索其细微观基础，发掘蕴含在工程中的基本规律和定量设计准则。力学源于工程且高于工程，为航空、航天、船舶、兵器、机械、材料、土木、水利、能源、化工、电子、信息、生物医学工程等的发展提供解决关键技术问题的理论和方法。

（三）力学是一门交叉性突出的学科，具有很强的开拓新研究领域的能力，不断涌现新的学科生长点

由于力学理论、方法的普适性，以及力学现象遍及自然和工程的各个层面，力学与数学、物理、化学、天文、地学、生物等基础学科和几乎所有的工程学科相互交叉、渗透，产生了众多新兴交叉学科。力学学科的这一特点不断地丰富着力学的研究内涵，并使力学学科保持着旺盛的生命力。

三、力学学科的发展规律

（一）发展规律之一——"双力驱动"

现代力学发展呈现显著的"双力驱动"规律，既紧密围绕物质科学中所涉及的非线性、跨尺度等前沿问题展开，又涉及人类所面临的健康、安全、能源、环境等重大问题。当代力学强国都在力学的基础研究和应用研究中同时发力，谋求实现两者的良性互动。

（二）发展规律之二——不断提升模型的描述和预测能力

现代力学的研究对象日趋广泛和复杂，所需模型更加精准，不断追求计算方法和实验技术的更新，并针对力学计算、设计和控制，简化、验证和改进模型。当代力学强国都重视提出新模型、新计算方法、新测试技术，并在开发新软件、新仪器上抢占制高点。

（三）发展规律之三——积极谋求与其他学科进行交叉创新

现代力学不仅与众多工程学科交叉，凸显其工程科学作用；还与自然科学交叉，产生了物理力学、生物力学、环境力学等学科。当代力学强国不仅重视传统力学交叉学科领域，而且投入更大的精力研究与新兴学科相关的力学问题。

四、力学学科的历史沿革

力学是人类最早从生产实践中获取经验，并加以归纳、总结和利用的自然科学分支。力学源自古代人类对物体运动的观察和探索，其最早的发展可以追溯至古希腊时期的亚里士多德，之后还有广为人知的阿基米德对浮力规律的观察和总结。17 世纪，伽利略在研究力学中提出"观察—实验—理论"的科学研究方法。牛顿在 1687 年出版《自然哲学的数学原理》(*Philosophiae Naturalis Principia Mathematica*）一书标志着力学精确化的开始，创立了经典力学体系，也标志着近代自然科学精确化研究的开始。18～19 世纪，连续介质力学的创立使力学成为一门内容丰富、应用广泛的基础科学。近代力学是汲取和继承经典力学的科学精神、研究方法和成果而发展起来的。

20 世纪初应用力学、相对论力学和量子力学的兴起，使力学与物理学分家。前者以应用力学为代表，着重探求由大量物质组成的复杂系统的运动规律的宏观体现；后者以量子力学为代表，着重探求微观世界的运动规律。20 世纪在力学理论支撑下取得的工程技术成就不胜枚举。在解决新的工程技术问题及向其他学科渗透中，力学丰富了自身。我国从"两弹一星"到深潜弹道导弹核潜艇的研制，从长江大桥到三峡工程的建设，无不凝聚着力学工作者的贡献。力学对中国现代科学发展所负有的特殊使命，造就了以钱学森、周培源、钱伟长、郭永怀为代表的一批杰出的力学家。

自 20 世纪以来，力学不仅完备了自身学科体系，而且和其他学科交叉与融合，形成了生物力学、爆炸与冲击动力学、环境力学、物理力学等交叉学科。在 21 世纪，纳米科技、生命科学与生物技术、信息技术成为科技界很有吸引力与影响力的三大领域。在这样的大背景下，许多传统学科都面临巨大的挑战。力学由于其内在的特质及普遍性，仍然展示出永恒与旺盛的生命力，并发挥出巨大的影响力。从本质上讲，在原子尺度下，各种基本相互作用（如电、磁、化学、热等）都根源于力，而在纳米尺度中，这种同源性仍然明显存在。

21世纪以来，人类文明、社会经济发展和国家安全的新需求，如空天飞行器、深海空间站、绿色能源、灾害预报与预防、人类健康与重大疾病防治等问题的突破与解决，都期待着力学的进一步发展和关键贡献。

21世纪诸多世界性难题，如人类健康、气候变化和能源短缺等，以及宏观至深空探测、微观至纳观尺度器件等高新科技，使力学学科正面对着众多超越经典研究范畴的新科学问题，涉及非均质复杂介质、极端环境、不确定性、非线性、非定常、非平衡、多尺度和多场耦合等特征。这些新挑战，将促使现代力学体系发生新的重大变革，同时促进力学与其他学科的交叉、融合和创新。

第二节　我国力学学科的发展和现状

一、我国力学学科的发展

力学历史悠久，可是我国的力学研究队伍却很年轻，我国力学研究队伍是从20世纪50年代开始建立的。1954年，国务院开始制定《1956—1967年科学技术发展远景规划》（简称"十二年科技规划"），1956年5月规划制定工作顺利完成。该规划包含了56项国家重要科学技术任务，都是与国家工业发展密切相关的。周恩来总理看后指出应该增加与基础研究有关的内容，于是"十二年科技规划"中增添了第57项，即天文、地理、生物、化学、力学等学科的发展规划。为推动"十二年科技规划"的实施，成立了各学科领导小组，其中力学组由钱学森任组长，勾画了发展力学学科的详细蓝图。

1956年，中国科学院成立了由钱学森先生任所长的力学研究所。1957年，中国力学学会成立。1962年，钱学森先生领导制定了科学规划中的力学规划。1972年，钱令希先生提出将近代计算技术与结构力学相结合、发展计算力学学科的建议。1978年，在制定我国科学技术中长期发展规划时，邓小平同志根据谈镐生教授的建议批示，将力学归入基础学科规划。经过几十年的努力，我国已有力学专门研究单位约120个，力学学科建设和布局趋于完整。

二、我国力学学科的现状

力学是我国有传统优势的学科之一，也是一门独立的重要学科。近十余年来，在传统力学的基础上，力学更加注重与材料、物理、化学、控制、生物、信息、数学等学科的交叉，不断催生新的科学问题与研究方向。我国力学工作者在力学的各个分支都取得了巨大成绩，产生了一批具有国际影响力的研究成果。

目前，我国力学学科拥有国际上最具规模和广泛性的研究队伍。中国力学学会在2020年有3万余个会员。国家自然科学基金委员会数学物理科学部力学科学处的统计数据显示，我国力学研究的基层单位为652个，积极参与力学基础研究的队伍在7240人以上。而根据我国2016年第四轮学科评估的有关数据，达到一定规模、参与评估的力学基层单位为81个，其专职科研人员数为3600多人（约占全国总人数的50%），在校研究生约11 000人。2014～2019年，在高层次人才队伍方面，我国力学学科的优秀人才成长迅速。其中，共4人当选为中国科学院院士，10人入选教育部高层次人才项目，31人获得国家杰出青年科学基金，32人获得优秀青年科学基金，56人入选海外高层次人才引进项目，为提升我国力学学科队伍的研究水平起到重要作用。

下面从固体力学、流体力学、动力学与控制、交叉力学四个方面介绍我国力学的发展现状。

（一）固体力学

20世纪，固体力学创立了一系列重要的理论与方法，在固体材料与结构的本构理论、疲劳与断裂力学、实验与计算力学等领域取得了辉煌的成就。固体力学的研究成果广泛应用于土木、建筑、机械、航空航天、核能、水利、交通、能源、电子等国民经济的众多领域，有力地推动了相关科学与工程领域的进步。如今，固体力学仍然在不断开拓新的疆域，与物理学、化学、生命科学、医学、材料科学、信息科学等进一步交叉融合，呈现出良好的发展态势。一方面，固体力学涌现出一些新兴的发展领域，诞生了一系列新的理论、实验和计算方法，如微纳米与多尺度力学、智能材料与结构力学、软物质与柔性结构力学、生物材料与仿生力学、材料与结构的力学信息学、多场耦合力学等；另一方面，固体力学不仅更加深入地融入航空航天、先进制造、新能源等领域，而且通过与生物医学工程、人工智能、脑科学等的交融产生了更多的应用领域。

十余年来，我国科学工作者在固体力学的理论、计算、实验、跨学科研究及力学在重大工程中的应用等方面取得了巨大的成就，在微纳米力学，智能材料与结构力学，损伤、疲劳与断裂，振动、冲击与波动力学，实验固体力学，软物质力学，复合材料力学，能源力学，固体的多尺度与跨尺度力学，弹性和塑性力学等学科方向获得了一批具有国际领先水平的成果。

（二）流体力学

流体广泛存在于自然界和工程技术领域，我们周围到处都可以见到与流体运动有关的现象。从宇宙中巨大的天体星云到包围地球的大气层，从地球表面无垠的海洋到地球内部炙热的岩浆，从动物血管中的血液到各种工业管道内的石油和天然气，凡是有流体存在的地方，都有流体力学的问题存在。近十年来，我国学者在流体力学理论、实验和数值模拟等基础研究方面，以及在航空、航天及海洋科学与技术等流体力学相关的应用方面，取得了巨大的成就，已形成湍流、涡动力学、高超声速气体动力学、稀薄气体动力学、多相流体动力学、非牛顿流体力学、微纳米流体力学、渗流力学、高速水动力学、水波动力学、计算流体力学、实验流体力学等多个学科。

目前，我国在空气动力学、湍流理论、边界层理论等方面成果卓著，流体力学研究获得了飞速发展。随着理论分析、实验技术和计算机能力的不断提高，流体力学研究在航空航天、能源工程、海洋工程、大气与水环境治理等领域发挥着越来越重要的作用。

（三）动力学与控制

动力学与控制是最为经典的力学分支学科之一，主要研究牛顿力学的一般原理和一切宏观离散系统的动力学现象。从国内外研究发展趋势看，自然界和工程领域中的动力学系统建模、分析、设计与控制的理论和方法是该学科的主要研究范畴。近年来，我国学者在动力学与控制的理论、方法和应用研究中取得了一系列重要成果，不仅在国际学术界产生了影响，而且得以在国家重大工程中成功应用。动力学与控制学科同其他力学学科、工程科学和自然科学的进一步融合与交叉，如与固体力学、流体力学、生物力学、机械工程、航空航天工程、车辆工程、船舶工程和土木工程等的融合与交叉，与计算机科学和控制科学的结合，以及与数学和物理学等基础学科的相互借鉴，使动力学与控制学科在理论和应用上的研究方向和研究内容均产生了重大的变革和创新，在某些研究方向上孕育着重大的进展和突破。在此基础上，新的分支学科不断涌现，学科更加交叉和复合，研究和实验手段更加现代化。在学科体系方面，我国已形成了以非线性动力学、随机动力学、分析力学、多体系统动力学、航天器动力学与控制、转子动力学为主要分支学科，以神经动力学等为主要学科交叉领域的动力学与控制学科体系。

（四）交叉力学

力学的基础理论、研究思想和方法在发展过程中逐渐在不同学科得到应用，并根据实际需要与相应学科融合，发展出带有明显其他学科烙印的学科交叉研究领域。其中，理论体系建立已经比较完善的交叉力学学科主要有物理力学、环境力学、爆炸力学、生物力学、等离子体力学等。学科交叉给力学学科的发展带来了新的机遇和挑战。这些力学交叉学科大多始于 20 世纪中叶，发展至今已有半个多世纪，逐渐形成了各自的特色，也取得了许多突出的成果。近十年来，随着我国社会经济水平提升，在新时代国家重大需求的牵引下，力学交叉学科的发展迅速，高水平研究成果不断涌现。

第三节　极端力学的定义与内涵

根据《辞海》的定义，"极端"包含"事物发展所达到的顶点"、"超过正常的表现和状态"和"非常"等含义，其中"非常"对应英文的 extreme 较为贴切。所谓非常，即不是常规，非常规。按照力学在 19 世纪与物理学在研究对象尺度划分的说法，"常规"是指尺度大致与人的尺度相当、基本物理量是人类可直接观测的程度。那么，"非常规"就可以定义为基本物理量接近或超出人类可直接观测的程度。

"力学"的经典定义是：研究物体机械运动规律及其应用的科学。其中的物体，既包括自然中的空气、水和岩石等，又包括人工的液体、材料和结构等；而机械运动则包括变形、材料和结构的振动、损伤和破坏等。比较全面的定义则是：力学是关于力、运动及其关系的科学；力学研究介质运动、变形、流动的宏微观行为，揭示力学过程及其与物理、化学、生物学过程的相互作用。通过把"极端"和"力学"的定义简单结合，可暂将"极端力学"定义为"研究物质在极端服役条件下的极端性能和响应规律的科学"。

基于极端力学的定义，以力学最为关心的"物质"和"运动"这两个量作为评判，可以明确极端力学的研究范畴。"物质"可以用"密度"和"温度"来进行分类。经典力学涉及的人类居住生活的常规环境的温度大致是 $10\sim1000$ K，而密度大致是 $10^{-4}\sim100$ g/cm^3。在这个范围外，有极端低温和极端高温，有极端真空和极端高密物质，以及等离子体和温稠密物质等，其中某些物质的力学特性有可能超出经典牛顿力学适用的范围。"运动"可以用"质量"和"时间"来进行分类。常规力学问题所研究物质的质量大致在 $10^{-4}\sim10^4$ kg、所研究的时间尺度大致在 $10^{-2}\sim10^4$ s 的范围；随着力学研究的发展和深入，力学研究所涉及的对象已拓展到生命体、自然灾害、爆炸冲击及工业界最近提出的极端制造等，其质量和时间尺度已经超出传统力学问题的研究范围，促进了一些新力学问题的产生。这些问题可以归纳到"极端力学"的研究范畴。

另外，根据极端力学问题的特点，也可以将其大致分为研究对象的极端性（包括具有超硬/超软/超延展等物理特性、超大/超小的特征尺寸、超敏感的反应特性及超致密/超稀薄的空间分布）和外部环境的极端性（包括超高温、超低温、超大温差，超强磁场、超高载流强度、超快加载速率，以及台风、沙尘暴、冰雨等极端天气）。事实上，在研究对象的物性及其服役环境具有极端性的情况下，其力学行为可能不再服从经典连续介质力学的基本假设（或不再属于其公理体系所能覆盖的范围），这要求必须重建理论框架并发展相应的实验技术和计算方法，甚至创生全新的研究范式，才能使极端力学研究建立在坚实的科学基础之上并真正有所突破。

第四节　应运而生与需求引领

力学是原始社会古人利用和制造工具最需要的一门科学，和数学、天文学一起，同为自然科学中最古老的学科之一。从古希腊出现的阿基米德静力学，到中世纪创立的牛顿力学、工业革命催生的经典力学体系，再到近代工业突飞猛进下出现的应用力学学派，力学一直在人类文明的发展和科学技术的进步中发挥着不可或缺的重要作用。力学的发展，也促进着学科知识体系的建立、认识水平的飞跃和新学科分支的诞生。从古罗马时期利用杠杆原理发明的投石器，到中世纪的哥特式建筑、石拱桥，再到现代的摩天大楼、海底隧道和港珠澳大桥，土木工程和现代建筑业的发展都得益于理论力学和结构力学等力学理论的支撑。另外，工业革命中所发明的火车、汽车、轮船、飞机等交通工具及对应的船舶工程、轨道交通、车辆、航空航天等学科的发展，也来源于近代应用力学体系的发展。除此之外，力学学科还有效促进了机械、地球科学、水利工程、兵器等学科的发展，同时也促成了与材料工程、电子信息、生物医学、环境工程等学科的交叉融合，催生了微纳米力学、生物力学、环境力学等学科前沿方向和新的生长点，持续地发挥力学在科学技术发展中的引领作用。

力学也在我国社会发展和科技进步进程中发挥了重要作用。新中国成立以来，在钱学森、郭永怀、钱伟长等杰出力学家的引领下，我国力学发展成就斐然。我国力学工作者不仅在广义变分原理、板壳力学等方面做出了具有国际影响的开创性工作，赢得了世界力学界的尊重，而且为我国工业和国防体系的现代化建设做出了奠基性贡献。20世纪"两弹一星"、核潜艇的成功研制，近年来我国在先进材料、航空航天、三峡大坝建设、深海钻探、大型客机研制等方面取得的重大成就，都彰显了力学学科的重要支撑作用。

立足当前，展望未来，作为连接自然科学与工程技术的桥梁，力学也将持续为我国装备制造业振兴、信息化与智能化融合、民生安全和生命健康、可持续发展能力建设，为发明新产品、创造新技术、集成新系统提供科学基础和坚实支撑。

《国家中长期科学和技术发展规划纲要（2006—2020年）》明确指出，我国未来相当长一段时间内科技工作的指导方针是"自主创新，重点跨越，支撑发展，引领未来"。习近平总书记在 2020 年 9 月 11 日的科学家座谈会上强调："我国经济社会发展和民生改善比过去任何时候都更加需要科学技术解决方案，都更加需要增强创新这个第一动力"，同时也对广大科技工作者提出了明确要求："希望广大科学家和科技工作者肩负起历史责任，坚持面向世界科技前沿、面向经济主战场、面向国家重大需求、面向人民生命健康，不断向科学技术广度和深度进军"。[①]力学作为最重要的自然科学分支学科之一，有责任、有必要继续发挥在基础研究层面的引领作用，通过发现新现象、探索新规律、揭示新原理、建立新理论/方法，为解决创新型国家建设中在资源、能源、环境、人类与自然和谐相处等方面所面临的重大科学问题提供源头思想。

极端力学的需求概括来说，就是人类对未知世界的好奇和对物质世界的更高、更远、更深、更快、更智能、更安全、更健康、更清洁的追求，包括：高至数十千米的浮空器、远至数光年的星际旅行、深至数千米的深海潜水器、快至马赫数为十几的飞行器，以及智能软体机器人、超高压特种防护装置、具有生物兼容性的柔性传感系统等。这些需求驱动科学和技术的发展，而这些需求的实现必须解决其中的力学问题。另外，21 世纪，人类面临着气候变化、能源短缺及可持续发展等诸多挑战，科技发展日新月异，诸多新型装备不断涌现，力学研究的对象越来越极端，力学研究的环境也越来越极端，需要解决众多具有不确定性、非线性、非定常、非平衡、多尺度、多场耦合等特征的全新问题。因此，力学研究的范畴在不断扩大，有的甚至已经突破经典连续介质的界定。

极端力学也源于力学研究与科技进步的相互促进。科学的新发现和技术的新突破，在不断拓宽力学研究范畴的同时，也在不断提升力学研究的能力。超导现象的发现，引出了低温和高温超导材料，为力学家们提供了新的研究对象，也诞生了极低温和极高温载荷环境下电-磁-热-力多场耦合测试、响应特性和仿真模拟等新的力学问题。实验测量技术的不断进步和计算机能力的不断提升，使得过去观测不到的或者难以实现的超量计算都成为现实，

---

① 中共中央总书记、国家主席、中央军委主席习近平 9 月 11 日下午在京主持召开科学家座谈会并发表重要讲话 . https://www.chinanews.com/gn/2020/09-11/9288923.shtml[2023-08-28].

进而为力学家们提供了新的研究疆域。高速摄像机的发明，使得力学家们能清晰观测到材料绝热剪切带的形成和沙粒在近壁面处的运动规律，促进了对超低时空尺度下物质力学行为特性的研究；高性能计算机使得空天飞行器解体陨落过程的仿真时间降低到工程设计可行的时间周期内，让定量预测成为可能。

总体而言，极端力学是"应运而生"和需求引领的，这个"运"是人类文明和科学技术进步之运、中华民族伟大复兴之运，这个"生"意味着极端力学还处于"萌芽"阶段，亟待成长发育。这也意味着，力学需要持续不断地发展，突破现有理论框架体系的边界，开创新理论和新方法，创生全新的研究范式，持续发挥对新兴学科的引领和促进作用。

第五节　极端力学的研究现状与挑战

作为一个新生学科方向，极端力学的挑战也对应于科学的前沿，具体包括两个方面，即研究对象的极端性和载荷环境的极端性。研究对象的极端性包括：超硬、超软和超延展等力学特性，超大、超小和超敏感，超密、超稀和超常规等几何和物理特性。载荷环境的极端性包括：超高温、超低温和超温差，超强场、超载流和超速率等极端物理环境，以及台风、沙尘暴、冰雨等极端自然环境。

一、研究对象的极端性

（一）超硬、超软和超延展

以金刚石为典型代表的超硬材料主要用于机械加工、地质勘探、石油和天然气开采等工程领域，如何协同提高超硬材料的硬度和韧性一直是力学家和材料学家面临的重要挑战之一。德国多特蒙德工业大学的学者于 2013 年在《自然》（Nature）发文报道了维氏硬度超过 100 GPa 的材料；我国燕山大学田永君院士团队通过纳米孪晶增韧、叠层复合增韧和相变增韧的协同设计理念，制备得到维氏硬度达 200 GPa 的金刚石复合材料，且将断裂韧性提高到与硬质合金相当的水平。对于这类材料，如何阐明其硬度和韧性性能与材料微观结构的关联性，如何完善现有的力学性能预测理论实现对其性能的准确预测和设计，仍亟待研究。另外，这些材料在实际服役中面临着高速切削及其产生的高温等复杂的载荷环境，然而其超高的硬度和断裂韧性，给力学性能和失效机理的表征分析、本构和强度理论的建立也带来了极大的挑战，是一个研究难点。

超软材料（如水凝胶）在生物医用、电子皮肤、柔性机器人等现代科技领域中具有潜在的应用价值，模量可低至几百千帕，在极小的外力作用下即可变形。常规水凝胶拉伸性一般为其原始长度的几倍，并且断裂能量小于100 J/m²，无法满足生物材料、软体机器人和可穿戴设备的要求（$\lambda>10$）。哈佛大学锁志刚教授团队针对水凝胶的极端力学行为做了诸多开创性的工作，实现了其韧性、粘接和疲劳等性能的突破，为水凝胶的工程应用奠定了基础。对于水凝胶类软材料，其固液多相特性，导致其对界面性能和外部物理化学场极其敏感，且存在着溶胀导致的性能退化，因此如何发展合适的本构模型描述水凝胶的耦合变形和扩散行为，如何在传统的连续介质力学中耦合化学场、电场等外场因素，以描述材料对于多种刺激（如光照、温度、pH 值、电场、磁场等）引起的大变形，是目前的主要挑战。

此外，还有具有超延展性的强力纤维及其所制成的织物、传感器等结构，以及高强自愈合的弹性体。该类材料或结构的主要性能优势在于其极强的变形能力和变形的可恢复性。主要研究挑战在于提高弹性变形能力（目前部分工作能实现 $\lambda>20$），且在保证弹性变形能力的同时提高模量和强度、循环寿命和变形可恢复能力；揭示材料力学性能与组分的相关性以实现对性能的调控，建立超大变形强非线性本构模型和多场耦合计算模型，以实现结构宏观响应的预测与优化设计；此外，针对实际工程应用对循环寿命的要求，针对该类材料延展能力的可持续性及其力学机理的研究，也是一大难点。

（二）超大、超小和超敏感

超大尺寸结构［如天文望远镜、空间太阳能电站（SSPS）、摩天大楼等］的力学响应极为复杂，与常规尺寸结构相比，往往具有更显著的非线性和环境因素敏感性。以空间太阳能电站为例，其展开长度可以长达 15 km，超大的空间力矩会引起系统的姿-轨-柔-控-环境耦合响应，超出了常规控制方法的能力；而实际的运行对其服役时长和在轨高姿态精度均有非常高的要求。因此，针对该类结构，需要发展高维非线性系统长时间、高精度、保结构的数值方法，复杂桁架的等效连续体方法等动力学理论与控制方法。

超小的极端力学问题的主要挑战在于建立微纳物质结构特性与宏观力学性能的相关性，代表性例子包括微管道表面稳定液膜实现防污功能、通过具有高度可调结构梯度的梯度纳米孪晶结构实现金属强度和硬度的同步提升。布朗大学高华健教授和中国科学院金属研究所卢磊教授合作研究发现，通过对晶粒内部位错分布和结构梯度的调控能实现金属材料刚度、强度和韧性的协同提升，为改善金属材料的力学性能指明了路径，促进了新一代高强度高延展性金属的不断涌现。然而，如何有效利用试验数据规律，发展准确可靠的多物理场多尺度仿真分析方法，以支撑性能的优化设计，也是该领域的一大热点。

一些物质对载荷环境或力学响应极为敏感。例如，微重力会导致细胞骨架重塑，因此细胞对微重力非常敏感，失重 24 h 后，细胞硬度和黏度会显著下降。揭示该类环境对生物体和细胞力学响应的影响机制，建立相应的本构及多场耦合力学模型，对评估人体在极限环境下的生存能力具有重要意义。超导材料对应变也极为敏感：超导态是在给定条件下才能实现的，包括临界温度、临界磁场和电流强度等因素，这些因素的耦合效应可形成一个表征超导性能的包络面。前期研究发现，超导材料的临界电流密度、临界磁场强度和临界转变温度均与应变有一定的相关性，而如何描述和表征这些敏感性则是当前研究的主要挑战之一。

（三）超密、超稀和超常规

研究对象的极端性，还包括超密、超稀、超常规。超密态可达 1 万倍的固体密度，高空中稀薄气体的密度则远低于地面，超常规则指刚度可调、负刚度等超材料结构；在这些状态下，物质的力学行为会与常规状态有很大的差别。稀薄气体动力学对于火箭、卫星和航天飞机的研制具有重要的理论支撑作用，由于气体分子显著的离散特性，连续介质假设和纳维-斯托克斯方程（Navier-Stokes equation，N-S 方程）不再适用，而需要借助分子动理论和原子分子物理进行研究。

超材料是目前国际研究的热点，早期的超材料主要是电磁超材料，后来发展到声学、弹性超材料，一直到最近比较热门的力学/机械超材料。通过对微结构的调控，可以实现对声学、超声到热频率范围（赫兹到太赫兹）的多物理场控制。两个代表性的研究工作是北京理工大学胡更开团队设计实现了弹性波的负折射现象并且进行了实验验证；美国国家航空航天局（National Aeronautics and Space Administration，NASA）通过超材料与智能结构的结合，实现了结构的主动自适应性变形，并应用于可变形机翼。最近，物理学科的专家们正在探索将光子和电子结合起来制造新材料。随着现代工业向着极端条件的进一步发展，超密、超稀、超常规等特性在实际工程中将得到越来越多的关注。而在这个过程中，需要力学家们针对相关力学问题开展研究，揭示其力学规律，为工程师们提供理论指导。

二、载荷环境的极端性

（一）超高温、超低温和超温差

材料和结构在高温条件下的力学行为与常温显著不同，无论是从科学还是从技术的角度都具有重要研究价值。航空发动机高温段的运行环境温度可达 1600 ℃，高超声速飞行器对防热结构的耐温需求也越来越高。在耐高温性能方面，美国陆军研究实验室运用纳米调控技术将金属材料的高温蠕变性能提高了 6~8 个数量级，将镍基高温合金的应变失效耐高温温度提高了 100 ℃；美国和意大利学者还研究了三维碳纳米管的高温力学行为及陶瓷材料在 2100 ℃的强度。国内北京理工大学、哈尔滨工业大学、西北工业大学等单位在材料和结构的高温力学行为方面也做了很多工作，其中方岱宁院士团队研究显示实验中超高温陶瓷断裂时最高温度可达到 2300 ℃。

除了超高温，超低温和超温差服役环境也带来了一系列极端力学问题。例如，有的超导材料需要在不高于-269 ℃的超低温条件下运行，液氢燃料贮箱及工作系统使用温度不应高于-253 ℃，太空结构运行环境的温度范围为 ±200 ℃。"觅音计划"中望远镜的支撑系统在高空要长期高稳定地运行，这些结构在温差 ±200 ℃环境下的变形、运动、振动等力学行为极为复杂。在超导材料低温力学行为方面，兰州大学周又和团队实现了超导材料常温、低温及载流状态下脱层强度的精确测试,指导了超导装置的工程设计。

针对超高温、超低温和超温差环境下材料与结构的力学特性研究,首先需要发展可重现实际服役温度环境的加载技术和高精度的测量方法,准确表征样品的变形和损伤失效特性,为理论、仿真和设计提供必要的数据支撑;在先进的试验和数值技术的基础上,进一步发展能够描述极端温度环境下本构和失效行为的"多场、多尺度"建模、分析和优化方法,并开展材料概率寿命预测和损伤容限分析,可以促进极端服役温度环境下材料与结构技术的提升。

(二)超强场、超载流和超速率

超强场和超载流包括超强重力场、强磁场、极大电流、强辐照场等。超重力主要对应深海、深地等高压环境和超高速旋转下的离心加速度,相关问题包括超重力环境下材料的损伤与制备、生命体的反应机制等。强辐照会对材料的力学行为造成明显的影响,导致材料脆化、肿胀和生长,进而产生一些与传统力学不太相同的新现象,对核聚变堆的安全可靠性至关重要。北京大学、浙江大学、中国工程物理研究院、华中科技大学等在这一方向开展了大量的研究。

超速率包括爆炸、高应变率、高超声速等载荷工况,相关的研究难点包括裂纹扩展速度的测量、动态断裂和金属绝热剪切机理等,以及各类原位动态测试平台和测量技术的开发。冲击防护技术和装备的开发一直是世界各国争相竞争的领域。高超声速是近些年的热点问题,以复杂流场相关问题作为例子,相关的研究包括俄罗斯科学院开展的跨尺度仿真模拟,平均自由程从 10^{-8} m(海平面)到 0.1 m(100 km 高);美国俄亥俄州立大学提出的多场耦合架构和数据传递方法体系;中国空气动力研究与发展中心李志辉团队开展的高温多场耦合分析,返回舱绕流的最高温度超过 10 000 K,表面温度超过3000 K;西安电子科技大学针对高速飞行中通信黑障问题,通过电磁场调控可以降低局部等离子体,实现部分信号传递。

针对这些极端载荷情况,如何测量和表征材料或结构的力学响应和失效机制,从试验和测量技术上来说尚有待突破。例如,材料在强磁场中磁化所产生的力,还没有合适的物理模型可以进行描述。因此,亟须发展强电磁场耦合力学试验技术，先从现象上有所拓展认识，再促进理论模型的发展。

（三）极端自然环境

极端自然环境包括台风、海啸、沙尘暴和冰雨等。这些极端的自然环境对飞行器、风电、船舶等工程装备的安全是极大的威胁，亟须发展有效的理论、试验和计算技术，形成对极端自然环境力学问题的全面认识，并建立系统的安全防护体系。例如，在发生冰雨时，为了预防结冰影响飞行器的服役安全，首先需要研究冰形成的机理，并发展有效的除冰技术或者预防方法；结冰研究的难点之一是水在翼面上的流动具有随机性，会造成溪流的形成和运动的难以预测；针对这一问题，美国爱荷华州立大学的胡晖团队开发了一种多传感器超声脉冲技术并应用于水流的三维重构，从而实现对结冰的有效预测。

风沙环境除了影响地区生态，对工程装备的服役性能也有较大的影响。例如，直升机如果在沙漠或海滩起飞，沙子会进入发动机，进而影响发动机的寿命和安全。目前，国内尚缺乏有效的防沙过滤技术，导致直升机的总体寿命较短。海啸的防护和预警事关国民安全，是联合国框架下涉海国家防灾减灾的重要任务。各类海啸的生成与致灾机理，涉及多介质、多组分、多尺度建模理论与方法，尚无统一的数学描述和有效的理论方法，因此亟须开展基础理论研究，掌握多相多尺度散体介质相互作用规律及其耦合机理，发展全生命周期的力学建模方法与理论。

三、小结

通过以上各类极端力学问题的分析，我们可以系统地总结极端力学的特点、困难与挑战。从研究对象来讲，涉及多物质形态、多相、相变；从运动来讲，涉及多种运动形态、多种运动状态；载荷环境包括强电磁场、超强重力场、强辐照场等；从时间空间来讲，具有多尺度、复杂特性。极端力学的本构理论，往往具有多场强耦合、多重非线性、高速率、高应变率等多样化关系，以及各效应的相互耦合作用。极端力学的初始条件具有随机性和初始敏感性等特点，边界条件则涉及复杂多场边界的交互作用。

针对这些挑战，需要在实验技术和测量技术上有所突破，以发现新原理、新现象，形成新方法、新判据和特有装置。在理论和计算方面，需要有新理论、新模型、新算法，进而发现新规律，同时还要提出新方案，并且形成新的有效软件。其中，极端力学的理论包括多物理场耦合力学理论模型、多尺度损伤和失效理论等；在算法方面，包括多尺度计算分析方法、流-固耦合等。特别需要突破相关力学实验技术的瓶颈并研制一批实验装置，以实现对极端环境下力学现象的实验观测和精确表征，为极端力学基础研究提供不可或缺的可靠实验数据。总的来说，极端力学具有比较鲜明的特点，并且有力支撑着各类重大工程装备的发展，需要力学家们给予高度关注。

第六节 极端力学的学科影响力

目前，国际上对于力学学科的研究已开始逐步聚焦于极端服役条件下材料和结构的极端性能与力学响应。在学术交流方面，国内外举办了一些与极端力学相关的会议或会议专题。例如，美国物理学会每年举办的极端材料（Materials in Extremes）和极端力学（Extreme Mechanics）分会，美国土木工程师学会于2018年举办的 ASCE 地球与太空会议（ASCE Earth and Space）将主题定为极端环境中的工程问题。除此之外，欧洲力学学会也多次组织极端力学相关的研讨会和会议专题。国际理论与应用力学联盟（International Union of Theoretical and Applied Mechanics，IUTAM）也对极端力学非常重视，曾举办多个相关的专题研讨会，其中2013年在兰州举办了气候变化下的极端动力学学术研讨会。自2015年来，中国力学大会和固体力学学术会议也多次举办极端力学相关的专题研讨会。

极端力学相关的研究也极具显示度，多次成为国际顶尖期刊封面文章。例如，麻省理工学院（MIT）基于统计力学仿生物细胞群的粒子机器人的工作发表于《自然》，马里兰大学基于热冲击合成高熵合金的工作发表于《科学》（Science）。哈佛大学锁志刚教授在2014年创办的《极端力学快报》（Extreme Mechanics Letters）期刊，主要聚焦报道两个方面的科研成果：力学性能的极端（超硬、超软等）和载荷环境的极端（高温、高应变率等），引起了学术界的广泛反响；创刊五年后，即跻身力学领域一流期刊之列。2012

年，*Nature* 对哈佛大学团队在柔性材料力学行为方面的研究进行了报道、评价和展望。2017 年，著名综述期刊《凝聚态物理学年刊》(*Annual Review of Condensed Matter Physics*) 上报道了马萨诸塞大学阿默斯特分校的 Santangelo 教授关于折纸结构极端力学行为的综述，对自折叠折纸结构的发展、主要科学问题和研究思路进行了总结，提出了很多新的力学问题。

另外，国内外还成立了一些极端力学相关研究机构，包括以极端温度环境、极端结构材料、极端工程环境、极端材料、极端环境力学等为研究方向的实验室。其中比较有代表性的是 2012 年美国约翰斯·霍普金斯大学 Ramesh 教授团队创办的极端材料中心。该中心重点针对极端环境和载荷条件下材料的力学行为、生物体和工程结构防护等开展研究，并得到美国陆军研究实验室和 NASA 等部门的大力支持。但是，现有的研究机构大多侧重于极端力学的某个方面开展针对性的研究，缺乏系统、全面的研究平台。

2019 年 5 月，经多次研讨论证，西北工业大学成立了极端力学研究院，致力于航空、航天、航海领域的极端力学问题研究，交叉融合力学、材料、物理、生物等学科，针对极端服役条件材料与结构力学、超大空间结构动力学与控制、极端力学理论与方法、飞行器极端流动与控制等方向开展特色研究，服务国家重大战略需求。

第七节 关于极端力学的思考

基于极端力学的发展现状和对其前景的调研，以及对极端力学问题的总结与概括，本章提出以下几点初步思考作为对极端力学的展望。

一、极端力学理论体系

连续介质力学的体系中有刚体力学、弹性力学、流体力学、塑性力学等不同分支，这些不同分支理论的基本前提与连续介质力学的前提一致，在统一框架下。那么，极端力学是处于这个体系中的某个已有分支中的新方向，还是处于这个体系中的一个新分支？或者是部分有别于连续介质力学体系的一个新体系？如果是前者，极端力学的问题会相对容易一些；如果是后者，极端力学的任务会非常艰巨。

连续介质力学框架的基本假设主要有两条：第一条是连续性假设，即变形和运动是不同的物质点变成不同的空间位置，在数学上要求研究对象的材料是一一对应、连续可导的；然而当材料破碎或传递冲击或出现其他不连续形式时，会违背该假设。第二条是对物质点，要求其在宏观上足够小、微观上足够大，采样点粒子需要处于热力学平衡状态；但是在稀薄气体、激波或高频声波环境下，这些对物质点的要求可能不满足。

此外，连续介质力学框架的基本公理包括因果性公理、决定性公理、等存性公理、客观性公理、物质不变性公理、邻域公理、记忆公理和相容性公理。这些公理对于极端力学问题是否成立也存疑。以决定性公理作为例子，其含义是指在时刻 t，物体中物质点 X 处，热力学本构函数的值由物体中所有物质点的运动和温度历史决定。这实际上排除了 X 处物质性能对于物质外部任何点及任何未来事件的影响，意味着只要物体过去的运动已知，那么涉及物体性能的未来现象就是完全被决定的和可测的。显然，在实际情况中，它往往是很难确定的。

此外，等存性公理要求所有的本构泛函在一开始都应该用同样的独立本构变量来表示，直到推导出相反的结果；邻域公理要求离 X 较远距离物质点的独立本构变量的值不会显著影响相关本构变量在 X 处的值；记忆公理要求本构变量在距离现在较远的过去时刻的值不会显著影响本构函数的值。然而，新材料的出现及极端服役环境下材料极端性能研究的复杂性，导致可能无法找到满足等存性公理要求的一组独立本构变量。同时，材料性能也可能不再满足邻域公理和记忆公理中本构泛函对较远物质点的运动和温度及其历史不敏感这一要求。

同样的疑问还有，热力学第二定律能否适用？远离平衡态本构关系如何描述？在连续介质力学基本框架建立的基本假设和基本公理不能完全满足的情况下，连续介质力学的理论和方法是否还适用？如果强行使用会出现什么偏差？导致什么问题？是否需要修正？如何修正？如何建立新体系？等等，这些是极端力学研究需要想清楚的基本问题。

二、极端力学与力学研究范式

目前，力学研究的基本范式是将自然界和工程界（可能也包括社会学界）的实际问题，通过简化抽象为力学模型，然后建立对应的数学定解问题进行求解，或者进行实验观测和测量等，实现对问题的定量分析并揭示力学机理，进而预测和提出解决方案。极端力学是否仍沿用力学研究现有的研究范式是一个值得探究的问题。当前，极端力学的研究工作仍沿用这个范式，但是针对某些特殊的问题，可能需要引入新的环节。比如，某些极端载荷工况下的力学问题很难通过试验进行全面的观测或表征，导致无法获得足够有效的试验数据；针对这种情况，可能需要借助一些类脑学习的新技术手段，补充未观测到的数据。那么，如何评估这类新环节在力学研究范式里的角色，则有待进一步探索。

三、极端力学与力学学科发展

力学在自然科学中是成熟相对较早的一门学科，在促进相关学科（如土木工程和建筑学）发展、支撑国家重大战略（如航空航天、交通运输）需求等方面一直发挥着重要作用。自近现代力学体系形成以来，力学已经建立了一系列的理论、方法和软件、工具等，帮助了相关行业的工作的开展，也逐渐让工程师们不同程度地弱化了对力学的需求。

然而，随着我国综合国力的提升，现代工程装备对材料和结构的性能需求越来越高，工程结构的服役环境、人员工作环境也来越严酷。这些极端力学问题给现有的力学理论、实验技术和设计方法带来了极大的挑战，基于现有理论和方法的简单外推难以有效地解决该类问题，导致传统力学在应用过程中遇到瓶颈并严重制约我国先进工程装备领域的发展。因此，极端力学对于力学学科与力学学者是一个新的机遇和挑战，促进力学工作者为其他行业的学者和工程师们提供准确有效的新理论和新方法，解决新问题。同时，极端力学需要解决的问题既涉及科学发展前沿又与重大工程问题直接相关，这对力学人才的培养也提出了新挑战。

四、极端力学研究体系

现有的极端力学研究工作的进展，大多聚焦在某个研究"点"或者某条研究"线"上，能够形成一个研究"面"的工作不多，形成"体系"的更为缺乏。这里的"点""线""面""体系"对应某个研究领域的层次和全面性。以辐照问题为例，"点"是指针对某种辐射源对某种材料的某个性能的研究；"线"可能就是某种辐射源对某种材料的各类性能，或者某种辐射源对某类材料的某个性能，或者以此类推的相对全面的研究；"面"可能就需要涉及辐射源对材料的各性能的更为全面的研究，需要覆盖现象、影响要素和规律的揭示，理论模型和实验及计算方法的建立，解决问题的方案和相应标准的形成，等等。

那么，极端力学体系是由各个研究方向的"面"构成的"组合体"，还是类似于连续介质力学体系有一整套基本假设和基本公理及特有的定理和范式的"有机体"？组合体相对来说只是"量变"；而"有机体"则是一种质变，需要突破和创立，需要针对远离平衡态或者非平衡态问题建立新的力学体系。从当前研究进展可见，极端力学的问题不能单纯地通过传统的力学方法体系简单外推。因此，既需要通过更多的有关极端力学"点""线""面"的研究，阐明极端力学问题的复杂性和挑战性，即极端力学的问题使用现有方法和软件算不出、测不准、控不住、防不了，又需要从极端力学理论体系的高度开展包括理论、方法和技术在内的架构性研究。

极端力学未来的发展，可以通过一些专题研讨，以及在重点项目、重大项目、重大研究计划中的体现，有效地支撑国家的需求和科学技术水平的发展。力学工作者也要"主动引领、创建需求"，既要主动地服务需求，也要主动地提出新的设想，并把设想变成需求，然后再来服务需求，推动力学学科的发展。

第八节　极端力学的展望

极端力学作为力学学科的一个新契机，有望使力学学科在国家面向2035年的中长期科技发展规划基础科学发展战略中有一席之地，使得力学能够在科技发展新的阶段通过自身更加完备地发展，更好地服务国家战略需求和促进其他学科的发展。可以预期，极端力学研究未来有望在以下方向上取得引领性成果。

（一）极端服役条件下材料与结构力学

在非常规温度、天气及重力场、强动载、强腐蚀、超高压、超强电磁场和辐照场等极端服役条件下的材料和结构的力学响应与常规情形有显著差异，呈现非平衡、非稳态、多场/多介质/多尺度强耦合特征，涉及力学、物理、化学、地学、材料、环境等学科和核电、船舶海洋、航空航天、国防安全等重大领域。亟须发展新实验技术、理论模型、模拟方法来揭示和预测材料与结构在极端服役条件下力学响应的新现象、新效应和新规律。

（二）极端材料本构特性及其结构功能一体化设计与表征

具有超硬度、超强韧、超延展、超敏感和反常规物理效应等新型材料（包括细胞/组织/器官）与结构功能一体化设计及表征，涉及材料/结构基因、机器学习、增材制造等新兴方向，以及医疗健康、新能源、传感器件等前沿领域。亟待发展针对远离平衡态、力学-生物-化学-热学多过程耦合的材料与结构功能一体化设计及表征方法、多场多尺度本构和强度理论、基于人工智能的强度和寿命预测方法。

（三）非常规时空尺度下材料和结构力学特性与物质输运

非常规空间尺度（超大型空间结构、微纳结构等）和非常规时间尺度（超高速率、超高周期疲劳等）下的材料和结构运动、形变和破坏过程及物质的复杂输运涉及多尺度、多状态强非线性等共性科学问题，亟须发展非常规时空尺度下物质的第一性原理理论、气-液-固耦合动力学、湍流与颗粒相互作用理论、材料和结构跨时空尺度变形和失效机理、超常规时空尺度的原位测量技术、超大尺寸结构动力学模型等。

（四）极端力学基础理论及计算和优化方法

极端力学问题具有跨尺度、多场耦合、多介质、多重非线性、强间断、非光滑和非平衡等特性，需要超越传统物理、化学、材料和力学等学科的理论体系，建立新的理论和计算方法，蕴藏着重大的理论突破和原始创新机遇。亟须发展远离平衡态介质力学理论、跨时空尺度问题的多场多介质强耦合多重强非线性计算方法和自主软件、多功能多层级材料/结构一体化设计与优化的理论和控制方法。

（五）极端条件下多物理场耦合作用的流动机理及控制

高马赫数、高雷诺数等极端条件会导致高温气体效应、气体/表面材料化学反应、高瞬态非定常等复杂物理化学过程，强烈影响转捩、湍流、燃烧、气动力/热和气动噪声等的产生机理和演化机制。亟待发展非定常非平衡化学反应流动、稀薄气体流动理论与计算方法、气动布局与流动控制综合优化设计技术、跨尺度多场流-固耦合分析方法、超声速燃烧理论与推进技术等。

第九节　本　章　小　结

本章从极端力学的基本定义和科学内涵出发，结合重大工程问题和大科学问题，从极端性能、极端载荷、学科发展三个方面系统介绍了极端力学的研究现状，并总结了极端力学的特点及其对力学理论、计算方法和实验技术的挑战，最后对极端力学未来的发展进行了展望。

接下来的各章节，将围绕极端服役条件下的材料与结构力学，极端自然环境力学，极端性能材料，极端时空尺度的力学，极端流动与输运，极端条件的实验与测试，极端力学的基础理论、方法与数值模拟等方面，展开介绍极端力学的研究进展与存在的主要挑战，总结极端力学理论、方法和机理亟待解决的主要问题，进而引导极端力学和力学学科的进一步发展。

编　撰　组

组长：郑晓静　段慧玲

成员：张　超

第二章
极端服役条件下的
材料与结构力学

随着人类文明对资源需求的增强和现代科技的飞速发展，越来越多的工程材料/结构服役条件越发恶劣，常常需要在超高/低温、微/超重力、超强电磁场、超强辐照场、强腐蚀、超高压等极端环境下服役。对极端服役条件下的材料与结构力学行为的探索和研究已经成为大国竞争的焦点领域，在国家战略层面上具有重要意义。诸多新现象和新规律不断被发现，对传统力学研究的理论及方法提出了新的要求和挑战，亟须发展新的力学理论和实验测试方法。基于此，本章共设6节，分别针对非常规温度场（极高温、极低温）、非常规重力场（微重力、超强重力）、超强电磁场、超强辐照场、强腐蚀-氧化和超高压强等极端条件下的材料与结构力学进行了介绍，详细叙述了各个极端条件领域的主要研究现状和进展，总结了当前面临的挑战和未来发展方向。

第一节　非常规温度场

一、极高温

（一）温度的概念

温度是微观粒子无规则运动的宏观表现，表示物体的冷热程度。福勒

（Fowler）于 1939 年提出热力学第零定律指出，处于同一热平衡状态的所有热力学系统具有共同的宏观性质。温度是决定系统是否与其他系统处于热平衡的宏观标志，其特征在于一切互为热平衡的系统都具有相同的温度。温度量度的标尺叫温标，规定了温度的读数起点（零点）和基本单位。理论上，温度的高极点是"普朗克温度"，低极点则是"绝对零度"。

（二）航空、航天及核能等领域的极高温环境

再入大气层或在大气层内飞行的高超声速飞行器与大气层相互作用，形成强弓形激波。激波强烈压缩和黏性耗散效应导致大量气体动能转变为激波层的内能。来流空气在穿过激波时被加热到几千摄氏度甚至上万摄氏度。固体火箭发动机以固态物质（能源和工质）作为推进剂，产生高温高压燃气，经喷管膨胀加速后产生推力。冲压发动机的燃烧室燃气温度高达 2000～3050 K。冲压喷管在冲压发动机中既助推装药形成的高压、高温燃气；又将高速燃气流与进气道引入的空气掺混、反应后喷出，使得喷管内层的总温达 1700～2000 K。核裂变堆的包壳和聚变堆的第一壁材料是核反应堆结构材料中工况最苛刻的重要部件。按照全超导磁约束国际热核聚变实验堆（International Thermonuclear Experimental Reactor，ITER）的设计要求，聚变堆第一壁局部表面需要承受 20 MW/m² 稳态热流、GW/m² 级瞬态热流。中国聚变工程实验堆（CFETR）的偏滤器稳态热流将达到 40 MW/m²，瞬态毫秒级高达 10 MJ/m²。

高超声速飞行器、先进动力系统及核能系统的热端部件服役环境往往不仅处于极高温（1500～3500 ℃）状态，而且伴随着氧、电磁辐射和粒子辐照的耦合作用，在这种极端复杂的高温环境下（氧化、烧蚀、辐照等），如何测量与表征材料的特征参数和性能成为充分认识材料与环境的耦合作用机制、精确把握材料特性的关键。

（三）相关研究现状

1. 防热材料极高温力学性能试验技术

在热防护材料高温力学性能测试表征方面，国内外诸多科研单位和人员开展了大量研究工作。美国南方研究所（Southern Research Institute，SRI）、

普渡大学，乌克兰国家科学院强度问题研究所，德国基尔大学，瑞士联邦材料测试与开发研究所等建立了高温力学试验技术中心。美国南方研究所开展了热结构复合材料的高温性能和热-力-氧耦合特性研究，发展和完善了 $11 \sim 3300$ K 温度范围内的高低温拉、压、弯、剪切、疲劳、蠕变性能测试技术，加热速率达到 1020 ℃/min；美国明尼苏达大学实现了最高温度 2600 ℃ 的可控气氛力学测试能力，最快加热速率 500 ℃/min。乌克兰国家科学院强度问题研究所利用通电加热技术，研制了可实现 500 ℃/s 升温速率、最高温度 3300 K 的超高温力学试验机，并在拉、压的基础上实现了高温扭转性能测试。

国内，中国科学院金属研究所利用高频电源和新型组合夹具/试样设计，实现了 1500 ℃、$0 \sim 70$ km 气氛可调测试能力。北京理工大学研发的感应加热高温氧化环境下力学性能测试系统，具有最高温度 1800 ℃、$0 \sim 70$ km 气氛可调测试能力。中国建筑材料科学研究总院有限公司基于电磁感应加热方式开发的极端环境材料力学性能评价装置，实现室温约 2200 ℃ 真空或有氧环境材料拉、压、剪切和弯曲成形测试能力。西北工业大学基于环境加热法建立了室温至 2200 ℃ 惰性气氛的材料拉伸/压缩/弯曲/剪切多参数试验系统和室温至 1600 ℃ 大气环境的材料拉伸/疲劳试验系统。哈尔滨工业大学完成了试验温度可达 3000 ℃ 的超高温力学性能测试系统建设（图 2-1 和图 2-2），通过试样直接通电、电磁感应与红外辐射等多种不同加热方式的联合应用、加载机构的优化，能够进行材料拉伸、压缩、剪切和弯曲强度/模量的复杂高温测试，系统中选用了最先进的红外热成像非接触式温度场和非接触式位移/应变场测试技术（Vic-3D），可实现试样表面温度场和应变场分布的实时在线观测。

2. 极高温环境典型防热材料体系

高超声速飞行器、先进动力系统及核能系统的热端部件使用的材料包括难熔金属、碳/碳、陶瓷和超高温陶瓷及其复合材料等。难熔金属具有成本高、密度大、难以加工和抗氧化性差等缺点，在很大程度上阻碍了其在航空航天热防护系统的大规模应用。因此，碳/碳复合材料、陶瓷基复合材料和超高温陶瓷及其复合材料等是超高温防热材料的发展方向。

1）碳/碳复合材料

碳/碳（carbon-carbon，C/C）复合材料（composite）是碳纤维增强碳基

图 2-1　哈尔滨工业大学的 3000 ℃材料超高温力学性能测试系统

图 2-2　哈尔滨工业大学的多参数热-力耦合材料使役性能测试系统

体的复合材料，同时结合了纤维增强复合材料高性能、可设计性和碳素材料优异的高温性能和化学稳定性等优点。20 世纪 70 年代，美国海军"再入飞行器材料技术计划"（REVMAT）支持下的"C/C 复合材料破坏的微观力学"

专题提出了鉴别哪些微观结构因素使多向编织 C/C 复合材料产生裂纹并导致破坏。虽然 C/C 复合材料具有独特的超高温力学性能，但由于它具有强烈的氧化敏感性，在温度高于 500 ℃时会迅速氧化，因此如果不加以保护，C/C 复合材料难以在高温有氧环境下满足使用要求。

2）陶瓷基复合材料

陶瓷基复合材料是指在陶瓷基体中引入增强材料，形成以引入的增强材料为分散相，以陶瓷基体为连续相的复合材料。其中，分散相可以为连续纤维、颗粒或者晶须。目前研究较多的主要是连续纤维增强陶瓷基复合材料，已开发出 C_f/SiC、SiC_f/SiC、C_f/Al_2O_3、C_f/Si_3N_4 和 C/C-SiC 等多种体系。

美国、欧盟、日本等国家或组织围绕陶瓷基复合材料相继开展了多个国家级的研究计划，如NASA的"综合高性能涡轮发动机技术计划"（Integrated High Performance Turbine Engine Technology，IHPTET）、"超高效发动机（Ultra Efficient Engine Technology，UEET）计划"，日本的"先进材料气体发生器（Advanced Materials Gas-Generator，AMG）计划"等，重点开展高温结构陶瓷基复合材料的研究，以期能够将发动机热端部件的服役温度提高到 1650 ℃甚至更高。国内在陶瓷基复合材料技术方面业已取得令人瞩目的成绩。陶瓷基复合材料能够承受较高的热冲击和外部载荷冲击，在 1500 ℃以下中高温有氧条件下，能够保持优异的力学性能和化学稳定性。开展的高温结构陶瓷基复合材料研究可以将发动机热端部件的服役温度提高到 1650 ℃甚至更高。

3）超高温陶瓷及其复合材料

超高温陶瓷（ultra high temperature ceramics，UHTCs）是指在高温环境及反应气氛中能够保持物理和化学稳定性的一类陶瓷材料，主要是以铪、锆、钽等形成的硼化物、碳化物及氮化物等过渡金属化合物组成的多元复合陶瓷材料，如 ZrB_2、HfB_2、TaC、HfC、ZrC、HfN 等。

有关超高温陶瓷的研究在 20 世纪 60 年代就已经出现了，但由于当时所用原材料的纯度有限而很难获得性能优异的材料，因此被迫放弃了。90 年代后期，美国NASA、空军和桑迪亚国家实验室（Sandia National Laboratories）联合实施了 SHARP（Slender Hypervelocity Aero Thermodynamic Research Probe）计划，用于研究具有尖锐前缘结构的一些新型气动外形和新型陶瓷热防护系统的空天飞行器，并开展了以考核超高温热防护材料为目的的系列飞行试验计划，其中 B1、B2 计划分别对超高温陶瓷材料制备的鼻锥及前缘部件进行了飞行测试。SHARP-B1 的飞行数据表明，超高温陶瓷材料是非常有前途的；SHARP-B2 再入飞行器上采用 3 种超高温陶瓷材料组分组成的前缘结构件，并测试了两种典型高度下结构与材料的服役性能。21 世纪初，各军事强国大力发展高超声速飞行器和可重复使用再入飞行器，掀起了超高温陶瓷的研究热潮。为解决超高温陶瓷的本征脆性问题，哈尔滨工业大学胡平等将连续碳纤维引入超高温陶瓷，采用振动辅助浆料浸渍/热压烧结工艺实现了优异力学和抗氧化性能的三维 C_f/ZrB_2-SiC 复合材料的可控制备。对于超高温陶瓷，氧化能够降低材料的拉伸强度，而温度总是对材料的强度起衰减作用，同时拉伸预应力能够增大氧化扩散的通道，提高氧化反应速率，使氧化层厚度增加。同样，适度氧化反应能够弥合氧化产物材料缺陷，提高材料高温强度；过度氧化反应会给试样增加新的缺陷，降低材料的高温强度。

（四）展望

结构装置在服役过程中会承受或面临极高温环境载荷，且相互耦合引起强烈的非线性效应，如何把握超常服役环境下极高温材料的作用和失效机理，科学表征该材料的本征性能和使用性能，为总体设计提供科学的设计许用值和准则，保证安全、可靠条件下发挥最大的材料效率，对提高极高温装置设计水平、性能和可靠性至关重要。

1. 极端高温环境防热复合材料使用性能测试与表征技术

各类新型空天飞行器要求服役材料和结构兼具耐热、防热、隔热、承载等多重功能属性，复合化、陶瓷化成为发展趋势。新一代防隔热一体化复合材料，多采用纤维增强多孔材料的途径降低密度，采取涂层或组合形式提升综合性能；未来的高温材料将融入仿生、层级、混杂等概念，形成主动防护、自感知、自适应、自愈合功能。这些研究对象材料组合和微结构的复杂化，给发展极高温测试表征方法、建立分析模型、实现定量化预报提出了严峻的挑战。虽然已对极端高温环境防热复合材料加载与损伤监测设备等开展了大量的研究工作，但是仍然缺乏可靠的极端高温环境测试理论和方法、多场耦合服役环境下的关键参量的表征技术及相应的测试系统。

2. 普适的、统一的极端高温力学性能测试方法与标准

尽管国内外已经建立起可超过 3000 ℃的防热复合材料超高温力学性能测试技术，但是采用的试样加热方式多样，不同加热方式在材料热响应历程、热响应分布、响应机制上存在很大局限性，其科学性和有效性需要进一步验证与修正。此外，关于 C/C、C/SiC（SiC/SiC）和连续纤维增韧超高温陶瓷等防热复合材料高温力学性能的测试标准尚不健全，参考的标准主要源自树脂基复合材料的国家标准或美国、欧洲标准。对于已经发展的二维织物缝合、针刺、三向正交、细编穿刺、多向整体编织等结构的防热复合材料，由于不同材料本质特性的不同，测试结果不能完全真实反映材料性能，性能数据难以横向比较和共享，亟须建立普适的、统一的极端高温力学性能测试方法与标准。

3. 极端高温环境下防热复合材料的失效机制与强度准则

防热复合材料在高温有氧环境下在材料表面及内部出现物理变化、同相或异相化学反应，材料会表现出新物质的生成或旧物质的消融、迁移、化学收缩或膨胀等现象。随着热防护材料密度降低，其力学性能也会发生很大的变化，体现为热化学致材料性能损伤，性能损伤或微裂纹又进一步影响热传递和扩散控制的化学反应，因此传统的热-力耦合失效判据已不能满足工程发展需求，如何确定考虑力-热-化学耦合作用的材料失效机制和断裂准则对热防护材料设计、结构分析和工程化应用具有重要意义。因此需要结合防热复合材料原位测试技术，研究力、热、化学（氧化生长等）等因素对防热复合材料结构或功能失效的影响，揭示力-热-化学多场耦合效应和失效机理，建立相应的强度准则。

二、极低温

（一）需求情况

深空探测技术已被列入国家发展计划，要对处于深冷宇宙空间的天体物质进行观测，需要提高探测器的灵敏度和整个系统的热稳定性，要求接收此信息的空间望远镜和仪器设备必须能在极低的温度下保持正常工作。对于远红外和亚毫米波长望远镜，其光学系统温度需要降低到几十开以下，而用作

探测器的微热量计和辐射测热仪须达到毫开级，才能获得较高的探测精度，采用超导量子干涉器件的高精度探测器也要工作在 $1\sim8$ K 的极低温度下。空间成像系统设备通常在常温（300 K）下加工、制造和封装，但是入轨后即在空间深冷环境条件（$10\sim100$ K）及高低温交替环境下工作，系统中各部件材料热膨胀系数的差异，导致温度应力分布不均而产生形变，会引起材料间热失配。深空探测器及各种航天器离不开隔振、减振，在太空环境下，卫星背阳时温度一般能低至-100 ℃，在低温条件下弹性和阻尼能力大幅下降，甚至失效。飞行器动力系统的液氧（LO_2）燃料贮箱及工作系统使用温度不高于-183 ℃，液氢燃料贮箱及工作系统使用温度不高于-253 ℃，液氢燃料贮箱及供给管系统和液氧燃料贮箱及供给管系统工作于低温环境。在航天飞行器的燃料贮箱外层还包围着一种泡沫夹层的球壳结构，此类结构除了承受机械载荷外，还需经得起低温环境考验。因此在设计时必须综合考虑在此温度范围内应用复合材料贮箱的可靠性。ITER 用来绕制托卡马克磁体的导管电缆导体（CICC）通常运行在 4.2 K 极低温，316LN 不锈钢作为 ITER 装置中 CICC 电缆的外套管铠甲材料，在低温下的力学行为直接决定了该装置的安全性设计和功能性实现。低温下具有高延展性的材料是空间探索、超导装置、核反应堆和低温物质储存中低温应用的理想材料。但由于位错运动的限制，金属和合金在低温条件下很少能保持优异的性能。

因此，无论是预测低温下材料结构的服役寿命，还是设计新型的耐低温材料，都迫切需要建立在极端低温环境下塑性力学和损伤力学的理论框架。

（二）研究现状

已有的低温力学测试装置主要采用低温液体浸泡的冷却方式，使用液氮或者液氦作为冷却介质的技术已经应用较广。中国科学院物理研究所、兰州空间技术物理研究所、中国有研科技集团有限公司（原北京有色金属研究总院）、中国科学院理化技术研究所等已经陆续建立了以液氮为冷却介质（77 K）的力学性能测试装置。近年来，中国科学院理化技术研究所进一步建立了以液氦为冷却介质（4.2 K）的力学性能测试系统，能够对材料进行拉伸、压缩、弯曲和剪切等力学性能测试。但是使用上述低温液体浸泡的冷却方式，只能对特定的温度点进行测量，难以对低温液体温度至室温范围内任一温度进行测量。

在航空航天领域中使用碳纤维增强环氧树脂基复合材料作为低温推进剂贮箱的结构材料正在研究，目前已研制出直径 2.4～12 m 的复合材料低温推进剂贮箱样件；针对航空航天夹层结构的力学行为分析、结构设计与计算模型，研究者提出赖斯纳（Reissner）理论、霍夫（Hoff）理论和普鲁卡科夫-杜庆华（普-杜）理论等理论。尽管普-杜理论进一步考虑了夹芯低温下横向弹性变形的作用，但其在数学处理上的复杂性，使其难以工程应用。杭州航空航天设备制造中心建立了低温材料模型参数与力学性能的经验关系式，并提出了奥氏体不锈钢低温应力-应变曲线的计算方法，该应力-应变曲线具有相似的形状特征，且具有唯一性和守恒性，对低温压力容器的轻量化设计具有重要意义。

用于太空望远镜隔振减振的黏弹性材料（如橡胶）具有有限的工作温度范围（如硅橡胶为-55～300 ℃），高于该温度时材料分解，低于该温度时材料经历玻璃化转变并硬化，限制了这类材料在航空航天中的应用，目前已经研究出包括碳纳米管复合材料在内的各种新型黏弹性材料，并逐渐应用于卫星的隔振减振结构中。此外，日本东北大学[1]发现了一种铁基超弹性合金系统，该合金具有可控的温度依赖性，从正到负，取决于铬的含量，通过改变合金成分可以控制临界应力的温度依赖性，这种行为非常适合一系列基于外层空间的应用和其他涉及大温度波动的应用。

（三）研究进展

1. 低温力学性能测试仪器研究进展

中国科学院理化技术研究所目前正在开展基于制冷机冷却的低温力学测试装置的研制和优化工作，目标测试温区为 4～300 K。经过多年研制开发出低温综合力学测试系统［图 2-3(a)］，此系统能进行材料低温环境（4.2～300 K 温区内任意温度）的力学性能测试，包括拉伸、压缩、弯曲、剪切、扭转、断裂韧度等静态力学性能测试；疲劳裂纹扩展速率；拉拉疲劳、拉压疲劳、压压疲劳、扭转疲劳、拉（压）扭复合疲劳等疲劳性能测试。同时，还包括超导材料（低温超导线材、高温超导带材）加载电流时的力学性能、电学性能测试；非标试样和零部件的低温力学性能测试。考虑到中子在探测材料内部残余应力及材料的位错演化、晶相转变的显著优势，兰州大学研制了适用于中子环境低温加载试验装置［图 2-3(b)］。该装置两端夹头最低温度约 7 K，具备连续温度控制的功能，温度分辨率为 0.1 K，最大载荷为 2500 N，行程可调。

(a) 低温综合力学测试系统 LNCM/LHCM/CCCM   (b) 兰州大学研制的适用于中子环境
低温加载试验装置

图 2-3　低温力学性能测试装置

2. 低温下材料的力学特性研究进展

1）复合材料在低温下的力学特性

2007 年，NASA 的格伦（Glenn）研究中心报道了使用纳米层状材料改性环氧树脂制备碳纤维复合材料贮箱。该复合贮箱的氦渗漏率比纯环氧树脂制备的低 80%，其纳米层状材料改性环氧树脂的热膨胀系数相比纯环氧树脂下降 30%，韧性提高 100%。2010 年，日本先进工业科学技术研究所（AIST）的 Xu 等创造了一种黏弹性材料。该材料由长互连碳纳米管的随机网络组成，工作温度范围为 -196～1000 ℃。储存和损耗模量、频率稳定性、可逆变形水平和抗疲劳性在 -140 ℃和 600 ℃之间不变。碳纳米管材料的黏弹性在非常宽的温度范围内（-140～600 ℃）几乎保持不变，而硅橡胶由于在 -55 ℃硬化和在 300 ℃降解而显示出很大的变化。并且碳纳米管材料在 -190 ℃时显示出超常的黏弹性。金属橡胶材料在低温 -70 ℃至高温 300 ℃的温度范围内具有良好的阻尼性能，动态平均刚度随温度升高而减小，相比于橡胶阻尼材料，它更适合在高温和低温等极端恶劣的环境下用作耗能减振材料。为了满足低温环境的苛刻要求，改善环氧树脂低温强度和韧性具有重要意义，适当含量碳纳米管的引入可以同时改善液氮温度（77 K）下环氧树脂的强度、模量和失效应变等。

2）金属合金在低温下的力学特性

形状记忆合金在变形后可以恢复其原始形状，使其可以用于各种特殊应用。温度依赖性是其共同的特点，经常限制了金属形状记忆合金的应用，铁锰铝铬镍合金相比传统形状记忆合金在低温下应力随温度变化小，而且有非常宽的温度窗口（0~300 K）。此外，较小的临界应力变化，意味着该合金有潜力用作展开天文望远镜的弹簧、探测车轮胎、航天器的振动控制系统及用于月球基础设施开发。

低温环境对钢材的影响表现在材料强度的增大，尤其是屈服强度的快速增长。当温度达到韧脆转变温度时，材料的屈服强度接近抗拉强度，抵抗塑性变形能力变差，材料韧塑性降低而脆性增强，发生脆性转变，从而加大脆性断裂的可能性。高熵合金塑性变形由原子扩散决定，原子扩散导致强度、伸长率、相变和沉淀改变。低温时，由于原子迁移率消失，限制了通过位错运动等方式产生的塑性变形，因此预期会出现延展性到脆性的转变。在 15 K 时，高熵合金可以表现出约 2.5 GPa 的极高强度、约 62% 的塑性和高应变硬化率。

常温下，316LN 不锈钢属于无磁性的奥氏体不锈钢，具备优异的力学性能和抗腐蚀性。随着温度的降低，它表现出非常独特的力学行为。例如，在 4.2 K 环境温度时，该材料表现出一种锯齿状的塑性屈服，这一现象完全有别于常温下连续的屈服行为。在液氦温度下出现相变和位错类型的转变，是塑性段出现非连续性锯齿状塑性屈服过程的主要原因。但现有研究条件下不足以实现低温（特别是接近液氦温度）原位观测表征，无法同时实现对该类不锈钢较大应变加载的原位观测，导致许多实验结果都是在加载后回到室温环境下观测所得，这使得对 316LN 不锈钢在极低温下的力学性能变化机理和原因仍没有充分理解。

3）超导材料在低温下的力学特性

1986 年，转变温度高于液氮温度（77 K）的氧化钇钡铜（yttrium barium copper oxide，YBCO）超导材料的发现显著降低了零电阻效应的获得成本。但是，YBCO 在本质上是一种氧化物陶瓷，具有很高的硬度和相对较低的断裂韧性，制备过程中不可避免地出现大量的微裂纹，如图 2-4 所示。超导材料在运行过程中均处在极低温、强电磁场极端环境，电磁力和热应力共同作用会引起超导材料的断裂。YBCO 超导块材硬度和脆性严重制约了超导材料的可加工性，导致这一超导材料长期以来应用研究进展缓慢。研究人员提出将脆性的 YBCO 沉积到具有较好力学性能的合金基底，并采用金属包覆以提高这种材料的力学性能的想法，形成了第二代高温超导带材。基于第二代高温超导材料的诸多电缆构型相继被提出，其中最有影响力、已逐步进入工程领域的是圆芯超导电缆（CORC），如图 2-5 所示。

图 2-4　超导块材中存在大量微裂纹 [2]　　　　图 2-5　CORC[1]

第二代高温超导带材不同组分间在低温环境下的热失配和强电磁场环境会导致超导材料承受电磁力和热应力的共同作用。以最常用的饼状超导磁体为例。沿着带材长度（环向）的电磁拉应力使得超导材料产生伸长变形，会导致超导材料的临界电流降低。为了定量描述超导带材的临界电流随应变的退化特征，研究人员根据实验观测引入了可逆应变这个参数。目前，无论是进口的还是国产的超导材料，可逆应变均比较小。如何有效提升超导材料的可逆应变一直是应用超导和力学领域极关注的前沿。在大多数的超导装置中，横向脱层已经成为超导材料最主要的破坏模式，兰州大学周又和等于 2014 年就已提出了超导材料脱层强度的测试方法，可实现对超导材料常温、低温及载流状态下脱层强度的精确测试。

3. 低温下材料力学响应模型研究进展

建立科学、有效的材料低温本构模型与强度理论是力学研究的重要任务。研究者针对材料低温变形与损伤、低温断裂与失效等方面进行了不懈努力。金属材料的低温蠕变力学体系日臻完善，不仅揭示了蠕变微观机制和断裂机理、建立了考虑温度效应的本构关系，还发展了低温蠕变-疲劳耦合作用下的断裂行为分析方法、材料低温寿命预测与结构失效评价方法。在橡胶材料超弹性本构关系方面，研究者建立、发展了众多超弹性本构模型，但对于需求迫切、结构复杂的碳基等复合材料来说，能够描述其低温力学行为的本构模型和强度理论研究仍最具挑战性。多数研究直接利用试验数据和经典复合材料力学相关理论建立宏观唯象模型和准则，其精准度、适用性存在很多问题。

（四）当前面临的需求与挑战

1. 低温力学性能测试与表征技术的局限性

已有的低温力学性能测试装置使用液氮或者液氦作为冷源，只能对特定的温度点进行测量，难以对低温液体温度至室温范围内任一温度进行测量。另外，采用液氦浸泡的冷却方式需要消耗大量的氦气，价格昂贵，难以大规模应用。部分研究机构开始研制基于制冷机冷却的低温力学测试装置，但存在样品温度难以降低至制冷机温度、无法避免制冷机振动影响、降温速率小、难以宽范围控制、样品只能处于单一的高真空环境、真空样品与常压力学形变激励机构之间的连接结构对测量精度存在较大影响等多方面问题。并且，已有低温力学性能测试装置都无法进行液氦温度以下温区的测量，也无法满足部件对渐变温度场分布的测量需求。

2. 低温实验技术低温材料体系的复杂性

服役于极端环境下的新型飞行器要求材料和结构兼具耐低温、高承载等多重功能属性，复合化成为发展趋势。高熵合金在石油化工、制冷等行业极具潜力，如低温冷却装置（核反应堆）、寒冷地区户外作业的机械设备、超低温贮能环等工程。但是国内对于高熵合金制备及其低温力学性能测试的研究都非常缺乏；碳纤维增强树脂基复合材料贮箱通常尺寸大、加工工序多、制造和试验成本高，通过复合化进一步提高其力学性能必然导致材料体系复杂化，材料性能表现出很大的分散性，且与工艺密切相关；因此迫切需要在结构设计和试制阶段，能准确预测其低温承载性能和受压变形模式。

3. 低温条件下材料本构关系及强度理论的挑战性

材料低温力学行为表现出强烈的非线性，甚至低温蠕变行为，但现在还只能从宏观唯象上描述其本构关系，有关低温损伤演化给新型低温复合材料本构行为带来的影响更需深入研究。"温度＋强度"成为固体力学最大的挑战之一，尤其针对低温复合材料在面对复杂载荷条件时表现出多重失效模式，现有工程设计中经常采用的是常温试验获得的简单二向强度准则和有限的低温试验结果，尽管加大了安全系数，但由于复合材料微细观结构的复杂性，仍难保可靠性，且极大降低了结构效率，亟须通过基于不同失效机制、分象限拟合的强度包络线研究，建立合适的强度理论。

（五）未来发展建议

低温材料与结构技术是事关国家安全和国民经济发展的战略性技术，是高速飞行器、高性能推进、高效能源等诸多重要系统的重要基础与保障。低温固体力学能否实现这些系统设计、优化、可靠应用是一个关键基础科学问题，同时是一个具有具有战略意义和需求显著的研究方向。如果这些科学问题得不到解决，将会导致系统设计、关键技术攻关和研制存在很大盲目性，引起较大的结构风险，对安全、可靠服役产生致命性的影响。由此有如下未来发展建议。

（1）开展免液氦极低温力学性能测试装置的研制，研究高效低温传热技术、高效隔热技术、极低温控制技术、多功能形变激励技术及低温可视化技术，实现毫开温度至室温范围内任一温度的力学性能测试；样品多气氛调节、近零振动和降温速率的宽范围控制；样品能够冷却至极低的温度（＜100 mK）；满足样品对均匀/多变温度场分布的测试需求；低温力学参数的高精度测量；样品不同测试环境下的可视化观察。

（2）发展创新性低温测试方法，并高度重视与极端、原位、全场、内部、在线试验和表征技术相结合，以获取更加丰富的信息；充分借助于先进的实验和数值技术，发展能够描述低温本构和失效行为的"多场、多尺度"建模、分析和优化方法，强调模型的试验验证，不断提高预报方法的置信度和精度；加强与低温材料和服役环境相关的不确定性定量化方法研究，发展材料概率寿命预测和损伤容限分析方法；把材料低温行为的理解集成到结构尺度模拟中，实现基于非确定性框架的结构尺度高置信度失效模拟。

第二节　非常规重力场

一、微重力科学

（一）需求引领

从发展宇航技术出发，人类逐步实现了空间环境的利用。空间环境是典型的超常环境。与地面常重力对比，超常重力环境涉及两种极端条件，一种是微重力环境，另一种是超重力环境。微重力环境存在于弱引力场或以引力加速度运动的参照系中。微重力科学（microgravity science）主要研究微重力环境中物质运动的规律、重力变化对运动规律的影响。

1.微重力流体物理科学

微重力流体物理科学研究液体、气体或多相混合物及分散体系等物质在微重力环境（及低重力环境）中的流动、形态、相变及其运动规律和机理。其研究具有极强的应用背景，为空间材料科学、空间生命科学及生物技术、航天医学及基础物理学等研究提供相关理论指导，也为航天器工程设计提供（热）流体管理、动力推进等理论支持。

2.微重力燃烧科学

微重力燃烧科学研究在微重力环境中的燃烧现象、过程和规律。在微重力条件下，可以扩展实验参数范围，探索燃烧极限及未知参数，验证、完善和拓展燃烧理论，为实际燃烧应用提供科学依据。此外，研究微重力燃烧可以掌握载人航天器内材料着火和燃烧规律，认识特定环境中航天器材料的可燃性、火焰的传播特性、火焰及其产物特性等，为航天器的防火安全工程设计提供科学和技术支撑。

3.空间材料科学

空间材料科学研究在微重力、强辐照、高真空、交变温度等空间环境因素影响下，材料形成过程、组织结构、物理与化学性能和使役性能的变化规律及相关机理。通常把在空间环境下开展的材料科学研究分为微重力材料科学和用于构筑空间飞行器等用途的材料在空间环境下的使役行为研究（亦称"材料空间使役行为"研究），后者是考察材料长期在空间暴露环境中的微观组织结构与性能退化行为，是各种材料在航天器上获得成功应用的基础，是航天器长寿命安全运行的重要保障。

4. 空间基础物理

空间基础物理包括空间相对论与引力物理、空间冷原子物理与冷原子钟、空间量子科学、低温凝聚态物理等实验研究领域。利用微重力环境，可以研究一系列最基本的量子物理现象，包括量子统计的验证、量子新物态、量子相变、量子涡旋、物质波干涉、玻色与费米量子气体的强相互作用等研究。该领域的研究将推动物理学的发展，同时发展高精度的原子钟与原子干涉仪，实现高精度物理定律的验证及时间频率的传递。

（二）研究现状

微重力科学受到世界多国的高度重视。许多国家建立了专门的微重力科学研究机构，如德国不来梅大学应用空间技术和微重力中心，美国 NASA 的格伦研究中心及与美国西储堡大学联合成立的国家微重力研究中心，意大利微重力先进研究与支持中心，比利时布鲁塞尔自由大学微重力研究中心，以及一批学校微重力研究团队等。中国科学院力学研究所微重力重点实验室是国内主要的微重力专门研究机构。

1. 微重力实验平台

微重力科学与技术研究包含理论分析、数字仿真和实验研究的结合。长时间微重力实验主要在空间飞行器上进行，地面或亚轨道短时间微重力设施是重要的实验补充手段。此外，地面还常用密度匹配、小尺度相似、悬浮技术等（微）重力效应实验手段。

1）空间飞行器

空间飞行器可提供长时间的微重力环境。返回式卫星（图 2-6）、礼炮号空间站、天空实验室（SKYLAB）、航天飞机、和平号空间站和国际空间站（ISS）是微重力科学实验研究平台。

图 2-6 "实践十号"返回式实验卫星（SJ-10）[3]

2）微重力火箭

火箭停机后的抛物线轨道飞行可获得几分钟到十几分钟的微重力时间，微重力水平可以控制到优于 $10^{-4} g$。欧洲航天局（ESA）的专用微重力系列火箭有 MAXUS（弹道高度 700～720 km、有效载荷 800 kg、微重力时间 12～13 min）和 TEXUS（弹道高度 250～300 km、有效载荷 330～400 kg、微重力时间约 6 min）。2000 年，我国成功发射第一枚固体微重力火箭 TY-3，将 50 kg 载荷运送到 220 km 高度，微重力时间约 5 min，微重力量级 $10^{-4} g$。

3）高空气球落舱

高空气球上升到一定高度后，将携带的舱体释放使其自由下落，可获得十几秒到几十秒的微重力时间。法国、日本开展了多次微重力气球落舱实验；意大利微重力气球落舱（GIZERO）可以实现 20 s 内残余加速度小于 $10^{-12} g$ 的高水平；德国 MIKROBA3 气球落舱系统装备了冷气推进系统，其舱内优于 $10^{-4} g$ 的微重力水平持续时间可达 60 s。

4）失重飞机

当飞机几乎完全关闭发动机沿抛物线自由飞行时，可产生 15～30 s 的微重力时间。微重力水平 $10^{-2} g$～$10^{-3} g$，通常每次飞行做多次抛物线飞行。俄罗斯、美国、法国等都有用大型运输机改装的失重飞机；加拿大、比利时、荷兰、日本等都有用教练机改装的失重飞机；我国曾有用国产 TF-5 喷气歼击教练机改装的失重飞机。

5）落塔（或落井及落管）

通常在设施的顶端将落舱系统释放后使其自由下落，并采取措施减少空气阻力,使落体的加速度接近于地面重力加速度 g。一般落塔(或落井)的微重力水平可以达到 $10^{-4}\,g \sim 10^{-6}\,g$,微重力时间由自由落体的高度决定,通常是 $2 \sim 10\,s$。20 世纪 60 年代起,美国、日本、德国等相继建成了自己的落塔(落井、落管),如 NASA 的格伦研究中心落塔(井)、日本国立微重力中心落井、德国不来梅大学落塔等,我国自 20 世纪 80 年代以来建立了多个落塔和落管系统。

2. 微重力流体物理

早期微重力流体物理以空间流体管理和材料生长中的流体过程为基本研究对象,人们对简单体系的毛细现象、对流和扩散过程进行了大量的研究。研究结果丰富了人们对单一机制作用下的流体界面现象的理解。

随着诸如国际空间站等大型空间设施的建设及深空探测任务的持续开展,国际上开始对有流体技术工程应用背景的复杂流体界面现象的流动过程及重力影响加强了研究。多个国家和地区启动了诸如微加热器阵列沸腾实验、核态池沸腾实验、对流和界面质量交换实验、多尺度沸腾相关研究等国际空间实验研究计划。多相流和空间热管理、复杂流体与颗粒介质动力学研究等已成为微重力流体物理的新内容。该领域的微重力研究涵盖了复杂流体的众多体系,包括胶体、乳状液、凝胶、液晶、磁流变流体、泡沫和颗粒物质等。我国微重力流体物理研究目前已开展了十余项空间微重力流体物理实验。

3. 微重力燃烧科学

国际上,微重力燃烧研究的主要力量有美国、日本、俄罗斯等国家。微重力燃烧基础研究已经涵盖了预混气体燃烧、气体扩散燃烧、液滴、颗粒和粉尘燃烧、燃料表面的火焰传播、多孔材料闷烧等燃烧学科的各个领域。最早的微重力燃烧研究可以追溯到 1956 年日本东京大学利用简易自由落体设施进行的液滴燃烧实验。当前,除了落塔、失重飞机和探空火箭等设施,各主要国家将 ISS 作为开展微重力燃烧实验的重要基础设施,规划出了详细的发展蓝图,在航天器防火安全和燃烧科学基础问题两个方面计划开展大量的研究工作。

我国微重力燃烧的研究起步于 20 世纪 90 年代,积累了广泛的经验,并在一些领域形成了自己的特色。以相关研究为基础，2010 年起有关单位着手制定我国航天器材料可燃性评价和材料选用的首部国家标准。

4. 空间材料科学

自 ISS 建造以来，各国研制了多种空间材料科学与应用研究实验装置，包括 ISS 微重力手套箱、材料科学研究设备柜（MSRR-1）、临界液体与结晶研究装置（DECLIC）、空间动态共振超声矩阵系统（SpaceDRUMS）、空间超高温合成材料装置（SHS 或 SVS）、日本希望号实验舱中温度梯度加热炉（GHF 或 Kobairo）、ESA 和德国宇航中心（DLR）合作研发的电磁悬浮装置（EML）、日本希望号实验舱里静电悬浮装置（ESL）、俄罗斯的多区电真空炉（MEP-01）。空间材料使役行为研究装置有 ISS 材料实验台（MISSE）、NanoRacks 外部载荷平台（NREP）、ESA 成员国意大利研制并安装在哥伦布实验舱外的欧洲技术暴露实验装置（EuTEF）、俄罗斯联邦航天局（ROSCOSMOS）星辰号服务舱外 2 个外部暴露平台。

国内相关单位开展了高温材料实验装置、空间溶液晶体生长装置、落管模拟空间无容器与微重力环境、电磁悬浮模拟空间无容器环境等研制工作。先后利用我国返回式卫星进行空间材料科学搭载实验及载人飞船阶段的空间材料科学实验。中国科学院空间应用工程与技术中心研制了空间微重力环境下的 3D 打印技术和设备，并进行了失重飞机微重力环境增材制造验证试验；2020 年 5 月 8 日，由中国空间技术研究院 529 厂研制的"复合材料空间 3D 打印机"及其在轨打印的两个样件随中国新一代载人飞船试验船返回舱成功返回，这是国际上第一次在太空中开展连续纤维增强复合材料的 3D 打印实验。

5. 空间基础物理

超冷原子技术的发展使得人类成功获得玻色-爱因斯坦凝聚（Bose-Einstein condensation，BEC），西方发达国家相继投入研究力量全面展开这一前沿领域的探索。为了验证空间实验的激光系统及玻色-爱因斯坦凝聚系统，德国宇航中心还组织了 FOCUS、LASUS、MAIUS 项目，验证集成激光与光学系统的可靠性，铷玻色-爱因斯坦凝聚系统的可靠性，以及铷、钾玻色-爱因斯坦凝聚系统的可靠性。法国利用抛物飞机开展微重力下量子气体实验，利用玻色-爱因斯坦凝聚体作为工作物质（物质波），形成干涉仪，进行等效原理的验证。

我国冷原子物理研究有较长的历史。1979 年，中国科学院上海光学精密机械研究所成立了我国第一个冷原子研究组。近年来，我国的超冷原子物理实验有长足的进步，取得了显著成果。我国空间站部署了超冷原子实验柜和冷原子物理研究，开展了系列前沿科学实验。利用空间站的微重力条件获得超低温的量子气体，开展量子模拟为主题的科学实验是我国超冷原子物理平台的特色。

（三）近期重点问题

我国微重力科学的发展目标是总体上进入国际先进水平，在基础物理重点方向、微重力流体燃烧和空间材料科学的新兴重点和优势方向实现科学突破，或达到国际领先水平。同时积极推进相关知识、技术研究成果的转移转化，为我国高新技术发展，产业升级，以及环境、资源等经济社会发展中面临的问题做出显著贡献。

1. 微重力实验平台

微重力实验平台、设施建设方面，一类是低/微重力环境模拟设施，包括大型月球、火星低重力模拟平台，为我国深空探测服务；长时微重力实验设施，如多功能大型落井/落塔设施、大型抛物线失重飞机、浮空器/微重力落舱组合设施和微重力探空火箭等系统化的平台体系，以及其他新技术、新概念、新设施。另一类是微重力实验设施构建，发展低/微重力科学与技术中心，在全国形成优势互补、比较集中完整的几个科学研究体系和技术支撑中心。

2. 微重力流体物理

微重力流体物理要解决的关键科学问题有：流体界面动力学及条件耦合机制；接触角、接触线及与材料表面物性、结构的关联性；流动不稳定性及诱导机理；转捩途径、混沌动力学；有蒸发、冷凝相变耦合的传热机制；不同重力水平中的多相流流型及相分布规律；不同形态多相流传热、传质规律；胶体晶体自组织及相转变机理；微重力环境中颗粒流体气-液相分离行为；分散体系聚集行为。

3. 微重力燃烧

微重力燃烧科学要解决的关键科学问题有：近可燃极限层流火焰结构和稳定机理；扩散火焰碳烟机理；液滴和液雾燃烧及冷-热火焰的机理和理论；湍流与火焰相互作用及湍流燃烧模型；固体燃料燃烧和气化过程的相关机理；燃烧反应动力学和燃烧模型；航天器火灾预防、探测和灭火的基础问题。

4. 空间材料科学

微重力材料科学方面要解决的关键科学问题有：化合物单晶生长与凝固过程中的扩散、组分分凝及化学配比控制；晶体生长方向、生长速度与生长界面形状及界面稳定性；非接触（脱壁）法晶体生长中的对流形态与生长界面的稳定性；晶体生长或凝固过程中的杂质、气泡等缺陷的包裹与逸出；外场作用下晶体生长或凝固过程中的气相/液相输运过程与界面形态；生长界面失稳与生长形态演化热力学和动力学；过冷熔体中的相选择机制与过冷熔体结构弛豫的关联、热力学与动力学效应与机理；复合胶体晶体中超点阵结构形成与选择性占位；相分离体系中分离相的马兰戈尼（Marangoni）运动、界面能对液滴的长大和聚集的作用；燃烧合成材料中的亚稳组织结构形成机理与缺陷控制；微重力下熔融矿物体系中反应产物的聚集与分离；熔体中组元扩散方式及扩散系数的准确测量；高温熔体物理性质测量与研究。材料空间使役行为研究方面要解决的关键科学问题包括：材料在空间环境中结构及性能演变机理；材料在使役中的老化与脆性防止机制；材料在空间环境中适应性和自修复性能与满足空间环境应用的多功能材料设计。

5. 空间基础物理

空间基础物理要解决的关键科学问题有：超冷分子的形成过程和冷原子的相互作用，二维量子简并气体系统的量子磁性和量子相变等；更高精度验证广义相对论的等效原理、引力红移问题，通过寻找非牛顿引力而发现新的相互作用力。

（四）小结

目前中国航天科技高速发展，中国空间站于2022年底全面建成，多个微重力科学实验平台将成为新科学问题和新技术研究实验的重要基地；中国探月工程已实现月面软着陆探测，载人探月计划已经启动；可重复使用返回式卫星、微小卫星技术已经成熟，微重力物理科学研究迎来了前所未有的发展机遇。一方面，微重力流体物理科学应该围绕基础科学问题开展深入研究，在微重力这个特殊的平台上建立基础研究模型，探索最基本的物理规律；另一方面，以解决实际的工程问题为目标，通过空间科学实验，提出突破工程难题的新技术，为航天工程等领域贡献力量。

二、超强重力场

（一）需求引领

星球由于具有不同的自重和转速，常常会导致其具有不同的自身引力和离心力作用，从而产生不同的重力场，强度通常用重力加速度表征。一般来说，地球的重力是宇宙中已知的"最微弱"的作用力，在日常并不会影响物体内部的特性。然而，当物体处于异常重力（尤其是超重力）环境时，重力效应会对物质的材料-结构多尺度力学行为及本构产生不可忽视的影响。超重力效应的一个重要特征是对宇宙物质中具有不同质量或密度的相产生不同的作用力，从而加速物质中多相介质之间的运动和演化过程。该特征为研究超重力环境下多相介质力学行为和运动规律提供了独特的理论价值和工程实践意义。

超重力科学研究主要涉及多相介质输运及相演变机制、高温-高压-超重-化学-传质多场耦合、时空多尺度力学理论、生命体中生物组织变形规律、大型先进实验设备及测试技术等多个领域的交叉与渗透。发展超重力科学不仅可以促进我国力学学科前沿的理论创新，建设引领未来国际力学发展的新增长点；而且可以结合国家重大需求，如载人航天、环境灾害、能源开发、生物医学等诸多领域，提供新技术、新仪器设备等新型力学方法与手段。

（二）研究现状

对超重力现象或效应的研究一直备受关注。从早期研究人员在牛顿万有引力理论体系下研究天体物理到现在世界各国纷纷建造大型离心物理实验设备，人类对于极端超重力环境下物质的力学、物理等特性进行了长期的探索，并取得了一定规模的进展。

1. 超重力环境下的材料损伤及制备

在超重力极端环境下，材料的变形等力学响应会发生异于常规重力环境的变化。材料宏观形式的破坏往往是从细观结构内部开始的，超重力效应会加速材料细观结构的改变，并且促进材料的应力集中效应并产生微观损伤的萌生和扩展，最终形成一个"自下而上"的多尺度破坏联动机制，直至发生结构的损伤甚至失效。金属等材料的微细观演化机理是理解超重力等极端环境中材料强度和破坏的基本难题之一，涉及复杂荷载情况下几何非线性、材料非线性及边界非线性的强非线性耦合问题。上述非线性多尺度问题同时伴随着电-磁-热-力多场耦合。因此，如何建立较精确的多场耦合本构关系、强度理论及高效的多尺度算法成为本研究的主要挑战。

研究表明，可以利用超重力效应对航空航天所用到的合金材料的细观结构进行改变，提高其宏观结构性能。在合金制备过程中，施加超重力效应加速金属元素沿着重力方向的运移，有效降低孔隙率，增强材料的有效性能。同时，合金熔体各组分差异较大，超重力效应将形成远大于常重力条件的相对运动驱动力分离效应。另外，超重力效应为制备新型功能梯度合金提供了新的思路。在高温高压真空等环境中，不同种类的金属材料以特定的比例熔化混合，在超重力场的作用下，熔融金属内的传质过程得到极大的强化，原子受超重力作用，各相占比发生变化，甚至出现新材料。同时，在析出过程中，会形成在超重力方向上呈梯度状的合金材料[4]。

2. 超重力环境下生命体的反应机制

在超重力作用下，生命体会产生与常/微重力环境不同的反应机制，主要原因可归于生命体内部细观结构的变形效应，以及身体内部的传质、能量输运规律的改变。另外，超重力环境下生命体的反应主要表现在航空航天领域。比如，飞机驾驶员在驾驶飞机时急速转弯/爬升的过程的离心力使身体的血液会从头部向下肢流动，进而导致脑部缺氧及暂时性的意识丧失的过程。另外，长时间暴露在超重作用下的老鼠的骨微结构的体积和密度及其形态都有不同程度的变化。暴露于超重力环境的植物的生长特点、内部结构、光合作用及细胞增长率有着明显的升高。

超重力生命体研究主要应集中于生命体组织在微纳尺度上的力学行为实验和建模。生命体材料的基本研究单元从纳米到微米尺度不等。超重力作为不可忽视的体力会引起生物微结构异常的变形情况，发生在微纳尺度上的力学行为往往受到不同物理机制的影响。另外，生命体研究涉及力学变形-传质-导热-化学反应多场耦合响应。因此如何通过不同尺度生物体组织的组成、结构及功能之间的力学建模，并形成各尺度之间的跨尺度关联，进而揭示超重力环境对生物体组织的多项特性，便构成了超重力环境下生命体研究的重要挑战，并为极端环境下生物体的疾病预防、仿生器件的应用提供新的视角。

（三）近期重点问题

1. 高温高压超重力环境多场耦合力学

高温高压超重力环境不仅可以描述地球深部多相介质的多场耦合环境，而且被用于合金等材料制备过程。多相介质在高温高压超重力环境的运动及相变过程是晶体等材料科学研究的重要组成部分。超重力及高温高压环境下晶体的凝固涉及传质、传热、对流、扩散、热力学、动力学等问题，通过研究该问题，可以分析和了解材料微结构的组织与缺陷、结晶状态及结构缺陷等信息。更重要的是，研究发现，可以针对金属材料的实际控制需求，改变重力场或者施加新物理场（如电磁场）来改变传质、传热、对流扩散等效应，从而得到理想的晶体组织。另外，在超重力作用下，较重的金属元素将沿着重力场方向加速运动，不仅加速了合金等金属材料的凝固过程，而且可以减少材料内部的细观缺陷，为制备高性能金属材料提供了有效的方法。

2. 超重力环境下的传质问题

传质即为质量点对点的迁移过程，分为两种基本方式——对流扩散和分子扩散。超重力作用下多相介质的对流效应，为具有不同密度的多相介质提供了超强驱动力，使得压力梯度分布更加明显，极大提高了物质、元素的传递速率。而分子扩散的代表性例子是岩土和环境工程中的污染物渗透问题。根据超重力效应的缩时缩尺效应，超重力作用下的不同重量的原子承受不同体积作用力，会形成不同的扩散速度和行为。因此研究人员可以采用超重力加速研究污染物长期运移规律。

3. 超重力多场耦合及多尺度本构行为

超重力科学涵盖力学-热学-化学-生物学多场耦合力学行为。同时，超重力环境下的研究对象的特征尺寸、时间、材料属性等多个方面均跨越多个数量级，涉及宏-介-微/纳观多尺度模拟。因此，需要建立基础力学本构及数学模型用于支撑超重力科学的发展。传统常/微重力科学认为重力效应大小一般不会影响固体材料的内部变形情况，因此描述材料的力学本构行为及变形时往往忽略。然而，重力效应增大到一定程度时，作为体力会对材料内部的变形产生不可忽视的影响，甚至加速材料微结构的损伤过程。同时，超重力效应会加速不同介质之间的对流、传质、传热效应。研究该环境下液-固多相介质的运动规律，不仅要考虑到连续介质流体对非连续介质固体的作用，还要考虑到非连续介质的反作用力。此外，超重力作用对流体中的压力梯度也会产生作用。

4. 超重力环境下生物组织的生长规律

超重力场对于生命体有着巨大的作用。研究发现，长期处于超重力环境或者短期受到高强重力加速度冲击的生命体都会发生细观结构变形、组织分离、血液和营养物质传输异常等现象。一方面，超重力或超重力梯度环境对生命体的正常机能造成损伤；另一方面，超重力作用改变生命体的营养输送、废物排泄及化学信号传递等物理和化学过程。两种方式都会改变生命体的生存和发展状况。因此开展生命体中的生物组织在超重力环境下的力学、物理、化学规律研究将揭示航天员在极端环境下的生理阈值，并面向我国航天事业进行"深空探索"等重大需求。

5. 超重力缩时缩尺理论

超重力为大时空尺度模拟提供理论基础。星体和地球地质衍变、岩土体灾变、海洋运动、生命体组织长期演化等复杂系统的研究需要进行缩时或缩尺理论和实验研究。随着物理尺度缩小，物理模型与原型的差异会愈发加大，无法准确还原原有的应力状态。因此需要引入与尺度缩小相对应的超重力场作为体积力施加到缩尺模型上。超重力效应可以加速物质内部元素的运移过程，大大提升元素的运移速度并缩短其运移时间。因此超重力缩时缩尺效应为我们理论或物理研究超大时空的物质运动规律提供了高效的手段。我国地缘广阔、地质复杂、灾害频发。超重力缩时缩尺效应将为我国面对如"高原东部深部物质结构构造及动力演化过程"、岩土大规模灾变、生命科学等一系列重大科学问题提供研究手段。

（四）小结

超重力力学紧扣科学前沿，涵盖流-固耦合力学、多场耦合力学、时空多尺度力学及跨尺度关联、微纳米力学、生物学、环境力学、实验力学等多个力学与工程领域。超重力科学又是一项多学科交叉的探索，需要力学、数学、物理、材料、生命、工程等多个学科的支持和发展。发展超重力力学将推动力学学科发展新概念、新理论、新技术。

第三节　超强电磁场

一、需求情况

电磁场广泛存在于人类生存的物质世界，与其相关的电磁场理论是众多科学研究和工程应用的理论基础。超强电磁场环境是在大科学工程及装置的需求牵引下持续发展的，在自身发展的同时也促进了极端环境大型装置设计和研制能力的有效提升。例如，在热核聚变反应堆、高能加速器和核磁共振成像系统等磁体装置中，超导磁体能够传导高的电流并产生极强的磁场，从而实现稳定可靠的高磁场环境。在航空航天及国防军事等诸多领域，电磁轨道炮能够实现电磁能与动能间瞬时高功率转换。随着超强电磁场研究的深入，众多新的规律和新的现象不断被发现，其不仅对传统力学研究的理论及方法提出了新的要求和挑战，而且也拓展和丰富了固体力学的研究内容和框架，形成了电磁固体力学这一新的研究领域，为相关的大型科学工程与装置提供了有效的支撑。

（一）超导材料及磁体

1911 年，荷兰科学家发现了超导现象。与普通的金属导体相比，超导材料因能够在极低的温度环境下具有无阻载流的特性而备受关注。由于超导同时具有特殊的迈斯纳效应及宏观量子干涉效应等电磁性质，其在科学研究、生物医学、能源及交通等领域有广泛的应用前景。1987 年，高温超导材料的发现极大地推进了超导材料工程应用的发展，目前已经发现的超导材料有一万多种，而具有实用化前景的超导材料仅有 Nb_3Sn、NbTi、高温超导体带材（REBCO）、MgB_2 和 Bi 系等少数几种。我国赵忠贤院士领衔先进铁基超导材料研发，其在高场条件下的性能测试中显示出较为优异的性能。

　　超导材料属于典型的极端材料，其工作的环境为极低温（液氮或液氢）、高电流和强磁场。首先，超导在运行时承受着热残余应变及电磁体力，复杂载荷作用下超导材料极易发生断裂破坏；其次，超导的性能不仅与电流、磁场和温度密切相关，极端使役环境下的力学变形也会显著影响超导的电磁行为，因此超导材料和结构中与力学响应相关的功能性和安全性问题已成为高场超导磁体研制中的核心问题。我国参与的国际合作项目——国际热核聚变实验堆（ITER），计划通过超导磁体产生的强磁场来约束高温等离子体的流动，进而实现可控核聚变。中国聚变工程实验堆（CFETR）项目已经于 2017 年正式启动了工程设计，是我国自主设计和研制的重大科学工程项目并计划在未来建成聚变工程实验堆，超导磁体系统是聚变堆的核心部件，极端条件下超导力学的研究能够有效支撑和推进中国聚变堆磁体的研制。

（二）电磁轨道炮

　　电磁能是当今世界能源存在的主要形式之一，实现电磁能到动能的高效转化是目前人类科技的重要方向。为了揭示电-磁-热-力多场耦合极端冲击条件电磁能与材料相互作用时空演化机理，构建电-磁-热-力多场耦合极端冲击条件电磁能装备科学基础，形成代表世界电磁能技术水平的战略科技力量，我国于 2020 年特别设立极端条件电磁能装备科学基础重大研究计划，以明确表明对强电磁场下电磁能装备结构及材料构效关系与极端力学行为等基础研究的迫切需求。

　　电磁轨道炮可实现电磁能与动能之间瞬时高功率转换，主要由导轨、电枢和脉冲电源组成。电磁轨道炮发射期间，导轨和电枢结构中将施加上兆安的电流，由此产生极高的温度和电磁力作用于发射结构及材料，引起超常规力学响应。但是面对高温、绝热、强脉冲电流、强磁场、高速摩擦等超常条件同时作用，通过常规实验测量电磁轨道炮内部的极端磁场和力学行为十分困难，且现实研究中往往将其简化为常规电磁场环境，导致所得结论与真实情况相差较远、缺乏有效的理论指导和解决方法，严重制约着电磁轨道炮性能的进一步提升。因此，迫切需要深入研究电磁轨道炮材料及结构在极端强磁场下的力学响应及性能，通过准确合理的极端力学建模与可靠有效的定量分析，实现电磁轨道炮动态性能安全评估，满足极端条件多场耦合服役需求。

二、研究现状

（一）超导电磁固体力学研究现状

多物理场耦合作用下超导的极端力学行为已得到研究人员的广泛关注。由于超导具有零电阻特性和极特殊的强非线性电磁本构关系。极端环境下多物理场之间的耦合特性，使得超导在运行中会出现临界电流退化、断裂、交流损耗、热稳定性等显著的非线性力学问题，并由此导致极高磁场环境下超导电缆及磁体中复杂的力学响应。

1.超导的本构强非线性及多场耦合特性

超导具有非常特殊的零电阻特性，在不同的电流大小条件下内部会出现磁通流动和磁通蠕动现象。超导的本构关系通常采用具有强非线性特性的 E-J 本构关系，即

$$E = E_0 \frac{J}{J_c} \left| \frac{J}{J_c} \right|^{n-1}$$

式中，J_c 为超导的临界电流密度；E_0 为超导的临界电场强度；n 为磁通蠕动指数，n 越大，表明磁通蠕动越慢，超导的抗磁性越好。基于该非线性关系，超导体中的电场会随着电流的增大出现类似跳跃增长的性质，不仅体现了超导体与普通导体的显著差异，而且造成了超导体具有极为特殊的电磁性质。

超导材料工作在低温、强磁场、大电流等极端条件下，自身具有显著的多场耦合特性。超导临界电流会受到磁场和温度的影响，随着环境温度和磁场的升高，临界电流呈现非线性的下降趋势。对于超导带材，临界电流和磁场之间同时具有各向异性的特点。目前研究人员已经测试了不同类型 REBCO

超导材料在不同磁场角度下临界电流的退化规律。

超导性能除受到磁场、电流和温度的影响外，还会受到力学变形的影响。不同超导材料临界电流的应变相关性被研究人员广泛报道，当 REBCO 超导带材中的应变超过某个临界值时，超导的临界电流会发生不可逆的退化，严重影响功能性，由于相关的机理较复杂，且不同类型超导材料的变化规律并不一致，目前仍未有统一的理论模型能够有效表征实验结果。

2. 超导材料的断裂行为

超导块体产生磁场的机制与永磁体不相同。超导块体内的磁场是由无阻的感应电流产生，随着临界电流的上升和块体尺寸的增大，超导块体内能够俘获更高的磁场。2003 年，Tomita 和 Murakami 在超导块体中实现了 17.24 T 的俘获场，环境温度为 29 K。2014 年，剑桥大学的研究团队在 26 K 的环境温度下，实现了在 GDBCO 超导块体中高达 17.6 T 的俘获场。将外加场上升到 18 T 时，超导块体受到高的电磁体力发生断裂从而失去俘获磁场的能力。与超导块体相比，超导带材及线材中的断裂问题更为复杂，目前已有大量相关失效行为的实验报道。研究发现超导带材在高电磁力下会发生超导层的断裂、不同形式的层间分离及屈曲失效等。大量研究表明外载荷作用下线材内部会发生芯丝的断裂和芯丝与基底之间的脱黏等失效形式。超导材料中的断裂行为直接降低了超导的局部载流能力，同时会降低复合材料的承载能力及可靠性。因此断裂对超导材料产生多重影响，危害到超导装置的稳定运行，需要相关理论及实验测试，实现断裂行为的有效预测。

3. 超导的交流损耗及热稳定性

交变电磁场环境下超导内部会感应出电场，并产生大量的交流损耗。超局部损耗会引起内部的温升，因此交流损耗对超导的制冷能力提出了更高的要求。交流损耗与超导的几何尺寸及结构相关，为降低交流损耗，在制备的过程中单根芯丝的尺寸在微米级别，并且需要采用螺旋结构，而多根超导线材仍然采用扭绞结构；超导带材也采用类似的方法来降低交流损耗。根据交流损耗产生的机理，可分为磁滞损耗、涡流损耗和耦合损耗等。实验中测量通常采用电测法、磁测法和热测法等。交流损耗带来的影响与危害巨大，会诱发超导的热不稳定，即磁通跳跃甚至失超。不稳定性的机理是与超导的多场耦合特性密切关联的,当损耗产生的热量无法及时有效传导时,局部温度升高会导致临界电流密度下降,造成内部磁通的运动产生更多的热量并形成持续的正反馈效应。

超导复合材料中的交流损耗依赖于电流及磁场的频率和大小,并且损耗功率也与铁磁介质及磁场的方向等相关。真实电缆及磁体结构具有复杂的结构及电磁载荷,因此交流损耗及热稳定性的精确计算仍然亟待有效的计算方法和计算能力。

4. 超导磁体的关键力学行为

常规线圈通常是由铜制备而成的,铜线圈受自身电阻的影响会持续发热。为产生较高的磁场,铜线圈的尺寸需要不断增大,产生的热量也会明显上升。超导线圈相比于铜线圈具有较显著的优势。一方面,超导材料具有较高的载流能力,能够有效减小体积和重量;另一方面,超导在低温环境下的无阻载流特性,在稳定运行时可以极大地减小磁体内部的热量。

近年来,随着高场超导磁体的设计与研制能力的提升,基于超导材料的高场超导磁体的磁场峰值不断被刷新。研究人员对45.5 T强磁场超导磁体中的应力进行了估算,最大环向应力值已经接近于拉伸的极限载荷。因此,更高场研制过程中制约超导磁体的瓶颈是与之相关的力学问题,如磁体强度及安全性、磁体高应变条件下超导的性能退化等。

高场超导磁体中的力学载荷主要有:首先,超导材料制备温度高,而运行温度为极低温,巨大的温度差引起高残余热应力;其次,超导磁体结构采用的超导材料在绕制过程中需要施加预拉伸载荷及弯曲载荷;最后,外加磁场使得超导磁体内部产生巨大的电磁体力。超导磁体结构在低温运行时受到热应力、装配应力及电磁体力的共同作用,电磁体力随着磁场的增大而显著增强。针对高场超导磁体中的力学响应,已经开展了较多的理论研究,但由于磁体结构复杂,已有研究主要基于简化或等效的理论模型。为实现更高的磁场,仍有待在多物理场的耦合机制及多尺度力学建模等方面开展进一步的深入探索,为发展极高电磁场环境下的力学理论框架创造了新机遇。

(二)电磁轨道炮关键力学行为

电磁轨道炮结构及材料受到的极端强电磁场冲击加载特点为极高功率、

极短时间、极大电流和极高速度，强电磁产生的焦耳热可在瞬间生成高温，材料甚至到达熔点，且热量无法进行传导，使得发射材料经历绝热、非平衡、非均匀、短历时特征的高温环境。在强电磁脉冲载荷下，电枢在发射瞬间被高速挤进导轨，枢轨之间存在滑动接触压力，材料表面形成局部剪切带，应变率高于 $10^4\,s^{-1}$ 量级。强脉冲电流和强时变磁场对金属物态变化、材料本构特性的影响，以及强电磁力和高速摩擦滑动对导轨与电枢材料损伤的影响等方面仍需更深入的研究。

强脉冲电流和强时变磁场对金属物态变化产生影响。研究发现，脉冲电流在金属内部引起高位错密度，影响材料中蠕变、相变等固体物态变化过程。强电磁力使得发射结构中产生极高振幅应力和应变的轨道共振，发射界面出现电-磁-热耦合和流-固耦合复杂行为，尤其强脉冲电流导致界面材料更易发生机械损伤和局部高温熔化，使得发射金属材料经历瞬时固-液熔化、液-气气化等物态转化。强脉冲电流和强时变磁场也会对材料本构特性产生影响，现有研究表明，强时变磁场可以通过与材料内部位错芯的电子和原子结构及钉扎中心的相互作用，影响位错运动，进而改变材料的本构特性。

强电磁力和高速摩擦滑动对导轨与电枢材料损伤产生影响。研究发现，两者产生的枢轨界面接触高应力引起材料相互冲击并发生受电磁场影响的损伤过程，大量损伤材料分散在材料界面引起二次损伤，位移变形呈现非连续性。在强电磁场作用下，磨损材料的体积会随着温度的增加而增大，导致其界面失接触，进而产生大量强磁场等离子体电弧烧蚀内部材料，加剧材料及结构损伤和破坏。

三、研究进展

（一）超导电磁固体力学研究进展

1.超导多场耦合行为研究

针对超导的电学-磁学-热学-力学多物理场耦合特性，研究人员给出了不同物理场之间的相互作用机理。首先，超导体在制备、冷却及运行过程中都会受到力学载荷的作用，为了表征应变导致的临界电流的退化特性，周又和课题组基于修正的金兹堡-朗道自由能，得到了拆对临界电流密度与应变之间的解析关系，与实验结果的规律定性一致。随后，进一步建立了临界电流的退化模型，推导出具有明确物理意义参数的解析公式，解析解与自场条件下 YBCO 带材的实验结果良好吻合。

其次，超导与传统压电等电磁材料的主要区别之一即其电磁性质强烈依赖于环境温度。局部热扰动会导致临界电流下降和超导内部的磁热不稳定现象。周又和课题组定量表征了超导块体磁化过程中磁通跳跃的实验结果，给出了温度和磁化曲线的跳跃现象，揭示了环境温度和加载速率对磁热稳定性行为的影响。另一方面，由于高温超导体在失超过程中传播速度较低，其检测和保护一直是工程应用中的难点。王省哲等提出了基于热应变的失超检测方法，与常规检测方法相比，该方法具有更高的精度和灵敏度。

2. 超导断裂行为研究

受到较高电磁力和热应力的共同作用，超导块体、带材等结构中均存在着断裂问题。裂纹不仅会降低超导体的强度，而且会改变超导体中电流及磁场分布进而影响超导的电磁特性。周又和课题组建立了超导块体中的裂纹问题的理论模型，研究了场冷及零场冷磁化条件下裂纹尖端应力强度因子的变化规律。此外，研究人员基于有限元和近场动力学等方法对块体内部的裂纹问题进行了深入的探索。当裂纹与屏蔽电流的方向不平行时，块体内的裂纹也会影响超导内电流及电磁体力的分布，因此裂纹长度增加时会从直接和间接两个方面改变应力强度因子，相同外场条件下应力强度因子随着裂纹长度增加会体现出非单调的变化规律。

3. 高场超导磁体的非线性力学研究

超导磁体中的力学特性具有多物理场和多尺度的特征，具有更高的复杂性且备受工程人员关注。CICC 中含有上千根超导股线，具有介于连续体与非连续体之间的特殊结构，直接采用有限元方法进行数值求解具有较大的困难。兰州大学超导力学研究小组基于离散元法（DEM）建立的 CICC 的数值模型，将超导股线之间的相互作用通过弹簧进行表征，研究了电磁载荷作用下股线之间的接触特性。研究小组对经典的弹性细杆理论进行了推广，发展了处理 CICC 中多级扭绞结构的多层级理论模型，给出了从高层级结构到超导股线和芯丝级别的应变递推关系。

此外，Nijhuis 课题组结合超导带材组分材料的弹塑性关系，基于有限元方法系统研究了 CORC 制备、缠绕及弯曲载荷共同作用下的力学响应。随后，高原文等深入研究了带材的几何尺寸、预应力及螺旋角度等对缠绕过程中力学行为的影响，分析了电缆内带材之间的接触应力。关明智等考虑了磁体内部的力-磁耦合特性，从力学角度对超导磁体进行了优化设计。与常规的铜线圈相比，超导线圈在磁化过程中产生高的屏蔽电流。夏劲等研究了屏蔽电流对高场线圈中力学行为的影响，结果表明忽略屏蔽电流会造成预测应力出现显著的偏差。

由于高温超导材料较低的失超传播速度，难以对大型超导磁体进行及时的失超检测。美国麻省理工学院 Iwasa 研究小组提出了无绝缘线圈的设计方案，在局部失超时超导线圈中的电流可以绕过热源沿着径向流动，从而提高了线圈的自保护能力。Schwartz 课题组利用等效电路模型研究了无绝缘线圈在失超过程中的电流和温度变化，分析了无绝缘线圈的自保护机理。随后，周又和课题组给出了无绝缘线圈在失超及恢复过程中温度变化引起的应力及应变，超导局部失超区域的应变会发生显著变化，这可能影响结构的安全性和稳定性。

（二）电磁轨道炮力学问题研究进展

1. 强电磁场对金属材料本构关系影响的研究

在强电磁场下，电磁轨道炮发射金属材料力学特性将会受到电流的影响，体现为电塑性效应。基于量子理论和位错热活化塑性流动的概念，学者从微观角度研究了电塑性效应的机理。通过有限元方法解耦热效应和电效应，得到脉冲电流对力学性质的影响，给出同时考虑了焦耳热效应及脉冲电流产生流动应力响应的本构模型，但其解耦方法在本质上是电效应和温度效应的线性叠加，可能导致模型只在特定值的范围内有效。Wang 等建立了同时考虑焦耳热和电塑性效应的唯象模型，并将整体热效应分成焦耳热和脉冲电流产生的晶粒内部微观热，由此建立了复合模型，但是在高电流密度下该模型仍然存在偏差。有学者基于实验结果，在 Johnson-Cook 模型中考虑了电流对硬化的影响及热软化行为的函数，提出了描述电塑性变形行为的经验公式，但是缺乏在强电磁场作用下金属材料微观机理演化的描述，因此定量描述强脉冲电流下应力-应变关系的模型仍十分有限。

2. 电磁轨道炮电-磁-热-力多场耦合建模研究

轨道炮中需要解决电场、磁场、温度场、应力场耦合问题，很多学者使用多物理场模拟软件和有限元分析软件对导轨和电枢的电流、磁场、温度场和应力场的分布进行模拟。但是采用商用软件模拟或简单电路模型分析，难以实现多物理场的全耦合。针对多场耦合建模问题，学者们开始使用有限差分法、有限元法等数值方法对导轨和电枢的电流密度分布、电磁场、温度场和电磁热量生成进行研究。通过开发电磁能装备发射耦合数值模拟程序，研究了发射过程中电磁力随发射过程的变化，但这些工作没有涉及多场间的耦合作用。考虑电磁轨道炮发射中的极端强磁场影响，郑晓静课题组建立了描述电-磁-热-力强耦合的数值计算模型，可定量分析发射结构在强电流下的强电磁场分布及力学损伤特征[5]。

四、展望

（一）面临的力学挑战

目前，极高电磁场环境下的力学行为仍然以简化模型及正问题的研究为主，未来将开展理论-实验-数值仿真有机组合的研究，以实现电磁装置稳定、安全及长效服役为目标。

1. 超导性能的力学敏感性

超导的临界电流呈现力学敏感性。不同外磁场下力学应变引起高温带材的临界电流变化规律不同。由于低温及强磁场环境对实验条件具有极为苛刻的要求，实验研究目前主要集中在单向拉伸或弯曲载荷等条件下的测试，因此缺乏多轴及复杂载荷下临界电流退化的实验结果。超导磁体在极端环境下工作时，受到电磁力和预应力等多种载荷的共同作用，且自身为多组分的复合材料，因此超导体所处的应力状态非常复杂。简单利用单向拉伸载荷下临界电流与应变的关系，无法有效表征电磁性能的变化。此外，因为超导临界电流退化的不可逆性及退化规律受到外场条件的影响，需要研制具有更多功能及测试范围的电-磁-热-力多物理场耦合实验装置，通过大量的实验确定多轴及复杂载荷状态下临界电流与应变之间的普适关系。

2. 超导电磁本构的强非线性

超导电磁场的高精度数值计算可以有效揭示超导材料及结构的多场耦合特性。尽管很多电磁材料都表现出非线性特征，但只有超导材料的电磁本构表现出明显的突变性。

相比传统的电磁材料，超导的非线性电磁本构关系使得高精度电磁场的数值计算具有更大的复杂性和困难。首先，非线性 E-J 关系中的指数 n 为 21 时，通过指数关系所得到的电场 E 的误差会接近 20%。其次，较高的指数 n 使数值计算收敛的复杂性显著提升。最后，超导的电磁性质具有特殊的路径相关性，电磁场分布依赖于电流和磁场的加载路径。超导的强非线性电磁本构与传统连续介质力学理论存在着较大的差异，已经成为制约有效评估超导磁体性能的关键难题，迫切需要发展有效的非线性计算方法。

3. 超导极端力学行为的反问题

与其他电磁材料类似，超导中也存在着大量的反问题亟待解决，目前研究多集中在基于电磁场分布的磁体优化设计等。广受关注的反问题之一为失超探测。大型磁体结构失超发生的位置与时间具有不确定性与随机性，只有通过检测电压、温度或应变的变化来对失超进行预报和检测。虽然已经提出了多种检测手段，但由于失超发生的时间通常为毫秒级别甚至更短，需要对探测技术的灵敏度和精度进行提升。超导中存在裂纹或缺陷时会直接改变超导内的电流和磁场分布，也会影响电磁体力的分布、超导局部的热量分布及裂纹尖端区域的力学响应。由于超导运行环境的特殊性，需要对常规的探测方法进一步发展和改进，结合多种物理变量对裂纹进行探测才可能有效提升探测的准确性及精度。

4. 强发射环境下材料本构的强非线性

电磁轨道炮极端力学行为建模研究的难点不仅在于多场耦合的强非线性，还在于强电磁影响材料的本构关系和物态演化，使宏观力学性能发生显著的变化。目前对于强电磁发射环境对材料本构关系和物态演化规律的研究还不够深入，缺乏非线性本构关系理论，对材料服役性能的各参量时空演化规律和机理认识不够准确，忽略了众多因素后利用有限元法进行了大量的重复计算，因此需要建立电磁能装备材料极端条件非线性本构关系和材料物性的精细描述模型，探索极端强电磁环境与发射材料相互影响机理。

（二）近期重点问题

1. 超导结构电磁场的数值计算方法

为了处理不同超导结构电磁场特性，研究人员已经发展了多种超导的电磁场计算方法。然而，当前超导电磁场的数值计算仍然集中于二维结构或简单的三维结构。首先，受限于超导的强非线性本构关系，复杂三维结构的高精度电磁场表征需要较大规模的计算能力；其次，目前采用的超导三维电磁本构主要是基于各向同性假设，真实的超导结构通常具有各向异性的特征；最后，超导具有电-磁-热-力的非线性耦合关系，定量模拟中通常需要结合多种计算方法。因此，超导力学研究中迫切需要发展快速及高精度的电磁场计算方法，能够有效处理强非线性及其伴随的本构突变、多物理场耦合等复杂问题。

2. 高场超导磁体的多尺度非线性力学研究

超导力学的研究属于极端条件下的多场耦合及多尺度问题。与常规绝缘性电磁材料相比，超导材料能传输较高的电流，因此磁场和电场会直接耦合且两个矢量场均为有旋场，不能再简化为保守标量势的梯度形式。超导有旋场性使其在解决电磁场的多尺度问题时，不宜直接采用复合材料力学中常用的均匀化方法。此外，由于超导线材内部芯丝为螺旋结构，在绕制导体结构时采用复杂的多级扭绞方式，整个结构不仅会在尺度上跨越，在结构上也从连续逐渐过渡到非连续，难以直接采用多尺度有限元等成熟的经典方法，需要建立相应的多尺度模型进行超导磁体结构性能的评估，其涉及的关键科学问题包括建立多尺度力学模型、非线性均匀化理论、连续-离散耦合计算方法研究。

3. 电磁轨道炮强电磁环境的多场耦合建模方法

电磁轨道炮固体电枢加速至预定高速期间，通常施加强脉冲电流使之高速滑动，强脉冲电流产生的强磁场引起巨大的时变电磁力，使得电磁轨道炮导轨产生非线性弹塑性变形和振动，影响电枢发射的动平衡与远程打击精度。另一方面会改变枢轨界面的力接触和电接触状态，影响摩擦热大小，而瞬态温度变化会改变电磁场大小和分布。强电磁场环境下电磁轨道炮涉及电-磁-力-热等多场耦合过程，具有多因素多场强耦合强非线性特征，是当前科学研究前沿亟须理论与方法突破的难点和共性问题，因此亟须发展电磁轨道炮极端条件电-磁-热-力多场耦合超高速载流运动下的高精度数值建模方法，其涉及的关键科学问题包括：如何全面分析各物理场之间的耦合作用关系，耦合问题的非线性分析方法，以及多物理场耦合问题的理论建模和定量模拟。

五、小结

超导磁体及电磁轨道炮均为在极高电磁场环境下运行的特殊装置，在多个领域应用前景广泛，受到众多关注。但是目前对于强电磁环境下的材料和结构的极端力学行为研究尚存在很多不足，主要体现在强电磁场伴随着高的温度变化、高的力学应变及强非线性特性，已有研究对极端条件下电-磁-热-力（-流）多物理场耦合关系的考虑和认识并不全面。因此，深入研究极端强电磁环境下的复杂非线性力学行为，发展极端条件下电-磁-热-力多场耦合及多尺度的建模和计算方法，是预测电磁装置不同使役环境结构效能的前提和基础，可为超导磁体及电磁轨道炮设计及可靠性评价提供理论依据。通过思考极端强电磁条件下的电磁装置的变形、损伤、破坏等力学问题，考察现有力学理论面对极端强电磁条件需要哪些方面的修正及改进，从理论建立、实验设计、计算验证方面为极高电磁场环境下的结构设计、性能提升、寿命评价提供理论支撑。

第四节　超强辐照场

一、需求情况

超强辐照是指高能粒子对材料的强轰击作用，在涉及国民经济和国防安全的核电站、核聚变反应堆、空间推进器、国防武器等领域普遍存在。在国家重点基础研究发展计划及相关国防装备发展规划中，均已明确提出了对超强辐照场下材料失效与力学行为等基础研究的迫切需求。核裂变能被视为未来人类能源的主导形式之一，其安全问题一直是核电利用过程中的重中之重。在通常情况下，材料和结构在超强辐照场下的服役环境十分恶劣，往往容易诱发核电站重大灾难性事故的发生。另外，随着反应堆服役寿命的延长，材料的服役安全性问题日益凸显，而相关的实验数据却十分缺乏。因此，迫切需要深入研究材料在超强辐照下的力学响应及性能演变，以实现核能装备的安全评估，保障其长期可靠的服役。由于失效机理认识不足、难以设计出有效的抗辐照材料，极大制约了先进核能系统与核聚变堆的发展。此外，相比于裂变堆而言，聚变堆中的中子能量提高了 10 000 倍。至今尚无任何材料满足面向等离子体部件的力学性能要求，这是制约核聚变能发展的世界性难题。

因此，无论是预测辐照结构的服役寿命，还是设计新型抗辐照材料，都迫切需要建立适用于该极端环境下的塑性力学和损伤力学理论框架。然而，材料的性能退化和失效过程十分复杂，涉及多个时空尺度。在纳观尺度，高能粒子与材料中的原子发生碰撞，产生大量的纳米级点缺陷，形成高密度（约 10^{25} m^{-3} 量级）的辐照缺陷团簇；在微观尺度，这些辐照缺陷会阻碍位错滑移并发生湮没、诱导元素偏析及导致析出相形成等；在宏观尺度，会导致材料的力学性能发生显著变化，引起辐照硬化、脆化、蠕变、肿胀等现象；在多时空尺度下，多微结构的协同作用，以及多物理响应的强耦合，加大了对超强辐照场下相关物理机制理解的难度。

二、研究现状

为了理解超强辐照场下的材料性能退化的机理，研究者开展了大量的实验、数值模拟和理论研究，对辐照场下材料的内在微结构特征已有初步的共性认识。辐照缺陷主要包括空位型团簇和自间隙原子团簇，辐照缺陷的类型和密度与辐照温度、辐照剂量、材料微结构等因素有关。虽然研究者发展了分子动力学（MD）、率方程、动态蒙特卡罗等方法，在一定程度上定性预测了辐照缺陷的特征，但目前尚无法定量预测辐照缺陷的演化，尤其对长时辐照过程尚缺乏有效的理论和计算方法。

辐照缺陷的存在会显著改变材料的力学性能。超强辐照场下，材料常常会发生辐照硬化、脆化、蠕变、肿胀等现象。目前，人们对一些典型的辐照缺陷与位错之间的相互作用机理已经开展了相对系统的研究，也已建立了辐照硬化程度与辐照缺陷密度和尺寸的关系，形成了弥散障碍强化模型、级联硬化模型，以及对辐照缺陷的非周期分布等特征进行修正的 Bacon-Kocks 模型等，实现了对初始屈服强度的有效预测。然而，现有的理论模型尚无法对屈服之后的流动应力演化全过程进行有效预测。

辐照脆化主要表现为辐照材料伸长率降低、断裂韧性降低及韧脆转变温度提高，成为影响超强辐照场下重大装备安装服役的核心问题之一。以核电站为例，反应堆压力容器（RPV）作为唯一不可更换的一级核设备，如果在超强辐照及高温高压环境下发生辐照脆化导致断裂失效，将严重威胁核电站的运行安全。因此，针对辐照脆化机理的研究一直以来备受关注，但尚未形成对辐照脆化机理的统一认识。辐照脆化也常常表现为韧脆转变温度的提高。材料的韧脆转变理论一直是断裂力学领域的挑战性难题，超强辐照场进一步增加了复杂性，尚需开展系统深入的研究工作。

辐照蠕变是指在辐照条件下材料几何尺寸发生随时间缓慢变化的现象。辐照蠕变通常与位错攀移、晶界迁移、应力松弛有关，随辐照剂量的增加而增加，同时还具有很强的温度依赖性。目前大多基于经验建立唯象宏观模型，对材料蠕变内在微观机理的认识十分缺乏，超高剂量、长时辐照条件下辐照蠕变的数据也十分缺乏，亟须展开系统深入的研究，确保服役构件满足设计条件。

辐照肿胀主要表现为材料体积增加，与辐照材料中空洞和气泡的产生及生长有关。自 1967 年 Cawthorne 等首次通过实验观察到辐照材料的肿胀现象后，研究者陆续给出了一些典型材料在不同辐照温度范围内和不同辐照剂量下的肿胀数据。目前对于肿胀现象的研究往往基于实验数据或率方程理论，尚需对其微观演化过程开展深入的研究。

可见，研究者已开展了大量的研究工作，试图理解强辐照场下材料力学响应背后的物理机制。然而，仍有大量的基础科学问题亟待解决。第一性原理和分子动力学方法在理解缺陷级联反应，以及单个或少量辐照缺陷与位错等微结构的相互作用机理方面提供了很多新的认识。然而，原子级的计算受限于时空尺度难以直接用于力学理论模型的建立。率方程和动态蒙特卡罗方法可以提供辐照缺陷的信息，然而涉及很多待定参数，很难准确标定。位错动力学方法能够捕获位错间的长短程相互作用，以及辐照缺陷与位错间的相互作用，从而揭示辐照损伤机理，建立辐照硬化、脆化理论模型。然而，尚需开展进一步的工作实现对超规模辐照缺陷及超长时间力学响应的高效计算。晶体塑性有限元方法可以研究更大时空尺度下的问题。然而，如何使其能够捕捉更多的内在微观机理，还需要展开进一步的研究。综上，超强辐照场下的材料力学响应机理十分复杂，迫切需要进一步建立和发展多尺度实验、理论和计算方法，借助不同方法的有机融合，实现超强辐照场下变形失效响应的有效预测。

三、研究进展

（一）中子或离子辐照条件下的辐照硬化理论模型进展

核材料的辐照硬化行为研究与辐照粒子的种类密切相关，通过理论模型有效表征核材料在中子和离子辐照条件下的强度变化差异，不仅能更好揭示辐照硬化的微观机理，也可为大样品中子辐照与小样品离子辐照的等效性研究提供必要的理论依据。段慧玲教授课题组针对中子辐照条件，建立了基于晶体塑性理论和弹黏塑性自洽方法的多尺度辐照硬化理论框架，提出了张量形式的辐照硬化理论模型，研究了辐照缺陷、温度效应、表/界面效应及合金元素对核材料宏观力学性能的影响，为辐照硬化的多尺度模拟提供了有效的研究手段。针对离子辐照条件，建立了其纳米压痕硬度和微柱压缩屈服强度的力学模型。在经典的应变梯度晶体塑性理论框架下，考虑了纳米压痕弹性变形及非均匀分布缺陷的影响，能有效刻画在离子辐照情况下的纳米压痕硬度的辐照硬化行为。提出了基于平均缺陷密度和位错密度的硬度分析模型，为受离子辐照材料硬化机理的分析提供了有效的理论基础。同时，对于微柱压缩屈服强度的尺寸效应，提出了位错运动和位错源激活的相互竞争机制和理论模型，准确地预测了离子辐照材料屈服强度的尺寸无关到尺寸相关的转变。

（二）位错与辐照缺陷相互作用的数值模拟进展

辐照缺陷对核材料宏观力学性能的影响与位错–缺陷在微观尺度的相互

作用机理紧密相关。运用大规模计算方法研究辐照缺陷对核材料力学性能辐照效应的微观机理主要包括分子动力学模拟、位错动力学模拟和相场动力学模拟。Osetsky 课题组及范海冬课题组利用分子动力学模拟研究了刃位错和螺位错与层错四面体的相互作用，发现其结果受缺陷大小、几何结构、温度及加载应变率的影响会产生 5 种可能的结果。

原子级的位错-辐照缺陷相互作用机理通常很难通过位错动力学方法捕捉，因为辐照缺陷只有纳米级尺寸，而位错段的特征长度在百纳米甚至微米。为了解决这一问题，研究者提出了一些短程相互作用模型，或者借助自适应尺度匹配的技术来离散连续位错段，实现了对于原子级相互作用规律的有效考虑。这一进展使得位错动力学可以用于研究更大时空尺度下大量辐照缺陷和位错的累积相互作用，为进一步发展辐照硬化模型及理解辐照脆化等问题提供了新的机遇。

（三）辐照脆化问题研究进展

辐照材料的塑性失稳及变形局部化，是辐照脆化及辐照促进应力腐蚀开裂的重要诱因。早期的研究通常是基于对有限实验结果的分析，很难深入理解无辐照通道的形成机理、临界条件及其影响因素。微观数值计算方法因为要处理非常高密度的辐照缺陷，计算成本十分可观。崔一南等将主要提供短程相互作用的辐照缺陷用连续化场来处理，提出了耦合离散位错动力学与连续化辐照缺陷场的杂交方法，大大提高了计算效率，实现了对高剂量辐照材料的高效计算。

随着对辐照脆化问题认识的不断深入，研究者也提出了一些全连续化的理论模型来刻画变形局部化及辐照脆化过程的演化。Zbib 和 Mcdowell 等引入了辐照硬化和辐照缺陷演化模型，研究了面心立方晶体中的变形局部化过程，以及交滑移机制的影响。丁淑蓉课题组将氢脆模型和辐照效应引入内聚力模型，研究了锆合金的氢致脆化现象。段慧玲课题组建立了用于描述铁素体／马氏体钢在辐照条件下解理失效和韧性韧窝断裂竞争的概率模型，研究了韧脆转变与力学行为之间的基本关系，系统地解释了辐照对韧脆转变温度的影响。

四、展望

（一）面临的力学挑战

当前，研究者主要关注较为成熟的核反应堆中材料/结构在辐照条件下的力学性能，在核裂变反应堆中，辐照剂量大多在 10 dpa[①] 以下，核燃料包壳管的辐照剂量在 20 dpa 左右。另外，温度基本在中低温范围内。而在核聚变堆中，中子能量是现有裂变堆的 10 000 倍，局部材料温度达到 2000 ℃，辐照剂量可达到上百 dpa。目前，由于未有成熟的聚变堆，在此种极端条件下的相关研究还未有报道，现有的基于连续介质力学的材料变形、强度、破坏理论是否适用不为人知。

1. 强辐照场下材料远离热力学平衡状态，尚无统一控制变量和控制方程，结构强度和刚度设计无法采用现有连续介质力学理论，宏微观力学理论十分匮乏

高温高热流极端环境的主控变量是温度，尚且有温度的统一控制方程；强冲击环境的主控变量是位移，有经典的力学平衡方程等。然而，强辐照极端环境下没有明确的控制变量，也没有统一的控制方程。因此，材料和结构的强度与刚度设计还没有统一的理论和模型来考虑强辐照效应。在这种强辐照场作用下，材料和结构响应的内在物理规律涉及原子尺度的离位反应和团簇聚合，微米尺度的微结构复杂相互作用，表面区域的腐蚀和重构，处于强非平衡状态。这种多时空尺度的耦合效应无法采用现有的连续介质力学理论来描述，相应的宏微观力学理论更是十分匮乏，成为制约核聚变能发展的世界性科学难题。

2. 强辐照下的高肿胀材料含有大量纳米空洞，传统连续介质力学理论无法描述

金属材料在强辐照场下发生严重肿胀，这是由于强辐照在材料内部引入稠密的纳米空洞，导致材料体积肿胀，不仅改变材料力学性能，还严重危害结构的适配性，尤其对于核燃料结构。肿胀率随辐照剂量的升高而升高，随辐照温度的升高先降低后升高。对于高肿胀材料，由于大量空洞的引入，其

[①] 1dpa=1displacements-per-atom，是辐照剂量的单位，用来预测材料在辐照环境中的工作寿命。

力学性能将不能运用传统的连续介质力学理论体系描述，故发展非连续介质力学理论并运用于高肿胀材料极有必要，其中一些关键的变形理论亟待研究，例如空洞在辐照介质中的形核/生长理论、空洞相互作用理论、大规模空洞演化理论等。

3. 强辐照、热冲击多物理场耦合作用下的力学性能退化规律不清楚

强辐照场常与热冲击和强磁场等耦合，进一步加剧了理论和计算方法建立的挑战性。等离子体材料面临强热冲击、高剂量辐照及高浓度核反应产物［氢/氦（H/He）］等严酷工作条件，多物理场下的核材料力学性能的退化乃至失效，一直是决定热核聚变是否成功乃至聚变堆寿命的关键。目前，国内外诸多科研单位已经对在热冲击和辐照损伤下核材料的结构变化开展了比较系统和深入的研究，但对核材料性能特别是力学性能的演化规律还缺少全面的了解，而核材料的力学性能是核聚变工程建设中最重要的参考依据。因此，针对核聚变中材料所处的强辐照和高热负荷条件，结合实验、模拟和理论相互协作的研究方式，从微观到细观再到宏观不同时空尺度，建立描述热冲击、移位损伤和 H/He 滞留影响核材料力学性能退化规律的研究体系，成为当前迫切需要解决的问题。

（二）近期重点问题

1. 强辐照金属材料中辐照效应研究

辐照效应导致的硬化、脆化和塑性流动局部化等现象涉及大量辐照缺陷及其与其他微结构的集体相互作用，而辐照缺陷尺寸往往在纳米量级，数量密度可高达 10^{25} m^{-3}。深入理解辐照效应的微细观演化机理是发展理论模型并实现其有效预测的基础和前提。其关键科学问题包括：超规模辐照缺陷累积演化机理，多微结构相互作用机理，微结构演化对力学响应的影响机理。

2. 基于辐照缺陷的材料本构模型

受辐照材料的内在微结构本身就存在多尺度特征，既包括空间上的多尺度，也包括其形成演化时间上的多尺度。受辐照材料力学响应在不同的时空尺度上也有不同的典型特征，如发生时间较短的辐照脆化和发生时间较长的辐照蠕变。建立基于微观机制的金属材料辐照效应多尺度本构模型是进行超强辐照场下结构安全评估的核心，其涉及的关键科学问题包括受辐照材料多

尺度本构模型、长时辐照效应理论、辐照损伤-断裂理论。

3. 强辐照材料实验表征设备

考虑到中子辐照实验昂贵、放射性强、耗时长等特点，常常用更加廉价、方便的离子辐照实验来理解辐照效应。然而，其穿透深度在微米级，尚难以开展宏观尺寸均匀辐照试样的力学响应研究。现有的辐照机理研究多是针对辐照后试样，迫切需要发展原位辐照观测实验仪器，实现对辐照过程中内在微结构演化或者力学响应的实时观测。在表征设备方面需关注的问题有原位辐照观测实验仪器、加速深度及多粒子辐照实验方法、防辐照设备、材料快速去放射实验方法。

4. 高密度辐照缺陷模拟方法

高剂量辐照材料中纳米尺寸的辐照缺陷数量密度可达 $10^{25} \mathrm{~m}^{-3}$，迫切需要发展高效的超规模辐照缺陷数值计算方法，为揭示辐照效应微观机理提供有力工具。重点在：超规模辐照缺陷算法研究，长时辐照效应算法研究，自洽的多尺度耦合方法，自主的多尺度、高通量软件开发。

五、小结

核能开发已成全球共识，但安全性仍是核能开发的主旋律。在超强辐照场下，尤其是核聚变堆中，材料的微观结构和力学性能都显著改变，这对材料的安全服役和性能评估带来极大的挑战，至今尚无任何材料能胜任面向等离子体部件的性能要求，这需要人们重新思考在此种超强辐照极端条件下材料变形、强度、破坏、损伤等力学问题，从理论、实验、计算等多方面深入研究超强辐照场下材料和结构的力学行为，为核能工程中材料的结构设计、性能评估、寿命分析提供理论和技术支持。

第五节　强腐蚀-氧化

一、需求引领

腐蚀是材料在环境中发生化学反应，缓慢由不稳定态回归其自然稳定状态的过程。该过程伴随着材料各方面的性能退化，对结构强度和服役寿命危害严重。根据化学反应介质和诱因的差异，腐蚀可以大致分为溶液腐蚀（包括液态金属腐蚀）、高温强氧化腐蚀、氢腐蚀、盐雾腐蚀及电化学腐蚀等。

腐蚀会直接缩短金属材料的使用寿命，造成巨大的经济损失。腐蚀引发的化学物质泄漏会导致严重的环境污染。近年来，因腐蚀引发的管道泄漏及随之发生的次生灾害屡见不鲜。在海洋环境下，超强腐蚀（海水、盐雾及氢腐蚀等）会极大地影响水上舰体（如航母）、载具（如舰载机等）及水下舰体材料的各项性能，严重降低材料和结构的安全和服役寿命。在第四代铅基反应堆内，结构材料不仅要承受长期的高温氧化腐蚀，而且要承受全服役寿命的液态重金属强腐蚀，严重地降低其断裂韧性和疲劳寿命。在化工工程、海洋工程、深井勘探、水下武器、核工业工程、新能源领域等极端环境中，材料和结构往往要受到强烈的氢腐蚀威胁，产生严重的"氢脆"现象，诱发不可预料的结构灾难性事故。在航空发动机、燃气轮机及超高速飞行器中，关键结构和热防护材料高温氧化腐蚀和烧蚀现象非常显著，给服役环境材料的抗氧化腐蚀和高温承载能力提出了严峻的挑战。此外，腐蚀还会影响民用建筑、文物古迹及生活用品的美观和安全性，对健康和出行安全造成严重威胁。随着我国基础建设的飞速发展，特别是国家海洋战略、新能源/核能源战略及航空航天发展战略的不断推进，国家对材料腐蚀问题愈发重视。事实上，腐蚀防护是实施"一带一路"建设的重要内容，"21 世纪海上丝绸之路"沿线的东南亚、印度洋沿岸等地区都面临严重的腐蚀问题。2015 年 5 月，国务院印发的《中国制造 2025》[6]明确指出十项重点发展领域，其中多项涉及腐蚀研究，如新材料、海洋工程装备及高技术船舶、节能环保装备、资源循环利用、核电能源及航空航天关键结构装备等都和腐蚀相关。因此，深入认识材料腐蚀及其导致材料性能退化的根本力学-化学-材料学内在原因，才能建立可靠的理论模型，并提出可靠的预防策略、有效的材料抗腐设计和防腐强化方案，服务于国家重大战略部署。

二、研究现状和面临的挑战

美国国家研究委员会发布的《腐蚀科学工程领域的研究机遇》指出腐蚀研究存在四项重大课题（表2-1）：①开发低成本且环保的耐腐蚀材料和涂层

材料；②针对实际服役环境中腐蚀演化的高保真建模；③将实验室条件下的加速腐蚀试验与服役环境中长期腐蚀的观测建立定量性联系；④准确预测剩余服役寿命或大修期限。此外，越来越多的材料服役在特殊的条件或极端环境下，涉及超高/低温、热冲击、高热流、高应变率、强辐照、超高压、强磁场及强腐蚀等。这些极端服役环境中材料的强度分析和安全评定，离不开对其因腐蚀导致的力学性能劣化演化的研究，强腐蚀与极端环境往往耦合在一起，共同对材料的性能产生协同作用。

表 2-1 腐蚀科学工程领域的重大挑战、主要研究方向及相应的影响领域 [7]

重大挑战	主要研究方向	基础设施	健康安全	能源	环境	国家安全	教育
开发低成本且环保的耐腐蚀材料和涂层材料	低成本且耐腐蚀、抗应力腐蚀/氢脆	√	√	√		√	√
	环保性涂层和缓蚀剂		√		√		
	持久喷漆和功能性涂层	√	√			√	
针对实际服役环境中腐蚀演化的高保真建模	理解钝化膜和氧化层的性质与结构		√			√	
	从不同尺度全面理解从电化学和其他腐蚀过程演化机理	√	√	√	√	√	√
	全寿期模拟预测、特定腐蚀性能设计、环境腐蚀强度因子定量化	√	√	√		√	√
	具有多种环境应力的系统中的产物与反应途径		√			√	
	应力和开裂对腐蚀行为的影响	√	√		√	√	
将实验室条件下的加速腐蚀试验与服役环境中长期腐蚀的观测建立定量性联系	加速测试理论、不同电解液中腐蚀速率的定量评估技术	√	√	√	√	√	√
准确预测剩余服役寿命或大修期限	传感器、在线检测与远程监控	√	√		√		

（一）力-化学耦合理论研究

腐蚀过程中材料的本构与变形行为研究，必须考虑力学-化学交互作用与耦合，化学反应引起的新物质产生、复杂环境、非平衡扩散动态和多场多尺度耦合等典型特征。上述现象蕴含着许多与传统力学领域不同的新问题，对固体力学的理论、方法和分析手段等提出了新挑战。力-化学耦合的复杂性及基础理论研究的薄弱，决定了长期以来基于经验与半经验的设计方法已不能满足国家重大工程和前沿基础研究高速发展的迫切需求，必须发展力-化学耦合理论体系框架。亟须从航空航天、能源等领域中进一步凝练力-化学耦合的共性关键科学问题，建立力-化学耦合的理论框架，开辟固体力学的新分支、新方向，发展研究力-化学耦合的新方法。同时，发现腐蚀和其他极端环境耦合条件下的力学新现象。

（二）腐蚀损伤模型及仿真模拟研究

腐蚀损伤模型有助于深入了解各种减缓腐蚀方法的可行性，将加速耐腐蚀材料和涂层材料的开发。然而，现有腐蚀损伤模型大多旨在描述单个腐蚀点的界面演化过程。该类模型通常基于扩散理论和电化学动力学定律，而扩散腐蚀层演化预测方面的研究才刚起步。现有模型只能预测实验室中简单样品腐蚀过程的某个阶段。实际服役环境中材料强腐蚀的预测极为复杂，呈现跨尺度性、非均质性、多场耦合、多学科交叉性及多影响因素和随机性。

得益于各种高精度材料表征手段的发展，研究人员在不同尺度下，对各种腐蚀损伤演化做了大量实验观测。然而，腐蚀过程的复杂性使得对腐蚀演化过程的理解及对腐蚀损伤的计算模拟仍极具挑战。对腐蚀演化过程的理解和仿真模拟离不开对材料服役环境下行为的深入认识、高性能算法、精确表达材料性质的力学模型及腐蚀所涉及的各学科的知识体系。腐蚀的仿真模拟离不开腐蚀损伤模型，以表征腐蚀引起的材料形貌变化、材料内部微结构变化及力学性能的演化等。显然，只有经过充分计算测试的强腐蚀模型才可以用来评估复杂环境下的腐蚀问题，指导工程设计。

（三）腐蚀加速测试与腐蚀强度因子

大型工程结构的强腐蚀破坏在时间尺度和空间尺度具有双重复杂性。一方面是如何根据短时间试验预测长时间服役后的腐蚀损伤状态，另一方面是如何根据小试样的试验结果预测大结构的腐蚀服役行为。通常，工程结构材料的腐蚀与氧化过程非常缓慢，在实验中采用同等工况条件去研究腐蚀相关的结构完整性比较困难，需要采取加速实验来评估结构的腐蚀安全性。

腐蚀研究与腐蚀行为评估中需要一个类似应力强度因子的腐蚀环境强度因子。该因子将会把不同工况条件下的腐蚀演化行为定量地等效起来，指导实验室中进行加速腐蚀测试（代替实际工况中以年为计算单位的腐蚀损伤演化过程）。但是，腐蚀过程很少能如此简单地将腐蚀剂的浓度换成时间。目前还没有办法将不同方面的条件进行定量比较。发展腐蚀强度因子理论与方法的挑战还包括：①实际腐蚀环境的动态变化与复杂性；②环境条件的精确测量；③某些环境因素导致的腐蚀速率具有高度非线性。即使知道准确的环境条件，各种环境因素间高度的正反向协同作用也会使得腐蚀强度因子的应用变得极具挑战。

（四）腐蚀损伤检测

腐蚀是一个长期而复杂的过程，腐蚀介质的类型、温度、湿度、离子浓度、应力状态等都会影响腐蚀过程。因此，腐蚀检查和监测不能仅关注一两个指标就解决问题。尽管输油管道、桥梁、舰船、炼油厂、化工厂和核电站等众多领域都已建立了关于腐蚀的检查和维护标准程序，但是传统的检测方法存在检测指标单一、可靠性较差、可能引入意外损伤等问题，特别是对于隐蔽、狭小、不易获取的结构，局限性更大甚至完全不适用。因此，发展可靠的、可以早期发现腐蚀的传感检测系统，既可以避免重大事故的发生，又能够显著提高工作效率、降低维护费用、延长设备结构服役寿命。

目前，工程设备腐蚀监测的挑战包括极高/低温、极高压等极端环境下的大型工程结构的腐蚀监测往往受限于传感元件的稳定性和可靠性。因此，迫切需要针对极端腐蚀工况下的大型工程结构，结合典型失效模式、失效机理和寿命预测，开展极端环境下具有高适应性的先进智能传感技术，以及无损检测、监测与寿命评估一体化的理论和计算方法；需要研究化学物理损伤定量化监测技术、基于分布式光纤传感的高精度应变在线监测、基于非线性超声波和电涡流的微小损伤监测技术；需要开发针对非电化学过程的强腐蚀监测方法，譬如液体金属腐蚀和高温氧化腐蚀监测等；开发针对结构内部腐蚀，特别是防护（或隐身）涂层内部的腐蚀监测方法。

（五）强氧化腐蚀

在铅铋冷核反应堆、航空发动机、燃气轮机及超高速飞行器等高温/超高温长时服役过程中，材料面临的首要问题是表面氧化。在富氧环境下，材料极易发生氧化反应。当氧化产物为致密的氧化膜时，其可以起到保护基体材料的作用。而当氧化产物为疏松的氧化膜或非致密结构时，材料氧化会一直进行下去，无法起到保护基体材料的作用，严重削弱材料的力学性能和缩短服役寿命。

若氧化膜是致密结构，会诱发显著的生长应变，致使氧化膜中产生极大的压应力，氧化膜会从基体材料剥离，进而发生屈曲甚至破裂。基体继续氧化，当新形成氧化膜内应力足够大时，又会发生屈曲、破裂、剥落，往复循环，最终完全破坏。尽管氧化膜内存在应力很早被发现，但应力产生的机理仍然不清楚。最初，人们认为氧化膜内应力是由于生成的氧化物体积和消耗的金属体积不同而导致的。这种理论对较厚氧化膜预测所产生的应力结果远大于实验测量值。另外，所预测的生长应变仅与氧化物和金属的摩尔体积有关，与时间无关。为了更加合理地描述材料在氧化过程中的生长应变，Clarke 基于氧化层微结构，假设在晶界处存在快速混合扩散，采用位错攀移模型对应力的产生进行了分析，给出了横向生长应变的理论表达式。然而，该模型没有给出细观应力的分布。此外，该模型没有考虑氧化层中所产生的应力对化学反应的逆向影响。研究表明，外加拉应力可以促进氧化层的生长。应力与化学反应有直接的耦合关系，即应力场可以改变化学势，进而显著影响反应物的扩散，并且应力也可直接影响化学反应速率，然而目前对该方面的研究仍非常有限。

以上关于氧化的理论模型和研究大多针对简单材料体系。然而，实际工程中通常采用更复杂的材料体系作为超高温防护结构。譬如，在基体材料表面喷涂搪瓷或者高温陶瓷，实现材料表面的有效阻氧和氧化延迟，提升关键结构器件的抗氧化性能。搪瓷涂层致密性高、抗氧化性强、与合金结合强、具有低成本性，因此在航天领域应用广泛。然而，该材料在长时间高温富氧环境中依旧会出现强氧化反应，并诱发材料内部出现应力。该应力会增加元素的扩散通道及氧接触面积，导致化学反应速率的增加，并形成一个循环往复的过程。这种复杂材料体系的强氧化过程既涉及金属材料的氧化，又涉及陶瓷体系氧化及陶瓷/金属界面的复杂演化。复杂材料系统的氧化过程极其复杂，氧化机理尚不明确，且规律很难捕捉。要实现这种复杂材料体系抗强氧化能力及服役寿命的提升，需要从本质上清晰认识氧化机理、氧化动力学行为、热-力-氧耦合机理和复杂缺陷演化模式。

（六）氢腐蚀

材料（主要是金属材料）的氢腐蚀（即氢脆）问题，是工业生产、国防安全、核战略计划、能源开发等领域的重要潜在威胁，也是影响国家未来能源战略的关键因素之一。只有深入认识金属氢脆的根本原因，才能建立可靠的预测模型，进而提出可靠的预防策略，避免上述重要行业所面临的氢腐蚀威胁。金属材料氢腐蚀被认为是最复杂的材料现象之一，如图 2-7 所示。氢原子进入金属内部后会沿金属晶格扩散，被多维/多尺度缺陷捕捉、结合并发生复杂的短程相互作用。直接改变缺陷的形成能、自由能、表/界面能等物理特性，从而在不同程度上影响金属的宏观强度、塑性、损伤、断裂和疲劳寿命行为。

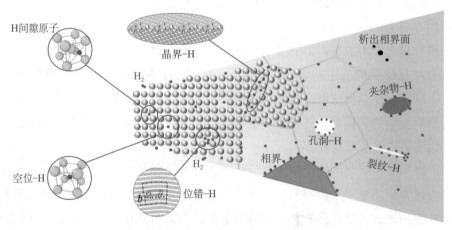

图 2-7　氢在金属多维缺陷中的扩散、捕捉和输运示意图

早在 1874 年，人们就发现了氢致材料力学性能退化的现象。氢腐蚀材料刚刚进入屈服就可能发生断裂，试样的伸长率和断面收缩率大幅下降。充氢试样的断口特征分析表明溶质氢会导致材料从韧性破坏转变为脆性破坏。

根据氢原子在金属材料内部的运动、分布和捕捉特性，研究学者提出了许多解释金属氢脆的机理模型。然而，随着微观扫描电子显微术（SEM）和透射电子显微术（TEM）等表征技术的发展和进步，学者对金属材料发生氢脆的实质有了深入认识。通过充氢试样断口 SEM 和 TEM 扫描发现大量明显的滑移带台阶。这预示着材料在断裂之前，断裂面附近发生了剧烈的局部塑性行为。断裂面以下区域可以清楚看到高密度分布的位错。因此，氢增强局部塑性（HELP）机制成为一种被广泛认可的氢脆机制。近年来，学者们通过正电子湮没技术（PAT）还发现，氢腐蚀金属在变形过程中内部会形成大量空位。氢的存在会降低空位的形成能，使得空位具有高稳定性，不容易被位错等缺陷吸收。空位-氢复合体汇聚/结合形成大量微裂纹和微孔洞形核胚胎。随着材料变形的加剧，裂纹不断扩展、孔洞逐渐扩大，导致材料脆性破坏。这种氢促进空位形核，导致金属脆性破坏的机制被称为氢致空位稳定机制（HEVM）。尽管诸如以上多种氢腐蚀脆化的微观机制已经被提出来，如何用其合理解释宏观氢脆现象仍是难题。深入研究发现：氢对不同材料的影响不尽相同，采用单一机制解释氢脆现象可能会出现逻辑上的矛盾。

强氢腐蚀金属力学行为研究中之所以出现相互矛盾的结论，原因在于没有深入和全面地理解氢原子和材料内部各种缺陷间的相互作用，忽略了不同材料中氢与缺陷作用的差异性，以及多种机制共同决定材料氢腐蚀行为的可能性。只有正确认识氢对不同金属材料中不同类型缺陷演化的影响，才能正确、深入、全面地理解氢腐蚀和氢脆的根本机理。针对金属氢腐蚀和氢脆的复杂影响因素，用统一的宏观力学模型对金属氢脆现象进行定量表征面临巨大挑战。必须从材料内部空位、位错、层错、孪晶、晶界等多尺度缺陷各自的独特性出发，考虑溶质氢原子与上述多维缺陷间的相互作用，以及氢对以上多维缺陷演化的影响，才能建立具有坚实物理基础的氢腐蚀力学模型，并准确预测氢致金属脆性破坏。

三、未来需要重点开展或解决的科学问题

根据以上强腐蚀和强氧化的研究现状，结合国家重大发展战略，未来的若干年内以下问题需要学者们重点关注。

（一）力-化学耦合理论体系和方法

为解决国家重大战略中有关强腐蚀的科学和工程问题，发展力-化学耦合理论是不能绕开的必行途径。为此，需要深入研究：①非平衡态力-化学耦合行为及其连续介质力学框架，包括考虑化学反应的连续介质力学新理论、力-化学耦合的多尺度理论与表征方法、非平衡态下考虑扩散-输运-传热-传质-反应的力学控制方程及演化等；②力-化学耦合分析方法与手段，包括力-化学耦合实验方法、技术与仪器设备，高效高精度数值方法与软件，多场多过程分析方法；③流固热环境下力-化学交互机制与调控；④国家重大需求中的力-化学耦合强度和破坏理论。

（二）腐蚀损伤模型研究

为克服前述腐蚀寿命预测中遇到的种种困难，建立适合实际服役环境的腐蚀损伤模型，今后研究重点有：①借助现有先进材料表征手段，对腐蚀进行高分辨率 4D 同位表征，根据实验观测，加深对腐蚀机理的理解，更新现有的腐蚀损伤模型；②建立适用于不同服役环境的多场耦合腐蚀模型，考虑化学反应速率受应力、温度、材料缺陷等的影响，同时纳入化学反应所造成的材料损伤或损伤愈合对应力分布和材料力学性质改变等因素的作用；③进行腐蚀的多尺度模拟，即从纳米尺度下腐蚀的起始和演化，到微米尺度的扩散腐蚀层形成，再到构件尺度整体失效的全过程跨尺度模拟；④基于多场耦合腐蚀模型指导耐强腐蚀材料及腐蚀（降解）速率可控的金属/生物材料等的设计；⑤虽然实际服役环境中的腐蚀过程复杂且具有随机性，但是随着计算机效率的提升、人工智能的快速发展及腐蚀观测数据的大量累积，高保真腐蚀模拟必将得到极大的发展。目前，人们应按图 2-8 所示阶段和步骤，从简单环境中的单点（及少数几点）腐蚀研究逐渐转移到以上所述研究方向上。

（三）核电腐蚀研究

核能作为一种清洁高效的能源，在世界能源结构中占有重要地位。如何延长核电站的使用寿命及对核废料进行安全处置是当今核工业面临的关键技术问题。延寿和核废料的处理，需要进行长时间尺度的安全评估，其中与强腐蚀相关的预测模型将在当中起到关键作用。

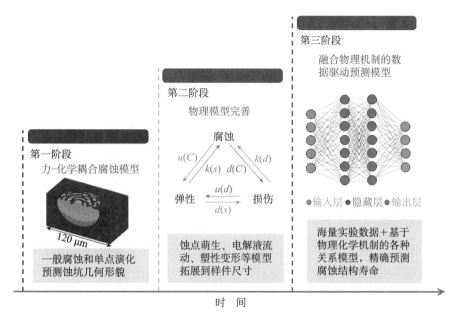

图 2-8　腐蚀模拟研究的发展趋势——以电化学点蚀为例

u 表示质点位移；C 表示物质浓度；k 表示反应系数；s 表示应变；d 表示损伤因子

为克服传统热中子反应堆存在资源利用率低、放射性废物积累和核安全等问题，从而实现核能大规模替代化石能源，"热堆-快堆-聚变堆"的技术路线成为未来发展趋势。在新一代核反应快堆（第四代）中，冷却剂和结构材料之间的相互作用（包括超强腐蚀）是制约其发展和安全运行的关键科学问题。

快中子反应堆中冷却剂和结构材料之间的相互作用是一个典型的极端环境力学问题，涉及管束的流致振动、高温液体金属强腐蚀和其导致的结构材料脆化、核辐照对材料力学性质的耦合影响等。重点研究方向有：发展适用于液体金属环境的多场耦合应力腐蚀模型，探讨应力、温度、辐照、材料缺陷等对腐蚀疲劳的耦合影响，以及腐蚀所造成的材料损伤对结构稳定性的影响；开展多尺度研究，实现从原子尺度下腐蚀-辐照协同作用对材料缺陷和材料塑性的影响、纳米尺度下液体金属腐蚀的起始和演化、微米尺度下固-液界面氧化层的形成，再到构件尺度的流致振动疲劳和整体失效全过程的有效理论建模和计算模拟；基于多尺度机理研究和预测模型，辅助开发和设计耐高温-耐液体金属超强腐蚀的新结构材料。

（四）发展抗腐蚀的新材料和新方法

除传统的抗腐蚀策略（如电化学保护法等）外，亟须发展抗腐蚀新材料和新方法，以满足重大工程中更加苛刻的温度、化学和辐照等服役环境的需要。一般存在合金化、表面涂层及表面处理三种材料防腐策略。传统合金化方案已经得到充分的发展，基本已经挖掘了材料的抗腐蚀能力极限。近年来，以多种元素为主元的高熵合金被提出。特殊的成分和组织结构使高熵合金兼具高强、耐热、耐磨、耐中子辐照、良好的磁性能及抗氧化等特性。由于单一固溶体可以减少电偶腐蚀的作用和微电池的数量，所以高熵合金存在优良耐腐蚀性的巨大潜力。该材料开启了一个巨大的、未开发的多组分合金领域，有望成为一些极端腐蚀/氧化环境和高敏感条件下的候选服役材料。因此，发展更加耐腐蚀的高熵合金材料，是今后的重点研究方向之一。

对于已有的大型结构（如海洋舰艇等），表面涂层和表面处理已经成为重要的抗腐蚀方式。表面飞秒激光冲击可以引入残余压应力层，改变表面材料的微观结构，细化晶粒、引入孪晶界和亚晶界等界面，有效地提高材料的防腐蚀能力，延长现有结构的服役寿命。此外，表面激光冲击设备可以小型化，方便对现有大型结构和材料进行表面处理，达到延长抗腐蚀寿命的目的。因此，更加有效的激光表面冲击防腐蚀技术及相应的内在机理也是未来的重要研究方向。

（五）强氧化研究方向

材料的氧化腐蚀是一个复杂的力-氧化耦合问题。深入研究材料高温氧化的力-化学反应耦合机理，可以为高温防热结构的设计提供理论基础，也可以为设计新的抗氧化腐蚀材料提供新的思路。

在力-氧化交互作用过程中，常常伴随着新物质的产生与旧物质的消融。同时，在机械力和化学势的耦合驱动下，材料的微结构常常会产生动态演化。这些过程具有典型的非平衡、非稳态和多场/多过程耦合特征。因此，建立和发展力-氧化反应耦合环境下考虑多场/多尺度/多过程耦合作用的固体材料强度和破坏理论、数值模拟方法和原位实验表征方法与技术，是未来亟待解决的重要问题。此外，现有化学反应过程通常简化为恒温氧化，并未考虑化学反应热。化学反应热会加速氧化反应的推进，这是今后理论研究中必须要考虑的因素。氧化产物与基体材料形成的边界在氧化反应过程中会逐渐移动，具有强烈的数学非线性和边界非线性等特征。准确描述强非线性界面移动过程，是实现力-强氧化耦合过程精确数值模拟的关键，也是氧化腐蚀领域亟待解决的科学问题。

（六）氢腐蚀研究方向

在氢腐蚀研究中，一方面，要从氢与金属材料中"点"缺陷（原子尺度的空位）、"线"缺陷（位错）、"面"缺陷（晶界、相界等）和"体"缺陷（孔洞、裂纹、第二相夹杂等）等多维度缺陷的相互作用入手。以理论分析、微尺度实验、多尺度计算等多种方法为手段，揭示氢对各种多维/多尺度缺陷演化的影响，提出氢致缺陷演化的物理模型；另一方面，需要发展多场/多维缺陷/多尺度耦合动力学理论和方法，从微观、介观、宏观多个尺度对其变形和失效行为进行深入研究和定量表征。因此，针对氢与材料中多维缺陷的相互作用机理，需发展新的基于高分辨率的氢环境原位显微实验观察技术和方法、多场/多维缺陷/多尺度耦合动力学理论、相应的多尺度计算模拟方法、包含氢与介观缺陷相互作用底层信息的宏观本构理论及计算模拟方法。基于微观、介观、宏观的实验和多场、多维缺陷、多尺度的计算，实现对极端环境下氢致金属强度、塑性、损伤、破坏的统一的定量表征。

第六节　超 高 压 强

一、需求简述

在极端环境当中，极端高压是和极端温度、极端组分并列的重要环境参数。例如，地球上地幔的压强约为 24 GPa，相当于 240 000 个标准大气压（atm）[①]，地核处的压强更是达到 360 GPa。根据我国对静态高压的推荐性分级名称标准，1 GPa 以上称为"高压"，10 GPa 以上称为"超高压"（super-high pressure），100 GPa 以上称为"极高压"（ultra-high pressure）。因此，地核处

---

① 　1 atm = 1.01325×10^5 Pa。

的压强已经达到"极高压"的标准。在这样的高压极端环境中，物质和结构的力学响应和相变行为会有什么变化？是否有必要发展新的极端高压力学理论和高压力学表征技术？都是亟须解决的问题。除了自然环境，人类活动也可以产生极端高压。高压过程的持续时间很短，只有微秒数量级，并且压强随时间剧烈变化，往往还伴随着高温等其他极端载荷，被称为动态高压。动态超高压技术在物态方程测量、人工合成新材料、冲击引爆机理、陨石成坑及对空间飞行器的破坏，以及穿甲、侵彻、爆炸加工等研究中是一项重要技术，被广泛应用于爆炸力学和军事科学等学科及许多工业技术的研发中。

二、高压科学概述

人类对"高压"最早的应用可以追溯到阿基米德时代的双活塞泵供水系统，可提供高达 10^6 Pa 的压强（约 10 atm），能够从 100 m 深的井中将水抽出。1823 年，法拉第（Faraday）利用高压在室温下成功制备液态氯气，气体液化装置可达到 0.3 GPa 的压强。进入 20 世纪，美国物理学家布里奇曼（Bridgman）改进了早期的活塞-圆筒式高压装置，获得了 10 GPa 的超高压。在 1931 年出版的《高压物理学》一书中，布里奇曼报道了一系列关于元素、化合物的高压下的物理性质和相变机理的开创性工作，奠定了现代高压科学的实验和理论基础。金刚石是自然界中硬度最高的材料，可将高压装置的极限高压大大提高；同时它对红外光、可见光、紫外线和 X 射线均透明，使得高压可用的表征手段大大增加。随着高压技术的发展和成熟，压强作为与温度、组分并列的重要状态参量，其重要性和潜力正被逐渐重视和开发。常用的静态高压产生装置包括上文提到的金刚石对顶砧及其他静压力装置，如活塞-圆筒装置、对压砧-圆筒装置和多压砧装置。动态高压技术是通过冲击波产生高压的技术，主要有接触爆炸法、高速飞片撞击法、能量快速沉积法等。

三、高压科学与技术研究现状

金刚石对顶砧是高压科学领域最常用的产生极端高压的装置，目前能达到的极限静水压强已经超过 1 TPa。金刚石对顶砧的基本结构和工作原理如图 2-9 所示，两颗金刚石平行放置，中间用金属垫片隔开，通过机械装置对金刚石施加轴向压力，利用拉曼光谱、布里渊散射、X 射线衍射（XRD）及电输运测量等原位测量方式对样品的物理性质进行表征 [8]。拉曼光谱是目前最常用的高压原位探测手段之一。通过探测拉曼频移的大小，能够得到晶格或分子振动的全面信息，进一步可以研究高压下物质的微观结构演变和相变行为等物理现象。布里渊散射和拉曼散射一样，都是光子与声子发生的非弹性散射。前者指光子与晶格中的能量较高的光学声子发生的非弹性散射，而后者指光子与能量较低的声学声子发生的散射。布里渊散射光谱可以精确地计算出高压下物质的声速、折射率、弹性系数等一些基本的物理量。X 射线衍射也是高压科学中极其重要的测量手段，X 射线衍射光谱可以帮助得到材料的物象和晶格常数等信息及物质的结构相变情况。

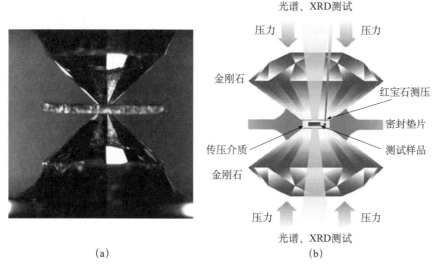

　　（a）　　　　　　　　　　　　　（b）

图 2-9　金刚石对顶砧的基本结构（a）和工作原理（b）[8]

　　高压下物质体积发生收缩，原子间距缩小，从而改变其物理性质。例如，晶体原子间距的缩小会改变电子的能带结构，结果便是大多数绝缘体在极端高压下都会变成金属态。极端高压在高温超导中的应用最有代表性，可以显著提高超导材料的临界转变温度。朱经武和毛河光等最早利用高压的手段来提高超导临界转变温度。1994 年，他们使用金刚石对顶砧对混入了钡钙铜的汞氧化物施加 45 GPa 左右的压强，将临界温度创纪录地提高到 164 K。2014 年，吉林大学的崔田等通过理论计算预测硫化氢在 200 GPa 下临界温度高达 200 K 左右，很快被德国马克斯·普朗克科学促进学会的德罗兹多夫（Drozdov）和埃雷梅茨（Eremets）等通过实验证实。2018 年，美国和欧洲的两个课题组几乎同时发现了镧氢化物在 180 GPa 左右的临界温度为 250 K（-23 ℃）左右，已无限接近"室温超导"的大门。2020 年，美国罗切斯特大学的迪亚斯（Dias）团队发现碳−硫−氢体系的超导临界温度在 267 GPa 左右时可达到 287 K，在极端高压下第一次实现了"室温超导"，尽管在一个接近地核处的超高压强下产生的不稳定超导体暂时无法实现具体应用，但这毫无疑问为实现在较低压强下的室温超导提供了新的思路。

高压在探索材料的相变行为及合成其他新型材料上也极具价值。材料学家利用压力改变物质的晶体结构、电子能带结构和原子（分子）间的相互作用，寻找并合成能提供特殊用途的新型功能材料。固体材料在高压下一般会转变为结构更紧密的晶体。2013 年，燕山大学田永君院士团队利用多压砧系统，将洋葱结构氮化硼前驱物在高温高压（12～25 GPa）下转化成平均孪晶厚度仅为 3.8 nm 的孪晶结构立方氮化硼，维氏硬度高达 108 GPa（远超商用多晶氮化硼的 33～45 GPa）。2014 年，田永君院士团队及其合作者利用相似的高温高压手段合成纳米孪晶结构金刚石，孪晶的平均厚度只有 5 nm，维氏硬度可达 200 GPa（天然金刚石的两倍）。

四、高压科学与力学

高压科学诞生之初，科学家们并没有在高压下材料的力学行为上给予太多关注。研究表明，高压条件下材料的相变、弹性性能及与缺陷相关的变形机制等力学行为表现出独特的属性，并与材料的尺寸如晶粒尺寸密切相关。

（一）高压极端条件下材料的弹性行为

针对高压极端条件下材料的可压缩性行为（即弹性变形），学者开展了较全面的研究，尤其是微/纳米颗粒的高压极端力学行为表现出一些新现象和新规律。例如，北京高压科学研究中心的陈斌课题组在 2001 年就开始研究纳米颗粒在高压极端条件下的压缩行为，采用纳米金属铁粉末、纳米晶氧化铝（Al_2O_3）和纳米氧化钛（TiO_2）加至准静高压，发现 Al_2O_3 弹性模量随着晶粒尺寸减小而减小，TiO_2 体弹性模量先增大后减小。之后，美国康奈尔大学汉拉特（Hanrath）课题组和哥伦比亚大学陈修伟（Chan Siu-Wai）课题组分别发现硫化铅（PbS）纳米颗粒和氧化铈（CeO_2）纳米颗粒在高压下测量得到的体弹性模量存在双模态尺寸效应。俄罗斯学者米哈金（Mikheykin）等研究了碳载金属铂（Pt）纳米颗粒的压缩性能，认为纳米颗粒的表面应力改变德拜温度使得 Pt 纳米颗粒的体弹性模量表现出尺寸效应。四川大学贺端威课题组通过研究颗粒尺寸为 12 nm 的 CeO_2 和 TiO_2 纳米晶的高压下变形行为发现，它们在高压下均表现出奇特的压缩行为，颗粒表面将会出现非晶化行为，呈现纳米颗粒晶体–非晶的核壳结构。

（二）高压极端条件下材料的塑性行为

针对高压极端条件材料的强度和塑性变形行为，20 世纪 70 年代，美国钢铁公司的斯皮茨（Spitzig）等测试了静水压下不锈钢的单轴拉伸压缩性能，发现了屈服强度和流应力随着静水压的增大而线性增大；波兰学者维特恰克（Witczak）和俄罗斯科学院高压物理研究所的学者冈查洛娃（Goncharova）研究 1.2 GPa 静水压下金属铈的压缩变形行为，分析了静水压诱导的相变对屈服强度的影响。20 世纪 80 年代，美国加利福尼亚大学伯克利分校的米德（Meade）和吉恩洛兹（Jeanloz）通过金刚石对顶砧测量了 40 GPa 下单晶和多晶氧化镁（MgO）的强度，发现最大剪切应力与高压呈线性关系。美国加利福尼亚大学洛杉矶分校的谢苗（音译 Xie Miao）等研究超硬材料四硼化钨（WB_4）和硼化铼（ReB_2），分别在非静水压到 48.5 GPa 和 51.4 GPa 下的晶格相关的强度各向异性。国内，四川大学团队测量了非静水压到约 100 GPa 下纳米晶氮碳硼（c-BC_2N）的偏应力和弹性模量随着压力的变化规律，并发现非静水压到 60 GPa 下粗晶氮化硅（Si_3N_4）屈服强度达到 21 GPa。法国里尔大学的卡雷（Carrez）和科尔迪耶（Cordier）综述了近年来高压下材料塑性变形行为的理论研究进展。北京高压科学研究中心陈斌教授、浙江大学的朱林利和重庆大学的黄晓旭等合作，通过高压 X 射线衍射技术原位测量不同晶粒尺寸的纯金属镍的屈服应力和变形织构，发现随着晶粒尺寸从 200 nm 减小至 3 nm，材料持续强化未出现反霍尔-佩奇（Hall-Petch）现象，建立了晶界塑性形变模型，成功解释了高压诱导超细晶金属镍强化的超高强度，给出了同时考虑全位错和不全位错作用的修正霍尔-佩奇关系。

（三）高压极端条件下材料的相变力学行为

针对高压极端条件下纳米材料的相变行为，吉林大学超硬材料国家重点实验室的刘冰冰课题组综述了近年来 TiO_2 纳米材料的高压结构相变的研究进展，探讨了不同颗粒大小、形貌和微结构的高压相变的尺寸效应和形貌效应；美国桑迪亚国家实验室学者评述了纳米颗粒的高压相变行为、性能与应用进展，指出尺寸相关的纳米材料高压相变行为的实验研究存在的一个基本挑战是需要相应的理论计算和模拟来理解高压诱导纳米颗粒相变行为。四川大学团队采用原位同步 X 射线粉末衍射技术，研究了纳米 TiO_2 在准静水压和非静水压下的相变行为；北京高压科学研究中心采用相同的方法发现表面掺杂的 TiO_2 纳米颗粒在高压下相变成 TiO_2-II 相。爱荷华州立大学的潘迪（Pandey）和莱维塔斯（Levitas）原位定量研究了超纯金属锆（Zr）在高压下塑性变形诱导的相变行为，并基于饱和硬度测量预测出两种不同相的屈服强度。在理论方面，俄罗斯韦基洛夫（Vekilov）课题组采用相变的朗道理论分析了高压下的晶格稳定性，给出了高压晶体结构稳定性准则，认为金属材料的高压弹性相变行为取决于晶格的非线性弹性，得到了等效弹性参数与静水压力的定量关系。浙江大学高扬研究员与美国佐治亚理工学院的合作者采用原子力显微镜探针压缩碳化硅（SiC）基底外延生长的两层石墨烯，发现探针压缩产生高压使石墨烯发生相变，形成超薄超硬单层金刚石结构，实现了石墨烯高压可逆强化。

（四）动态高压极端条件下的力学行为

冲击压缩和爆炸作为高压科学研究的重要组成部分，本身涉及多种极端力学行为，包括高温、高压、高应变率等。20 世纪 80 年代，美国桑迪亚国家实验室的格雷厄姆（Graham）对高压冲击条件下的结构相变、固体冲击压缩和金刚石与氮化硼合成、新材料制备及通过调控微结构获得优异特性等方面的工作进行全面的评述。美国劳伦斯利弗莫尔（Lawrence Livermore）国家实验室的雷明顿（Remington）评述了该团队在高压和高应变率下的极端材料科学方面的研究进展，在高能激光设备上发展了极端高压和高应变率的固体实验装置，可以有效表征出体积平均温度、压缩形变和相变；英国原子武器发展局的伯恩（Bourne）和米利特（Millett）及美国洛斯阿拉莫斯国家实验室（Los Alamos National Laboratory，LANL）的格雷（Gray）评述了多晶金属材料的冲击压缩行为，通过初始和冲击高压恢复之后的材料微结构缺陷变化比较，认为多晶金属材料在冲击压缩的变形机制主要包括面心立方（FCC）金属的位错胞和加工硬化、体心立方（BCC）金属冲击压缩诱导位错运动的受阻行为及冲击压缩诱导形变孪晶等。俄罗斯联邦核中心的梅德韦杰夫（Medvedev）和国立核能研究大学的特鲁宁（Trunin）评述了泡沫金属和硅酸盐的冲击压缩，泡沫金属冲击压缩行为及金属的半经验状态方程模型用以描述实验数据；美国加利福尼亚大学圣迭戈分校的迈耶（Mayer）课题组评述了利用同步辐射 X 射线和高功率脉冲激光来探究超高压、瞬态和高应变率下的材料响应行为，发现了新的塑性变形相变和非晶化机制。美国劳伦斯利弗莫尔国家实验室的帕克（Park）课题组采用奥米伽（Omega）激光设备在高压高应变率下发现晶粒尺寸大于 0.25 μm 的金属钽的流应力没有表现出晶粒尺寸效应，认为相较于晶粒尺寸效应，加工硬化、应变率硬化和高压硬化行为主导了塑性变形行为。

（五）高压理论与方法

高压科学的理论研究，通常是利用固体状态方程描述压力、温度和体积之间的定量关系，将高压下的物质的宏观热动力学描述与微观量子力学模型建立相应的联系。一般状态方程都忽略了非简谐性、声子-电子耦合、缺陷及非平衡应力的影响。针对高压极端条件下的材料与结构，固体状态方程主要用于研究高压对固体的热膨胀系数、体弹性模量、比热等的影响，即基于状态方程来确定高压下固体材料的热膨胀系数、体弹性模量、比热等。例如，用于获得高压下体弹性模量的状态方程：米氏-格勒涅森（Mie-Gruneisen）状态方程、基于弹性理论的默纳汉（Murnaghan）状态方程、基于有限应变理论的伯奇-默纳汉（Birch-Murnaghan）状态方程、基于亨基（Hencky）应变的对数状态方程、布里奇曼（Bridgman）多项式状态方程、基于米氏（Mie）势的状态方程及维内（Vinet）状态方程等。根据大量的实验数据拟合比较发现，三级伯奇-默纳汉方程的拟合结果最好，也是目前确定高压下固体体弹性模量中应用最广泛的状态方程数学表述形式。

20 世纪 50 年代，哈佛大学的弗朗西斯·伯奇（Francis Birch）就发展了静水压作用下的有限应变默纳汉理论，描述模量的高压效应。德国帕德博恩大学（Universitat-GH Paderborn）的霍尔茨阿普费尔（Holzapfel）在1998年综述了强压缩固体的状态方程的发展历史和理论背景，讨论了选择一些特殊数学描述的依据及其背后的物理意义。俄罗斯科学院的罗蒙诺索夫（Lomonosov）给出了多相状态方程模型，包括固态、液态、等离子态，将该模型应用于金属铝预测不同相的热动力学性质。中国工程物理研究院学者通过比较金刚石对顶砧设备的不同压力标定方法并考虑非静水压对压力标定的影响，探讨了静高压实验的状态方程的精度问题。

除了固体状态方程，人们也采用原子尺度方法（包括第一性原理和分子动力学方法）来定量揭示高压极端条件下固体材料与结构的宏观行为，包括高压下的弹性性能、相变、强化、塑性变形等。研究者们采用密度泛函理论研究块体材料的高压相变和弹性性能：美国劳伦斯利弗莫尔国家实验室的雷明顿和美国加利福尼亚大学圣迭戈分校的迈耶课题组分别评述了其在高压和高应变率下的极端材料科学方面的研究进展，采用大规模分子动力学模拟探究高压高应变率下材料的变形机理并与实验结果进行有效比较，认为分子动力学模拟方法为材料的高应变率和瞬态响应行为提供了定量模拟和可视化过程。法国里尔大学的卡雷和科迪埃（Cordier）评述了基于原子尺寸模拟方法探讨静水压对固体材料位错核性质的影响。宏观连续介质理论方法也可以用于研究高压极端条件下固体材料的相变和变形行为：美国爱荷华州立大学莱维塔斯（Levitas）课题组通过考虑马氏体相变、位错演化和大应变力学行为发展了相场方法模拟了高压和剪切应变诱导的纳米晶的相变行为；法国的原子能事务局学者瓦特（Vatter）和德努阿尔（Denoual）通过结合非线性弹塑性理论和多参数相场理论建立了三维相场有限元模型，研究了在高静水压下金属铁从体心立方（BCC）相转变为密排六方（HCP）相的相变过程，分析了多形态塑性变形的影响和微结构的演变过程；最近，哥伦比亚大学菲什（Fish）课题组发展了多尺度超弹塑性破坏模型用以描述高压诱导二氧化硅玻璃致密化行为。

五、面临的挑战和思考

材料在极端高压下首先发生力学响应（包括压缩、位错、断裂等），力学响应继而引发其他性质的变化。因此，超高压强极端条件下材料和结构的力学行为研究无论对高压科学探索本身还是极端高压的工程应用，均有重大意义。

在高压极端条件下，材料力学行为的实验研究主要涉及高压产生的方法和高压下材料本征参数的测量与分析。对于材料的压缩性质，不同的高压技术会采用不同的测量和表征方法来获得相关物理参数。对于材料高压极端条件下的材料塑性变形行为，一般只能通过非原位微结构表征技术分析高压卸载后材料微结构的变化，研究高压下材料的强化和塑性流动行为。首先，高压条件下的晶格应变、压力、冲击波波速和表面速度等相关物理量的测量精确度将会直接影响材料压缩力学行为的分析结果。因此，高压实验技术方面存在的挑战是如何精确地测量高压下相关物理参数来保证超高压极端条件下材料力学行为定量分析的有效性和可靠性。其次，材料的状态方程数学描述的多样性，增大了高压极端条件下材料力学行为定量分析的不确定性。因此，高压技术存在的另外一个挑战是如何选取或建立合适的材料状态方程来更精确地探讨高压极端条件下的弹塑性变形行为。最后，当前的高压加载技术和测量技术存在明显的不足。上文中提到的拉曼光谱、X射线衍射或者声学测量固然能够很好地给出被测量材料的弹性力学参数，但都是间接测量手段；现阶段并没有很好的手段在高压腔体中实现非各向同性的应力加载。再者，由于高压装置本身的限制，现阶段高压科学的研究对象的尺寸普遍偏小，偏离了力学家们的关注轨道。因此，高压极端力学实验研究面临的又一重要挑战是如何发展出新的大尺度的静水高压装置。动态高压手段能够产生的压强高于静态高压手段，并且研究对象的尺寸在宏观级别，但是动态高压往往会对研究对象产生不可逆的破坏，亦很难对研究对象进行原位观测。因此，发展时间和空间可控的高压产生技术成为高压极端力学行为研究的又一重要挑战。

高压极端力学行为的理论研究相较于实验研究，仍然处于起初阶段，而定量地分析和预测高压极端条件下材料的变形行为又是高压极端力学研究不可或缺的重要组成部分。在高压极端条件下材料力学行为理论研究存在的问题和挑战，可以分为材料状态方程、静高压理论和动高压理论三个方面。首先，材料的压缩性能一般通过材料的状态方程进行讨论，已有实验研究表明高压极端条件下材料内部将会形成位错、孪晶、层错、非晶界面等缺陷，这些缺陷的存在使得高压下材料的压力和体积之间表现出独特的变化规律，而已有的材料状态方程无法描述这些变化规律。因此，发展可以考虑材料缺陷影响的状态方程将成为高压极端力学理论研究的重要课题之一。其次，静高压下材料的弹塑性变形行为，尤其是超细晶金属在超高压强作用下表现出独特的强韧化行为，成为近年来高压材料学研究的热点和前沿。这些结果仍然不足以定量描述和解释高压条件下超细晶金属强韧化行为，常规条件下描述材料强韧特性的理论也不适用于高压极端条件的变形行为。因此，发展描述高压极端条件下材料强韧化变形机理和力学行为的理论模型成为高压极端力学理论研究的又一挑战。最后，动高压下材料变形行为的理论研究方面，包括分子动力学方法和流动弹塑性理论，已经在冲击和爆炸力学领域得到大量的研究和应用，然而已有的理论研究并未考虑材料微结构及其演化对动高压力学特性的影响。因此，发展基于变形机理和考虑微结构及其演化的动态高压弹塑性理论也是高压极端力学理论研究的重要挑战。

高压科学已经发展近百年，高压下材料优异性能的应用不可避免地会涉及高压极端环境下材料与结构的力学行为。因此，高压力学的研究不仅是高压科学研究的重要补充，超高压强极端条件下材料力学行为研究也是极端力学发展的重要组成部分。

本章参考文献

[1] van der Laan D C, Weiss J D, Kim C H, et al. Development of CORC® cables for helium gas cooled power transmission and fault current limiting applications[J]. Superconductor Science and Technology, 2018, 31(8): 085011.

[2] Diko P. Cracking in melt-grown Re-Ba-Cu-O single-grain bulk superconductors[J]. Superconductor Science and Technology, 2004, 17(11): R45-R48.

[3] Hu W R, Kang Q. Physical Science Under Microgravity: Experiments on Board the SJ-10 Recoverable Satellite[M]. Singapore: Springer Nature, 2019.

[4] Li R, Wang Z, Guo Z, et al. Graded microstructures of Al-Li-Mg-Zn-Cu entropic alloys under supergravity[J]. Science China Materials, 2019, 62(5): 736-744.

[5] Zhang B, Kou Y, Jin K, et al. A multi-field coupling model for the magnetic-thermal-structural analysis in the electromagnetic rail launch[J]. Journal of Magnetism and Magnetic Materials, 2020, 519: 167497.

[6] 国务院. 中国制造 2025[OL]. https://www.ndrc.gov.cn/xxgk/zcfb/qt/201505/t20150520_967388.html[2023-06-06].

[7] Council N R. Research Opportunities in Corrosion Science and Engineering[M]. Washington: The National Academies Press, 2011.

[8] 黄艳萍, 黄晓丽, 崔田. 原位高压测试技术在高压结构及性质研究中的应用[J]. 物理, 2019, 48(10): 650-661.

编 撰 组

组长：段慧玲

成员：黄敏生　孟松鹤　康　琦　段　俐　吕朝锋　雍华东

　　　金　科　范海冬　崔一南　朱林利　高　扬

第三章
极端自然环境力学

极端自然环境事件往往造成重大生命财产损失，影响区域乃至全球的社会经济发展。阐明极端自然环境条件下物质的受力、运动与变形及其环境效应的作用机理，建立有效的模拟与预报方法，发展极端自然环境作用下人居环境和重大工程结构的风险评估与抗灾减灾技术，已成为力学学科富有特色的前沿交叉研究领域。当前人类面临的极端自然环境主要包括风沙环境、风雪环境、极端海啸环境、深地环境、极端海洋环境等。基于此，本章第一节对风沙环境力学的内涵、研究方法、研究进展和发展方向进行了详细介绍，第二节对风雪环境力学进行了介绍，第三节讨论了极端海啸模拟与预警，第四节针对深地环境原位岩石力学进行了介绍，第五节详细论述了极端海洋环境载荷领域的研究现状、进展和发展趋势。

第一节　风沙环境力学

一、战略需求与科学意义

风沙流与沙尘暴及其引发的土地沙漠化是我国乃至全球范围的重大自然灾害，严重危害生态环境及人类的生产生活。高雷诺数气流驱动沙粒运动导致的土壤风蚀沙漠化和沙尘暴成为影响人类经济社会发展的重要环境问题，防治风沙灾害被联合国《2030 年可持续发展议程》确立为 17 个可持续

发展目标之一。我国在 2006 年发布的《国家中长期科学和技术发展规划纲
要（2006—2020 年）》和 2013 年国务院通过的《全国防沙治沙规划（2011—
2020 年）》都将风沙灾害研究确立为面向国家重大战略需求的基础研究，风
沙治理被列入《全国重要生态系统保护和修复重大工程总体规划（2021—
2035）》。自然沙粒产生风沙电场对沙漠地区的电子设备与通信带来严重影
响。在深空探测中，沙粒带电与风沙流对探测器的着陆运动与空地通信也会
带来灾难性的危害。实现对风沙灾害的准确预报和科学防治，亟须对沙尘暴
过程中气象环境要素、风场流动特征、电场演化规律、沙尘输送现象及相互
影响进行系统研究，深刻认识风沙灾害形成的机理和规律。

　　颗粒物质在高雷诺数壁湍流作用下的运动及其与湍流的相互作用是一个
极具挑战性的科学问题。风沙运动是大量沙粒散体的集群性运动，是沙漠化
与沙尘暴极端环境灾害发生发展的主要成因。沙粒的散体性、运动的随机
性、沙粒流运动与湍流风场及流动沙床面交织互馈多重非线性、与风沙电场
的耦合作用、与跨尺度的风沙流运动过程相互作用等复杂因素，使得对风沙
流运动规律一直缺乏有效的揭示，上述问题已经成为风沙运动及沙漠化过程
研究的重大基础力学课题。其中，非线性、多场耦合、跨尺度、随机性及其
相互交织也一直是众多学科所面临的共性科学问题。流体力学界认为"湍流
和多相流是流体力学中最具挑战性的两个问题，两者联合起来也会成为更加
难以对付的挑战"[1]。《科学》期刊于 2005 年列出的 125 个未解决的重要科
学问题中唯一一个直接与力学相关的问题就是"能否发展湍流动力学与颗粒
运动学的统一模型"，而风沙运动中湍流结构的作用尤为关键。

二、研究现状

　　极端风沙灾害影响范围广，严重破坏生态环境并威胁人类健康及生产安
全，因而受到力学、环境科学、大气科学等研究领域的广泛关注。20 世纪 40
年代，英国工程师巴格诺尔德（Bagnold）对风沙运动开展了野外观测和风洞
实验研究，建立了风沙物理学框架，开创了风沙物理学的研究领域[2]。20 世
纪 60～80 年代，研究者们通过理论分析结合数值模拟开展了风沙运动的建
模及风成地貌与风沙运动的定量模拟。80 年代以后，随着对两相流问题研究
的不断深入，研究者们进一步发展了风沙流的数值模拟，将流体力学的两相

流理论和纳维-斯托克斯方程的雷诺平均纳维-斯托克斯（Reynolds averaged Naiver-Stokes，RANS）方程与大涡模拟（large eddy simulation，LES）求解用于风沙流的研究中。现有的基于RANS方程的风沙流模拟与实际观测不符，观测中输沙过程存在显著时空变化。21世纪，随着野外观测和大规模LES的发展，发现输沙过程的时空不均匀与湍流结构尤其是外区的大尺度/超大尺度结构密切相关。同时，风沙电场也与风沙运动存在显著的耦合效应。受高精度的数值模拟及风洞和野外观测研究手段不足的限制，迄今关于风沙运动及灾害机理和防治的研究仍存在很多不足。

考虑高雷诺数湍流效应的风沙运动研究仍然欠缺。在现有的风沙物理学框架下，风沙运动主要通过平均的流场信息获得沙粒运动的平均运动特征。在沙粒的流体起动方面，风洞实验与野外观测均发现了低于临界起动风速条件下的输沙现象。在跃移过程中，气流对沙粒的拖曳力和重力是其最主要的驱动力。在现有的数值模拟中，拖曳力通过拖曳力系数及局地运动特征来表征。在跃移沙粒与床面的冲击碰撞、反弹及床面沙粒的溅起过程中，冲击颗粒的速度与冲击角度均受湍流脉动的影响，进而影响颗粒的溅起与反弹。在跃移沙粒对风场的反作用方面，研究发现固体颗粒对气相的平均统计特性及湍流结构均有重要影响。在现有风沙物理学框架下，沙粒的反作用作为体力相附加到流体运动方程中，但沙粒对湍流脉动、湍流结构的影响仍难以被准确揭示。湍流效应的忽略主要由于现有物理学框架是基于气流与沙粒运动平均特征建立，同时高雷诺数壁湍流及气-固两相壁湍流的研究本身存在理论、实验及数值模拟的诸多困难和挑战[3]。

沙丘场演化的跨时空尺度定量模拟仍存在不足。沙丘场演化和沙尘暴的发生发展均是风沙灾害的宏观体现，前者的准确定量模拟是建立沙漠化有效防治措施的关键。目前风成沙丘场及其演化过程的模拟主要有连续性模型、元胞自动机模拟、耦合映射格子方法等，其中元胞自动机方法应用最广泛。这些演化模型对真实尺度的沙丘场模拟存在明显不足，难以实现真实时空尺度的定量模拟。同时，连续型模型需要求解复杂边界条件下的流场，计算量极大，同时受计算能力的限制，这类模型难以推广至定量模拟。元胞自动机模型及耦合映射格子模型不需要计算流场，显著降低了计算量和计算难度，但这两种模型没有考虑近地表风沙流侵蚀和沉积过程，无法反映模型与物理参数的关系，其结果难以定量预测沙丘场的演化。基于元胞自动机发展出的自组织元胞自动机模型对沙丘发展时空尺度进行联系，但仍未考虑实际风沙运动过程的影响。近年来，真实空间元胞自动机模型将沙团元胞自动机与气动格子方法相结合，对沙粒微团及气体微团的处理依赖于元胞间的随机交互过程，难以描述真实风沙流输运过程。此外，由于模型时间尺度基本单位为风沙流弛豫时间，很难实现年际单位的跨时间尺度沙丘场的演化模拟。准确定量模拟仍需进一步发展跨时空尺度的沙丘场演化模型及其模拟方法，并在模型中进一步考虑湍流输沙的影响。

风沙电场及电结构特征未被揭示。沙粒带电及其生成电场是伴随风沙运动的一种自然现象，沙尘暴是一种极高雷诺数和分散体系的气-沙两相流，其电场强度可达 30～100 kV/m。风沙运动的颗粒带电现象广泛存在于工业生产和自然界中，对颗粒的起动、团聚行为和输运过程及无线通信等均产生严重影响[4]。早在 1913 年，剑桥大学圣约翰学院著名学者 W. A. 道格拉斯-拉奇（W. A. Douglas-Rudge）就在《自然》上报道了沙尘暴中电场的存在，但缺乏有效手段获取沙尘带电及其电场的大空间精细结构。已有风沙电观测大多为近地表高度单点测量，无法揭示空间变化。此外，沙粒带电对电磁波的影响使得遥感等测量手段难以开展，进而导致对于沙尘暴中电现象的认识十分有限。沙尘暴电场研究的困难导致研究结果难以统一且存在争论，如野外测量得到的垂向电场的定性差异；已有研究对颗粒的带电特性揭示也存在不足，高空悬移小颗粒带电特性的研究鲜有涉及；已有研究从单点测量中推断电荷结构可能是单极性或者双极性，但电荷分布精细结构仍未被揭示。

三、研究进展

（一）计及高雷诺数湍流效应的风沙运动研究

为克服现有风沙物理学研究的瓶颈，郑晓静院士研究团队利用野外观测、风洞实验及数值模拟相结合对风沙运动开展了全面系统的研究，并将近年来流体力学发展的新成果应用到风沙物理学的研究中，建立了计及高雷诺数湍流效应的风沙物理学新框架。

为实现沙尘暴的精细观测，郑晓静院士团队在位于甘肃省民勤县东北的青土湖湖床上建立了青土湖观测列阵（Qintu Lake Observation Array, QLOA），见图3-1。列阵可以在流向、展向及垂向开展沙尘暴多场、多物理量的三维空间观测，是在国际上首次实现沙尘暴三维空间观测的台站，也是目前国际上唯一能同时对大气边界层近地表净风场和含沙风场沿三向同步测量的观测站。研究团队发展了大气表面层多物理场大规模同步集成化观测方法，实现对风沙流/沙尘暴实时同步野外观测，显著提升了大气边界层风沙流/沙尘暴的观测能力和水平及我国高雷诺数气-固两相流观测的国际影响力，为沙尘暴灾害的物质输送机理和精确预报提供基础性支撑。

图 3-1　青土湖观测列阵

利用观测数据，郑晓静院士团队首次揭示出在风沙流及沙尘暴中存在超大尺度湍流结构（VLSMs）。该结构已被证实是高雷诺数壁湍流中一种重要的、占支配地位的相干结构，对物质、能量的湍流输运具有显著影响。超大尺度结构主导了颗粒的流向输运，在近地表风沙跃移层内会抑制沙尘的垂向传输，在跃移层以上则对沙尘垂向输运起到积极作用。沙尘颗粒对超大尺度结构也有显著影响，导致结构的能量占比下降，倾斜角度会随着输沙强度的增大而增大。郑晓静院士团队采用目前最高雷诺数壁面解析大涡模拟（wall-resolved large eddy simulation, WRLES）对含颗粒的两相流进行较为精确的数值模拟。通过与风沙流壁面模型化大涡模拟（wall-modeled large eddy simulation, WMLES）结果对比发现两者存在明显差异，WMLES 计算的误差最大可达 100% 以上。进一步结合风洞开展风-沙两相流同步测量后发现，颗粒与壁面的相互作用也会显著影响湍流及颗粒运动特征。

在此基础上，郑晓静院士团队给出了高雷诺数壁湍流及风-沙两相流的若干新现象、新规律、新机制、新模型：发现两相流中类似流场结构的重颗粒超大尺度结构；揭示出壁湍流若干统计特性和湍流结构几何特性及其雷诺数效应；给出湍流运动幅值调制的尺度效应；发现气-固两相流湍流特性的重颗粒击溅机制；揭示出大气表面层 VLSMs 起源对沙尘的流向输运起主导作用，但对垂向输运在近地表起抑制作用的"双机制"；建立三维形态表征模型和大气表面层净风场/含沙风场风速表征模型；建立对防沙治沙工程方案和沙障设计的风沙运动预测的经验模型。加深了高雷诺数两相壁湍流中颗粒与湍流相互作用现象、规律和机理的认识，并为沙尘暴的模拟与预报提供了支撑和验证。

（二）沙丘场演化的定量模拟及防治措施优化

为了定量模拟真实时空尺度的沙丘场演化过程，郑晓静院士团队于 2011 年提出了耦合计算沙丘场模型 CSCDUNE。该模型考虑了风沙流运动过程中颗粒的沉积与侵蚀，推导计算风沙流与沙丘场演化的介观单元"沙体元"的尺度及运动特性；实现了沙粒及其运动的秒和微米量级的时空尺度到沙丘场百平方公里、百年量级的时空尺度演化过程的跨尺度定量模拟。该模型从粒-床相互作用出发，统计出床面沙粒起跳的初速度分布函数，实现风沙流的形成和发展过程的模拟；推导计算得到"沙体元"的"覆盖因子"和被侵蚀"沙体元"的厚度；进一步根据沙粒平均跃移时间和长度、沉积概率等，统计得到"沙体元"的"传输因子"，计算"沙体元"沿风向的传输距离。最终以"沙体元"的侵蚀厚度及输运距离为基本量，实现风成沙丘场的定量模拟。CSCDUNE 的尺度跨越严格遵循风沙运动的物理规律，保证了模拟结果的真实性和有效性，而且根据沙漠地区气象数据实现符合地区实际特征的沙丘场演化过程模拟，可以为防沙治沙工程及其差异化设计提供支撑，对风沙环境治理及沙漠扩展防治具有重要意义。

基于 CSCDUNE，通过对模拟边界条件进行调整，实现沙漠边缘扩展定量模拟计算，对不同来流条件下扩展速度进行定量预测，进而对沙漠扩展起到环境预警作用。将野外测量防沙治沙措施（草方格等）布设后地表起沙量作为 CSCDUNE 的特征参数，考虑风速的空间变化及草方格沙埋失效，可对草方格沙障在沙丘场演化及沙漠扩展中的效益进行评价，并对其合理布设方式提供指导。对此，郑晓静院士团队提出了优化的草方格排布方式，即草方格的斑马线排布。这一优化挡沙方案已经应用到甘肃民勤地区的防沙工程中，经工程实践验证了该方案的有效性和可靠性，同时降低了近 70% 的成本。

（三）沙尘暴风沙电场及电荷结构研究进展

基于甘肃民勤青土湖观测列阵得到的多物理场（风场、电场、粉尘浓度、环境温湿度）的三维实时同步观测数据，兰州大学风沙环境力学研究团队从电场强度随电荷密度变化的库仑定律出发，提出了一种优化反演重构沙尘暴三维电结构分布特征的理论框架和数值方法。其基本原理为：空间不同位置处的电场分量是由整个沙尘暴空间电荷密度分布所决定的，理论上可建立电场数据和空间电荷密度的定量关系。但是，这类反问题在数学上通常是非适定的，因此直接求解该积分方程不可行。为此，该反演研究采用变分正则化原理将上述非适定问题转化为适定的吉洪诺夫（Tikhonov）泛函的极小化问题。该研究小组使用青土湖观测阵列实施了风速、电场强度、沙尘浓度等多物理量、多点、实时、同步的测量。在对该反演重构方法的鲁棒性、稳定性和可靠性进行数值检验和实验验证后，基于观测站不同空间位置的 19 个电场强度分量探头所观测到的时间序列，成功地实现了 3 场强沙尘暴流向 2000 m、展向 1000 m、垂向 300 m 空域内的电荷密度与电场强度的三维分布结构的定量再现，揭示出正、负电荷密度相间的马赛克分布特征。这一研究为未来沙尘暴内部的物质输运及湍流结构特征的有效揭示提供了新的开端。事实上，由于湍流结构和颗粒输运在流向的变化，沙尘暴的电荷结构在流向是不均匀分布的，因此沿流向布置的测点在重构模型中扮演着重要角色。如果完全去除流向塔的观测数据，会导致重构结果无法完全再现真实情况。

四、展望

（一）面临的力学挑战

针对风沙流及沙尘暴的研究已经获得许多重要成果并直接应用于灾害天气的预报预警及防沙治沙工程的实践中，但仍存在需要进一步深入研究的问题和改进之处。现有针对风沙环境灾害的研究存在如下几个挑战。

（1）现有的气-固两相流理论和研究成果难以准确描述风沙运动，需要建立基于高雷诺数湍流与大惯性颗粒相互作用的气-固两相流理论体系。已有的实验和数值模拟受仪器设备、计算能力不足等的限制，主要以含小惯性颗粒的中低雷诺数两相流为对象，而风沙流及沙尘暴是极高雷诺数的气-固两相流，原有基于实验和数值模拟建立的理论无法适用。此外，建立基于高雷诺数湍流与大惯性颗粒的相互作用的理论体系需要深入认识高雷诺数单相流动，也是湍流研究的难点之一。雷诺数升高，湍流的多尺度效应及非线性特征增强，与沙粒运动的耦合必然会给风沙运动的研究带来新的挑战。

（2）风沙运动具有显著的间歇性和非平稳特征，目前关于非平稳流动的认识仍然不足且缺少有效的分析手段。对沙尘暴中非平稳流动的湍流演化及输运的认识是准确预报沙尘暴的重要基础，但是目前鲜有针对非平稳湍流尤其是湍流两相流的研究。对于沙尘暴流动，由于雷诺数高、湍流尺度分离大，为保证统计收敛以准确提取相干结构特征，需要有长时间的平稳数据，这在沙尘暴的上升和下降阶段是不存在的。因此，发展有效的非平稳数据分析手段并揭示沙尘暴全过程的流动与输运特性是风沙灾害研究面临的重要挑战。

（3）亟须建立高精度、高效风沙流数值模型和模拟方法，包括风沙起动、击溅与湍流模型及风沙运动跨尺度模拟方法。目前多数模拟仍采用冲击实验或基于平均流场模拟获得的击溅函数，尚未考虑湍流影响。其次，高雷诺数湍流边界层模拟需要使得网格量随着雷诺数增加级数增长，而颗粒追踪、碰撞过程也需要消耗大量计算时间和存储空间，现有模拟手段和计算能力条件均难以实现沙尘暴的准确模拟。因此，发展低存储需求、高效、高精度的湍流风-沙两相流跨尺度模拟方法及并行优化算法是开展沙尘暴数值模拟研究的基本前提，也是其面临的重要挑战。

（二）近期重点问题

1.高雷诺数湍流与大惯性颗粒的相互作用

开展极高雷诺数单相及两相壁湍流的观测研究，完善湍流统计特征和湍流结构特性的雷诺数效应研究；厘清两相流中湍流结构生成演化机制和规律；揭示颗粒对高雷诺数壁湍流统计特性及湍流结构影响的机理，以及湍流对颗粒输运等颗粒运动行为的作用规律。

2.沙尘暴的非平稳流动及输运特性

改进现有观测手段，研发单相和两相壁湍流研究的装置和高精度测量仪器；建立或改进用于沙尘暴非平稳过程分析的可靠数学工具；开展沙尘暴上升、平稳、下降阶段的全过程分析，揭示沙尘暴非平稳湍流输运特性。

3.高精度、高效风沙流数值模型和模拟方法

建立计及高雷诺数湍流效应的风沙起动、击溅与湍流模型；发展高精度、高效风沙流数值模拟方法，提出考虑近壁湍流脉动效应和多颗粒影响的简化模型；提出或改进风沙运动大尺度、跨尺度模拟的模型，发展跨尺度的数值模拟方法，并提高并行算法的效率；进一步开发便于工程应用且满足模拟精度要求的风沙运动数值模拟软件。

4.基于多物理场耦合的沙尘暴预报及预警模式

开展沙尘暴过程的多物理场的联合分析，揭示湍流、粉尘浓度、电场之间在各尺度上的调制和依赖关系及温湿度等环境因素的影响；建立基于沙尘暴流场、沙尘浓度场和电场观测数据的多物理场联合反演模型；揭示沙尘暴的流场、粉尘浓度场和电场的尺度特征与时空演化规律；利用沙尘暴多物理场耦合的研究结果，完善基于风沙电场的沙尘暴预警方案并进一步改进沙尘暴数值预报精度。

五、小结

沙尘暴是在极端天气条件下发生的极端灾害事件，而风沙流尤其是沙尘暴引起沙漠扩展进而造成土地沙漠化也是人类面临的重大环境威胁。现有研

究对风沙灾害及风沙运动机理的认识仍然不足，而且在研究中面临许多挑战，亟须建立新的实验和数值研究方法，对风沙运动尤其是沙尘暴中气-固两相相互作用规律及机理进行深入揭示，在建立高雷诺数气-固两相壁端流理论体系的同时为沙尘暴的准确预报及风沙灾害防治提供理论和技术支撑。

第二节　风雪环境力学

一、战略需求与科学意义

近年来，全球范围内极端低温冰雪天气频发，对人类的生产生活产生严重影响，工程结构的抗雪形势十分严峻。掌握风雪行为机理，对风雪灾害形成全面认识，才能从源头上保证工程结构的安全与可靠。

重大建筑工程属于风雪敏感结构，亟须认清风雪致灾机理。全球极端低温冰雪天气频发，积雪导致的重大建筑工程倒塌事故也随之增加。例如，2007年，沈阳发生重大雪灾造成数百间大型工业厂房倒塌。在日本、美国、加拿大及捷克等国，雪灾事件也时常发生。例如，2010年，美国明尼苏达维京人体育场垮塌；2017年，捷克帕尔杜比采城体育馆被雪压塌。雪致建筑工程灾害分布广泛、出现频繁，凸显出灾害防控工作的重要性与紧迫性。随着社会经济的不断发展，重大建筑工程的规模也逐渐庞大，日益严重的风雪灾害是制约我国经济发展的重要因素。"建筑工程风雪灾害防控"成为战略上需要重点解决的关键问题，亟须认清重大建筑工程风雪致灾机理。

重大交通基础设施深受风雪威胁，亟须完善风雪飘移理论。近年来，我国高寒地区交通基础设施建设不断发展，促进了我国社会经济的全面发展。但寒区极端气候环境严重制约了道路交通设施正常功能的发挥；道路雪阻中断和视程障碍在我国新疆、内蒙古、吉林、黑龙江等地常年发生，严重威胁交通系统的稳定性和安全性；寒区高速列车关键部件的覆雪影响列车正常运行，对行车安全造成威胁。减小寒区极端风雪环境对我国重大交通基础设施的不利影响，需从线路选址、风雪阻拦等方面开展研究。其中最重要的是认清风雪飘移的形成机理、影响要素与积雪迁移规律。

极地开发作为我国重大战略，风-雪-冰耦合作用研究亟待突破。北极地区自然环境恶劣，常年覆盖冰层，但是丰富的资源环境驱使着域内国家积极从事相关研究和开发活动。中国本着"认识北极、保护北极、利用北极和参与治理北极"的目标，发表了《中国的北极政策》白皮书，发起了共建"冰上丝绸之路"的重要合作倡议。然而"冰上丝绸之路"的开发仍有不少掣肘因素。首先，极地地区冰雪灾害严峻，极地建筑面临风雪阻碍施工、积雪封堵交通和风雪致结构垮塌等挑战。其次，现有技术储备无法满足该环境对工程结构安全性、抗冰雪灾害性能及抗冻融环境荷载性能等技术要求。因此，亟须针对冰雪运动机理和低温恶劣环境下建筑结构长周期力学性能展开专门系统研究。

二、研究现状

极端风雪灾害对建筑工程、交通工程和极地工程的安全方面提出了巨大的挑战，同时也得到国内外研究学者的重视。自 20 世纪 60 年代起，国外率先开展对极端环境风雪行为机理的研究工作并渐成体系，我国在该领域起步较晚，研究体系尚不成熟，仍待完善。

（一）重大建筑工程风雪作用研究

目前，重大建筑工程风雪作用研究形成了实地测量、风雪联合试验、数值模拟三位一体的研究系统，哈尔滨工业大学空间结构研究中心范峰团队对此进行了系统研究。

1. 实地测量已形成较为完善的体系，但缺乏原位、长周期的足尺建筑屋面积雪分布实测数据

国外的实地测量工作开展较早，已形成较完善的体系。我国在实地测量方面的研究尚处于起步阶段。研究对象多为形式简单的缩尺建筑模型，对足尺建筑屋面积雪分布研究开展较少。风雪联合试验与数值模拟的可靠性要基于足尺建筑屋面积雪分布实测结果对比评判，现阶段实测数据匮乏，无法校正。因此，缺乏原位、长周期的足尺建筑屋面积雪分布实测数据是实地测量工作中要重点解决的问题。

2. 初步建立风雪联合试验方法，但试验系统功能单一、性能不足，无法准确模拟复杂降雪过程

利用风洞、水槽等试验设备，采用缩尺模型并遵循一定的相似准则开展风雪联合试验，是研究的另一主要方法。目前的试验研究方法可划分为3类：基于常温风洞与模拟颗粒的试验方法、基于水槽与模拟颗粒的试验方法、基于低温环境风洞与自然雪或人造雪的风雪联合试验方法[5]。目前国内外试验系统功能单一、性能不足，无法准确模拟复杂降雪过程，且大多只针对单次降雪的影响进行研究。因此，必须要建立一套高精度、多因素的风雪联合试验系统，深入揭示风雪耦合行为及机理。

3. 数值模拟考虑单一因素的模拟方法发展迅速，但多因素耦合作用的模拟方法尚处于起步阶段

数值模拟是基于计算流体力学（computational fluid dynamic，CFD）技术，对风-雪两相流进行求解，从而预测积雪分布的方法。实现风-雪两相流的数值模拟方法有欧拉-拉格朗日法（E-L）和欧拉-欧拉方法（E-E）两种。综合环境下积雪的最终分布形式不仅取决于风场因素，还与温度、周围建筑分布、屋面材料等因素相关。对此，研究者们提出了一种将中尺度气象模型、风吹雪模型与融雪模型相结合，首次尝试建立多因素耦合的数值模拟方法。现有的数值模拟方法对多因素耦合的研究尚处于起步阶段。为深入研究风、雨、热、雪多因素全过程耦合行为及其机理，探究建立多因素耦合的数值模拟方法意义重大。

（二）重大交通基础设施风雪防治问题研究

1. 道路风吹雪作用机理研究较为薄弱，风吹雪作用机理研究亟待开展

从 20 世纪 50~60 年代起，国外学者就运用野外实测和风洞实验的方法开展研究。美国学者通过实地观测阐述了风吹雪基本过程，并提出一整套有关各类防雪栅工程手册。加拿大学者对风洞实验选材和重要相似准则进行研究，为风洞实验的设计提供重要参考。在国内，中国科学院兰州冰川冻土研究所通过观测雪粒子物理特性和运动参数，对影响物理力学性质的因素进行了讨论；石家庄铁道大学针对公路系统风吹雪问题提出了风雪联合试验方法与观测。随着数值模拟技术的不断发展，国外学者率先基于流体体积法

（VOF法）模拟复杂地形下流场分布与积雪特征变化。西南交通大学面向我国铁路系统风吹雪问题开展数值研究指导道路挡风屏及路堤设计。综上，国外对于风吹雪形成机理和防治措施已开展大量基础研究，形成了成熟的设计指导文件。但国内的基础研究较少，数值模拟所需的试验物理参数的应用受到很大限制，很多反映风吹雪运动的基本物理量尚不能给出较为准确的结果，因此对风吹雪作用机理的理论基础性研究势在必行。

2. 在高速列车覆雪行为研究方面，对转向架研究较为完善，整车研究较少

针对寒区高速铁路列车关键部位的覆雪问题，国内外学者开展了大量研究，形成了由基本模型、转向架模型到整车模型的多层次研究体系。基本覆雪规律清晰，能够揭示覆雪基本过程，为数值模拟提供了数据支持。国外仅有法国南特大学实验室与日本新庄实验室开展相关实验。国内哈尔滨工业大学首次开展了真实的覆雪试验，用以优化改进现有的模型覆雪判别准则。此外，针对列车转向架覆雪的直接性研究工作，法国国家铁路公司采用人造雪对 TGV 列车转向架进行覆雪实验，并将实验结果与基于离散相模型（DPM）的模拟结果进行研究对比。日本铁道研究院则利用振动降雪装置对列车转向架开展专项覆雪研究，验证了新提出的基于离散元法（DEM）的可行性。中南大学采用筛糠材料研究颗粒流在整车运行时的轨迹特征与运动规律，得到覆雪分布并与 DPM 模拟结果进行对照验证；哈尔滨工业大学通过优化补充模拟覆雪判别准则，对我国多型号高速列车转向架部位风致覆雪问题进行了深入探讨。综上，高速列车转向架区域的覆雪研究近年来取得了显著的成果，但现有模型实验尚未涉及足尺列车模型，且均未采用真实雪颗粒。为了更好地揭示覆雪机理，针对足尺列车模型并采用真实雪颗粒低温覆雪实验有待进一步开展。

（三）极地工程抗风雪灾害研究

极地工程以其高科技、高风险、高投入的发展特征，已成为国内外众多学者研究的热点。而土木与基础设施建设工程作为极地开发战略实施的基础，成为极地工程研究的先导与核心。我国在极地极端环境土木设施建造领域技术积累不足，而土木与基础设施建设内容庞杂，因此须以极地极端冰雪

环境和风-雪-热多因素耦合作用荷载为先导，充分深入研究，为后续建筑材料、建筑结构、施工方法和区域交通设施等研究工作的开展提供必要的背景与技术支撑。

1. 极地极端冰雪环境与风-雪-热联合作用机理研究有待深化

20 世纪 60 年代，便有学者从近地表、高空大气与宇宙空间三个维度的气象条件对极地环境的影响开展评价与趋势分析工作。随后，学者们陆续基于能量平衡对极地大气边界层内陆地和苔区等环境建立了分析及评价模型，用以分析两极地区域性气候特征及其差异性。随着美国国家大气研究中心气象系统模型（climate system model）的提出与更新，极地区域气象环境的研究进入了发展的黄金时期，尤其是针对全球变暖环境下极地海冰演变（减少）及其对极地区域气象环境的影响。自 90 年代以来，我国学者对现代极地冰川过程（物质平衡）与全球环境气候演变开展了系列研究，整合极地海冰与陆地冰川物理化学特性、气候、遥感与地理信息系统资料，设计并建设了体系完善的我国冰冻圈数据库。

2. 我国极地风-雪-热多因素耦合作用下建筑周边与屋面雪荷载研究起步较晚

针对极端环境条件下陆表、海冰层建（构）筑物及基建设备所受风、雪和冰等环境荷载，国外学者开展了翔实的测量与系统研究，旨在为极地建设提供参考资料。利用风洞实验与数值仿真模拟对极地环境下戴维斯（Davis）科考站建筑物建设选址、积雪飘移与荷载分布及减除雪措施展开研究；对位于布伦特（Brunt）海冰层的哈雷（Halley）站建筑物周边开展了风雪荷载及结构响应数值模拟研究；此外，还对极地科考站附属构件（如风力发电及望远镜塔架等）设计荷载研究所需考虑因素进行分析，对设计极地建筑物及附属构筑物冰层基础所需考虑荷载开展详细研究。相继公布了一系列具有指导性的参考资料，形成了多部极地环境下建筑风、雪荷载设计及建设指导文件。我国对极地冰雪环境和建筑周边屋面雪荷载的相关研究略少，且主要集中于气候环境的演变及数据收集上，在基础设施开发利用方面存在不足。掌握极地风-雪-热联合作用机理及多因素耦合作用下雪荷载分布特征，助力我国"冰上丝绸之路"沿线的开发，亟须大力开展极地多因素联合作用机理和荷载研究。

三、研究进展

风雪运动较传统流体运动更加复杂多变，国内外学者分别针对典型极端风雪行为问题开展了一系列基础性研究，并取得了一定进展。以下通过两个典型案例，分别对大跨度复杂屋盖积雪飘移堆积机理、高速列车关键部位风雪防治理论和北极地区科学研究展开论述。

（一）大跨度复杂屋盖积雪飘移堆积机理、过程模拟与实测研究

大跨空间结构是典型的雪荷载敏感结构，由雪灾倒塌带来的直接破坏及次生破坏会对人身安全及生产生活造成严重影响。哈尔滨工业大学空间结构研究中心范峰团队对大跨度复杂屋盖进行了系统的积雪飘移堆积机理、过程模拟与实测研究。

该团队利用哈尔滨地理环境和气候条件，针对实际屋面和模型屋面进行了自然条件下风致雪飘移堆积机理的实测研究。另一方面，参考国际上利用模型对现场实测条件进行测量，建立了我国首个屋面雪荷载的案例数据库，为日后研究复杂屋面及建筑群屋面积雪分布规律、屋面材料的影响，以及实现对积雪受风、热多因素影响的复杂演变全过程数值模拟提供了基础数据支持。该团队还进行了基本雪压方面的实测研究工作。

风雪联合试验方面，范峰团队发明了一套简易的风雪联合试验系统并开展了大量试验研究，建立了初步的试验方法，已获得相关专利授权。该系统包括大型风机矩阵和降雪模拟装置，主要由动力段、整流段、实验平台及降雪模拟器组成，如图 3-2 所示。基于上述试验系统与试验方法，哈尔滨工业大学对铜仁体育场复杂大跨屋面上积雪分布特征进行了试验研究。该试验系统的研发为屋面积雪堆积机理研究积累了丰富的经验，为研究重大建筑工程屋面雪荷载的堆积机理与演变理论奠定了基础[5]。

在数值模拟方面，该团队基于混合流模型理论对积雪飘移进行数值建模与计算方法的探索，研究了风场与雪颗粒的双向耦合作用机理，改进了风-雪两相流数值模拟方法。对大跨度复杂建筑形式屋面的积雪分布的准确预测起到了推进作用。

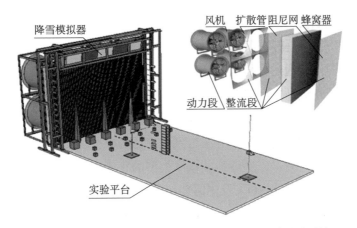

图 3-2　一种用于户外风致雪飘移的新型风机矩阵试验系统

此外，基于大跨空间结构屋面风雪作用行为及机理研究，该团队提出了首个大跨空间结构风-雨-热-雪全过程联合模拟试验系统，主体结构示意见图 3-3。该系统创新性地解决风、雨、热、雪多因素条件下，大跨空间结构屋面堆积-消融-结晶-堆积演变全过程模拟研究的问题，为我国建筑工程风雪灾害防控提供了强有力支撑。

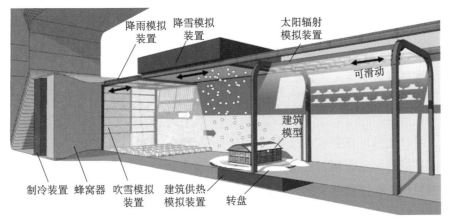

图 3-3　大跨空间结构风-雨-热-雪全过程联合模拟试验系统示意图

（二）极地环境与荷载作用研究

近半个世纪以来，海洋与极地工程以其高科技、高风险、高投入的发展特征，成为国内外众多学者研究的热点。近期，通过目标参数对比优化方法，以北极地区为气候特征为切入点，对几类常见的大气边界层高度内的平均气候场分析方法进行了比较。

服务于极地交通运输所需的基础设施（如破冰船船体、极地海洋平台及港口等）设计建设所需环境荷载资料的研究同样发展迅猛。自 20 世纪 80 年代中期，极地环境下破冰船船体及临（近）海结构由海波携冰运动导致的冲击与振动荷载的概率建模分析方法得到较广泛的研究。此外，学者们也通过实测与数值方法研究，以验证荷载概率模型的正确性。俄罗斯、加拿大、美国、国际标准化组织（ISO）及国际船级社协会（IACS）等国家或国际机构均发布了相应的设计荷载规范，以指导考虑冰荷载作用下破冰船体与极地海洋平台结构的设计与建设。我国对此研究起步较晚，尚未有相应荷载规范指导极地结构设计与建设。自渤海（非极地地区）海洋平台（老渤海二号）发生海冰冲击倒塌事故后，学者开始基于渤海锥体平台实测数据对海冰作用下海洋平台结构静力荷载与冲击振动荷载开展相应研究，但尚未达到真实极地环境荷载作用条件。近年来，少量学者采用数值（离散元）方法预报航行状态下破冰船体结构、相对静止于海面的沉箱海洋平台与码头结构的冰荷载。

四、展望

认清建筑工程、交通工程和极地工程的风雪行为机理，对工程结构抗风雪灾害具有重要意义，需在以下三个方面开展系统研究工作。

（一）重大建筑工程屋面雪荷载的堆积机理与演变理论

足尺建筑屋面积雪的全周期时空演变研究。建立专业的野外实测基地，长期进行足尺屋面积雪分布及风场、风雪运动相关参数的实测，得到真实可信的原位、长周期的实测数据和风致雪飘移基本参数，为相关研究奠定坚实的数据基础。

风、雨、热、雪多因素全过程耦合行为及其机理研究。建立高精度、多要素的风雪联合试验系统，实现多场耦合作用下建筑屋面雪荷载堆积-消融-结晶-再堆积演变全过程的精细模拟。正确揭示屋面雪荷载多要素全过程耦合行为及其作用机理。

风雪运动复杂行为的精细化数值模拟研究。一方面，根据风雪运动的力学行为特性，完善数值模拟模型，提高模拟精度；另一方面，结合热力融雪等因素，考虑多因素耦合数值模拟方法的开发，实现对风雪运动复杂行为的精细化数值模拟。

极端风雪作用下大型复杂屋面结构的力学行为机理。针对大型复杂形式屋面，利用实地测量、风雪联合试验及数值模拟进行系统研究，建立荷载设计理论，保障极端风雪作用下的结构安全。

（二）重大交通基础设施的风雪作用关键理论

生命线交通工程风雪作用理论研究。结合生命线交通工程风吹雪过程与积雪堆积形态的现场观测，从风吹雪形成力学解释、积雪廓线发展机理与风雪灾害预测角度，采用户外观测、风雪联合试验与数值模拟方法，开展风雪环境下拟建线路路基断面设计理论、风雪灾害行为特征及道路高效除雪机理三方面的系统研究。

高速列车覆雪机理研究。通过缩（足）尺高速列车模型覆雪试验与数值模拟技术，对列车关键部位及整车覆雪行为机理进行研究，包含风致覆雪力学解释、合理车体气动外形优化与随车除雪作用机理三个方面，为寒区高速列车风雪条件下的运行安全提供可靠技术保障。

（三）高性能极地工程结构抗风雪灾害关键理论

极地极端环境风雪荷载与作用机理研究。开展国际合作，对极地环境下的风速、雪深、积雪密度、风吹雪强度、温度范围、日照辐射等环境要素进行实地考察与数据收集，基于概率理论和风雪作用机理，研究确定不同设计年限的风雪荷载，为极地港口和商业服务设施等极地开发工程奠定必要的设计理论基础。

极端环境下高性能极地工程结构长期力学行为机理。开展极端极地环境荷载下的材料极限强度、变形能力、稳定性与耐久性等性能试验，遴选适用于极地的高性能工程材料。基于相关理论，确定不同形式建筑周围及屋面积雪的极限分布情况，确定适合的结构形式并分析相应荷载作用的结构力学性能。

五、小结

深入研究极端风雪行为及其载荷作用机理，对重大建筑工程结构、交通工程设施和极地工程的抗风雪设计与运行管理具有重大意义。我国在该领域起步较晚，近年来在重大建筑工程风雪作用的实地测量、风雪联合试验、数值模拟等方面取得了显著进展，亟须在重大建筑工程屋面雪荷载的作用机理及其演变、生命线工程和高速列车风雪作用、高性能极地工程结构抗风雪设计等领域布置研究力量，建立具有多学科交叉研究特色的足尺建筑屋面积雪分布及周边风场、风雪运动相关参数的长期实测基地，突破多因素全过程耦合的高精度、多要素的风雪联合试验系统和精细数值模拟技术，揭示极地极端环境风雪荷载及其作用机理。

第三节 极端海啸模拟与预警

一、战略需求与科学意义

海啸实质是海水表面的巨大波动，诱发原因包括海底地震、海底火山的喷发、海底或海岸的滑坡，甚至流星或陨石的撞击及水下爆炸。剧烈扰动将能量传递给水体，产生海洋表面变形，并以波动形式传播。传至近岸时，波高迅速增大，导致海岸带淹没和工程结构物失效。开阔且逐渐变浅的海岸地形可使海啸波高迅速增大，更容易出现海啸灾害。当海啸传至港湾时，可能引起共振，威胁港区的安全运行。依据美国地质勘探局（USGS）提供的全球潜在海啸地震断裂带风险研究结果，南中国海东侧的马尼拉海沟属高风险区域。一旦发生海底地震引起海啸，无疑将威胁我国华南沿海及南中国海周边国家和地区。

在海啸预警研究方面，美国国家海洋和大气管理局（NOAA）和日本气象厅（JMA）均已建立了较为完善的海啸预警系统。现有的海啸预警系统大多基于数值模拟的海量数据库技术或者基于浮标观测和数值模拟的反演技术，难以有效应对近场海啸预警的挑战，迫切需要深入开展各类海啸的建模理论与多源海啸预警方法研究。

除了建立可快速响应、有效的海啸预警系统外，还需建立先进的海啸灾害评估方法为沿海城市建立海啸减灾与疏散方案。现有的灾害评估方法包括确定性方法和概率性方法。要建立科学的海啸风险评估方法，必须建立其生成、传播、海岸淹没过程及对结构物作用的数值模型。

国际海啸会议（International Tsunami Symposium）重点关注地震海啸预警方法、海啸观测技术、海啸减灾措施等传统议题，拓展了海底滑坡激发海啸、海啸波对海岸结构物的作用、海岸结构物的失效等方向。南中国海海啸研讨会（South China Sea Tsunami Workshop）聚焦南海马尼拉海沟断裂带潜在的地震海啸，重点研讨该断裂带的震源参数、海啸预警方法、海啸对海岸工程和海岸地貌的影响等。发展新的预警方法涉及海洋波动场、地球电磁场、大气层电离层等多物理场，建立风险评估方法需要深入研究各类海啸的致灾机理及其建模理论，因此海啸研究已成为力学、地球科学、海岸工程学的交叉研究领域。

综上，建立全球-区域-国家（局部）范围的海啸预警系统与防灾减灾策略已引起联合国框架下相关涉海国家的高度关注。系统地研究海啸生成、传播、爬高、淹没及对海岸结构物的作用等全生命周期的水动力学特征，形成力学理论系统及重大工程的抗海啸设计方法，发展我国南中国海海啸预警和风险评估技术，将为建立南中国海区域海啸预警系统和防灾减灾提供强有力的支撑。

二、研究现状

海啸生成过程的阐明，需确定震源的基本参数，计算海底地形的演变以确定水面位移。通过研究地震断裂带特性，得到断裂带的位置、长度、几何形状和方向等相关参数。在地震发生前准确地确定滑移量、滑移带宽度是海啸预警的难点。针对主要的震源开展地震科学基础研究，除了提出更合理的震源参数外，采用现代海洋波动观测技术结合数值模拟反演震源参数是目前有效的技术途径。现有研究多基于弹性理论计算海底变形，给出水面波动，确定海底运动激发海啸的初始波动场。针对地震海啸越洋传播问题，多采用浅水方程建立数值模型。

地震海啸波的基本特性及波形多样性研究得到广泛关注。例如，1992年的弗洛里斯岛海啸、1993年的北海道海啸和2004年的印度洋海啸等的波动形态是由一组波峰和波谷组成的 N 波，比孤立波更好地近似模拟海啸。一些学者从浅水方程出发推导了 N 波在斜坡上爬高的最大值，发现波谷先到达海岸比波峰先到达所造成的水波爬高偏大。有学者认为，孤立波和 N 波与真实海啸波时间和空间尺度存在差异，并以 2004 年印度洋海啸和 1960 年智利海啸为例验证这类波动并未达到非线性和色散平衡的观点。海啸波在浅化时，会形成非破碎涌波（undular bore），波谷在前的海啸波逐渐发展成非破碎涌波，并分裂成多个孤立波。我国东海大陆架外冲绳海沟俯冲带和南海马尼拉海沟俯冲带潜在的地震海啸威胁，东海大陆坡和我国南海大陆坡均极缓而宽，刻画海啸波在这类缓坡上的传播与变形过程需要全面考虑非线性和色散性的综合作用。上海交通大学团队应用完全非线性、高阶色散的高阶布西内斯克（Boussinesq）水波模型数值模拟了不同地震强度条件下海啸波在极缓坡上的演化过程，提出了几种可能的近岸波形。

当海啸传播到近岸地带时，随着水深减小和波幅增加，水波的非线性增强并起主导作用。当海啸到达海岸线后，海水会沿着海滩向陆地运动，造成灾难性的破坏。爬高是海啸致灾的最直接形式，长期以来也是研究的重点问题之一。美国加州理工学院、爱尔兰都柏林大学学院等研究团队通过将非线性浅水方程进行坐标变换得到线性的双曲方程，从而得到适合任意形状的初始扰动在斜坡上的爬高，给出海底地震和滑坡形成的海啸波在斜坡上的爬高和岸线移动速度，获得了简谐波爬高解析解。通过合成孤立波谱，得到孤立波爬高的非线性解析结果，并认为线性波浪模型和非线性波浪模型预报的波浪爬高相等；上海交通大学团队针对海啸波在近海传播过程中可能会演化成多个孤立波问题，针对爬高及其对海岸结构物的作用机理，开展了双孤立波在直墙和斜坡上爬高的系列水池实验。

当海啸波向海岸传播时，波浪的非线性增强，呈现不同的波形，如孤立波、N 波和非破碎涌波。有学者基于势流理论和小振幅周期波假定，建立了水波与浸没刚性平板的相互作用理论，揭示了浸没深度和长度对水波反射与透射的影响规律。实验采用粒子图像流速仪（PIV）技术得到规则波下绕浸没平板的漩涡流场及其演化过程，线性理论解难以正确描述实际的流动。采用长波理论分析、黏性水波数值模拟和 PIV 流场测量的孤立波与浸没平板相互作用结果表明，相对波高较小时，线性理论解与实验结果基本一致；当非线性增强时，线性理论难以准确地预报水动力载荷。对超大型浮式结构研究正从均匀海况向非均匀海况下的水弹性分析发展。基于势流理论与线性水波理论，对波动与大型结构相互作用的分析理论快速发展，但尚未考虑复杂地形和强非线性水波的作用。

运用力学与地学的学科交叉研究海啸致灾机理，发展高效的海啸模拟与预警方法已受到南中国海周边国家和地区政府及学术界的高度关注。通过格林函数反问题方法或基于最小二乘法的反问题方法计算断层滑动量，建立波面信息的海啸预警数据库，实现海啸预警。新加坡国立大学团队针对南海马尼拉海沟潜在的地震海啸，采用海啸模型（COMCOT）建立了预警系统，利用单浮标对南海马尼拉海沟的潜在海啸进行预报。随着现代观测技术的发展，近几次大海啸均被卫星高度计捕捉到，并应用于海啸研究。但目前卫星监测尚未应用于海啸的实时预警。上海交通大学研究团队基于非线性浅水方程和布西内斯克方程模拟了南中国海海啸的传播，实现了大范围海啸传播的数值模拟，探讨了色散性对海啸传播过程的影响，初步提出了震源参数的反演算法和南中国海海啸预警方法；发展了用于模拟的海啸波导致地磁场异常的数学模型，阐明了地磁场异常的机理，并估计了海啸的波长和波高。

海底滑坡海啸、火山海啸、陨石与水下爆炸海啸研究在近十余年来取得显著进展。美国佐治亚理工学院研究团队在大型实验水池中完成了散体滑坡、海底火山喷发等激发波动及其在斜坡上爬高的实验。美国洛斯阿拉莫斯国家实验室研究团队发展了固-液-气多介质、自适应网格的欧拉型控制方程求解器，实现了海底地震和海底滑坡激发海啸的多介质耦合的科学计算，并模拟了流星或陨石入海和砰击地球的全过程。水下大当量爆炸同样可激发表面波动，进而在爆炸中心附近的海岸或岛礁产生强烈的局部海啸现象。我国在这类极端条件下重大海洋灾害的研究方面尚处于起步阶段，需部署力量开展系统的研究工作。

三、研究进展

（一）典型地震海啸和海底滑坡海啸数值模拟系统

针对南海马尼拉海沟极端地震海啸，上海交通大学刘桦团队[6]开展基于浅水方程和布西内斯克方程的海啸生成、传播、变形与淹没过程的数值模型研究，对该极端地震海啸的致灾机理有了深入的认识。模拟计算了南海特大地震海啸的传播特征和影响范围，发现海啸波较大的区域与受影响较大的地区，见图3-4。重点分析了南海潜在特大海啸引发的流场特征，认为流场的速度方向与海啸波的传播方向基本一致，但容易受到陆地边界的影响。

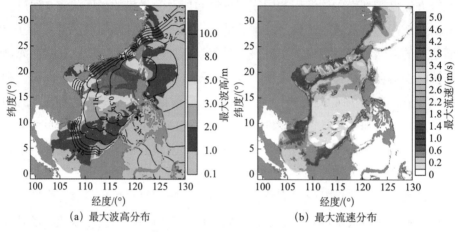

图3-4 南海马尼拉海沟俯冲带极端地震海啸的最大波高和最大流速分布

俯冲带大地震引发的海啸对于震源参数的敏感度较低，如2011年的日本东北海啸、2014年和2015年的智利海啸。对于海啸预警系统，不需要地震破裂过程的详细参数，只需要构造合适的简化地震模型即可较精确地预测海啸波。该团队基于一系列断裂带长宽比的震源参数，模拟地震激发海啸在深水平底地形上的传播过程。通过监测波面时间序列，揭示了海啸波高的分布规律，建立了考虑断裂带长宽比影响的越洋海啸波高计算经验公式，为建立南海海啸快速预警系统方法和流程、优化海啸浮标个数与布放地点等提供了科学依据。

海啸波传播到缓坡大陆架上，海底地形、水深及波浪色散性质的改变会影响近岸海啸波的形态，表现出波形的多样性。该团队针对南海马尼拉海沟断裂带极端地震海啸震源参数，开展了基于完全非线性水波模型的数值模拟工作。实现了局部网格多层加密算法，率先提出南海马尼拉海沟俯冲带发生极端地震条件下南中国海沿海水域的海啸波形图谱。

该团队开展了海底滑坡激发海啸的数值模型研究。他们基于赫谢尔-巴克利（Herschel-Bulkley）流变理论建立了描述黏塑性泥石流滑坡过程的数学模型，给出了滑坡体失稳与滑动过程中不同时刻滑坡体厚度的变化特性；发展了可用于模拟海底滑坡激发海啸的生成、传播和爬高淹没过程的数值模型；复演了 1998 年巴布亚新几内亚滑坡海啸，结合实测数据验证该模型的可靠性；基于南海滑坡海啸的最大波幅分布和近岸波面时间序列，分析了潜在的滑坡海啸传播演化规律和对我国近岸的灾害性影响特征。

（二）近海海啸波的实验水池模拟技术

上海交通大学刘桦团队[7, 8]在国内率先开展了近海海啸波实验室水池模拟技术研究，提出了实验室物理模拟设想，并成功建设了海啸实验水池。该系统综合运用自主研发的阀门水泵控制系统生成长周期涌波和推板式造波机生成多孤立波，使两者在指定位置处发生指定相位的叠加，实现了具有双峰的非破碎涌波的水池模拟和叠加过程高度的可控性与准确性。这种非破碎涌波的模拟方式为近海海啸波的实验室生成和工程结构物的抗海啸实验研究提供了新思路和新手段。

该团队进一步研制了一套基于多目立体视觉技术的图像三维重构系统。首次在波浪水池中实现了米量级的测量范围内、分米量级波面变化、误差小于毫米量级的波面三维重构测量。这一测量方法将为近海工程结构物的海啸水池实验提供新手段。

海啸波经极缓的大陆架传播至近岸浅水区时可激发由多个孤立波组成的波列。该团队采用大冲程推板式造波机和改进的戈林（Goring）造波方法，有效地实现了不同波峰间距和不同相对波幅时等波幅或不等波幅多孤立波的造波。完成了等波幅三孤立波爬高的物理模型实验，提出了缓坡上爬高的经验公式。针对变化地形问题推导了平板下方区域的速度势，得到了考虑地形变化的二维平板波浪散射问题理论解；进行了模型实验并测量了孤立波作用下的波浪载荷。研究发现，在孤立波作用下，随着板长的增加，向上的垂向波浪力极值会不断增加，而向下的垂向波浪力极值则趋于一个常数。对孤立波与浸没平板的相互作用数值模拟结果进一步确认了此项发现，并指出由于平板与海底之间的流速受压力差控制，此"狭道滑塞流动效应"是产生此垂向波浪力随板长变化特征的主要原因。

（三）海啸预警的新方法与新原理

通过格林函数反问题方法或基于最小二乘法的反问题方法计算断层滑动量，可以建立基于浮标观测波面信息的海啸预警数据库，实现海啸预警。上海交通大学团队针对南海马尼拉海沟地震海啸，发展了基于多浮标观测和海啸数值模拟的反演算法。将潜在的断裂带划分成若干单元板块，采用数值模型计算每个单元板块做单位滑动时激发的波动场，记录海啸波面时间序列，形成基本的海啸数据库；一旦发生地震，通过反演计算得到断裂带各单元板块的滑移量；基于线性叠加原理，反演得到各单元板块的滑移量，计算沿海各地的海啸波面过程，发布海啸波到达时间和最大波高。提出并论证了南海马尼拉海沟地震海啸预警的三浮标投放位置优化方案。

基于卫星遥感等技术的海啸预警乃至实时预报方法研究得到科学界的关注。例如，地磁场异常监测结果反映了 2010 年智利海啸和 2011 年日本东北地震海啸的影响。上海交通大学团队基于海啸传播数值模拟和考虑非均匀速度场影响的地磁场麦克斯韦（Maxwell）方程，提出了预报由各类模型海啸诱导的局部变化地磁场的方法，用于模拟真实海啸的磁行为。将模型预报结果与 2004 年印度洋地震海啸和 2010 年智利海啸的实测数据进行对比验证，发现了与其有关的地磁异常，并估计了海啸的波长和波高[8]。

四、展望

（一）面临的力学挑战

当前海啸研究主要集中在地震海啸、滑坡海啸的致灾机理、预警与风险评估方法，以及基于浅水方程或布西内斯克类水波模型方程的海啸数值模拟，对大规模海底滑坡、流星与陨石、海底火山与水下爆炸等激发的海啸研究工作尚不多见。研究极端海啸生成与致灾机理，发展多介质、多组分、多尺度建模理论与方法，建立极端海啸的全球响应机制，在力学建模与高性能数值模拟等方面仍存在较大的挑战。

各类极端海啸模拟涉及多相、多组分介质与多物理场，尚无统一的数学描述，有效的建模理论与方法尚需完善。陨石与彗星在 10 s 内完成入海撞击过程，物体尺度量级范围大，入海速度快、温度高，导致海水汽化、入水空泡和撞击地壳等动力学与热力学过程。海底火山喷发与水下爆炸也涉及高温、高压介质与海水的流体热动力相互作用。大陆架上大规模海底滑坡过程中散体介质与海水运动相互作用，复杂散体运动的内部相互作用过程及非线性色散水波的耦合作用机理尚不清楚。

在海啸爬高和淹没过程中，高速水流往往携带大量的杂物，形成夹杂水流。在近岸水域，由于地形地貌的影响，海啸波瞬态特性显著。因此，研究海啸对近海与海岸结构作用必须考虑海啸波形的特殊性。此外，海啸在近岛礁水域的传播与变形复杂，研究海啸对这类重大基础设施工程的作用是一项迫切的任务。需重点关注海啸作用下典型海洋结构物的水动力载荷及其响应。

全球气候变化，我国沿海地区的极端海啸响应规律尚不清楚，全球实时响应模型尚未建立，基于云计算与人工智能的新思路有待引入全球海啸模拟与预警。重点针对南海马尼拉海沟断裂带和白云海底滑坡体等潜在海啸，深化研究海啸生成、传播、爬高、淹没及对海岸结构物的作用等问题，发展全生命周期的力学建模理论与方法，系统地揭示成灾机理，发展新的数值模拟和物理模拟相结合的研究方法，创新海啸预警方法，形成海岸结构物的抗海啸设计关键技术。

（二）近期重点问题

1. 海啸生成、演化和爬高的模拟方法

研究可模拟地震激发海底地形变形过程的海啸生成力学模型，建立非线性和色散效应及任意海底变化的海啸传播数学模型；复演海啸传至极浅水地区出现非破碎涌波和孤立波分裂的复杂波动现象，研究波-波或波-流的非线性相互作用及色散关系，揭示其内在机理；开展海啸在典型海岸地形上传播、爬高和淹没过程的水池实验，获得波面、流场、爬高、淹没范围等信息；应用典型海啸的观测资料和水池实验结果验证海啸淹没过程和流场的数值模拟方法，并通过系列数值模型，给出海啸淹没水深与流速的时空变化规律。

2. 南中国海海啸特征与预警方法

研究南海马尼拉海沟断裂带地震激发海啸的数学模型，实现典型岛屿与海岸地区海啸淹没过程和流场的精细数值模型，构建极端海啸到达南中国海

沿海国家和地区近海不同等深线处的时间、最大波高及波形特征；研究海啸波在南中国海沿海和岛礁的特定海岸地形地貌条件下传播与变化过程，揭示其演变规律，给出海啸淹没水流厚度与流速的时空变化规律，提出南中国海海啸淹没图；研究利用浮标监测得到的波面信息确定断裂带各单元板块滑移量的反演方法，分析比较单元分块方式和浮标位置对反演结果的影响，探讨浮标位置的优化方案；依据南海马尼拉海沟断裂带和海域的地形地貌特征，基于瞬态波动力学理论，发展沿海各地的海啸波波面过程的快速预报方法。

3. 海啸对海岸防护结构的作用

针对 2011 年日本东北地震海啸导致特大型防波堤失效、海堤越流、建筑物受损的典型案例，通过数值模拟和物理实验，研究海啸夹杂水流对结构物的作用力特征，提出典型结构物的受力计算模型和失效模式；模拟海啸越堤流导致防波堤和海堤内侧基础的冲刷过程，获得越堤流作用下床面冲刷平衡深度和最大范围，提出海堤抗海啸越堤流作用的工程措施；针对海啸成灾过程中流动与夹杂物的特征，归纳反映海啸淹没夹杂水流特征的基本参数及其表征方法；开展夹杂水流对海堤、典型建筑物作用的物理实验，揭示夹杂水流对结构物作用的力学机理；建立三维、非定常夹杂水流的力学模型和数学模型，实现海啸夹杂水流对结构物作用的数值模拟，并通过物理实验结果进行验证。

4. 海啸对近岛礁典型结构物的作用

针对南海马尼拉海沟断裂带地震海啸和典型岛礁地形地貌特征，开展海啸波对开阔海域大型海上浮式结构物作用的物理实验，揭示非线性瞬态流与结构相互作用的水动力学机理，发展理论分析模型；开展海啸波对近岛礁大型浮式结构和防波堤作用的物理实验，获得该地形地貌作用下海啸的传播与变形规律及典型结构物的水动力学载荷作用机理；发展计及非线性和色散效应的近岛礁海啸波及其流场的数值模拟方法，分析典型地形地貌作用下海啸的传播与变形特征；建立海啸对近岛礁典型结构物作用的数学模型，分析极端海啸条件下近岛礁典型结构物的水动力载荷形成机制及响应，提出潜在的风险及其控制措施。

5. 大规模海底滑坡与海啸生成过程的耦合模型

针对南海北部的白云海底滑坡体等潜在的高风险海底滑坡海啸，系统地分析现有的海洋地质调查数据，提出并确认该滑坡体的力学特性与模型。滑坡海啸与地震海啸的产生机理不同，前者的周期与波长较小。多数滑坡发生在靠近海岸的陆架边缘，产生的灾害要超过地震海啸。海啸波传播到近岸表现为强非线性和弱色散性，因此对于传播距离有限的滑坡海啸采用非线性浅水方程模拟是可行的。但仍需进一步发展考虑滑坡运动变形过程和布西内斯克方程完全耦合的滑坡海啸数值模型。此外，由于海底滑坡发生的不确定性，发展先进的监测预警技术和灾害评估方法是滑坡海啸的前沿领域。

6. 陨石入海与海底火山喷发导致的海啸过程及其机理

针对典型的陨石入海和海底火山喷发的海啸生成机理与模拟方法，开展考虑流体动力作用、热动力作用和流-固耦合作用的建立理论与数值模拟方法研究，发展物理型实验的相似理论，开展系列物理模型实验，揭示高温高速物体入海、水下大当量爆炸（火山喷发）这类极端灾害条件下海洋水体的流体动力学响应机理，弄清热效应的影响，建立极端海啸生成与传播过程的数学模型和高效数值模拟方法。

五、小结

纵观近 20 年的海啸研究，2004 年的印度洋地震海啸和 2011 年的日本东北地震海啸为基础研究提供了大量的第一手资料，极大地推动了海啸科学研究与预警系统建设。在强烈的国家战略需求和极具吸引力的交叉学科前沿研究的驱动下，在南海马尼拉海沟断裂带极端地震海啸的数值模拟、海啸在大陆架上传播过程中非线性和色散的作用机理与波形特征、类海啸波的实验室模拟、基于海啸数值模拟与海量数据库的南中国海海啸预警系统等方面取得了实质性进展。亟须针对地震、海底滑坡、海底火山、陨石入海等各类极端海啸的减灾需求，突破多介质、多物理场、多尺度的建模理论与方法，服务南中国海地震、海底滑坡及其他极端条件下海啸的预警与风险评估。

第四节　深地环境原位岩石力学

一、战略需求与科学意义

中国中长期科技发展规划曾提出"上天、入地、下海、登极"的科研八字方针，不仅对全世界大科学问题发展进程进行了全面概括，而且为中国重大科技发展指明了方向。习近平总书记在全国科技创新大会、中国科学院第十八次院士大会和中国工程院第十三次院士大会、中国科学技术协会第九次全国代表大会上发表重要讲话，指出"国家对战略科技支撑的需求比以往任何时期都更加迫切"[①]，向地球深部进军是我们必须解决的战略科技问题。深地空间资源开发与利用已成为人类活动的未来趋势，也是可持续发展的主要途径；深地成为继深海、深空、深蓝之后我国科研技术领域未来发展的又一重大战略方向。

（一）向地球深部进军，"深部"的概念亟须力学角度的科学界定

科技界和工程界就深部工程实践中的诸多问题（如深部非线性岩石力学特征、深部开采的动力响应与灾害行为、深部围岩支护与控制等）开展了广泛深入的研究，取得了丰富的成果，有效指导了深部工程实践[9]。然而，目前资源开采与地下空间利用的研究均围绕着"深部"，缺乏对这个关键概念的明确的、定量的、科学的定义。这关系到深部资源开发与空间利用的理念、理论基础和开采利用方式的变革，值得深入思考。

（二）向地球深部进军，不同深度岩体力学行为及其差异性规律亟待揭示

能源资源开采与地下空间利用进入深部以后，工程灾害的频度和强度显著增加。不同于浅部资源开采、地下空间利用，深部工程灾害错综复杂，机理不明，无法预测，更难控制，深部岩体工程活动远超前于基础理论研究。一方面说明现有的岩石力学可能存在缺陷，难以有效描述深部岩体力学性

---

① 全国科技创新大会两院院士大会中国科协第九次全国代表大会在京召开　习近平发表重要讲话. http://cpc.people.com.cn/n1/2016/0531/c64094-28394355.html[2023-09-25].

质；另一方面说明深部岩体可能存在着完全异于浅部的岩石力学行为，需要从更新的角度和更本质的层面进行科学探索。

（三）向地球深部进军，工程扰动下的岩体力学行为与理论亟须探索

深部岩体发生变形、破坏、冲击、失稳的本质原因是开采或开挖活动破坏了原始应力平衡，其力学行为与开采/开挖方式、扰动过程密切相关。因此，必须考虑原位应力状态和开采/开挖路径的影响，将扰动过程与深部岩体力学响应相结合，开展工程扰动岩体力学研究。支承压力是指开采过程中煤岩体所处的采动力学环境条件，如何将其用于分析前方煤岩单元体真正采动引起的受力状态，并结合深部赋存环境，进行针对性的扰动岩体力学理论分析和实验研究亟须科学探索。

二、研究现状

（一）"深部"的科学界定研究现状

关于"深部"的讨论可归纳为四方面[10]。一是以绝对深度来界定深部，提出煤炭深部开采的界线，如煤矿深部的概念是 700～1000 m。二是从岩体的赋存环境来定义，提出深部地质环境的"三高"特征，即"高地应力、高地温、高渗透压"，但尚未给出"三高"的界定依据。三是根据灾害程度和方式来界定，以矿山动力灾害不断频发和强度加剧来确定。四是从地下洞室/巷道支护方式和维护成本来界定，当巷道底臌严重，常规支护无法控制巷道变形与稳定，前掘后修、反修的现象频现，认为进入深部。

上述论述都是经验、定性的描述，并未揭示深部开采的本质特征。深度增加、灾害加剧只是表象，其本质控制因素是应力，即应力水平和状态的改变。深部应综合反映应力水平、应力状态和围岩属性，是一种力学状态。因此，从力学角度有望给深部界定出一个机理性、定量化的描述，为未来深部开采提供可靠理论支撑和技术指导。

（二）不同深度岩体力学行为研究现状

深部资源开发与空间利用面临"三高"的复杂环境[11, 12]，岩体原位环境作用更加凸显，导致深部资源开发难度高、成本高，并且灾害事故频率高、

量级大、预测难，严重影响着资源安全开采和空间安全利用。深部工程的力学基础是探明深部科学规律，关键是探索不同赋存深度原位环境对岩石物理力学行为影响的差异性规律。

目前深部工程的基础研究很不充分，基本规律仍不清楚，尚未形成适用于复杂环境下深部能源与地下工程的变革性理论与技术。现有的浅部研究不够深入，地质勘探、油气开采等领域的部分基础理论仍源于材料力学、弹性力学等经典理论，没有充分考虑原位环境的影响，更无法进行岩石物理力学的测试、分析与建模。研究主要通过施加围压模拟深部原位应力状态、施加温度场模拟原位温度环境，均是在失真条件下开展并获得基本物理力学属性。通常在力学测试与理论分析中将岩石物理力学参数（弹性模量、泊松比等）设为常数，未考虑不同深度岩石原位赋存环境影响，不是实际的深部岩石的物理力学行为。

（三）深部工程扰动下的岩体力学研究现状

目前岩石力学的基本理论均是根据假三轴实验获得的全应力-应变曲线来分析和描述岩石基本力学行为和损伤破坏过程，属于本征力学行为，不能代表在工程扰动下的力学行为。研究深部开采下的岩体变形破坏规律和力学行为，必须探索深部开采应力状态下煤岩体单元的受力环境，针对性地开展采动力学实验，其结果才能真正反映不同开采方式下的采动力学行为。推而广之，其他深部工程实践中围岩力学行为的研究也应当考虑工程扰动方式和扰动过程的影响。因此，如何根据围岩内部或工作面前方岩体应力的共性演化特征，在三轴实验中模拟峰值点应力大小，轴向、横向应力比例，成为必须面对的关键问题。

三、主要进展

（一）"深部"的界定与极限开采深度研究进展

在不同行业领域，深部的作业环境、灾害类型、影响因素各不相同，对深部的理解和认识也不相同。而定义深部是一个机制性问题，应该用力学的语言进行表达。

以煤炭开发为例，随着开采深度的增加，地应力水平不断增长，地应力状态逐渐转向两向等压和三向等压应力状态。根据实测和工程经验，深度增加，地应力水平线性增长，其状态由构造应力状态逐渐转向静水应力状态，深部的应力水平使得岩体从硬脆属性转向塑性流变属性，因此综合考虑应力状态、应力水平和岩体性质三方面因素，临界深度 H_{cr} 应同时满足以下三个条件[10]。

（1）临界深度 H_{cr} 处，岩体处于静水应力状态，$\sigma_1=\sigma_2=\sigma_3$，或 $K_1=K_2=1$；

（2）临界深度 H_{cr} 处，自重应力 σ_V 已达到岩体的弹性极限 σ_e 或能量密度 u 达到弹性能极限 u_{cr}^e；

（3）临界深度 H_{cr} 处，岩体已处于完全塑性状态，应力状态满足岩体屈服强度准则。临界深度 H_{cr} 可表示为

$$H_{cr}=\max\{h_1,h_2,h_3\}=\begin{cases} h_1\,|\,\sigma_1=\sigma_2=\sigma_3\text{或}w=1 \\ h_2\,|\,\sigma_V=\sigma_e\text{或}u=u_{cr}^e \\ h_3\,|\,\alpha I_1+\sqrt{J_2}-k=0 \end{cases} \quad（3\text{-}1）$$

式中，第一个条件是实测规律，即临界深度以下岩体处于静水应力状态，是深部的典型应力状态特征；第二个条件是临界深度基本量化指标，表明深部岩体自重应力超出岩体的弹性能极限，易发生能量失稳灾变；第三个条件是深部岩体在静水压力状态下，全塑性屈服状态出现塑性流变特征。当采深超过临界深度 H_{cr} 时，认为进入了深部开采阶段。

深部工程实践的深度并不是无限的，必定存在一个极限深度的概念，目前经济技术水平确定的允许最大深度，是从保障作业安全、经济合理性、机械化程度、环境协调等诸方面能够达到的极限深度。

（二）不同深度岩石力学行为差异性研究进展

1. 不同赋存深度岩石单轴压缩力学行为差异性规律

现有的单轴压缩岩石力学实验中试样多取自单一深度，获取的力学参数为常数。目前对不同赋存深度岩石在单轴压缩实验下的力学参数随深度变化的差异性规律仍缺乏系统的认识。谢和平院士团队[11]利用松科二井同一地质区域内不同深度岩心开展了常规单轴压缩力学实验，发现随着深度的增大，

岩石的刚度增大；而岩石的泊松比则随深度增加呈减小趋势，且离散性较大；单轴抗压强度随深度的增大呈现对数形式的非线性增长；峰值应变随着深度的增大呈现抛物线趋势。综上，不同赋存深度岩石的力学参数随着深度的变化在多数情况下呈现非线性变化。其成岩环境、原位应力水平和岩石属性均发生改变，引起岩石密度、孔隙度、结构成分的改变，进而影响岩石物理力学性质。

2. 考虑不同赋存深度地应力影响的岩石三轴力学行为差异性规律

室内常规三轴实验的重点是初始围压的选取。在传统的常规三轴力学实验中，大多选取用单一围压或某几个围压加载，获取应力-应变关系和力学参数，绘制不同围压下的莫尔圆，进而获得岩石的内摩擦角和内聚力，但无法考虑原位赋存地应力环境的影响。在天然环境中，岩石天然力学性质与初始环境的大小息息相关，因此有必要开展能考虑深部不同赋存深度地应力环境影响的三轴实验测试。谢和平院士团队基于松辽盆地地应力的变化趋势，以最小主地应力作为初始围压对不同深度岩心进行了常规三轴力学测试。研究发现，不同赋存深度岩石的力学参数随深度基本都呈现非线性趋势变化。弹模随深度增加而增大，与单轴压缩实验下趋势相反，可能原因是围压抑制了岩石横向变形并促进岩石的塑性转化；常规三轴强度随深度的增长呈对数增长，其强度提高约 10 倍。

3. 模拟不同赋存深度原位应力影响的岩石应力恢复重构力学行为差异性规律

建立深部原位岩石力学的关键是获得不同赋存深度的原位"保真"样本，并开展深部原位环境重构下的"保真"测试，获取深部岩石的本真物理力学行为。目前，谢和平院士团队[12]提出了原位应力恢复重构实验方法近似模拟深部岩石原位应力状态。基于原位应力恢复重构试样的变形规律，提出了判定准则：在初始原位应力状态下，当岩心的环向应变率趋近于 0 并保持一定时间时，认为岩心恢复到深部原位应力状态。该准则可表示为

$$\dot{\varepsilon} = \frac{d\varepsilon}{dt} \approx 0 \qquad (t = t_{cr}) \tag{3-2}$$

式中，t_{cr} 为应力恢复稳定时间。通过松科二井同一地质区域内的原位应力恢

复重构实验测试，发现所有的不同深度岩心在 48 h 内都能达到稳定，其力学状态不再改变，可认为岩心恢复重构至原位应力状态。

（三）深部工程扰动下的岩体力学研究进展

深部围岩/工作面前方岩体的工程响应受开挖/开采过程影响，在岩石假三轴实验过程中模拟和再现完整应力变化过程，可以更好地揭示开采/开挖引起的变形破坏规律，并考虑不同开采/开挖条件下岩石变形破坏引起的差异和特征，使实验过程更具针对性、结果更有借鉴意义和参考价值，谢和平院士团队对此做出了开创性探索[13]。以煤炭开采为例，在深部高地应力条件下，原岩处于准静水压力状态，工作面前方煤岩体的应力环境始于准静水压力状态，随工作面推进，煤层中支承压力（即垂向应力）由三向等压的静水压力状态逐渐升高直至峰值应力，伴随煤体的破坏进入卸压状态，垂向应力逐渐降低直至煤壁处的单压残余强度状态；而水平应力则由三向等压的静水压力状态逐渐降低至零（即卸压）。

在采动力学实验中，通过升高轴向应力的同时降低围压的方式可以模拟铅垂应力和水平应力的变化，从而实现三种典型开采条件下工作面前方煤岩体的采动力学行为研究。然而，此前研究均未能考虑开采方式的影响及按不同开采方式下的采动力学荷载进行加载，因而得到的煤岩体破坏力学行为均在峰值应力时突然下跌，体积变形相对初始状态始终为体积压缩，未出现体积膨胀。可见，深部环境下岩体力学研究必须考虑工程扰动过程和扰动方式的影响，该思想也被进一步推广至考虑开挖扰动影响的围岩力学响应测试与分析[13]。

四、展望

（一）发展趋势

当岩石工程从浅部走向深部，极深环境下岩体力学行为出现新特征与变化，必须思考三个本质问题：①岩体材料的非线性行为更加凸显，现有的适用于浅部环境的岩体力学基础理论是否仍然适用？②深部岩体原位应力状态作用更加凸显，传统的岩石力学研究方法与技术（材料力学方法）是否仍然适用？③不同工程活动方式诱发的高应力和高能级的灾害更加凸显，浅部岩石工程的理论与技术（与开采开挖方式无关）是否仍然适用？因此，亟须发展考虑深部原位状态和开采开挖扰动的深部岩体力学新理论、新方法，破解深部资源开采与深地空间利用的理论与技术难题。

谢和平院士提出了深部原位岩石力学的概念、研究方法和基本研究内容，旨在破解传统岩石力学与深度、原位环境、工程活动不相关的难题，是开发地球深部资源与空间、探索深地科学规律的基础理论。深部原位岩石力学是研究地球深部原位赋存环境与深部原位工程扰动环境下的岩石应力、应变、破坏、稳定性及不同赋存深度本真物理力学参数和行为规律差异性的学科。深部原位岩石力学重点研究深部原位真实复杂赋存环境下岩石本真物理力学参数、力学行为规律、破断失稳致灾、能量积聚释放等关键科学问题，是考虑深部原位物理环境、应力环境与工程扰动环境的岩石力学研究新领域。

深部原位岩石力学的研究方法主要是考虑深部原位环境（赋存环境和扰动环境）的科学实验和理论分析，旨在科学实验还原原位环境，理论分析体现原位环境。科学实验包括室内试验、野外试验和原型观测。室内试验利用不同深度原位保真岩心开展原位环境条件下的保真岩石物理力学测试；野外试验和原型观测是在天然条件下尽可能保持研究对象所处深部原位环境而开展的实验测试。理论分析是对考虑深部原位环境影响的岩石的变形、强度、破坏准则、本构模型及其工程应用等科学问题进行理论建模及技术探索。

（二）近期重点问题

1. 深部岩石原位保真取心和保真测试的原理与技术

研究获取深部原位保真岩心并对保真岩心在原位环境重构下进行测试的理论和技术体系，着力解决不同赋存深度岩石的原位保真样本的获取难题、深部原位环境重构下的保真测试难题，为揭示极深原位环境影响下的岩石本真物理力学行为奠定基础。目前深部原位保真取心技术仍是世界性的难题，测试技术处于世界空白，亟须国家层面加大投入构建世界独创和全球领先的深部原位保真取心与保真测试分析的原理技术和装备体系[14]。

2. 不同深度赋存环境下原位岩石物理力学行为差异性规律

深入研究不同深度岩石物质成分和微观结构的差异，从物性层面揭示地质构造运动历史与成岩环境演变对岩石物性的影响规律；深入探索不同深度原位岩石力学特性，从力学机理层面真正揭示深部岩体和浅部岩体在力学行为特征上的本质差异；进而研究不同深度赋存环境对岩石基本物理力学参数变化的影响，能够实现深部条件或者极深条件岩体力学行为初步预判与描述。

3. 深部岩石原位力学强度准则与本构

以不同深度赋存环境下原位岩石物理力学行为差异性规律为基础，创新考虑深部乃至极深原位环境的差异及岩石物性特征差异，构建考虑不同深度原位环境影响的岩石强度准则，发展适应于深部特征的岩石渐近破坏力学本构及时效力学本构，从而建立深部岩体原位非常规力学行为的描述新方法，解决现有强度模型与力学本构较少考虑深部原位赋存环境与岩石物性的缺陷。

4. 深部岩石原位多场耦合力学

研究极深原位多场多相耦合环境与不同类型岩石的物理化学相互作用机制，揭示极深多耦合环境对岩石变形与损伤破坏全过程的影响规律；考虑不同深度原位多场多相耦合环境与岩石物性特征差异，建立不同深度原位环境下岩石固–热–液–气多相并存的物理力学模型和多相多场耦合力学理论，揭示原位多场多相条件下的岩石非线性力学机制及其深度效应。

5. 深部工程扰动原位岩石动力学

创新深部工程扰动原位岩石动力学测试原理与技术，探索不同深度原位环境外加工程扰动作用下岩石动力学行为的变化规律，揭示深部原位环境下的工程扰动应力波传播与衰减规律，探明深部工程扰动下的构造面原位动力学响应规律机制及滑移孕灾机制，探索建立工程扰动影响下的深部岩石动静态破坏准则和动态本构模型，形成深部工程扰动原位岩石动力学学科新方向。

6. 极深环境下围岩灾变力学与稳定性控制

考虑深部地下工程多物理场强扰动特征，系统研究深部地下工程灾变力学理论及分析方法，揭示深部服役环境下围岩损伤演化规律及机理；探索不同深度原位环境下岩体长期力学行为差异性规律，揭示深部围岩长期运营中的破裂机制与岩体裂隙网络演化规律，建立深部岩体损伤演化及安全服役的控制理论和方法，全面构建深部地下工程灾害科学、防治与控制技术体系。

五、小结

地球浅部资源逐渐枯竭，地面空间越发有限，向深部要资源、向深部要空间已成为常态。针对深地科学与深部工程，应改变人们现有的岩石力学实验和理论研究的方式和思维定式，需要充分考虑不同深度原位赋存环境、工程扰动对岩石物理力学行为及地下工程稳定与灾变规律的影响，开展极深环境原位岩石力学研究，为研发深部资源安全高效开采新理论和新技术、探索深地科学规律提供支撑。

第五节　极端海洋环境载荷

一、战略需求与科学意义

当前世界海洋探索与开发的重要趋势是走向深远海和极地，也是我国建设海洋强国的重要组成部分和关键难点。它的核心问题在于，极端环境与船海结构物相互作用的力学问题。海洋极端力学问题极具多样性，包含极端的环境条件、空间尺度、流动状态等多种物理问题。在海洋工程结构物设计中，重点关注局部极端情况与结构物的相互作用问题。极端作用力对深远海装备的性能发挥和安全性提出了重要挑战。以下从海面、深海和极地三方面介绍其研究的迫切性和必要性。

海面环境中大型船舶与海洋工程结构物物理问题具有很强的极端性。航行船舶雷诺数可达到 10^9 以上，该极端湍流在物理认识和工程应用上都是未攻克的难题。在空间尺度跨越很大的问题上，极端流动突变很容易引起控制失效，船体发生碰撞破坏。极端环境因素主要有飓风、巨浪及复杂的风-浪-流耦合作用等。它的主要特点是海面出现巨幅波浪抬升，伴随强烈的冲击和风载荷，会瞬间导致结构物的破坏和倾覆。在深远海出现的频率明显增加，对我国深远海探索装备的安全性构成重要威胁。不同于传统的波浪力学问题，海面极端波浪力学问题具有强非线性，在水面附近形成水气泡混合多相流动，对船海结构物的多种性能产生影响，而其影响机理和规律目前尚未明确，因此研究具有较强的科学意义和价值。

深海环境极端事件的主要形式有水下内波、洋流的耦合及深海极高压环境。遥感观测结果表明，我国南海海域内波活动频繁而且分布范围广泛，在内波与洋流耦合作用下，水下超细长结构物会产生强烈的涡激振动现象，使用寿命明显降低，甚至在极端内波冲击载荷下发生断裂。此外，内孤立波会显著影响海水的密度跃层，使跃层处的潜器发生操纵失灵，引发重大安全事故。在深海环境中，极高压会在潜器等壳体结构的表面产生极高的应力，引发挤压变形甚至内爆现象。内爆巨大的冲击波将会破坏相邻舱室，最终整个潜器外壳破碎。由此可见，深海内波、洋流和高压环境引发的极端力学问题对深海装备的作业安全性提出了巨大挑战。

极地环境极端事件的主要形式有大范围高厚度的浮冰冰层、超大型冰川及在极地地区的复杂波流共同演化。极地地区资源丰富，是新航线开辟的重要方向。但极端环境载荷对破冰船、海洋平台结构物的材料、结构形式、力学性能、总体性能和设计等提出了巨大挑战。极地超低温与海冰的作用使得该区域流动与一般海域明显不同，船舶操纵运动受到极大干扰。同时，船舶与超厚冰层、超大型冰川的撞击，导致船舶的局部破坏或整体断裂失稳。为满足我国极地开发装备的作业安全性需求，亟须对这些复杂力学机理进行系统化的研究。

综上，在水面、深海和极地海洋环境中均存在着多种极端力学问题，具有影响范围广、瞬间作用力极高的特点，对船海结构物会产生根本性破坏与不可估量的损失。因此，亟须掌握这些复杂极端力学问题的物理本质和特性规律，为我国高安全性的船海作业装备发展提供理论和技术支撑。

二、研究现状

（一）海面极端环境载荷研究现状

海面上的极端力学问题大多是由于巨幅极端波浪引起的，是导致浮式结构物破坏的主要原因。极端波浪的力学特性研究与试验模拟复现是首要问题[15]。极端波浪一般被定义为波高超过有义波高两倍的波浪，具有强烈的非线性。目前国内外研究已经掌握一些试验和模拟方法用于人为制造"典型"的极端波浪。这些方法能够满足极端波浪大波陡、能量集中等特性，成为当前极端波浪力学特性研究的主要手段。然而，实际海面上更多的极端波浪是"畸形"的，并伴随大范围的翻卷、破碎、飞溅、拍击，传统的波浪理论已经不适用，其生成和演化作用都需要建立全新的强非线性多尺度界面流动方法进行阐述和模拟，也是未来极端波浪力学研究的重要趋势。

极端波浪与浮式结构物相互作用涉及流-固多物理场耦合及极端波浪-结构物-锚泊的多系统耦合问题。目前研究主要通过物理实验或数值水池技术研究船舶与海洋工程结构物模型的相互作用过程与力学特性[16]。关心的问题包括极端波浪引起的局部波浪爬升和砰击压力、极端波浪对结构物非线性作用力和极端波浪作用下的海洋结构物运动及结构载荷响应等。数值模拟有基于势流理论的波浪力求解和基于黏流理论的流场 CFD 求解方法。当前针对极端波浪与结构物相互作用问题在研究深度上存在不足[17]，体现在以下三个方面：

（1）真实海况中极端畸形波浪的模拟问题没有有效解决，对结构物的强非线性波浪力机理仍未探明。

（2）流-固耦合问题研究很少，极端波浪作用下的结构动力响应、动态屈曲和破坏问题研究仍然缺乏。

（3）浮式海洋平台结构物在极端波浪作用下系泊系统的载荷响应和破坏过程缺乏研究。

海面极端波浪环境的产生通常伴随着飓风作用及激烈的水下海流，结构物受到的环境力来自风-浪-流耦合作用。在试验中可以通过风扇系统在水面上方施加风的作用，在水下通过循环水流系统施加海流作用。但试验模型尺度较小，难以制造实际的极端海况，仍需要数值模拟方法进行大尺度的研究。以往的数值模拟采用定常体积力的方法模拟风和海流的作用，简化比较严重。目前已有研究开展了耦合的模拟，同时求解风速场和水流场，考察自由液面的兴波变化。这些研究中海况条件不高，未开展极端海况下的风-浪-流耦合与结构物作用问题研究，大规模的两相流破碎扩散非线性作用仍需要进一步研究。

（二）深海极端环境载荷研究现状

海洋内波是海洋内潮或海流与变化地形耦合作用下在水下形成的极端大幅波动现象。由于内波的尺度很大且影响因素复杂，数值模拟是当前研究的主要手段，应用于分析地形、来流特征影响、内波能量分布、浅水破碎、极性转换、深水区域漩涡流动非线性效应影响[18]。对于剧烈变化的地形和复杂工况，数值模型难以得到准确可靠的计算结果，需要采用模型试验和可视化观测等手段获得内波复杂流场信息，对模拟结果进行补充和验证。

内波与海洋结构物相互作用是当前研究的热点问题，内波对固定结构物如平台、立管、系泊设施的载荷的理论预报多采用内波理论与莫里森公式相结合，其经验系数的选取目前主要参照表面波实验结果。模型实验受水槽尺寸限制，只能在模型尺度下研究内孤立波载荷。而数值模拟不受物理尺度限制，可以针对实际问题如内孤立波作用下简单圆柱、方柱的载荷特性开展研究。对于超细长体，目前CFD技术难以实现全流场时域求解，而多采用分段或切片的方法，求解细长体柔性变形。对于运动类结构物如水下的潜艇和潜器，内波引发的密度跃变形成分层流，极大影响操纵性，引起大幅掉深。对此目前开展了分层流体中小幅度周期内波与潜艇模型的相互作用、水下航行体的运动响应等实验研究，得到了载荷与内波周期和波高的关系。在数值模拟方面，主要通过简化二维模型研究内孤立波与有航速潜体的相互作用，考察不同下潜深度和构型对内波载荷的影响，以及内波作用下潜体的三自由度运动响应，计算其操纵运动的水动力导数。

极端高压是深海极端力学问题的另一个重要形式。深海潜器的舱室通常采用耐压壳体抵抗极高海水压力作用。目前利用多种深海高压环境模拟装置，已开展了系列耐压壳体的屈曲失稳与多模态屈曲现象研究。先进的试验设备可以模拟98%的海域深度，但其成本较高、功能单一，缺乏综合模拟能力。另外，装置容积也限制了结构力学特性研究。因此数值计算成为近年来发展的重点。研究针对球形耐压壳体已经建立了数学模型，并对壳体稳定性的影响因素进行了分析。另外，已有针对潜器开孔结构采用边界系数法和近似假定法对其力学特性的研究。数值计算在方法和问题上进行了高度简化，没有考虑设计中多舱段、多系统的相互干扰，以及实际作业中潜体运动、操纵、浮沉等对受力的影响，是未来需要解决的重点问题。

深海潜器壳体被压溃后，会引起内爆现象，形成的冲击波峰值高、脉宽小，对附近脆性材料结构会产生较强的破坏效应。借鉴水下气泡爆炸动力学理论，针对深海内爆问题形成了一套简化理论模型，可以根据容器半径、静水压力等参数预测内爆冲击波压力、溃灭时间周期。但是水下结构物和测量设备难以固定，深水环境高速摄像机无法拍摄到内爆过程，产生的冲击波对高速摄像机有很强的破坏作用，因此最理想的研究方法是数值模拟。已有球形内爆模拟的研究，但仿真结果与实验值还有一定误差。目前针对深海潜器内爆的数值模拟，缺乏针对性的底层物理建模优化，并且鲜有针对潜器这样纺锤体形状的中空结构物研究极高压环境下的内爆现象。

（三）极地海洋环境载荷研究现状

极地环境的极端力学问题首先体现在海冰的影响上。海冰的几何形状和流变特性十分复杂，使得其力学特性和碰撞问题成为当前的研究重点。当前一般将海冰视为兼具韧性和脆性的多晶体，相互转变主要取决于颗粒大小、温度和加载速率等。此外，海冰与结构物碰撞时，破坏模式十分复杂。目前认为可能的破坏模式有接触点处破碎，局部或大尺度的脆性断裂，弯曲，屈曲和失稳，撕裂，碎裂，短期或长期蠕变等。这些破坏模式一般是组合出现，增加了研究难度。通过建立海冰动力学本构模型，如弹塑性、黏塑性、各向异性和颗粒流体动力学中的黏弹塑性模型等，可以对该问题进行研究。但当前模型的考虑因素并不完全。对于极地海冰与波浪耦合作用特性的研究，目前国内外主要有质量荷载模型、弹性薄板模型、黏性层模型和黏弹性模型这几种模型。这些模型将复杂的海冰影响进行了一系列假设，在过去的研究中取得了一些应用，但对于实际大范围冰层和碎冰区与非线性波浪的耦合作用难以描述，一些复杂现象（如压力断层问题）也未得到全面考虑，缺乏基于系统研究的高保真模型。

在极地极端环境力学问题的基础上，船舶性能的预报问题更加复杂且迫切。在冰区船舶阻力预报方面，船舶阻力分为水阻力和冰阻力，其中冰阻力由破冰阻力、浮冰阻力和清冰阻力组成。各阻力可以通过经验公式进行快速估算。理论分析和数值模拟主要通过航行船舶与海冰相互碰撞摩擦的计算得到局部冰载荷，再通过积分获得总体冰阻力。在冰区船舶操纵性能预报方面，主要有两种思路：一是参照船舶在常规水域的操纵性方程，将海冰的影响考虑到常规操纵性方程的水动力导数中；另一种是修改耦合的横荡/艏摇运动方程，即直接建立在冰区中的操纵性方程，目前这一思路成为主流。近年来已有研究采用有限元法和离散元法数值求解海冰对于船舶的作用力，直接建立船舶在平整冰和块状冰中的操纵性能预报方法[19]。在推进性能预报方面，目前主要开展了冰桨接触和非接触状态下的载荷和水动力性能分析研究。冰桨接触问题中，冰载荷的大小主要由桨叶和层冰碰撞时的接触面积决定，可以采用经验公式确定桨叶上的冰载荷。而冰桨非接触问题中海冰会对螺旋桨的水动力产生很大干扰，如阻塞效应、邻近效应和空泡效应等。目前，极地冰区船舶各类性能的研究还处在简化理论模型和常规试验模拟的初步探索阶段，对于超厚冰层、超大冰川等非常极端的力学问题研究不足，缺乏有效的分析手段，限制了高安全性极地工程船舶的发展。

三、主要研究进展

（一）海面极端环境与船海结构物作用力学问题研究进展

海面极端力学问题试验复现难度大，因此近年来的主要研究进展体现在先进的数值模拟上，数值模拟研究正朝着综合性、极端化、多复杂系统的趋势发展。模拟中同时考虑极大波高的巨浪演化、实尺度复杂构型的海洋结构物、砰击大幅运动、超高雷诺数剧烈流动等问题的耦合，以达到精确的预报和仿真[20]。上海交通大学万德成团队通过优化的水平集和流体体积耦合（coupled level-set and volume-of-fluid，CLSVOF）方法与重叠网格方法结合，建立了极端巨幅波浪与海洋平台相互作用的数值模拟方法。针对复杂运动的重叠网格系统对该方法进一步改进，解决了重叠块之间差值引起的非物理相界面粗糙问题，可以更加准确地模拟水气界面变化。研究通过谱方法模拟了实际的多向不规则波，并通过叠加，可在指定时间、位置处生成巨浪，模拟海面的极端力学问题。

（二）深海极端环境与船海结构物作用力学问题研究进展

实际海域内波生成过程中通常伴随水下潜流与复杂海底地形的共同作

用，并且存在波浪破碎、湍流扰动等非线性流动特征，给内波生成演化的实验观测和数值仿真带来巨大挑战。目前国内外已对模型尺度下各类海洋内波与多种地形的作用过程进行了详细的实验和数值研究，分析了内孤立波经过不同地形时的透射、反射、分裂过程，能量损失，波形特征及流线、涡量、动能、势能等流场变量的变化规律等。但是内波的生成演化过程尺度效应影响显著，实验室中很难充分模拟实际内波生成过程，因此需要发展高效、准确的实尺度内波预报技术，并且进一步研究极端内波对水下立管、锚链等超细长结构物和潜艇、潜器等航行体的复杂作用规律。

极端内孤立波会与海洋结构物产生强烈的非线性相互作用，上海交通大学在这方面进行了较系统的研究，采用了理论分析、模型实验和数值模拟相结合的方法，以南海八号半潜式平台和张力腿平台为主要研究对象，建立了内孤立波载荷的理论预报方法，确定了立柱、沉箱等结构的惯性力系数和拖曳力系数的计算方法。然后对内孤立波与半潜式、张力腿平台的相互作用进行数值模拟，对内孤立波载荷理论预报方法及莫里森公式中惯性力系数和拖曳力系数计算方法在实尺度情况下的适用性进行了充分验证。最后，将内孤立波载荷预报方法和平台浮体三自由度运动方程结合，分别建立了非线性耦合动力响应理论预报模型，研究了两种平台的内孤立波载荷、运动响应、系泊缆和张力腿拉力的时历特性，以及各响应随关键参数的变化规律。该研究对多种内波作用特性进行了阐明，为将来开发更真实的极端内波与超细长和运动结构物相互作用研究方法奠定了基础。

深海潜器水下内爆问题是最新的研究热点，其破坏性巨大、对艇内人员和设备安全造成巨大威胁，但破坏机理尚不明确。由于实验条件有限，深海极高压环境很难完全模拟。基于有限元方法的深海内爆模拟，不仅可预测万米水深的超高压环境，还能展示更多的结构破坏细节，有利于分析内爆机理，更加精确地预报和预防深海潜器的内爆。

（三）极地极端环境与船结构物作用力学问题研究进展

当前极地极端环境与船海结构物作用力学的研究主要为结构物和大范围厚冰的碰撞问题。圆锥形结构因其破冰能力而广泛用于海洋工程，受到的冰载荷与海冰的破坏模式密切相关。采用离散元法（DEM）模拟海冰与圆锥形结构相互作用，研究冰破坏模式和冰荷载是近年来的发展趋势。DEM 不仅可以模拟小规模冰块碰撞，还可以分析中尺度冰缘周缘冰脊的形成，冰裂缝的产生，以及海冰的演变。合理地模拟海冰和海洋结构的破坏过程，并计算出结构的冰载荷和压力分布。图形处理单元（GPU）并行技术[19] 极大地提高了 DEM 的计算效率和规模，使其得到更广泛的应用并在模拟海冰力学特性问题上取得了丰富的成果。冰层可以通过大量 DEM 球形颗粒进行构造，并在边缘施加特定的边界条件，如图 3-5 所示。采用该方法计算的冰层与圆锥形结构物相互作用与实验对比如图 3-6 所示。用 DEM 模拟的破裂长度与冰厚之比约为 7.05，与在渤海锥形护套平台上的测量值相近。

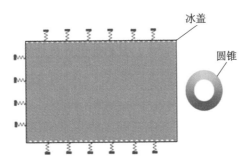

图 3-5　冰盖与结构之间相互作用示意图

（a）实验结果

（b）数值模拟

图 3-6　冰作用于狭窄圆锥形结构的破坏过程（实验与数值模拟对比）

四、未来重点研究问题

（一）面临的力学挑战

1. 超大尺度跨越使得研究方法严重受限，实际结构物的性能预报可靠性低

海洋极端力学问题涉及超大尺度跨越，大型船舶和浮式结构物的主尺度可达几百米，而在极浅水、极狭窄问题中运动尺度只有几米，与波浪相互作用产生的气泡液滴流动结构可以小到毫米/微米量级。这些问题通过模型试验极难复现，而数值仿真也缺乏高可靠性的多尺度模拟算法。另外，大尺度结构物的流动特性给极端力学问题带来极大挑战，高速航行船舶的雷诺数可达 10^9，复杂湍流流动的研究困难极大，是目前世界科学难题。无论是直接模拟还是诸多模型化方法都难以求解实尺度流场。因此实尺度结构物的力学性能预报仍是极具挑战的难点。

2. 极端条件下强非线性气-液两相流力学求解困难，缺乏精细化研究手段

船舶与海洋工程结构物能量巨大，在恶劣环境下，其与周围流动相互作用产生复杂的多相流演化，包括自由面的大幅度变形、液体破碎扩散成液滴、多尺度气泡等。这些流动现象对船体的作用力是非线性的，一般界面分层多相流模型和分散相多相流模型都不能准确描述该问题，导致极端条件下强非线性两相流力学求解困难。亟须进行针对性物理建模，开发高稳定性、高精度的数值仿真技术，形成精细化研究手段。

3. 流-固-热多物理场耦合作用下的结构物力学特性不清晰

极端流体作用力影响下的船海结构物损伤和破坏是一类典型的流-固耦合问题，同时考虑极地的超低温环境，形成了流-固-热多物理场耦合的物理问题，进一步增加了理论和数值方法建立的挑战性。在水面波-内波-潜流作用下，船舶与海洋工程结构物与冰层、冰川撞击产生的变形、失稳和破坏是影响结构物安全性的关键。目前的研究局限于一般流体作用力下的流-固耦合问题，对于流-固-热多物理场耦合作用的力学特性还缺乏系统和全面的研究。同时海冰等特殊材料自身的力学特性建模也是没有得到解决的基础问题，对于极端环境下作业的船海结构物设计缺乏必要的参数依据。

（二）近期重点问题

1. 极端海况与多系统结构物强非线性相互作用问题

强非线性在极端海况与结构物作用中体现在两方面：首先，极端波浪具有强非线性，研究应重点突破波浪描述理论，探明其非线性演化过程及力学本质，建立生成演化的描述方法。其次，极端波浪与结构物相互作用会高度破碎，形成水、气、泡、雾多种状态的混合流动，使得结构表面载荷的非线性明显增强，作用范围扩大，应探明相互作用过程中多尺度混合流动的时空分布特性机理，形成有效预报方法，实现精确模拟强非线性水动力载荷。进而形成极端载荷下的结构变形、屈曲和断裂破坏分析方法，对流体流动、载荷应力、结构响应与变形全过程进行系统研究，掌握极端波浪与结构失效的力学条件和规律。

2. 超大尺度跨越问题的高保真数值模拟

超大尺度跨越是海洋极端力学问题的共性特点，既包括结构本身的超大长径比跨越，也包括复杂环境条件结构多种作业形式的超大尺度跨越。模型试验对此无法进行有效分析，建立针对性的数值模型和算法是重点研究方向。此外，超高雷诺数湍流是该问题复杂性的重要体现，其模拟难度是影响实际结构性能预报的瓶颈问题，未来研究亟须开展高可靠性的底层物理建模，对实尺度问题进行高保真的模拟分析。

3. 实尺度深海极端内波-海流耦合作用力学特性问题

掌握深远海复杂流动环境作用，需要突破深远海内波-海流-表面波联合作用流动理论，建立大范围深海域复杂环境模拟技术，模拟耦合流动，研究海流方向、表面波影响下的内波速度、压力和能量变化。实现基于数据同化技术的流动仿真，在两层流体内孤立波理论、实验及数值研究基础上，开展密度连续层化流体的实验及理论研究。考虑复杂海底地形，研究内孤立波在斜坡、三角形、半圆形地形下的传播过程与波高、周期、密度变化规律；进一步考虑各种地形组合下大范围演化的力学特性，研究内波在真实海域中的生成机理及演化过程。

4. 极端内波作用于深远海结构物的流-固耦合问题

深远海结构按照作业形式可分为两类。固定作业的大型浮式平台包含平台主体、锚泊与立管多个系统。对此类结构需开展内孤立波载荷及结构动力响应的数值分析。重点分析平台主体在不同内波作用下的受力、运动响应及局部变形和破坏。考虑复杂表面波-内孤立波-海流联合作用，分析不同参数对平台水平和垂直受力的影响，建立锚链系统结构变形断裂与破坏分析方法，研究锚链系统的强度问题。基于流-固耦合建立柔性立管系统的数值模拟技术，预报分析立管载荷及运动响应，研究剪切流与内孤立波联合作用下柔性立管的涡激振动，分析顺流、横流向振荡运动的变化规律，大振幅内孤立波对锁定现象及振荡模态的影响。

针对航行作业结构，包括水下潜艇潜器，内波作用主要使潜器操纵失灵，因此研究操纵性问题至关重要。针对艇体和推进、操纵系统建立多级物体运动求解方法，考虑不同内孤立波作用下潜艇受力变化，结合流场压力变化，以及潜艇垂向力、摇荡力矩变化分析运动机理。进一步对模型尺度及实尺度潜艇的复杂操纵运动进行预报，分析尺度效应对内波演化及潜艇运动受力的影响，内波、海流联合作用下运动响应的变化规律，以及周围密度对潜艇受力的影响。

5. 全海深潜器高压内爆问题

未来潜器的发展趋势是在全海深完成各种复杂作业，这需要为潜器耐压壳中的作业人员和电子设备提供高可靠的安全环境。耐压壳在深海高压环境容易发生内爆。未来应针对综合性深海、海底环境，基于物理本质开展数值建模并开发流-固耦合的耐压结构计算方法，准确模拟设备的应力、应变及稳定性问题，考虑复杂流场形式及多种压力环境，计算中空潜器在高压环境下的临界强度。研究潜器的外形轮廓对冲击波传播的影响。准确预报内爆发生前，裂纹出现的位置及裂纹的发展情况，为深海潜器的安全工作提供理论依据。

6. 考虑海冰的极地极端环境与结构物性能特性问题

极地极端环境力学问题包括超低温与海冰作用下的表面波、海流和内波等。未来要突破高保真的海冰内部特性与动力学行为数学描述，基于波流理论，形成考虑多形式海冰作用的极地极端环境理论。进一步改进和完善大范围超厚海冰层和冰山力学行为的数学模型和数值方法，针对船舶与海洋工程结构物与冰层、冰川的碰撞问题，研究极端载荷及结构的损伤和破坏。针对长期作业结构物开展性能预报问题研究，包括船舶的阻力、推进、操纵和耐波性能与抗撞击、抗沉性、稳定性等。解决结构物与海冰的相互作用问题，建立系统化、精细化的数值模拟方法，同时发展冰水池等试验条件，探究结构物受海冰的影响，考察碰撞引起的结构强度、疲劳、振动等问题，提高极地装备的安全性和可靠性。

五、小结

深远海与极地的开发和利用是当前船海领域发展的重点方向，但复杂环境和高难度作业所带来的诸多极端力学问题为船舶与海洋工程结构物的安全性和性能发挥提出了重要挑战。海面、深海和极地环境的极端力学问题都存在大尺度跨越、流动强非线性、极高瞬间载荷、结构破坏性强、多系统与多物理场耦合等共性特点。传统研究方法与理论在此类极端力学问题上难以适用，需要有针对性地从理论建模、试验分析和计算仿真等多方面进行探究，为高安全性、高作业性能的极端环境船舶与海洋工程结构物设计和优化提供理论和技术支撑。

第六节　本　章　小　结

极端自然环境过程的力学机理及模拟技术的发展对于我国生态环境建设、防灾减灾和重大工程技术创新具有重要意义。本章系统地介绍了我国在风沙运动与沙尘暴、风雪运动及其对重大工程结构的作用、南中国海海啸模拟与预警、深地岩石力学和深远海海洋动力载荷等领域的研究现状和研究进展，指出了极端自然环境力学研究的前沿领域和交叉学科研究发展方向。我国需要在岩石力学与深远海等极端自然环境力学领域积极部署力量，以期不断地开展原创性基础研究，服务我国生态环境、深地、深海等领域的重大战略需求。

（1）沙尘暴是发生在极端天气条件下的极端灾害事件，沙尘暴是导致沙漠扩展与土地沙漠化的核心要素，现有研究难以全面地把握风沙灾害及风沙运动机理，亟须建立新的实验和数值研究方法，揭示风沙运动的气-固两相相互作用规律及机理，建立高雷诺数气-固两相壁湍流理论体系，发展沙尘暴的准确预测和灾害防治技术。

（2）极端风雪行为及其载荷与建筑工程结构、交通设施的设计与安全运行密切相关，目前对风雪运动机理及模拟方法缺乏深入的研究，亟须研究重大建筑工程屋面雪荷载的作用机理及其演变规律，突破多因素全过程耦合的联合试验系统、数值模型和足尺度长期观测技术，发展生命线工程、高速列车和高性能极地工程结构的抗风雪设计方法。

（3）地球深部资源和空间开发利用对现有的岩石力学实验和理论提出了极大的挑战，亟须充分考虑不同深度原位赋存环境、工程扰动对岩石物理力学行为及地下工程稳定与灾变规律的影响，开展极深环境原位岩石力学研究，为研发深部资源安全高效开采新理论、新技术和探索深地科学规律提供支撑。

（4）随着全球和区域性海啸预警系统建设的不断推进，亟须针对我国南海海域潜在地震和海底滑坡海啸开展海啸成灾机理与风险评估方法研究，建立地震、海底滑坡、海底火山、陨石入海等各类极端海啸的理论分析、数值模拟和物理实验等研究手段，建立海啸对大型结构物与岛礁工程作用的实验模拟平台。

（5）极端海洋动力要素及其对海洋结构物的作用是深远海资源与空间利用研究的前沿领域，面临诸多载荷预报的挑战，尚需针对深远海极端海洋动力环境及结构物的响应具有跨尺度、非线性、非定常、极端载荷、多系统与多物理场耦合等特点，发展理论建模、实验分析和计算仿真等新方法和新技术。

本章参考文献

[1] Balachandar S, Eaton J K. Turbulent dispersed multiphase flow[J].Annual Review of Fluid Mechanics, 2010, 42: 111-133.

[2] 郑晓静, 王国华. 高雷诺数壁湍流的研究进展及挑战[J]. 力学进展, 2020, 50(1): 202001.

[3] Zheng X. Electrification of wind-blown sand: Recent advances and key issues[J]. The European Physical Journal E, 2013, 36(12): 1-15.

[4] Zheng X, Jin T, Wang P. The influence of surface stress fluctuation on saltation sand transport around threshold[J]. Journal of Geophysical Research: Earth Surface, 2020, 125(5): F005246.

[5] Liu M, Zhang Q, Fan F, et al. Experiments on natural snow distribution around simplified building models based on open air snow-wind combined experimental facility[J]. Journal of Wind Engineering and Industrial Aerodynamics, 2018, 173: 1-13.

[6] Ren Z Y, Zhao X, Wang B L, et al. Characteristics of wave amplitude and currents in South China Sea induced by a virtual extreme tsunami[J]. Journal of Hydrodynamics, 2017, 29(3): 377-392.

[7] Wang Q, Fang Y L, Liu H. Physical generation of tsunami waves in offshore region[J]. Journal of Earthquake and Tsunami, 2018, 12(2): 1840003.

[8] Wang Q, Liu H, Fang Y, et al. Experimental study on free-surface deformation and forces on a finite submerged plate induced by a solitary wave[J]. Physics of Fluids, 2020, 32: 086601.

[9] 谢和平, 彭苏萍, 何满潮. 深部开采基础理论与工程实践[M]. 北京:科学出版社, 2006.

[10] 谢和平, 高峰, 鞠杨. 深部岩体力学研究与探索[J]. 岩石力学与工程学报, 2015, 34(11): 2161-2178.

[11] 谢和平, 李存宝, 高明忠, 等. 深部原位岩石力学构想与初步探索[J]. 岩石力学与工程学报, 2021, 40(2): 217-232.

[12] 谢和平, 高明忠, 张茹, 等. 深部岩石原位"五保"取芯构想与研究进展[J]. 岩石力学与工程学报, 2020, 39(5): 865-876.

[13] 谢和平, 周宏伟, 刘建锋, 等. 不同开采条件下采动力学行为研究[J]. 煤炭学报, 2011, 36(7): 1067-1074.

[14] Zha E, Zhang Z, Zhang R, et al. Long-term mechanical and acoustic emission characteristics of creep in deeply buried jinping marble considering excavation disturbance[J]. International Journal of Rock Mechanics and Mining Sciences, 2021, 139: 104603.

[15] Onorato M, Residori S, Bortolozzo U, et al. Rogue waves and their generating mechanisms in different physical contexts[J]. Physics Reports, 2013, 528(2): 47-89.

[16] Bennett S, Hudson D, Temarel P. The influence of forward speed on ship motions in abnormal waves: Experimental measurements and numerical predictions[J]. Journal of Fluids and Structures, 2013, 39: 154-172.

[17] 邓燕飞, 杨建民, 肖龙飞, 等. 极端波浪与海洋结构物的强非线性作用研究综述[J]. 船舶力学, 2016, 20(7): 917-928.

[18] Cai S, Xie J, He J. An overview of internal solitary waves in the south China sea[J]. Surveys

in Geophysics, 2012, 33(5): 927-943.

[19] Su B. Numerical predictions of global and local ice loads on ships[D]. Trondheim: Norwegian University of Science and Technology, 2011.

[20] 陈翔, 万德成. MPS 与 GPU 结合数值模拟 LNG 液舱晃荡 [J]. 力学学报, 2019, 51(3): 714-729.

编 撰 组

组长：刘　桦

成员：王国华　范　峰　万德成　任　利

第四章
极端性能材料

第一节 超硬材料

一、需求情况

硬度是材料力学性能评估中最简单和广泛应用的指标之一。我们称维氏硬度超过 40 GPa 的材料为超硬材料，包括金刚石和立方氮化硼等。硬度与材料的断裂强度相关性十分密切，往往高硬度的材料也具有高强度。超硬材料一直都是重要的高精密加工工具和极端环境服役材料，在芯片制造、航空航天、地质勘探及高压科学领域都扮演着重要角色。

以大规模集成电路芯片的高精密加工为例，目前我国最核心的芯片大多是从国外进口的，芯片加工的关键在于表面粗糙度要求极高，因此高精密刀具需要具备更高的强度和硬度。同时，刀具在加工中途发生磨损和断裂，引起精度下降。因此，设计更硬、更强、更耐磨的高精密刀具是突破高精密机械加工技术壁垒的关键。以超硬材料为基础的高端工具发展缓慢是导致我国高精密加工、航空航天和半导体等行业落后的关键因素。

为了解决我国在高精度机械加工方面遭遇的瓶颈，当前最核心的问题是设计更高性能的超硬材料。然而目前其硬化机理还不清楚，在特定载荷条件下的变形和失效行为还缺乏研究，这极大地限制了更优性能材料的设计。以纳米孪晶金刚石为例，将高密度的纳米孪晶引入金刚石中可显著提高其硬度水平，但是其硬化机理仍然缺乏实验和理论研究，由此阻碍了更高性能超硬材料的制造。另外，特定工况条件下的超硬材料的研究也十分匮乏，如超硬材料刀具的摩擦磨损行为是决定机械加工精度的关键所在。因此，亟须深入研究超硬材料的摩擦磨损行为，提出超硬材料的磨损判据及通过理解超硬材料的磨损机理设计其内部微结构进而提升其摩擦磨损性能。此外，超硬材料往往伴随超高的脆性，脆性解理断裂限制了超硬材料的应用。通过合理设计微观结构可以有效提高其断裂韧性。然而，其增韧机制尚不清楚，更是缺少相应的实时表征与理论模拟，极大地限制了对超硬材料的增韧。

总的来说，目前我国超硬材料的高端制品发展的匮乏，导致我国在机械加工、半导体和航空航天领域不得不依赖国外科技，解决目前困境的途径是深刻理解超硬材料的力学行为，进而实现高端超硬材料制品性能的提升。

二、超硬材料极端力学性能的研究现状

（一）超硬材料理想强度的实现

结晶固体的理想强度定义为理想晶格在 0 K 时可以承受的最大应力。然而，由于缺陷的存在，格里菲斯（Griffith）发现玻璃、陶瓷等脆性材料的断裂强度远小于其理论断裂强度。基于这些实验现象，他提出了著名的格里菲斯断裂理论，即材料的断裂强度与其表面和内部的微观缺陷密切相关。我们可以基于这一思想来指导超强材料的设计方向，即将材料尺寸减小到纳米级甚至原子级，使得缺陷密度随体积减小而降低，从而有可能实现材料的理论强度。

基于以上思想，香港城市大学的陆洋教授等制备了亚微米直径的金刚石纳米针，并实现了高达 8.9% 的局部拉伸应变，相当于约为 98 GPa 的拉伸应力。燕山大学田永君院士团队和浙江大学交叉力学中心杨卫院士团队更系统、更深入地研究了金刚石纳米针尖的断裂行为和影响其断裂的因素。他们观察到金刚石纳米针中可以实现高达 13.4% 的超高弹性应变，内部近乎没有缺陷，对应 125 GPa 的超高强度 [1]。可以看出，断裂表面和内部的缺陷对硬度起着关键作用。当内部近乎无缺陷，表面仅有几个原子台阶时，超硬材料可以实现接近其理论强度极限的断裂。

（二）微结构设计实现超硬材料的硬化

随着对材料内部结构与力学性能之间关联认知的发展，人们意识到孪晶界对于材料强化的重要作用。孪晶界可以实现晶粒细化，同时具有更强的位错吸收和钉扎效应。燕山大学的田永君院士受此启发，对洋葱碳和洋葱氮化硼前驱体分别进行高温高压实验，制备出来具有超高硬度的纳米孪晶金刚石（约 200 GPa）和纳米孪晶氮化硼（约 100 GPa）[2]。此外，随着纳米孪晶片层间距的下降，超硬材料的硬度会一直单调增加，关于这种特殊的孪晶片层细化诱导的持续硬化机制仍然需要理论和实验上的分析。

（三）超硬材料的塑性变形行为

超硬材料形变困难和脆性断裂等问题严重阻碍了其实际应用。以金刚石为例，它的样品加工和力学性能测量都面临很大挑战，微观形变机制和塑性变形机理方面也存在不少争议。脆性与塑性响应通常描述为裂纹扩展与塑性剪切之间的竞争。另外，塑性与脆性竞争的本质是裂纹扩展与位错滑移之间的竞争，而高静水压力可以抑制微裂纹的扩展。对于金刚石，理论计算表明，触发塑性变形需要数百吉帕的极高静水压力[3]。由于缺乏原位观察提供的直接证据，关于金刚石是否具有室温塑性仍然具有争议。浙江大学交叉力学中心与燕山大学合作，通过原位纳米压缩实验，实时观测到了金刚石中广泛的室温位错塑性，解决了关于金刚石室温塑性长期以来的争议。另外，他们对内部位错的三维空间组态进行表征，发现金刚石中的位错类型为 $1/2$ $\langle 110 \rangle \{001\}$，这与当前对金刚石点阵中位错应在密排的 $\{111\}$ 面上滑移的理解不同，引发了人们对于这一类强共价材料塑性变形机制的重新思考。

立方氮化硼由于其化学键具有 16% 的离子键性质，因此其硬度相对金刚石较低的同时具有相对较好的塑性。Nistor 等结合高分辨透射电子显微表征，观察到了 60° 位错、不全位错和孪晶。同时，分子动力学模拟成为在原子尺度上理解材料塑性变形机制的有效理论手段，前人发现 $\{111\}$ 晶面的滑移所需克服的点阵阻力最低。但是，总的来说，目前仍然缺乏立方氮化硼在外力作用下内部微结构演变的实时观测，关于立方氮化硼的塑性变形机制仍然缺少坚实的实验证据。

（四）超硬材料的磨损性能

关于超硬材料的摩擦磨损机制已经有一些研究，主要包括黏着模型和表面粗糙理论两种机制。黏着模型是指超硬材料在摩擦过程中所受剪切力主要源于摩擦界面上摩擦对原子之间的黏着作用，不过该模型未能考虑摩擦界面起伏的影响，也无法解释金刚石摩擦系数各向异性的现象；表面粗糙理论则是认为超硬材料在摩擦过程中所受剪切力来源于摩擦表面的凹凸起伏阻碍了摩擦对的相对运动[4]，但是它不能解释金刚石在真空中的摩擦力会远高于空气中的摩擦力。总体来说，目前关于超硬材料在摩擦过程中的缺陷演化及磨损机理仍然缺乏实验观察及理论指导。

三、面临的挑战及近期重点问题

对超硬材料服役过程中变形行为和失效机理的深入理解是设计高性能超硬材料的关键。虽然目前在这方面已有一定的基础，但是目前关于超硬材料力学行为的研究仍然不充分。以下几点是未来几年内关于超硬材料力学性能亟须攻克的科学问题。

（一）超硬材料摩擦磨损机理的研究

如何有效地预测刀具的磨损及提高其耐磨损能力是当前提高机械加工精度的关键问题。亟须对金刚石和立方氮化硼这些超硬材料的摩擦磨损行为进行深入研究，探索其摩擦磨损机理，观察其在摩擦过程中缺陷的积累和演化，进而提出一个可靠的摩擦磨损模型，从而去预测刀具的磨损和提升其摩擦磨损性能。

（二）微结构对超硬材料硬度的影响机理

通过设计纳米孪晶实现了超硬材料硬度的极大突破，但是其增强机制尚不清楚。然而对于超硬材料，其内部位错相对不活跃，其断裂前的断裂行为主要是由弹性变形主导。因此，在超硬材料中，位错钉扎效应难以用来解释纳米孪晶的强化机理。最近的研究表明，金刚石中的位错会在非密排的{100}面上滑移，这一点在理论上也缺乏解释。另外，是否不同的位错滑移机制会带来不同的力学性能响应？关于超硬材料中微结构对其力学性能的影响机制还需要进一步研究。

（三）先进的测试和表征手段

压痕法是测试材料力学行为的常用方法，但是过于局部，且应力状态过于复杂，不利于力学行为与载荷之间进行关联。虽然通过单轴压缩或者拉伸测试可直接测出超硬材料断裂强度和应变，但是由于其极端的力学性能，对其测试也存在较大挑战。此外，需要有足够高分辨率的观测设备，以将超硬材料内部微结构与其应力-应变响应关联起来。当前针对超硬材料的原位透射电镜力学实验研究还较少，主要是因为在透射电镜中实现对超硬材料的加载极其困难，并且透射电子显微表征还缺少三维结构信息的演变，带来了许多假象。因此，对于超硬材料的原位透射电子显微表征和测试技术仍然任重道远，亟须一个可以输出高水平力、具有亚纳米级别位移控制精度及可以实现对样品进行多维度表征的原位加载台。

（四）超硬材料分子动力学势函数的构建

分子动力学模拟是从原子尺度理解材料变形行为的一种有效手段，势函数是决定分子动力学模拟是否可靠的根本。当前关于金刚石和立方氮化硼的模拟虽然有很多，但是仍缺少可靠的势函数。此外，对于一些特殊情况的模拟，如原子尺度的摩擦磨损行为的分子动力学模拟，现存的势函数还是否适用？发展可靠的分子动力学势函数对于理解超硬材料的力学行为具有重要意义。

四、小结

超硬材料因其极端性质，成为不可或缺的战略性材料，广泛应用于超高精密加工、航空航天和信息技术等核心领域。目前基于金属材料中对微观结构和力学性能的调控的研究，已设计出了具有更好力学性能的纳米晶和纳米孪晶超硬材料。但是针对具有强共价性和方向性化学键的超硬材料，其变形机制势必会与各向同性的金属键材料有所差异，相应地，二者力学性能与内部结构之间的内在联系也不尽相同。然而当前超硬材料力学行为的研究手段还十分匮乏，对其不同加载条件的设计也十分有限。关于超硬材料的摩擦磨损、硬化机理、相关原位测试和表征的手段，以及原子尺度模拟手段都是未来超硬材料领域亟须努力的方向。

第二节　超软材料

一、需求情况

以凝胶为代表的软材料的模量通常处于几千帕到数百千帕之间，与传统工程材料相比，模量低 6～9 个数量级，因此被称为超软材料，近年来得到国际上的普遍重视。随着现代科技的发展，超软材料在我国未来的国防安全和健康医疗领域起到越来越重要的作用。超软材料领域的突破和发展对开拓力学新疆域及保障我国的国防安全和人民的生命健康都有着极其重要的意义。

超软材料与固体和流体具有显著不同的特征，主要包括：①复杂性，超软材料体系的构筑单元具有复杂的几何形状和本构关系，且存在弱或熵主导的相互作用；②非平衡，具有复杂的相互作用所导致的涨落、输运、弛豫等特殊变形和运动规律；③多尺度，超软物质变形过程中涉及物质多层级结构形成、发展、演变机制及跨尺度关联；④大响应，超软物质即使在微小的外界激励下也可能产生较大响应；⑤熵弹性，超软材料体系的变化主要是由熵变引起，与环境因素强关联。超软材料的复杂特征给其力学性能研究带来了诸多挑战，例如，需要开发新型加工方法和构筑具有可控性能的超软材料，需要发展能够对其进行实时、原位、高分辨测量的测量技术和仪器设备，还需要发展本构理论，刻画其在多场耦合条件下的变形和损伤行为；在应用方面，需解决基于超软材料器件的疲劳破坏、界面失配脱黏及器件功能退化等一系列挑战性难题。

二、研究现状和进展

近年来，国内外相关学者在超软材料的制备、表征、理论建模和应用等多个方向都取得了重要进展。以下分别针对其力学构筑、界面力学行为、多场耦合变形和损伤本构理论、抗疲劳力学行为及功能化设计五个方向进行现状和进展论述。

（一）超软材料力学构筑

超软材料的力学构筑主要是基于增材制造技术。以水凝胶为例，近年来它逐渐成为 3D 打印材料的主要研究对象之一。打印方式包括喷墨打印、直写打印、数字光聚合打印和双光子打印等[5]。

喷墨打印一般采用商用打印机制备。麻省理工学院的 Tibbits 等较早发展了水凝胶的 4D 打印技术，打印了水凝胶/橡胶复合结构，可以实现直杆的弯曲、平面网格演变成双曲表面［图 4-1(a)］；还可以逐渐演变成三维的格子［图 4-1(b)］。佐治亚理工学院的 Qi 等打印了水凝胶/形状记忆聚合物的复合结构，实现了该结构的可逆形变［图 4-1(c)］。清华大学张一慧教授也打印制备了水凝胶/橡胶超材料，实现了吸水收缩、失水膨胀的反常溶胀行为。

直写打印一般采用简易的桌面级打印机制备。哈佛大学的 Lewis 等打印了含有纳米纤维素的各向异性水凝胶，可实现复杂的二维到三维形状变化［图 4-1(d)］。浙江大学曲绍兴教授采用卡波姆作为增稠剂，能够更好地保存凝胶本身的性质，实现了多种功能水凝胶的直写打印。

数字光聚合打印通过调节投射的图案逐层光聚合水凝胶预聚液实现三维结构的打印。佐治亚理工学院的 Qi 等采用该方法制备了吸水变形结构［图 4-1(e)］。莱斯大学的 Miller 等制备了水凝胶的中空管道结构，用于模拟肺泡呼吸动作，并发表在《科学》上。南方科技大学葛锜副教授和浙江大学曲绍兴教授团队合作报道了一种简单而通用的多材料 3D 打印方法，可打印复杂的混合结构。西安交通大学王铁军教授与卢同庆教授提出了利用电容器边缘效应制备液体图案的 3D 打印新方法，建立了水凝胶 3D 打印系统。

（二）超软材料界面力学行为

麻省理工学院赵选贺教授团队在 2015 年首次提出了水凝胶强韧黏附的力学机理，并在 2016 年实现了水凝胶和各种医用塑料橡胶材料的坚韧黏附。2018 年锁志刚教授提出了拓扑粘接的概念，实现了无官能团的凝胶与凝胶及生物组织的粘接，继而在 2019 年实现了光可逆粘[6]。西安交通大学卢同庆教授和高扬副教授提出通用粘接的概念，实现了水凝胶与多种异质材料的强韧粘接。

水凝胶柔软多水，是良好的涂层材料[7]，可作为载药涂层涂覆在医用支

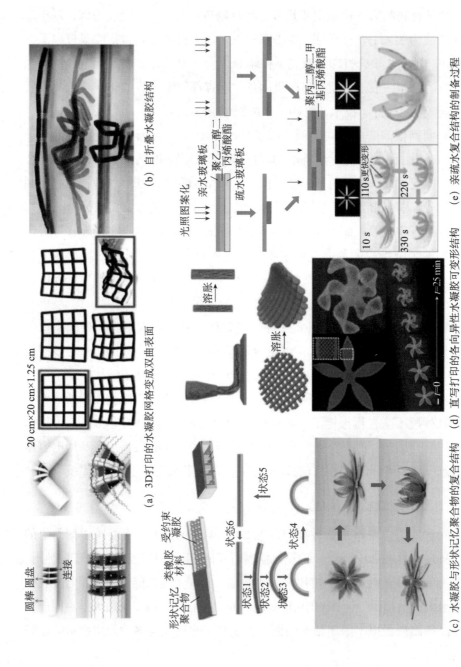

(a) 3D打印的水凝胶网格变成双曲表面

(b) 自折叠水凝胶结构

(c) 水凝胶与形状记忆聚合物的复合结构

(d) 直写打印的各向异性水凝胶可变形结构

(e) 亲疏水复合结构的制备过程

图 4-1　水凝胶的 4D 打印 [5]

架上［图 4-2(a)］。赵选贺教授团队实现了对简单形状医疗仪器的坚韧水凝胶涂层［图 4-2(b)］，并与华中科技大学臧剑锋教授团队合作实现了复杂医疗仪器表面的可控厚度柔软耐用的水凝胶皮肤，解决了现有方法很难得到均匀厚度的水凝胶涂层的难题。水凝胶涂层可以涂覆在医用导丝上，从而降低导丝表面的摩擦系数，有利于手术操作及减轻患者病痛［图 4-2(c)］。水凝胶还可用作神经电极的导电涂层［图 4-2(d)］和用于光干涉仪及抗污涂层［图 4-2(e)、(f)］。

（三）超软材料多场耦合变形和损伤本构理论

超软材料的力学模型通常建立在有限变形连续介质力学的基础上，其本构建模需考虑多场耦合效应。哈佛大学锁志刚教授等[8]建立了大变形模型描述凝胶材料的溶胀行为。Bertoldi 等[9]建立了介电弹性体的大变形连续介质力-电耦合理论，可以用来设计基于介电高弹体的抓手等。近年来，磁性粒子填充弹性体材料在可变构软体机器人领域取得了广泛的应用，赵选贺等[10]建立了磁性粒子填充弹性体复合材料的力-磁耦合本构理论。一些超软材料的力学行为依赖于更多耦合场的协同作用。例如，液晶高弹体是一个受多场调控的材料体系，其变形行为既与极端材料属性力场直接相关，又与热、电、光等外界刺激相关。然而，目前对于多物理场耦合问题的理论建模和数值实现方面的研究仍然较少，亟须进一步发展。

部分超软材料在变形时会出现损伤，表现为重加载试样的强度小于初始未变形试样。针对超软材料的损伤和自修复行为的力学建模，目前主要有两类方法。第一类方法基于唯象损伤力学途径，通过中间变量的演变来表征材料的损伤行为；第二类方法是微观力学模型，通过模拟分子链的动态断裂和重建来模拟损伤和自修复行为。超软材料的损伤和自修复行为也有典型的各向异性特征，表现为重加载超软材料的力学响应随着加载方向的改变而改变，目前在超软材料各向异性特征的实验表征和理论建模方面的工作相对较少，亟须进一步研究。

（四）超软材料抗疲劳力学行为

新型超软材料器件在服役时常常承受疲劳载荷，对其抗疲劳性能提出了

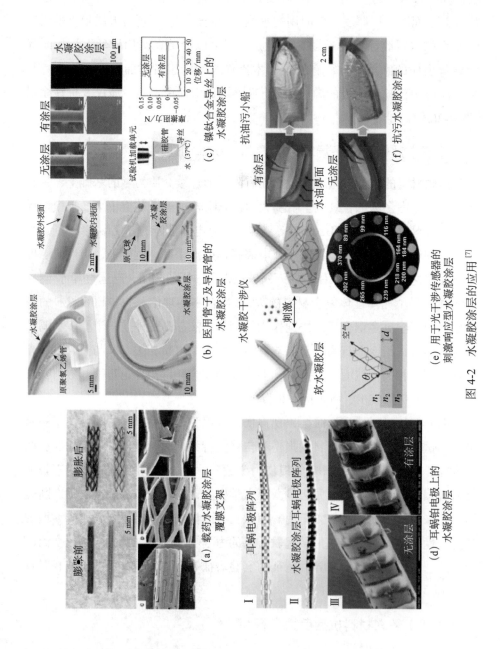

(a) 载药水凝胶涂层覆膜支架

(b) 医用管子及导尿管的水凝胶涂层

(c) 镍钛合金导丝上的水凝胶涂层

(d) 耳蜗钳电极上的水凝胶涂层

(e) 用于光干涉传感器的刺激响应型水凝胶涂层

(f) 抗污水凝胶涂层

图 4-2　水凝胶涂层的应用 [7]

很高要求。水凝胶的疲劳特性研究近几年才开始，但发展迅速。哈佛大学锁志刚教授课题组做了大量开创性的工作，系统研究了多种化学键种类和分子网络拓扑结构的水凝胶的疲劳特性[11]。西安交通大学卢同庆教授在水凝胶疲劳断裂方面也做了大量工作。超软材料的低疲劳阈值限制了其作为结构材料的应用范围，近两年力学界开始探索如何提高疲劳阈值。锁志刚教授课题组和西安交通大学卢同庆教授做了大量开创性研究工作，发现在不同尺度引入非均质结构可以有效提高软材料的疲劳阈值。

目前对提高超软材料抗疲劳性能的研究仅限于少数实验探索，相关力学机理研究还基本处于空白。由于大变形特性，其断裂行为涉及非常强的非线性，裂纹尖端场的分布规律尚未得到深入研究。即使对于均匀软材料，其裂尖场理论已得到数十年研究，目前也只能得到特定材料模型和加载条件下的裂纹尖端应力场的近似解析解，并且随着应变增大，其精度逐渐降低。对于非均质软复合材料，其断裂和疲劳行为的理论建模将会更加困难。

（五）超软材料功能化设计

以凝胶、高弹体为代表的活性超软材料与传统硬材料相比，其显著特点是在外界弱激励下能产生大变形并实现相应功能，在人工肌肉、人工神经、柔性显示和软体机器人等领域有着广阔的应用前景，成为近些年的研究热点。活性超软材料具有动物肌肉相似的功能，利用其多场响应性，国内外学者设计并制备了形式多样的柔性大变形驱动器件［人工肌肉，图 4-3(a)］，为软体机器人等软体运动器件的设计奠定了基础。

人体皮肤是一个柔软的多维信息智能传感系统，能同时感知外界压力、温度、湿度、流场和材质等多种信息。受此启发，近些年相关学者开始利用超软材料开发具有感知能力的人工皮肤［图 4-3(b)］。受有髓轴突的结构和功能启发，研究人员利用介电高弹体制备了具有三明治结构的人工神经［图 4-3(c)］。水凝胶具有良好的导电性和很高的透明度，是理想的光学器件电极；同时其优异的拉伸性使得柔性可拉伸的光学器件成为可能。水凝胶可以驱动电致发光材料，制备出可拉伸电致发光器件［图 4-3(d)］。水凝胶还可以驱动液晶材料构成可拉伸液晶光学器件，在电场作用下切换器件的透明状态［图 4-3(e)］。

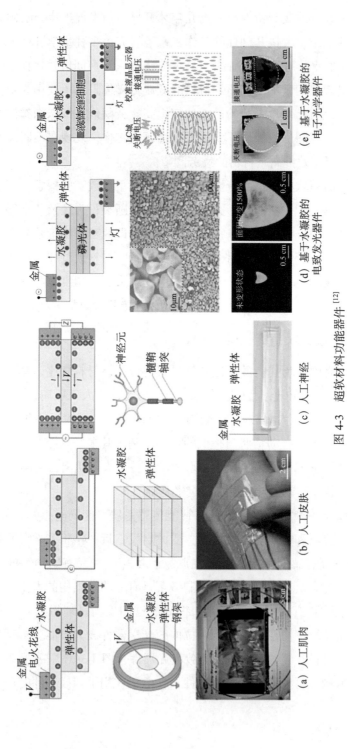

图 4-3 超软材料功能器件 [12]

(a) 人工肌肉　(b) 人工皮肤　(c) 人工神经　(d) 基于水凝胶的电致发光器件　(e) 基于水凝胶的电子光学器件

软体器件的功能实现依赖于超软材料在多场激励下的大变形，涉及强非线性和多场耦合等固体力学中的难点问题，亟待发展超软材料的多场耦合力学。现有超软材料体系的力学性能还不能满足实际应用对强度、韧性特别是抗疲劳性能的需求，亟须开发新一代高性能超软材料。

三、展望

基于当前国内外的研究现状可以看出，在超软材料力学理论、力学表征、结构-功能一体化设计等方面，仍有大量基础研究工作亟待展开。主要包括以下几个方面。

（一）超软材料多场耦合力学本构理论

建立基于微观变形行为的超软材料宏观大变形本构理论，揭示智能效应涌现的内在机制；建立基于微观机制的各向异性损伤和自修复本构模型，揭示其在复杂应力状态下多模式失效机理；建立智能超软材料力-电耦合相变与失稳理论，提出抑制力-电耦合失稳材料和结构设计方法；建立极端环境下超软材料与柔性器件多物理场耦合力学模型，开发高效、稳定的多场耦合大变形数值计算方法等。

（二）超软材料异质复合的界面力学

研究超软材料多材料异质界面结合性能的科学评价体系，发展可兼顾界面强度与韧性的评价体系及标准。研究可满足不同需求的界面结合形式，研究不同基底材料之间的界面结合。研究结合界面在重复载荷作用下的疲劳失效问题，发展抗疲劳界面。

（三）超软体系材料-结构-功能一体化力学设计

发展超软材料和结构体系的先进制造工艺，实现高效率、高精度、大规模多材料复合体系的制备方法；开发兼具高强韧、抗疲劳和优异的电、磁、光学等性能的新型超软材料；开发生命体超软材料，研发自愈合、自修复和自调节的类生命体超软材料；发展温敏水凝胶、磁性水凝胶和导电水凝胶等多功能凝胶的制备与性能表征方法；开展基于多功能超软材料的可拉伸器件设计与性能优化。

四、小结

近年来以水凝胶为代表的超软材料成了力学领域的前沿方向，其在医疗健康、智能装备、航空航天和海洋科技等领域均得到了高度重视。针对当前在超软材料的研究力学构筑、实验表征、本构理论和功能化等方面的研究现状，在超软材料多场耦合本构理论、超软材料异质复合的界面力学、超软体系材料-结构-功能一体化设计等多个方向仍有重要问题亟须开展深入研究，并最终为解决国家重大工程关键技术难题和保障人民生命健康提供理论和技术支持。

第三节　超延展材料

一、需求情况

柔性电子技术的发展有望开创全新的应用领域（图4-4），并用以设计轻质、柔性、便携的电子产品。与传统电子器件相比，其独特的柔性和延展性使得可延展柔性电子器件在信息科技、健康医疗、航空航天和国防安全等领

图4-4　柔性电子的应用领域

域具有非常广阔的应用前景。因此，可延展柔性电子器件的研发备受青睐且亟须发展。

以精准医疗为例，传统电子器件与人体表面集成时形成点对面、硬对软的接触界面；与之相比，柔性电子器件柔软、易变形，与人体表面集成时形成面对面、软对软的接触界面，可帮助实现更加舒适精准的动态医学监测。为了使电子器件可承受复杂变形，并能够满足各种复杂曲面的使用要求，出现了将有机/无机材料电子器件置于柔性衬底之上制备柔性可延展电子器件的方法。根据机理的不同，可延展柔性电子器件可分为可延展柔性有机电子器件和可延展柔性无机电子器件。有机电子材料虽然能够承受变形，但是其电学性能、耐热性及力学强度等方面均远逊于传统无机电子材料；无机电子材料虽然具有优越的电学等物理特性，却在较大变形作用下容易发生失效。如何使传统无机电子器件具备更好的柔性，使传统有机电子器件具备更高的性能，一直是柔性电子技术的发展方向。

二、研究现状

为提高柔性并保证其在承受复杂变形过程中不发生力学破坏和电学失效，两种不同却互补的办法被提出：一种是材料引入柔性，依赖于使用新的功能材料；另一种是结构引入柔性，依赖于传统功能材料并使用新的结构设计。

（一）可延展材料

可延展柔性材料包括有机高分子材料与具有光电特殊功能和刺激响应的材料。有机材料分为有机小分子材料和有机高分子材料。其中，有机小分子一般延展性较差，有机高分子如高分子聚合物、水凝胶等具有较高的延展性。

高分子聚合物的运动不仅包含分子的整体运动，还包含侧链官能团的运动、侧基的运动、侧链的运动、支链的运动和分子间的滑移等。因此，在受到外力时，多种运动的叠加能有效地分散应力而避免产生应力集中。水凝胶具有极高的拉伸率，一般无毒，且具有对 pH 值和光等敏感的特性，已被广泛应用于传感器、可植入药物载体等生物医疗领域。

（二）可延展结构

可延展结构设计涉及力学设计原理、基于界面黏附的转印集成方法及柔性大变形下的失效机理等，其力学结构设计主要包括：可延展柔性化设计、柔性衬底的几何结构设计及基于屈曲诱导的三维自组装设计等。

1. 基于全黏结模式的可延展柔性化设计

美国伊利诺伊大学 Rogers 教授与清华大学黄永刚教授合作提出了硅基柔性电子器件的概念，并在《科学》上展示了一种非常巧妙的设计方法[13]：该结构在不改变其电子学性能的情况下使脆性硅薄膜可以承受弯曲和拉伸等变形，如图 4-5(a) 所示，还使得电子器件在两个方向上同时具备柔性和延展性成为可能，为无机电子器件可延展柔性化奠定基础。清华大学黄克智院士、黄永刚教授与 Rogers 教授合作提出了新的延展性设计方法，如图 4-5(b) 所示，采用薄膜网格几何结构设计可以使无机电子器件的延展性提高至 50%。

2. 柔性衬底的几何结构设计

岛-桥模型中无机薄膜的分割及互连导线的引入使功能元件的表面占有率降低，这势必会影响器件的效率。为此，黄永刚教授与 Rogers 教授团队通过调控将薄膜网格结构转印在凸岛上，并使互连导线向沟槽内屈曲变形，如图 4-5(c) 所示。该方法既兼顾了较高的可延展柔性和表面占有率，同时也使整体器件易于封装。

3. 基于屈曲诱导的三维自组装设计

屈曲失稳可以将二维薄膜结构转变成三维柔性结构。研究表明，通过不同的材料或者物理效应可以优化屈曲诱导的三维自组装柔性电子器件，包括力电驱动下的三维自组装，如图 4-5(d) 所示。

三、研究进展

柔性材料和结构的引入极大地提高了可延展电子器件的适应变形能力，推进了相关技术的发展。科研工作者们在具有特殊功能可延展材料设计、屈曲结构设计、互连导线设计、柔性基底结构设计及折纸和剪纸结构设计等方面研究取得了重要进展。

（a）聚二甲基硅氧烷（PDMS）柔性衬底上屈曲后的硅薄膜[13]

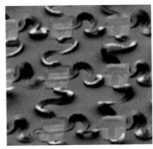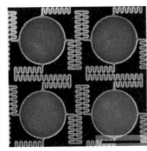

（b）基于薄膜网格几何结构的可延展柔性无机电子器件[14]

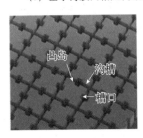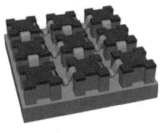

（c）柔性衬底的几何结构设计[15]

（d）基于屈曲诱导的三维自组装设计[16]

图 4-5　典型的可延展结构

（一）具有特殊功能可延展材料设计

可拉伸电极材料最大的优势是在高度拉伸条件下仍可保持较好的导电性能，如图 4-6(a) 所示，突破了传统光学显示器件不可拉伸的局限。例如，Stefan Schuhladen 等开发了一种具有弹性且透光率高达 100% 的液晶材料，如图 4-6(b) 所示。彭慧胜等制备了充放电变色响应的可拉伸电容器，如图 4-6(c) 所示。Huang 等制备的基于纤维素的可拉伸水凝胶可进行温度和压力的双重监测，如图 4-6(d) 所示。Hyungjun Kim 等在可拉伸基质中制备针状可植入器件用于治疗，为医疗领域的发展和进步做出了贡献，如图 4-6(e) 所示。

（二）屈曲结构设计

屈曲结构设计是电子器件实现柔性可延展的一种有效途径。Jiang 和 Song 等在柔性基体上的屈曲模型做了详细的分析，从理论上定量预测了硅纳米条带波浪屈曲的波长和幅值，如图 4-7(a) 所示。清华大学冯雪教授团队成功实现了脆性压电锆钛酸铅纳米条带在柔性衬底上的可延展柔性化和集成化。另外，不同形式的屈曲结构设计也被广泛研究，向人们展示了一种通过预应变控制法来实现无机电子器件可延展柔性化的设计方法，极大地拓展了传统无机电子器件的应用范围。

（三）互连导线设计

互连导线的设计对无机电子器件的延展性起到至关重要的作用。平面蛇形互连导线被广泛地应用于可延展柔性电子器件中，在受拉/压情况下发生侧向屈曲变形，从而可将延展率提升至 100%。黄永刚教授团队与 Rogers 教授合作发表在《科学》上的皮肤电子更是将薄膜网格几何结构的设计理念发挥到了极致，其蜿蜒结构能做到跟随皮肤一起褶皱。清华大学黄克智院士则从力学理论层面系统研究了薄膜网格几何结构中互连导线的屈曲变形机理，并提出了相应的互连导线设计指导准则，从而为蛇形互连导线的优化设计提供了定量化的指导。此外，清华大学张一慧教授团队实现了三维螺旋结构互连导线的设计 [17]，如图 4-7(b) 所示，具有应力分布更为均匀、应力最大值更小、弹性模量更低等优点。进一步通过建立精确的理论模型，研究了变形规律，获得了最大主应变与结构设计参数之间的定量关系，实现了互连导线

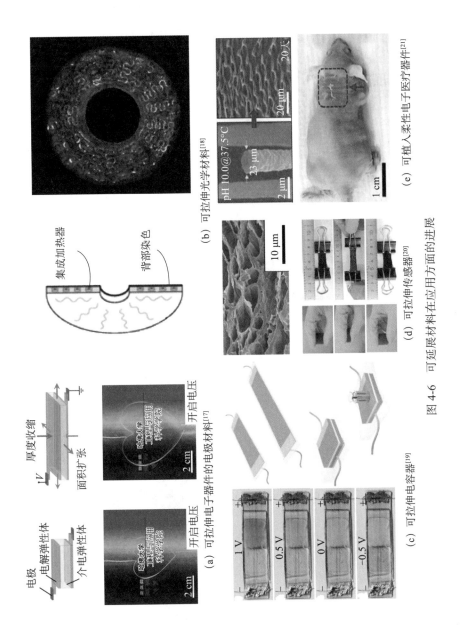

(a) 可拉伸电子器件的电极材料[17]　(b) 可拉伸光学材料[18]　(c) 可拉伸电容器[19]　(d) 可拉伸传感器[20]　(e) 可植入柔性电子医疗器件[21]

图 4-6　可延展材料在应用方面的进展

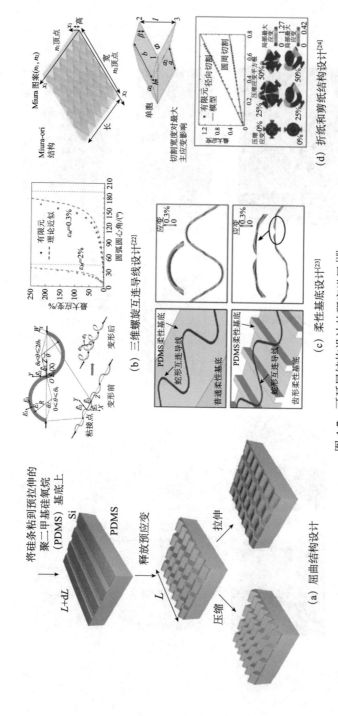

(a) 屈曲结构设计

(b) 三维螺旋互连导线设计[22]

(c) 柔性基底设计[23]

(d) 折纸和剪纸结构设计[24]

图 4-7 可延展结构设计的研究进展[18]；e 为单位矢量（变形前）；R 为圆弧半径；W 为宽度；t 为厚度

E 为单位矢量（变形前）

至 >200% 的延展性，如图 4-7(b) 所示。

（四）柔性基底结构设计

为释放基底对蛇形互连导线的部分约束，清华大学冯雪教授团队提出了一种蛇形互连导线-齿形柔性基底结构设计［图 4-7(c)］[19]，具有更优越的拉伸性能。在优化设计方面，他们研究了几何参数对系统拉伸性能的影响，给出了以最大拉伸率为优化目标的结构几何设计原则；从器件可靠性的角度，通过建立塌陷模型，给出蛇形互连导线不塌陷的临界几何参数关系式；最后，通过静态拉伸和低周疲劳试验，证明了器件相比于传统蛇形结构在拉伸性能及可靠性方面的优势。此外，为了增加系统的延展性及为互连导线提供结构支撑，冯雪教授团队提出了网状衬底设计，并给出粘接在网状衬底上蛇形导线的弹性延展性，为优化衬底设计提供了科学依据。

（五）折纸和剪纸结构设计

折纸结构的独特设计及其灵活的组装技术，能够保证系统有较大刚度的同时具备可延展柔性。受此启发，人们将折纸结构作为一种独特的力学结构应用于制备可延展柔性电子器件。Miura 等提出了一种被广泛关注的折纸结构——Miura-ori 结构，该结构主要靠相邻面之间的折痕发生弯曲变形，其他平面主要发生刚性转动，从而使系统在受到外力时保证集成在上面的器件不发生破坏，如图 4-7(d) 所示。与折纸结构相比，剪纸结构往往具有更大的延展性，这是由于存在镂空的条带可以实现进一步变形。以此为启发，科学家们成功地将剪纸结构应用于可延展柔性电子器件领域，制备了多种可延展柔性电子器件。Song 等制备了延展性超过 150% 的锂离子电池，并分析了发生裂纹扩展和屈服折叠的临界条件。Zhang 等在平面剪纸结构的基础上实现二维平面图案对三维立体结构的自组装，进一步建立了最大主应变与结构参数之间的尺度率关系，如图 4-7(d) 所示。

四、发展趋势与展望

可延展柔性电子器件克服了传统刚性无机电子器件变形易损、不可弯曲和不可延展的缺点，还可以保持良好的电子电学特性，是未来微电子和信息产业的重要发展方向。随着相关技术的迅猛发展，相关电子器件的力学性能和电学性能指标不断提高。为了进一步提升柔性可延展器件的综合性能，优异的柔性功能材料、完善的柔性结构设计在未来柔性电子器件的发展中必然起到至关重要的作用。

未来更多性能优越的材料将被逐渐应用于柔性电子结构中。开发兼具高强度、高拉伸性、多物理场响应的可延展材料，将有利于拓展柔性可延展器件的应用领域。另外，结构与功能一体化的智能材料正成为高分子领域的重要前沿研究方向，将智能材料与可延展柔性电子结构集成，制备高性能的智能可延展柔性电子器件，大大拓宽了可延展柔性电子的应用范围。总之，可延展柔性电子器件的未来发展前景广阔，发展目标任重而道远，需要广大科研工作者群策群力，继而推进其研究与应用，带动一系列相关产业的新跨越，并进一步满足工业生产及人民生活的新需要。

第四节　可折叠材料

一、需求情况

"可折叠"思想对于可编程数字化超材料、大型空间可展结构和微型可折叠机构等的研发具有重要意义。在国家重点研发计划、国家自然科学基金重大项目和重大研究计划项目中，均对由"折叠"诱发的超常规力学行为和由"折叠"带来的设计与功能创新提出了迫切的研究需求。国际上，美国等发达国家投入了大量的经费研究，涵盖可折叠超材料/超结构、自折叠主动材料和基于可折叠的新型光学器件等。自 2014 年以来，以"可折叠超材料/超结构"为主题的研究和论文在《科学》、《自然》主刊、《美国科学院院报》(Proceedings of the National Academy of Sciences of the United States of America，PNAS)、《自然-材料》(Nature Materials)、《先进材料》(Advanced Materials)、《自然-物理》(Nature Physics) 和《物理评论快报》(Physical Review Letters，PRL) 等顶尖刊物上发表，充分说明"可折叠"是当前学术界的研究前沿和热点。

下面以折纸机器人和超大型空间折叠展开结构为例，阐述开展"可折叠"相关研究的前沿性、迫切性和必要性。

（一）折纸机器人

折纸机器人是一种自动机器，可以同时呈现出刚性机器人和软体机器人的特征。与传统机器人的显著区别在于设计理念：基于折叠原理设计折纸机器人是一种"自顶向下"的思路，而传统的机器人设计是一种"自下向上"的思路。"折叠"思想为简化、加速机器人设计和制备提供了可能性。基于"折叠"思想，在平面材料上进行加工并将其折叠成最终形状，可以显著提升加工、设计效率。

折纸机器人具有以下优点：为复杂三维结构的设计和实现提供了一种简便方法；可以实现更好的自主移动和操纵；可以适应不同的任务和工作环境，实现敏捷的运动；可以在刚体和软体之间切换；折纸机器人对基础材料不敏感，可以由各种各样的材料制备而成；"折叠"过程对尺寸特征也不敏感，"折叠"原理在不同尺度上都具有适用性。

由于具备上述优点，折纸机器人是当前机器人领域研究的前沿和热点，也是未来机器人的一个重要发展方向。随着折纸机器人从概念走向原型，折纸结构的基础力学性能成为制约其进一步发展的瓶颈问题之一，相关的建模、分析和实验方法十分缺乏。因此，迫切需要深入研究在不同尺度下折纸结构的力学响应，以实现对其基础力学特性的预测和优化，为应用于实际工程提供理论基础。

对于真实的折纸机器人，当前缺乏成熟、便捷的建模和理论分析体系，无法对折叠过程中的动力学行为做出精确预测。因此，难以给出有效的驱动和控制策略，这也极大地制约了其功能开发和实现。此外，当折痕数目增大时，精确控制每条折痕的折叠角度将显著增加机器人的复杂性。目前，学者们已经提出了自折叠，但是对其动力学行为的认识还很不充分，尚未提出融合主动智能材料变形本构与折叠变形机理的一体化力学建模方法，这是制约折纸机器人主动构型切换和功能实现的核心难题之一。

（二）超大型空间折叠展开结构

空间折叠展开结构在发射过程中处于折叠收拢状态，待发射入轨后按设计要求逐渐展开，成为一个大型复杂的宇航结构物。当航天器返回时，结构可先行折叠收拢，然后进行回收。"展开结构"与"折叠结构"两个概念不完全一致：一个结构可展开并不一定意味着可折叠；反之亦然。常见的空间折展结构包括空间桁架、太阳帆和空间天线阵列等。

目前，我国的卫星和空间实验室尚属于小到中型平台，对空间折展结构技术的应用需求较低，受制于此也难以使工作平台"大型化"。国际空间站电池帆板展开后的面积约是我国"天宫二号"的4倍，我国在这方面的技术仍然显著落后于世界领先水平。目前，我国航天任务已经步入空间站时代和深空时代，研制超大型空间折展结构迫在眉睫，但相关的技术积累略显薄弱。因此，迫切需要提出全新的大幅面折展结构设计，探索有效的储存、折叠收拢、在轨展开方式，深入考察超大型结构在空间极端环境下的稳态力学响应。另外，因对超大型折展结构在轨展开/收拢的瞬态动力学机制认识的不足，研究者难以给出有效的控制策略，进而难以确保变形过程中的稳定性。随着空间折展结构日益大型化，建立包含结构柔性部件和刚性部件的大规模动力学模型，开展结构、材料非线性及空间极端环境力作用下的动力学分析和控制，已成为我国研发超大型空间折展结构面临的核心难题之一。

当前迫切需要建立可折叠超材料/超结构的静、动力学研究框架。然而，可折叠超材料/超结构的静、动力学响应非常复杂，涉及多种变形因素。刚、柔、软部件共存，多种变形机理联合作用，主动智能材料和折痕强耦合，这些因素都显著增大了可折叠超材料/超结构静、动力学行为分析的难度。现有的等效建模方法、理论和计算方法、实验条件都难以甚至无法实现对相关问题的完备认识。

二、研究现状和进展

"可折叠"研究大致可以分为三类：①在超材料/超结构研究中引入"可折叠"思想实现过去不能达到的特性；②在工程研究中提出"可折叠"设计实现全新功能或多功能；③将"可折叠"与主动智能材料结合实现"自折叠"能力。这三类研究与力学密切相关，当前的"可折叠"力学研究主要停留在个例设计和个例分析阶段，缺乏一般化的研究方法和研究范式。下文从"可折叠超材料超常规力学特性"、"可折叠超材料/超结构动力学"及"基于主动智能材料和多物理场的自折叠"三个方面简要介绍国内外研究现状并总结面临的挑战。

（一）可折叠超材料超常规力学特性

将"可折叠"思想拓展至微纳尺度，可以使可折叠超材料具备不同寻常的力学性能[20]，具有三个主要优势：第一，折纸结构具有无穷多的折痕设计方案；第二，当前的理论、计算和仿真方法可以对其宏观力学特性给出一定预测；第三，可折叠超材料的宏观变形能力远远超过了其组成材料。研究者已经发现可折叠超材料可以呈现出一系列优异或超常规的力学特性，极大地拓展了材料的概念和技术创新的极限。

可折叠超材料的力学模型是构造和预测此类材料性能的基础，可以分为三类[20]：理想刚性折叠模型、晶格架构模型和有限元模型，每种方法都在分析能力和计算成本之间实现了独特的平衡。尽管研究者已经在可折叠超材料等效/近似力学分析方面取得了成果，但力学建模和分析方法存在较大的局限性，其系统化力学建模、分析、制备和测试方法框架还未搭建。此外，进一步缩小材料和尺寸的极限，将使分子尺度的可折叠结构成为可能。但是，目前的连续介质力学理论能否适用于分子层面的可折叠结构建模和分析，尚待探索。

（二）可折叠超材料/超结构动力学

"可折叠"的研究主要集中于静力学和运动学范畴，但是它们在实际应用场景中将不可避免地包含动力学激励和动力学过程。相比于丰富的静力学和运动学研究，其动力学研究还处于萌芽状态。对于大型空间可折展结构而言，建立可靠的动力学模型是分析其动力学行为的关键。然而，由于其本身具有刚-柔耦合的特点，建模较复杂，且在航天器自旋、未知非线性、空间环境等因素的影响下，其在轨构型估计和动力学性能预测的方法还不完善，这也直接影响航天器系统整体的振动抑制和姿态控制能力。因此，迫切需要建立可以描述刚-柔耦合的可折展结构的折叠/展开动力学模型，并将其纳入航天器姿态动力学模型进行整体考虑，从而实现准确的姿态估计、动力学性能预测和控制算法设计。

对于可折叠超材料/超结构而言，探索超常规的动力学特性意义重大。学者们已经开展了初步工作，但至今没有可定量描述其动力学行为的模型。基于第一性原理动力学建模的挑战主要在于几何非线性异常复杂、力学参数难以准确获取等。另外，发掘并利用折叠导致的非线性是调控其动力学行为和获得超常规动力学特性的有效方法。此外，利用折叠作动，探索静力学特性的可编程性和可数字化操作性是近几年的一个新兴研究方向[21]，其有望被用于开发机械数字计算机；动力学特性的可编程性和可数字化操作性还未开展。

（三）基于主动智能材料和多物理场的自折叠

自折叠是指超材料/超结构在不需要外部操作的情况下具有折叠/展开的能力。它的基础就是使用主动智能材料实现单折叠，根据折叠行为实现的方式，单折叠被分为铰链式和弯曲式两大类。根据诱导物理场的不同，研究人员已经探索了由热、化学、光学、电和磁场驱动折叠的自折叠超材料/超结构[22]。当使用主动智能材料使平面结构实现自折叠变形时，应当注意以下几个关键的驱动设计因素：不同主动材料可以输出的驱动应变和驱动应力，外部施加的诱导物理场和获得应变之间的本构关系，以及生成和调控物理场的能力。

将主动智能材料和"可折叠"思想有机结合，自折叠的研究仍然面临许多挑战，有三个问题特别重要：第一，如何建立主动智能材料与折痕耦合的一体化力学模型；第二，如何通过施加全局多诱导物理场实现整体构型可重构；第三，如何将主动智能材料作动与折叠诱发的多稳态特性结合实现超材料/超结构构型与力学特性的快速切换。上述问题的突破，将有助于超材料/超结构进一步走向智能化和多功能化。

三、面临的力学挑战

可折叠超材料/超结构的发展呈现出尺度极端化、材料丰富化、功能复杂化三个特点。这些发展特点给其研究带来了许多挑战。

（一）对于不同尺度的可折叠超材料/超结构，当局部材料变形和整体折叠变形高度耦合时，尚无有效的力学建模和分析方法；现有的多刚体力学和连续介质力学理论难以兼顾局部和整体力学行为，无法给出刚度和强度设计依据

随着弹性、柔性和主动智能材料被日益用于制备可折叠超材料/超结构，刚性折叠假设通常不能被满足，目前除了有限元分析和实验探索，尚无有效的理论建模和分析方法，尤其是当尺度走向极端时变得更为显著。另外，从

设计的角度，当前的研究主要针对给定的设计做个例分析；对于期望的刚度和强度，目前缺乏系统性的自顶向下的设计方法对折痕、材料、单元排布等给出设计方案。总之，上述力学设计、建模和分析上的瓶颈，已经成为制约"可折叠"概念应用于微纳尺度超材料开发和超大尺度折展结构开发的难题，亟须突破。

（二）包含刚、柔、软部件的可折叠超材料/超结构的动力学建模方法匮乏，几何、材料强非线性因素和外激励作用下的瞬态和稳态动力学行为演化机制尚不清晰，现有非线性动力学理论无法分析

可折叠超材料/超结构的研究主要集中于运动学和静力学特性，考虑其承受动态外激励作用及自身的快速折叠/展开和构型切换过程，就迫切要求将其研究从运动学和静力学拓展至动力学，然而其动力学研究还处于初期阶段，现有的建模思想和非线性动力学分析方法都难以处理。自由度数高、高度耦合和参数不确定性等因素使得基于第一性原理的动力学建模遇到巨大挑战；多稳态等全局强非线性、主动智能材料引起的时变刚度和时变阻尼、可折叠结构的强各向异性等使得传统的理论无法对所有可能出现的动力学行为给出预测；日益涌现的极端尺度给动力学实验设计带来了许多挑战。考虑到动力学模型和动力学行为演化机制对大型空间折展结构控制、可折叠机器人驱控和力学超材料波传播等方面具有基础性支撑作用，亟须对相关理论和技术开展攻关。

（三）主动智能材料与折痕强耦合的一体化力学建模方法尚不成熟，诱导物理场作用下可折叠超材料/超结构的静力学和动力学性能演化规律尚不清楚，难以给出准确、鲁棒的折叠运动驱控策略实现整体构型可重构

主动智能材料与折纸结构基底材料特性具有显著差异，常呈现出强非线性特征，其力学本构还很不成熟；主动智能材料与折痕强耦合后，亟须建立既可以描述整体折叠行为又可以描述局部耦合处应力-应变关系的力学模型。如何在诱导物理场的全局作用下让折痕按指定的顺序和程度自折叠并进而实现整体构型的切换，尚属难题。因此，针对不同材料和诱导物理场，建立"设计-建模-分析-仿真-测试"一体化的力学研究体系，是当前迫切需要解

决的问题。

四、近期重点问题

为有效表征由"折叠"导致的力学响应，发展多物理场下可折叠超材料/超结构的材料力学和动力学理论，仍有大量基础研究工作亟待展开。主要包括以下几个方面。

（一）局部材料变形和整体折叠变形强耦合下超材料的本构模型

建立力学本构模型是开展力学设计、性能预测和功能开发的基础和前提，涉及以下关键科学问题。

1.材料变形和折叠变形的相互作用机理

折叠变形本身可以来自于折痕处的材料变形，折痕和折面的过度变形又会影响折叠变形发展。折面上的整体屈曲和褶皱对折叠行为影响显著。因此，迫切需要开展不同尺度超材料整体变形行为演化的研究，明确材料变形和折叠变形相互作用对可折叠超材料/超结构的力学行为的影响机制。

2.微纳和分子尺度下的折叠力学模型与计算方法

在极端微小尺度下，材料变形与折叠运动学的相互作用进一步复杂化，折痕特征、材料缺陷、加工方式等都有可能显著影响整体力学行为。因此，迫切需要开展微纳和分子尺度下的可折叠超材料力学建模，要求模型可以兼顾局部材料变形和整体折叠变形，还需要发展高效的极小尺度下折叠力学的计算和仿真方法。

3."自顶向下"可折叠超材料/超结构力学反问题

当前可折叠超材料/超结构的研究主要针对个例分析，缺乏系统化的"自顶向下"的设计和优化方法。针对某个指定的超材料构型特征和力学特性，如何给出合理的二维折痕图设计，如何确定折痕和折面厚度，如何配置折痕和折面材料，这些力学反问题都需要深入研究。

（二）折叠的动力学建模和折叠诱发的强非线性动力学行为机制

建立动力学模型对于揭示由折叠诱发的动力学行为的演化机制，推动"动态可折叠"思想应用于工程具有重要意义，其关键科学问题包括以下几个方面。

1. 数据驱动的可折叠超材料/超结构参数辨识和动力学模型

材料变形和折叠变形的相互作用、强几何非线性、几何与物理参数的不确定性等因素，使得基于第一性原理的动力学建模变为不可能。随着神经网络等数据驱动方法的长足发展，迫切需要提出针对"可折叠"特征的数据驱动辨识和建模方法，建立可捕捉主要材料变形和折叠变形的基于动力学测试数据的等效模型。

2. 折叠诱发的强非线性动力学行为的形成、演化和共存机制

可折叠超材料/超结构整体常呈现包括多稳态在内的全局强非线性特征，其复杂非线性动力学行为的形成、演化机制和共存情况尚不明朗。此外，它们常由大量的可折叠单胞结构通过串、并联方式组成，其构成了超高维强非线性动力学系统，目前非线性动力学方法均不能很好地处理，亟须提出全新理论分析框架和高效仿真计算方法，从而揭示强非线性动力学行为的形成、演化和共存机制。

3. 折叠诱发的动力学可编程性和数字操作性

折叠动力学行为的复杂性使得动力学与波传播特性的可编程性研究具有相当的挑战性，迫切需要研究单胞串联/并联方式对其动力学特性的影响机制，提出有效的动力学可编程性调控策略；需要建立单胞动力学行为与基本数字逻辑操作之间的联系，并提出有效的基于折叠动力学行为的复杂逻辑电路设计方案。

（三）自折叠和全局可重构的力学模型与多物理场主动驱控

1. 基于主动智能材料的自折叠力学模型与性能演化机制

主动智能材料呈现出的强非线性力学行为与折叠本身表现出的强非线性几何关系相互耦合将诱发复杂的力学行为，并引起可折叠超材料/超结构静力学和动力学特性演化。为此，迫切需要建立包含相关影响因素的自折叠力学模型，明确诱导物理场分布和强度、自折叠折痕设计方式等对力学性能演化的影响机制。

2. 实现整体可重构的力学设计和多物理场驱控策略

如何通过诱导物理场的全局作用实现整体构型可重构，尚没有系统性解决方法，亟须开展系统性的力学优化设计。例如，通过对折痕和折面采用差异性设计，通过施加多个诱导物理场，通过对离散区域施加不同强度的物理场等，实现指定的折叠顺序和折叠程度，完成准确和鲁棒的整体构型重构。

3. 基于主动智能材料和折叠多稳态实现快速重构和力学特性快速切换

亟须解决如何提升主动智能材料自折叠性能瓶颈问题。将折叠诱发的多稳态特性与主动材料驱动结合，利用多稳态结构所特有的突弹跳跃实现快速重构和力学特性快速切换。但是，其相互作用机理还不明确，无法给出有效设计准则，突弹跳跃行为也影响快速切换的成功率，这些都需要着力突破。

（四）极端尺度下可折叠超材料/超结构的试验表征

1. 微纳和分子尺度下可折叠超材料的仿真计算和力学测试方法

"可折叠"思想可以在微纳尺度的超材料设计中予以实现，为了表征上述可折叠超材料的力学性能，迫切需要发展极小尺度下的力学测试仪器和测试方法。

2. 超大尺度空间可折展结构地面测试方法

超大尺度空间可折展结构的地面试验是开展结构设计和优化的重要依据。为了保证超大尺度可折展结构的长期可靠服役，迫切需要提出有效的空间环境模拟方式及等比模型测试方法。

五、小结

当前"可折叠"力学研究的主流仍然是针对个例开展针对性的研究，尚未搭建系统性的理论和实验方法框架。在尺寸极端性、材料差异性、主动智能材料耦合、诱导物理场等因素作用下，可折叠超材料/超结构的静/动力学行为将发生显著改变，这就需要重新思考"可折叠"力学研究的基本理论和基本方法，从多方面深入研究"可折叠"系统所特有的变形、强度、破坏、稳态频响、瞬态响应特性，为可折叠超材料/超结构的设计、性能评估和优化、工程应用提供理论和技术支持。

第五节 超 材 料

一、需求情况

超材料是一种人工材料，在介观层次通过对微结构的人为精细设计获得了天然材料不具备的反常物理力学属性，极大拓宽了材料参数取值范畴，使超材料拥有强大的极端波调控能力，在重大工程装备关键技术需求方面发挥着重要作用。超材料反常波动调控是学术前沿热点，相关研究曾三次入选《科学》十大科学进展，其波动力学学科内涵得到极大扩展。超材料的出现激发了力学与材料、控制及信息等学科的跨学科交叉研究，产生了超材料功能设计制备一体化、波调控反问题、主动化智能化波调控等新的学术方向，促进了力学新理论、新方法的提出。在国家重大工程需求和学科发展的双重驱动下，超材料力学正迎来飞跃发展，为极大提升波动调控的能力水平发挥着重要作用。

二、研究现状

超材料（metamaterials）是一种人工微结构材料，其宏观力学属性主要取决于微观尺度结构构型。通过对微结构几何及力学性能的精心设计，可以突破常规物理属性，获得天然材料不具备或很难具备的物理力学属性。目前，超材料泛指可以突破传统材料性能范围的各类人工微结构材料。下面分别从极端材料属性、极端材料模式、类量子拓扑行为、极端波动调控四个方面阐述超材料的相关国内外研究进展和面临的挑战。

（一）极端材料属性

超材料具有跨尺度结构特征，其中原子结构尺度与人工微结构尺度均远小于波长，因而宏观上可由连续介质理论描述，并由均质化参数表征其宏观力学属性。21世纪初，香港科技大学沈平教授等首次设计出具有负惯性质量的声波超材料[23]。"负"材料参数描述了场量关系的反相位动态响应，是对经典连续介质描述有意义的扩展[24]。一般而言，动态等效负材料参数与微结构多极谐振模式密切相关。

当微结构模态呈现非局域特性且远离准静态均匀化条件时，其连续介质描述将诉诸耦合型本构关系，称为 Willis 介质。Willis 介质作为固体复合材料动态均匀化的一个理想框架具有重要的理论意义，该材料的波动方程在任意坐标变换下具有形式不变性，因此对于弹性波传播的极端路径调控具有重要意义 [25]。当前，由于 Willis 介质动态均匀化的复杂性，在应用于表征超材料方面尚处于起步阶段，对于微结构参数与有效性质的关联缺乏系统了解。

在超材料设计中同时引入空间和时间调制，可以打破互易性波传播原理，实现波动能量定向输运等反常调控模式。具有时变效应的力学超材料主要通过与多种物理外场耦合设计实现，特点是微结构中包含动态元件。微结构中含动态机构的力学超材料，传统上针对空间非均质材料的连续介质表征方法将不再适用，迫切需要发展新的时空动态均质化方法。目前存在多种刻画时变效应超材料的连续介质表征框架。现有研究表明，时变本构框架、非对称本构材料及 Willis 本构框架之间可能存在内在联系，暗示着存在统一的时空非局部连续介质表征框架。研究上述问题有助于揭示超材料时空调制属性与波动能量的耦合作用机理，对于连续介质波动力学的发展具有积极推动作用。

将超材料与外部物理场耦合进而改变其宏观力学属性及工作频段，可以设计出主动可调与可编程力学超材料。基于机械可重构的主动超材料利用软材料的大变形和屈曲失稳或材料内的易变形模式等，借助附加外部加力装置改变周期结构的几何构型和拓扑形式，从而实现对波动特性的主动调控；利用材料热膨胀效应也可在一定程度上实现主动波动调控。通过与主动外场耦合并结合反馈控制，可以极大扩展超材料的本构属性，进而揭示出新的波调控机理，相关研究也是超材料领域的热点与难点问题。

（二）极端材料模式

经典连续介质弹性理论将材料力学性质理想化为四阶弹性张量 C 表示的材料常数。近年来，材料的微观约束及蕴含的零能模式也引起广泛关注，不仅为波动调控提供新的可能性，而且为材料设计及微结构/机构的融合指明了方向。根据开尔文（Kelvin）分解，弹性张量 C 可以用其六个特征值和特征向量的组合表示。1995 年，Milton 等提出根据弹性张量的零特征值个数可将固体零能模式材料定义为一模～五模材料，并且证明任意满足对称性要求的刚度张量在理论上均具有微结构可实现性。零能模式超材料通过有策略地解除材料约束，在微结构中构造易变形机构模式，实现传统材料无法具有的波调控功能，在工程应用上具有明显优势。

Milton 等在理论上给出五模材料的一种构造思路，如图 4-8(a) 所示，单胞中四个锥杆为理想铰接机构，因此该构型只能承受一种应力状态。根据该思路，Kadic 等设计实现了可保护内部结构不受外力影响的静力学斗篷［图 4-8(b)］。北京理工大学胡更开教授团队提出了一种新的二维五模材料构型，首次完成了圆柱形水声隐身斗篷的设计与制备[26]［图 4-8(c)］，该课题组进一步实现了宽低频的隔波应用［图 4-8(d)］。已被广泛研究的拉胀（负泊松比）

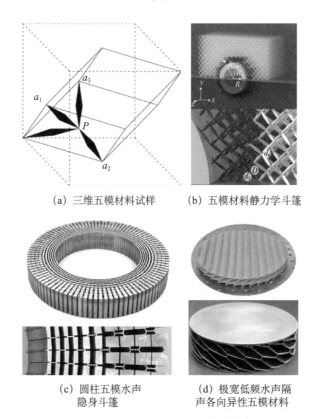

(a) 三维五模材料试样　　　(b) 五模材料静力学斗篷

(c) 圆柱五模水声　　　　　(d) 极宽低频水声隔
　　隐身斗篷　　　　　　　声各向异性五模材料

图 4-8　五模材料微结构设计及应用

a_i 为原始晶格向量；P 为各向量交点；R_i 为圆柱壳内半径；R_1 为圆柱壳外半径；R_2 为超材料外半径；d_0、d_2 为两端部直径；D 为中间后端直径材料是一种典型的一模材料，通过零能微结构模式设计拉胀材料可以给出丰富的构型。当前具有零能剪切变形的一模材料还缺少相关的微结构构型设计方法。

在理想情况下，零能模式材料的设计需要引入机构位移模式，目前还缺乏相应的方法，导致相关研究进展缓慢。零能模式材料可以通过胞元边界上特征点的运动轨迹进行表征，因此其设计将涉及给定边界点的位移轨迹、内部机构的拓扑优化问题。判断一个有限结构中是否存在零能机构位移模式可根据麦克斯韦准则，之后研究发现麦克斯韦准则只给出结构是否有机构位移的必要条件，更精确系统的分析需要对结构单元内力与节点外载间的传递矩阵进行细致分析。对设计零能模式弹性超材料来讲，除需要保证结构中具有零能机构位移模式外，还要对机构运动模式进行控制来满足材料变形设计的要求。

总体而言，当前除五模材料外，对于其他模式材料的波动行为和微结构设计的系统研究进展缓慢，微结构的引入使之与传统材料设计有很大的不同，目前还缺乏相应微结构设计的系统方法，已成为制约该类材料研制的瓶颈问题。

（三）类量子拓扑行为

拓扑绝缘体指内部不能传输电子波或导电但其边界可以无损耗导电的一类绝缘体。拓扑性质如同一团橡皮泥上的孔洞个数，无论如何变形，只要在不撕裂的前提下，包含的孔洞个数始终保持不变。拓扑绝缘体的导电性就是这样一种拓扑性质，其对材料微观环境、系统参数扰动具有极强的鲁棒性，不会因为生产制备中的少量杂质等因素而发生改变。因此，拓扑绝缘体是操控量子波的一类理想材料，在能量传输、量子计算等领域具有重要的应用价值。

拓扑绝缘体本质主要与波动行为相关，而量子特性并不是其必备条件。陈数为零的材料属于平凡绝缘体，其内部和边界均不能传波，而陈数不为零则对应于拓扑绝缘体，其边界支持受拓扑保护的波动模态。近十年来，电磁波、声波拓扑绝缘体得到快速发展，并拓展了针对经典波动的调控设计能力。经典波也为探索量子拓扑效应提供了新平台，与微观量子领域的实验相比具有显著的便捷性。与声波、电磁波相比,弹性波传播模式更加复杂,针对弹性波的拓扑绝缘体效应研究进展相对缓慢。目前,拓扑绝缘体研究获得较多关注的包括霍尔绝缘体、自旋霍尔绝缘体及谷霍尔绝缘体,下面简要介绍以上三类拓扑绝缘体在弹性波系统中的研究进展[27]。

霍尔绝缘体边界支持单向传播态,实现霍尔绝缘体的关键在于打破时间反演对称性,也是弹性波霍尔绝缘体设计的难点。目前主要有两种思路:一种是将弹性波系统与旋转陀螺相耦合,利用陀螺自身的旋转打破时间反演对称性;另一种是利用科里奥利力打破时间反演对称性。当前的研究主要偏向于理论设计或者是基于离散模型的验证,相关实验研究还未有报道。

自旋霍尔绝缘体是实现能量单向传输的另一方案,不需要打破时间反演对称性,更容易设计实现。由于弹性波不存在类似电子的内禀自旋,要在弹性波系统中设计实现自旋霍尔绝缘体,需要特别构造赝自旋态。现有的设计包括:利用薄板结构的对称反对称模态耦合,或基于超胞晶格布洛赫模态的构造方案。

谷霍尔绝缘体是更容易实现的一类拓扑绝缘体,通过打破空间对称性即可实现。这种材料的界面支持双向传播界面态,虽然不具备单向导波等特性,但其波动的拓扑特征得到了很好的保留,具有对缺陷、扰动不敏感的特征。谷霍尔绝缘体对于设计强鲁棒性的波导结构非常有利,并且也在多个实验方案中得到验证。

弹性波特有的模态耦合特性,为弹性波拓扑绝缘体设计带来了挑战,但也为构造新的拓扑模式提供了机遇。弹性波与拓扑绝缘体效应的结合可以产生独特的波调控特性,在重大装备振动噪声控制领域有望产生新的技术机理。

(四)极端波动调控

通过材料或结构设计对波传播进行调控是一个典型的反问题,由于缺乏普适控制方法,加之相应材料设计与制备技术的滞后,人们还远未能拥有对其传播任意调控的能力。近年来源于电磁波领域的变换方法为波传播的任意调控设计提供了一种可能,变换方法可以给出功能与材料分布的对应关系,进一步可以从材料微结构层次实现对波的调控。变换方法作为一个优美的理论几乎在所有波动现象中都获得了成功,却在力学这一古老学科中遇到了挑战。直接原因是在经典柯西（Cauchy）连续介质框架下，弹性波方程在变换后无法保持形式不变。由于这一障碍，在柯西介质的框架下，弹性波变换只能应用于一些特定构型或者近似波动控制。

随着弹性波变换理论研究的深入，经典弹性波方程变换后还可与另一种非对称介质相对应。理论研究表明，特定超弹性材料在大变形基础上的小扰动波动方程可以与此类非对称介质对应，但在具体实现上仍存在困难[28]。微极介质及手性材料具有非对称特点，能否用于该类变换下的弹性波控制仍值得深入研究。总体而言，弹性波变换方法的两种途径都需要基于非传统连续介质模型，而这两种介质能否在统一框架下表征尚不清楚。

超材料功能结构的优化问题不仅涉及复杂的优化模型、多设计变量、多约束及复杂的物理机制，还需考虑力学超结构"元胞-结构-部件"波调控特性耦合关系，对优化模型的通用、高效和鲁棒性提出了挑战[29]。目前，超材料结构设计的优化建模研究主要包括结构参数优化和拓扑优化。参数优化通过选取微结构单元尺寸、形状为优化设计变量，针对波调控目标建立优化模型，从而实现参数和性能的匹配。拓扑优化通过优化布局，建立最优的拓扑连接形式，来获得最优结构拓扑构型。

综上所述，基于超材料的"材料-结构-功能"一体化波调控设计具有重要的工程应用价值。然而，由于弹性动力学方程的特殊性与复杂性，基于变换方法路径调控的正向设计涉及广义连续介质表征框架这一核心问题，存在很大的理论困难亟待突破；同时，针对复杂的边界和载荷条件，多尺度、多层级力学超结构优化逆向设计与高效优化算法尚待深入探索。

三、展望

力学超材料还存在很多根本问题亟待解决，人工微结构复杂动态响应与极端力学模式给连续介质表征框架带来了巨大挑战，相关突破将极大提升人们操控波动能量输运的能力，并将有力推动力学学科的发展。同时，力学超材料/超结构大尺度适用性、多学科优化及验证测试方法的研究还很缺乏，这是力学超材料面向工程应用的另一个重大挑战。为此，将重点开展或解决的科学问题建议包括以下几个方面。

（一）面向极端超材料行为的广义连续介质力学表征框架

建立能够描述时空调制等反常波动行为的广义连续介质表征框架，研究守恒律和客观性等物理规律对超材料宏观本构关系的普遍约束，研究能量等价原理、宏细观过渡、非局部特性等动态表征一般问题，探索广义连续介质框架下的变换方法，给出波传播特性与材料时空分布的定量关系。

（二）超材料均质化表征方法与力学反常功能的逆向设计

发展面向波传播精细调控的超材料微结构设计理论和高效数值建模方法，发展考虑多物理场耦合的拓扑优化算法，发展面向大尺寸、多功能、复杂形式的机器学习逆向设计方法，研究主动控制策略，发展新型力学超材料体系。

（三）拓扑波动理论与连续介质力学理论框架的有机结合

拓扑性质的刻画需要物理场的高阶导数，这是经典电磁波、声波现有理论不具备的，而力学的高阶弹性理论则具有这种优势。如何将连续介质理论与拓扑理论相结合，建立从连续化角度对拓扑性质加以刻画的理论方法值得深入研究。

（四）实际工程约束下力学超材料功能一体化设计与应用

发展力学超材料功能一体化设计方法，实现材料-结构-机构设计的优化匹配，指导高阻尼新材料/结构、新型减隔振结构、新型吸隔声结构与材料的优化设计；面向航天器和潜艇等重大装备应用需求，研究宽低频减隔振功能一体化轻质结构和波传播绕射引导功能结构，发展相应实验测试与评估方法。

四、小结

随着先进材料设计制备能力的提高，超材料概念的出现为声/弹性波调控提供了新理念。力学超材料的出现极大扩展了材料属性选择空间，为新型功能设计提供了基本构元。目前，针对微结构设计、机理表征等力学问题，需从多方面深入研究其动态力学行为，为解决国家重大工程关键技术难题提供技术支持。

第六节 超低密度材料

一、需求情况

超低密度材料通常是指体积密度小于 $10^{-2}\,g/cm^3$ 的轻质多孔材料，除了质量超轻外，还具有超大表面积、独特的渗透性、透气性、导热性等特性，在催化、燃料电池、吸声、减振、隔热和油水分离等研究领域具有重要的应用价值。常见的超低密度材料多为泡沫结构，如超低密度气凝胶、超低密度纤维基材料、超低密度支撑剂及超低密度聚合物基材料等。

超低密度材料在应用时的核心问题是如何在保证承受外界载荷时能够保持自身多孔结构的完整性。目前超低密度材料的力学性能均不理想，高度脆性、易碎的特点仍未得到很好的解决，其在特定载荷下性能退化、失效的机理尚不清晰，极大地限制了实际工程应用。因此，如何改善其力学性能，已成为超低密度材料研究的关键问题。

例如，超低密度气凝胶在力学性能上表现出了高度脆性特点，这一特点，成为阻碍其在实际中广泛应用的关键因素。目前提升高脆性能的主要手段则是对凝胶进行化学改性及增加增强纤维，但其增强改性的机制及高度脆性的原理尚不清晰，需要对气凝胶的材料微结构、多孔结构进行微细观尺度的力学分析，明确在不同微结构、多孔结构下的力学响应，发挥对气凝胶材料改性、结构设计的指导作用。

总体而言，超低密度材料在催化、燃料电池、隔热、油气开采和航空航天等领域有广阔的应用前景。但是，高度脆性、易碎特点又限制了其在工程领域的应用。想要解决这些难题，需要深入研究超低密度材料的力学行为机理，进而通过微结构设计等方法实现其力学性能的有效提升。

二、超低密度材料的研究现状

超低密度材料的研究主要聚焦在超低密度的实现上，已有研究者通过改善制备工艺提升其力学性能取得了一定的进展。但是，这些研究未深入阐明其材料的力学机理，系统化的力学研究仍然欠缺。亟须建立相关力学新理论与新方法，以指导超低密度材料的优化设计和性能提升。下面分别从超低密度气凝胶、纤维基材料、支撑剂和聚合物四类主要的超低密度材料出发，介绍相关研究现状。

（一）超低密度气凝胶

气凝胶是一种具有超低密度、高比表面积和高孔隙率的三维纳米多孔材料。由于它展现出高度脆性、易碎的特点，限制了其在实际工程中的应用。超低密度气凝胶可以分为无机气凝胶、有机气凝胶及碳气凝胶三大类。

无机氧化物气凝胶、金属气凝胶和金属硫族化合物气凝胶统称为无机气凝胶。无机氧化物气凝胶最早得到研究，普遍具有良好的隔热性、阻燃性、透光性。金属气凝胶具有不同纳米金属粒子的性质，催化性能极佳。金属硫族化合物气凝胶具有独特的选择性，可在轻、重金属离子均存在时选择性吸附重金属离子。

有机聚合物气凝胶可使单体形成稳定的交联网络，提升多孔骨架的结构强度，使其具有优异的力学特性。纳米纤维素气凝胶同样具有这一性质，更兼具了良好的生物相容性、可降解性。

超低密度碳气凝胶主要分为碳纳米纤维气凝胶、碳纳米管气凝胶及石墨烯气凝胶。碳纳米纤维气凝胶有良好的抗疲劳性能，碳纳米管气凝胶由碳纳米管之间的交联缠绕构成三维结构，通过构建化学键大幅提升了力学性能。石墨烯气凝胶由石墨烯片层之间的相互作用力将片层堆积形成，但由于连接较薄弱，本身的力学性能并不理想。因此，就其力学性能的改善已展开广泛的研究，其压缩脆性问题得到了很好的解决。

（二）超低密度纤维基材料

根据所用原料不同，超低密度纤维基材料包括金属纤维、无机非金属纤维、有机高分子纤维、纤维素纤维等。金属纤维不但具有金属材料本身固有的一切优点，而且具有一些独特的物理性能，如低密度，良好的导热、导电、耐腐蚀和柔韧性及可纺性等。无机非金属纤维基材料具有较高的比强度和比模量、隔热、耐温、电绝缘等优点。合成有机高分子纤维主要是由合成的聚合物经纺丝而成，应用领域广阔。生物质纤维基材料的力学性能在很大程度上取决于纤维素的含量。

（三）超低密度支撑剂

常见制作支撑剂的主体材料包括石英砂、高品位的铝矾土等，往往较重。因此，低密度材料支撑剂由于具有返排量小、沉降速度低、有效支撑缝隙长等优点而在国内外备受关注。低密度材料类支撑剂通常有较低的抗压强度，因此提高其抗压强度是研发此类支撑剂的关键，目前主要通过覆膜或者添加一些烧结助剂、控制烧结温度等方法提高支撑剂的强度。

自悬浮支撑剂是一种能自主达到悬浮状态的新型压裂支撑剂，使得自悬浮支撑剂不借助增稠剂就能轻易地在清水中长时间悬浮，有效改善支撑剂传输分布效果。自悬浮支撑剂实质是对支撑剂进行表面改性。自悬浮支撑剂常用于油气井投产初期水力压裂措施增产过程，该技术能够优化有效裂缝面积、降低成本，具有很好的应用前景与研究价值。但由于工程环境复杂、高温高压等其他条件很可能造成涂层脱落。因此，如何提高涂层与支撑剂结合程度是此类支撑剂的研发关键。

（四）超低密度聚合物

超低密度聚合物泡沫是指微孔直径在 1 μm 和 40 μm 之间，密度小于 10 kg/m^3，且具有各向同性的开、闭孔泡沫材料[30]，具有成本低、吸收能量、裂纹钝化和抗冲击等优点。超低密度聚合物泡沫材料一般根据不同的树脂单体进行分类，在航空航天、汽车船舶、生物医学等领域均发挥着重要作用。

微孔发泡聚合物是一种泡孔尺寸小、泡孔密度高的聚合物泡沫。相较于传统泡沫材料，具有冲击强度高、导热率低、疲劳寿命长、热稳定性好等优点。聚氨酯泡沫可制成硬质、软质和半硬质聚氨酯泡沫。硬质聚氨酯泡沫多为闭孔结构，主要用作隔热保温材料。软质聚氨酯泡沫结构多为开孔，可作为各种软性衬垫层压复合材料、防振材料和隔热保温材料等。半硬质聚氨酯泡沫分子链间的交联度远大于软质，低于硬质，这种结构增大了压缩强度，降低了回弹性。聚乙烯泡沫具有优良的力学性能、挠曲性能和缓冲性能，同时拥有隔热、电绝缘、易于加工等性质，并且具有闭孔结构，质轻、吸水性低，其介电性能、绝热性能在泡沫中处于优良级别。它能够起到绝热、减振、隔音的作用，但也存在着明显的缺陷，如阻透性差、泡孔易破裂等。

现有研究表明，单一材料在力学性能上往往无法满足要求，针对该问题，国内外学者提出高性能聚合物泡沫复合设计方法，主要有纤维增强泡沫塑料、填满料增强泡沫材料、纳米增强泡沫材料、微孔泡沫材料。为了改善泡沫材料的力学性能，在泡沫材料中添加纤维作为增强项能有效地提高其力学性能，但也会造成密度的增加。如何平衡密度与力学性能之间的关系，仍需进一步研究。

三、面临的挑战及近期重点问题

超低密度材料在空间粒子捕获、催化材料、传感材料和燃料电池等领域的广泛应用，对材料的稳定性、耐久性和承载能力均提出了一定的要求。目前鲜有针对超低密度材料的力学研究报道，现有的以连续介质力学为基础的理论分析方法能否胜任相关分析尚不明朗。根据上述研究现状，以下是未来几年内针对超低密度材料需要攻克的几点力学问题。

（一）超低密度材料相关力学理论

对于超低密度材料而言，其微观结构中各种组分具有各自的物性，也往往不再无限可分，使其不再符合传统的连续介质力学的基本假设。故发展基于物理力学、非连续介质力学的相关理论，并应用于超低密度材料的性能分析极有必要。

（二）微结构对超低密度材料脆性的影响

随着材料密度的降低，死角效应及结构无规则性对材料力学性能的影响愈发强烈，因此目前在超低密度材料的脆性机理分析上存在着局限性。需要对超低密度材料微结构进一步进行微细观尺度的力学分析，明确超低密度材料力学性能呈现高度脆性的机理，实现由理解材料微观结构特点到表征宏观力学响应的跨越，发挥力学原理对超低密度材料微结构设计的指导作用。

（三）超低密度材料的高速冲击性能

超低密度材料在面临高速冲击时，大量孔隙结构发生破坏，孔隙内气体压力增大，最后会发生"粉碎"现象。国内外诸多科研单位对其冲击响应已经展开了初步的研究，但对其在高速冲击作用下的破坏规律仍然缺乏准确的描述。因此，建立超低密度材料在高速冲击作用下的相关理论，成为当前迫切需要解决的问题。

（四）超低密度材料多场耦合下的力学行为

以超低密度碳气凝胶为代表的超低密度材料是当今研究领域的热点，优异的导电性、超高的孔隙率也使得这类材料广泛应用于催化、传感、燃料电池等领域，对其在多场耦合下的力学行为研究提出了需求。从国内外研究文献看，超低密度材料在电场、磁场、温度场、应力场耦合作用下的力学行为研究还较少，需要进一步构建能够准确描述热-电-磁-力等多物理场耦合作用下的材料的热力学自由能方程，发展相应的本构关系，明确材料在多物理场耦合作用下反复加载的性能退化过程，开展超低密度材料在多物理场耦合作用下稳定性、可靠性的研究。

四、小结

超低密度材料作为一种极端材料，在催化、燃料电池、吸声、减振、隔热、油气开采等领域具有重要的应用价值。目前主要研究仍集中在制备上，相关的力学研究仍较缺乏。为进一步实现其在实际工程领域的应用，需要针对其高孔隙结构深入探索，从理论、数值模拟、实验等多方面深入研究超低密度材料的变形、强度、破坏等力学行为，通过微结构设计改善其高度脆性、易碎的力学性能，为超低密度材料的应用奠定理论基础。

第七节 本 章 小 结

极端性能材料的发展在我国高精度机械加工、半导体、航空航天、医疗健康、海洋技术等领域都扮演着重要角色，对其深入系统地研究，不仅是高端装备在极端环境下服役的重要保障，也在很大程度上拓宽了极端力学研究新疆域。本章全面系统地介绍了超硬、超软、超延展、可折叠、超材料和超低密度等多种极端性能材料的相关研究现状和研究进展，并对后续发展进行了展望。总体而言，关于极端性能材料的研究仍然面临着诸多问题和严峻挑战，未来发展前景广阔、发展目标任重道远，需要更多力学和其他相关领域的学者为之付出努力。

（1）设计制造高性能超硬材料的关键则在于对超硬材料服役过程中变形行为和失效机理的理解。目前关于超硬材料力学行为的研究仍然不充分，需要重点研究的问题有：超硬材料摩擦磨损的机理，微结构对超硬材料硬度的影响机理，先进的超硬材料测试和表征手段，以及超硬材料分子动力学势函数的构建等问题。

（2）在超软材料力学理论、力学表征、结构-功能一体化设计等方面，仍有大量基础研究工作亟待展开。在超软材料多场耦合本构理论、超软材料异质复合的界面力学、材料-结构-功能一体化设计等方向仍有重要问题亟须研究。

（3）可延展柔性电子器件的性能指标不断提高，将助力柔性电子深入交叉融合人工智能、能源科学和数据科学等关键核心技术。为了进一步提升其综合性能，优异的柔性功能材料和结构设计在柔性电子器件的发展中将起到重要作用。

（4）发展多物理场下可折叠超结构的材料力学和动力学理论，仍有大量基础研究工作亟待展开，主要包括：局部材料变形和整体折叠变形强耦合下超材料的本构模型，折叠的动力学建模和折叠诱发的强非线性动力学行为机制，自折叠和全局可重构的力学模型与多物理场主动驱控，极端尺度下的试验表征等问题。

（5）针对重大装备受到的工程约束和复杂载荷，力学超材料/超结构大尺度适用性、多学科优化及验证方法的研究还很缺乏，需要从理论、实验、计算等多方面深入研究动态力学行为，为解决国家重大工程关键技术难题提供理论支持。

（6）随着超低密度材料的广泛应用，对材料的稳定性、耐久性、承载能力均提出了一定的要求，对材料的失效分析和建立损伤破坏准则成为迫切需要解决的力学难题。需要建立考虑超低密度材料的微观结构、多孔特征的力学模型，建立其在电-热-磁-力等多场条件下的本构关系和在不同应变率下的动态响应关系。

本章参考文献

[1] Nie A, Bu Y, Li P, et al. Approaching diamond's theoretical elasticity and strength limits[J]. Nature Communications, 2019, 10(1): 5533.

[2] Tian Y, Xu B, Yu D, et al. Ultrahard nanotwinned cubic boron nitride[J]. Nature, 2013, 493: 385.

[3] Ogata S, Li J. Toughness scale from first principles[J]. Journal of Applied Physics, 2009, 106: 113534.

[4] Liu H, Zong W, Cheng X. Origins for the anisotropy of the friction force of diamond sliding on diamond[J]. Tribology International, 2020, 148: 106298.

[5] Kuang X, Roach D J, Wu J T, et al. Advances in 4D printing: Materials and applications[J]. Advanced Functional Materials, 2019, 29(2): 1805290.

[6] Yang J W, Bai R B, Chen B H, et al. Hydrogel adhesion: A supramolecular synergy of chemistry, topology, and mechanics[J]. Advanced Functional Materials, 2020, 30: 1901693.1-1901693.27.

[7] Liu J J, Qu S X, Suo Z G, et al. Functional hydrogel coatings[J]. National Science Review, 2020, 8(2): 254.

[8] Hong W, Zhao X, Zhou J, et al. A theory of coupled diffusion and large deformation in polymeric gels[J]. Journal of the Mechanics and Physics of Solids, 2008, 56(5): 1779-1793.

[9] Henann D L, Chester S A, Bertoldi K. Modeling of dielectric elastomers: Design of actuators and energy harvesting devices[J]. Journal of the Mechanics and Physics of Solids, 2013, 61(10): 2047-2066.

[10] Kim Y, Yuk H, Zhao R, et al. Printing ferromagnetic domains for untethered fast-transforming soft materials[J]. Nature, 2018, 558(7709): 274-279.

[11] Bai R, Yang J, Suo Z. Fatigue of hydrogels[J]. European Journal of Mechanics—A.Solids, 2019, 74: 337-370.

[12] Yang C, Suo Z. Hydrogel ionotronics[J]. Nature Reviews Materials, 2018, 3(6): 125-142.

[13] Khang D Y, Jiang H Q, Huang Y, et al. A stretchable form of single-crystal silicon for high-performance electronics on rubber substrates[J]. Science, 2006, 311: 208-212.

[14] Kim D H, Xiao J L, Song J Z, et al. Stretchable, curvilinear electronics based on inorganic materials[J]. Advanced Materials, 2010, 22: 2108-2124.

[15] 冯雪, 陆炳卫, 吴坚, 等. 可延展柔性无机微纳电子器件原理与研究进展[J]. 物理学报, 2014, 63(1): 014201.

[16] Yan Z, Zhang F, Wang J, et al. Controlled mechanical buckling for origami-inspired construction of 3D microstructures in advanced materials[J]. Advanced Functional Materials, 2016, 26: 2629-2639.

[17] Liu Y, Yan Z, Lin Q, et al. Guided formation of 3D helical mesostructures by mechanical buckling: Analytical modeling and experimental validation[J]. Advanced Functional Materials, 2016, 26: 2909-2918.

[18] Zhang Y, Yan Z, Nan K, et al. A mechanically driven form of Kirigami as a route to 3D mesostructures in micro/nanomembranes[J]. Proceedings of the National Academy of Sciences, 2015, 112: 11757-11764.

[19] Zhao Q, Liang Z W, Lu B W, et al. Stretchable electronics: toothed substrate design to improve stretchability of serpentine interconnect for stretchable electronics[J]. Advanced Materials Technologies, 2018, 3: 11.

[20] Li S, Fang H, Sadeghi S, et al. Architected origami materials: How folding creates sophisticated mechanical properties[J]. Advanced Materials, 2019, 31: 1805282.

[21] Treml B, Gillman A, Buskohl P, et al. Origami mechanologic[J]. Proceedings of the National Academy of Sciences, 2018, 115(27):1805122115.

[22] Peraza-Hernandez E A, Hartl D J, Malak Jr R J, et al. Origami-inspired active structures: A synthesis and review[J]. Smart Materials and Structures, 2014, 23, 094001.

[23] Liu Z, Zhang X, Mao Y, et al. Locally resonant sonic materials[J]. Science, 2000, 289(5485): 1734-1736.

[24] Fang N, Xi D, Xu J, et al. Ultrasonic metamaterials with negative modulus[J]. Nature Materials, 2006, 5(6): 452-456.

[25] Nassar H, He Q C, Auffray N. Willis elastodynamic homogenization theory revisited for periodic media[J]. Journal of the Mechanics and Physics of Solids, 2015, 77: 158-178.

[26] Chen Y, Zheng M, Liu X, et al. Broadband solid cloak for underwater acoustics[J]. Physical Review B, 2017, 95(18): 180104.

[27] Chen Y, Liu X, Hu G. Topological phase transition in mechanical honeycomb lattice[J]. Journal of the Mechanics and Physics of Solids, 2019, 122: 54-68.

[28] Zhang H K, Chen Y, Liu X N, et al. An asymmetric elastic metamaterial model for elastic wave cloaking[J]. Journal of the Mechanics and Physics of Solids, 2020, 135, 103796.

[29] Jenett B, Cameron C, Tourlomousis F, et al. Discretely assembled mechanical metamaterials[J]. Science Advances, 2020, 6(47): eabc9943.

[30] 罗炫, 张林, 杜凯, 等. 超低密度聚乙烯泡沫的热致相分离制备[J]. 原子能科学技术, 2008, 42(7): 598-601.

编 撰 组

组长：卢同庆

成员：李 岩　方虹斌　周萧明　肖　锐

　　　唐敬达　马寅佶　卜叶强

第五章

极端时空尺度的力学

极端时空尺度的力学是极端力学研究的最主要领域之一，包含极端时间尺度和极端空间尺度两个方面。极端时间尺度主要描述的是载荷特征，而极端空间尺度则侧重于描述对象本身的几何特征。常规力学研究对象的空间尺度一般在毫米～米量级，而极端空间尺度一般指研究对象远大于或远小于这一尺度范围。当尺度远大于米级或远小于毫米级，常规的力学分析、建模和控制方法在适用性方面往往出现问题。常规力学的时间尺度一般在秒到小时量级，当时间尺度跳出这一范围，则会出现不同于常规的力学现象。本章第一节中以超大型空间航天器为例，对超大空间尺度对象中的力学问题进行了分析和阐述，第二节对微纳米力学进行了简要介绍，第三节与第四节讨论了极端时间尺度力学问题。

第一节　超大型空间航天器

一、战略需求与科学问题

1957 年第一颗人造地球卫星进入太空后，人类正式开启太空时代。经过半个世纪航天科学与技术的发展，人类社会的经济、政治、科技等各类活动都离不开太空和航天器的支持。同时，太空安全不仅是国家各领域安全的重要组成部分，而且逐步成为国家安全的关键先决条件。因此，航天科学与技术成为提升国家竞争力的关键。随着人类执行空间任务、利用空间资源和探索宇宙奥秘的需求日益增长，超大型航天器是完成上述任务的重要载体和工具。同时，随着航天技术的不断发展，多模块化、超大型化是航天器发展的重要趋势之一。例如，超大型人工重力场航天器消除了失重带来的健康问题，使人类长时间空间飞行成为可能；空间太阳能电站利用长达数千米量级的太阳能电池阵列发电，用直径达千米量级的微波天线将能量传送到地面，能持续提供 10 GW 量级的电能，有望缓解未来全球性的能源短缺问题；发展超大尺寸空间望远镜和天线也将极大拓展人类观测宇宙的能力。对于上述不同类型超大型航天器，超大尺度空间系统的动力学与控制技术及在轨模块组装技术是两个关键的共性科学问题。

由于太空中太阳能的能量密度高、受照时间长及微波的传输效率高、穿透能力强等特点，空间太阳能电站可以实现高效、大规模、稳定地开发太阳能，有望在未来化石能源枯竭时成为主要的能源供应方式，对缓解能源问题和环境问题都起到积极的作用[1]。为此，国务院在 2011 年发布的《2011 年中国的航天》白皮书中明确指出："中国将加强航天工业基础能力建设，超前部署前沿技术研究，继续实施载人航天、月球探测、高分辨率对地观测系统、卫星导航定位系统、新一代运载火箭等航天重大科技工程及一批重点领域的优先项目等。"①

现有太阳电池板的转换效率在 30% 左右，于是为了建造一个发电功率为吉瓦（10^9 W）级别的空间太阳能电站（三峡水电站总装机容量为 22.4 GW），则需要太阳能电池阵列到达千米级别。因此，空间太阳能电站呈现超低固有频率（0.001 Hz 量级甚至更低）、模态密集、轨道-姿态-振动相耦合等动力学特征。空间太阳能电站一般设计服役期限为 30 年左右，在此期间电站将位于地球同步轨道，将太阳光转换成的能量通过微波或激光的方式传输至地面接收站。能量传输距离为 36 000 km，要求地面精度在百米量级，因此对电站发射天线的姿态指向精度提出了极高的要求。这使得超大型空间太阳能电站在太空中的运动和控制都与普通的航天器不同，亟须发展适用于千米量级的大型航天器的动力学分析与控制方法，来确保电站可以长时间、高精度在轨运行。

另外，超大型航天器的在轨组装和建造也是制约此类航天器发展的重要

---

① 中国政府网 . https://www.gov.cn/gov web/gzdt/2011-12/29/content_2033030.htm.

难题。受火箭推力、整流罩包络及机构复杂度等因素的影响，超大型航天器无法通过单次火箭发射和入轨展开的方式来构建，必须通过模块化设计、多次火箭发射和在空间组装的方式来建造。目前的空间组装任务主要集中于小型航天器的交会对接组装或航天器附件的安装。例如，2011 年 11 月，我国"天宫一号"（长 10.8 m、最大直径 3.35 m）与"神舟八号"（长 9 m、最大直径 2.8 m）对接。目前仍未有大尺寸、大柔性模块、大规模在空间自主组装的先例，原因之一是超大型航天器空间组装的动力学与控制问题十分复杂。具体而言，航天器拓扑构型随着组装进程逐渐增长，导致航天器几何参数和惯性参数跃变式增长，呈现变质量、变刚度、变频率、变模态的特点；航天器的轨道、姿态运动和结构振动发生强烈耦合；组装过程的接触碰撞、太阳光压等非保守力作用等，使超大型航天器组装过程的动力学建模、分析和计算十分困难。下面将就超大型航天器（以空间太阳能电站为例）空间组装及在轨运行两方面的动力学与控制问题展开叙述。

二、研究现状

宇宙空间环境具有极端性。例如，在太阳系空间中，太阳光直接照射区域的温度极高；而太阳光无法到达的地方，温度可以接近绝对零度。另外，周期性太阳黑子活动会使得太阳向外发射高能粒子；当黑子活动剧烈和耀斑爆发时，这些带电粒子会形成强劲的太阳风，极大地影响了航天器正常运行。除了上面常见的极端环境外，太阳系空间还存在大量微流星体及太空垃圾，其漂流会撞击航天器局部构件。

随着航天任务的多样化及航天技术的发展，新一代航天器需具备高可靠、长寿命、低成本及快速响应等特点。例如，国际空间站安装了翼展 88 m 的太阳帆板来满足空间站的正常运行。然而，上述大型轻柔结构的使用，一方面使得航天器低频模态密集，对挠性振动的控制更加困难，另一方面柔性结构部件和刚性结构之间的耦合亦会极大增加航天器姿态控制难度。例如，"陆地卫星 4 号"的观测仪转动部件受到挠性太阳帆板驱动系统和姿态控制器的相互干扰而使图像质量下降。于是，明晰超大型航天器处于低轨组装和高轨长期运行时，其轨道、姿态动力学与结构变形、振动之间的相互作用机理，建立不同工况下航天器系统姿-轨-柔非线性耦合动力学模型，是超大型航天器建造和服役的关键基础性问题之一。下面将从低轨组装和高轨服役两个阶段的超大型航天器动力学与控制方面进行介绍。

（一）超大型航天器空间组装动力学与控制

2018 年以来，美国 NASA 组织了近 70 名专家，详细论证了超大型航天器在空间组装的可行性。他们认为，过去十年空间技术的发展，使得在空间组装超大型航天器成为可能。事实上，美国、加拿大、日本、俄罗斯和法国等已率先开展了空间机器人/机械臂进行空间组装的验证性实验[2]。我国以建造空间站为目标，进行了许多关键技术的验证，掌握了空间交会对接、航天员出舱活动等关键技术，也提出了多种空间组装方案。中国空间技术研究院提出了空间太阳能电站组装方案与优化设计方法，总结了国际上在轨服务航天器的工程实践经验。

现有航天器动力学与控制研究中，一般将轨道运动、姿态运动和结构振动分开研究，没有考虑三者间的耦合关系；将大型航天器简化为中心刚体和柔性附件的刚-柔耦合模型，柔性附件的尺寸仅为数米，结构振动也限定在小变形范围。而超大型航天器尺寸和质量均比这些航天器大 2～3 个数量级，固有频率在 0.001 Hz 量级，其轨道运动、姿态运动和结构振动三者之间存在强烈耦合作用，在太空环境下可能出现大幅振动。因此，超大型航天器的动力学特性与已有航天器存在本质区别，需要发展新的动力学理论与数值方法来研究其动力学演化规律。

在航天器刚-柔耦合动力学建模方面，常用的方法包括浮动坐标法、绝对节点坐标法和几何精确方法。虽然上述建模方法已用于多种超大型航天器的动力学与控制中，但仍然无法满足超大型航天器大规模空间组装的动力学分析与控制需求。一方面，航天器空间组装过程的构型具有跃变式增加的特征，模块组装前后的航天器结构系统动力学特性会产生突变，如何描述这种突变特性成为动力学与控制研究的一大难题；另一方面，如何精确描述这种超大、超柔且构型跃变增加结构的空间摄动力和力矩，从而建立轨道-姿态-振动的耦合动力学模型，是另一个亟须解决的难题。

（二）超大型航天器在轨长时间运行动力学与控制

1. 深空极端环境大型航天器姿-轨-柔非线性耦合动力学建模及保辛（保结构）求解

大型空间结构动力学与控制的难点之一源于其超低的结构固有频率，导致系统的轨道、姿态与结构振动之间出现耦合现象，甚至会影响系统的稳定性。在非线性耦合模型求解方面，保辛（保结构）方法已被广泛应用。邓子辰课题组[3]系统地开展了非线性动力学系统保结构方法的研究，发展和完善了保结构几何积分算法理论体系，并针对非线性动力系统、广义哈密顿（Hamilton）系统、耗散的哈密顿系统及非线性高振荡动力系统等问题开展了一系列有特色的工作。近年来，国内的研究工作还包括：王斌、季仲贞等将辛算法应用于研究天体力学，秦孟兆课题组推出了 KdV 方程、薛定谔（Schrödinger）方程等偏微分方程的对称形式，并尝试了利用不同的离散方法构造其保结构数值离散格式。在国际上，针对辛几何算法的局限性，Bridges 教授等直接将有限维哈密顿系统推广到无限维哈密顿系统，提出了多辛积分及其多辛算法概念；同时，Marsden 教授等以变分原理为理论基础，由勒让德（Legendre）变换得到无限维哈密顿系统的多辛形式，从而建立多辛算法理论。虽然上述保结构方法已取得较好结果，但其所计算模型仍过于简化，对于复杂性极高、精度要求极高的大型航天器模型计算仍需进一步发展。

2. 大型航天器结构轨道姿态高精度、高稳定迭代学习姿态控制策略

大型航天器在轨运行时，需要保持自身系统姿态的高精度指向性。例如，空间太阳能电站在轨运行时需要保持太阳能电池阵列或聚光镜指向太阳，同时需要保持发射天线指向地球上的微波接收天线。由于空间太阳能电站在绕地球飞行，空间太阳能电站、地球与太阳三者之间的相对位置随时间发生变化，因此空间太阳能电站的对日指向和对地指向控制可以归结为多体系统的姿态跟踪控制问题。航天器在轨运行时，与地球、太阳三者之间的相对位置关系几乎是周期性的，从而使得航天器的姿态跟踪控制力矩也呈现周期性。对于存在周期性扰动的周期性轨迹跟踪控制，迭代学习控制是一种比较合适的无模型自适应控制方法。迭代学习控制由日本学者 Arimoto 为了提高重复性操作的机械臂的控制精度而提出的轨迹跟踪控制方法。对于重复性

的操作，迭代学习控制的基本思想是利用往次操作的控制力和误差情况来提高当前操作的控制精度。正是由于这个特点，迭代学习控制适用于处理具有重复性干扰和参数不确定性的系统。

采用迭代学习控制方法进行空间大型航天器系统的精准指向姿态跟踪时，存在初始状态改变、控制器切换、传感器噪声等几个方面的困难。总结而言，需解决如下两个关键问题：怎样在姿态跟踪控制器切换成迭代学习控制器过程中，获得收敛的控制结果；怎样有效滤掉传感器噪声和其他非周期信号，拾取恰当频率信号作为前馈控制信号，用于迭代学习控制中，获得准确的控制结果。

三、主要研究进展

（一）高维强非线性动力学系统保结构理论及其在空间太阳能电站动力学行为研究

西北工业大学邓子辰教授团体和中山大学吴志刚教授团体在国家自然科学基金重点项目"非线性系统的保结构方法及在航天动力学与控制中的应用"资助下，基于保结构的学术思想，提出了高维哈密顿系统初值问题的计算方法；建立了非保守哈密顿动力学系统的分析方法；建立了非线性哈密顿系统边值问题的动力学分析与控制算法。并在此基础上，针对空间太阳能电站长时间在轨运行的动力学行为进行了分析；实现了太空环境下空间太阳能电站的高精度姿态跟踪控制。

（二）面向空间太阳能电站的大型空间结构设计制造基础问题

西安电子科技大学段宝岩院士研究团队在国家自然科学基金重点项目"面向空间太阳能电站（SSPS）的大型空间结构设计制造基础问题"资助下，以超大尺度空间系统 SSPS 为对象，针对超大尺度空间系统固有的运行空间环境复杂、全柔性、时空多尺度刚-柔耦合等特点，基于最新动力学和控制理论方法，探索轨道、姿态、结构和约束运动耦合系统的动力学建模与控制方法，发展复杂空间多体系统动力学建模和分析工具，为 SSPS 的设计、分析和控制奠定技术基础。

（三）大型可展开空间结构的非线性动力学建模、分析与控制

北京理工大学胡海岩院士团队、北京工业大学张伟教授团队和南京航空航天大学金栋平教授团队等在国家自然科学基金重大项目"大型可展开空间结构的非线性动力学建模、分析与控制"资助下，以尺度为 30～50 m 的大型可展开空间结构为对象，开展如下相关研究。

1. 微重力环境下含柔性索网的大型空间结构展开动力学与控制

提出了多种新的绝对节点坐标有限单元，可模拟空间结构在微重力、热环境中展开时的大范围运动和大变形耦合动力学；针对直齿锥齿轮啮合问题，建立了高精度非光滑动力学模型；针对含运动副间隙等不确定性参数的多柔体系统，提出了可高效计算的代理模型。针对柔性索网接触和缠绕问题，提出了高效接触判别方法，可计算多根绳索的动态接触和缠绕行为，并得到了实验验证。在动力学控制方面：对于空间结构展开问题，先基于多刚体系统模型设计开环控制，再对多柔体系统模型施加反馈控制，抑制柔性部件的振动；将多柔体系统动力学与等效静载荷方法、移动组件方法等相结合，对具有大范围运动和大变形的柔性部件实现了拓扑优化。在动力学实验方面：研制了 4 m 口径带索网反射器的环形桁架天线地面实验系统，发明了高时空分辨环形相机阵列技术；实验结果很好印证了上述建模与计算方法。研究成果直接应用于我国航天工程，为两颗携带大口径环形桁架天线的卫星发射成功提供了技术支撑。

2. 大型空间结构展开锁定后的非线性动力学建模与分析

考虑大型空间展开结构展开锁定后微重力环境下运动副间隙、摩擦及它们引起的碰撞、黏附与滑移等非线性因素，建立了空间环境热交变周期荷载作用下含有运动副间隙的局部非光滑非线性动力学模型。考虑了空间环境热交变周期荷载作用，针对含多运动副间隙和众多周期胞元的大型空间复合材料结构，将具有多周期胞元和运动副间隙的桁架、索网结构简化为连续体动力学模型，提出了大型空间桁架结构和索网类结构的非线性动力学建模和降维方法。提出了一套研究高维非线性系统复杂动力学的全局分析方法，分析了大型空间可展开复合材料结构的全局非线性动力学特性，揭示了大型空间天线结构与航天器本体之间的各种刚-柔耦合非线性振动规律。

3. 大型空间结构展开锁定后的非线性动态响应控制

针对含柔性索网的环形桁架天线振动/波动控制开展研究。建立了展开臂、环形桁架、柔性索网-反射面各部件及其组合结构的准确动力学模型,研究了结构动力学与模型降阶问题;考虑热交变载荷/卫星本体机动的作用,研究"热拍"和机动惯性激发的非线性振动/波动响应,提出了适应于大型空间结构振动/波动响应分析的方法;以最小振动/波动响应为目标,采用分流电路、同步开关阻尼等压电技术实现了大型空间结构欠驱动、低能耗振动/波动响应控制;基于气浮实验系统模拟大型空间结构动力学环境,完成大型空间结构非线性动态响应控制的仿真验证。研究成果将为我国大型可展开空间结构动态响应控制提供关键技术支撑。

四、发展趋势与展望

(一)发展趋势

1. 兼顾精确和高效的刚-柔耦合系统长时间动力学仿真方法仍是未来重要的发展方向之一

目前的研究主要考虑的空间摄动不够全面,为了精确分析空间太阳能电站在复杂太空环境下的动力学行为,需要建立更加精确的轨道-姿态-结构振动耦合多体模型。同时,由于刚-柔耦合系统的动力学方程通常表现为刚性方程,而且通常需要对空间太阳能电站进行长时间的数值仿真,所以数值仿真通常消耗大量的时间,因此也需要发展更加高效的长时间数值积分算法。

2. 对于超大型空间结构的动力学建模,需要进一步研究复杂桁架、框架和旋转机构的动力学行为

以往的研究都需要把超大尺度桁架结构和框架结构等效成梁、板、壳和刚体等的组合形式,但是对于不同的材料和结构形式,等效方法和等效精度有待进一步分析。另外,空间超大型结构可能是通过在轨组装或在轨展开的方式构建,其中的关节间隙对等效后的结构动力学行为的影响也是未知的。

3. 超大型空间结构的轨道、姿态和结构振动三者的协调控制仍需要进一步研究

由于在控制系统的作用下可能出现与姿态运动的耦合,所以在控制器设

计的时候必须要考虑结构柔性的影响。而现有研究进行控制器设计时很少考虑结构的柔性。由于发射天线的对地指向精度要求较高，所以大型结构的振动必须给予抑制，防止引起发射天线对地指向抖动。

（二）未来展望

以空间太阳能电站为代表的空间超大型航天器受到世界航天大国的重视，并提出各种不同的概念设计方案，对许多关键技术进行了研究。在力学与控制领域，研究人员主要关注空间超大尺度结构的建模、复杂太空环境的影响、长时间数值仿真算法、高精度姿轨控制及结构振动抑制等方面的问题。目前对空间太阳能电站动力学与控制的研究尚处于起步阶段，有很多动力学与控制问题仍未得到解决，同时也有很多新的动力学与控制问题等着去探索。超大型空间系统的设计、建造与维护过程涉及光学、力学、材料、机械、通信、控制等多个学科的问题，其多学科分析、设计与优化是未来发展的必然趋势。

第二节　微纳米力学

一、战略需求与科学意义

基于微纳结构的高性能结构材料、先进半导体材料、新型电池材料、光学与光电材料等在航空航天、电子信息、能源环境等领域有重要的应用前景。纳米科技作为多学科交叉融合的前沿领域，其发展不仅深刻影响着现代科学技术的发展，也是未来发展高新技术、提升国家核心竞争力的重要源泉。21世纪以来，美国、日本、德国等主要发达国家都对纳米科技高度重视，陆续将其列入国家重点科技发展战略。我国早在2001年由科技部、中国科学院和国家自然科学基金委员会等部门联合制定了《国家纳米科技发展纲要》，之后国务院印发的《国家中长期科学和技术发展规划纲要（2006—2020年）》将纳米科技部署为重大科学研究计划。

微纳米力学是纳米科技的重要组成部分。物质在微纳尺度表现出诸多与宏观尺度迥异的力学行为，这一方面为材料、结构和器件系统的设计提供了全新的力学原理，同时也给传统力学理论及实验技术提出了新的挑战。微纳米力学研究对象的特征尺寸、力学响应、服役环境等都具有明显的极端特征。

先进材料跨尺度的力学性能是其应用和服役的重要指标。由于微纳米材料及结构低维度、小尺度等特性，其基本力学特性的理解与力学参量的测量方面仍存在诸多未解决的问题，有必要发展先进材料跨尺度力学性能的高精度测量技术，以理解先进材料微结构对宏观性能的作用机制。对于微纳米器件，理解其微观结构与宏观性能之间的关联，揭示微纳米材料和结构的稳定性及其在载荷与环境、外场作用下的力学响应是关键问题。例如，微电子器件和微纳机械电子系统中使用的各类薄膜、岛/点状材料与结构界面强度、疲劳、蠕变、断裂等问题是影响微电子器件和微纳机械电子系统性能及服役性能的重要因素。需要指出的是，这些自下而上构筑的碳纳米宏观材料表现出类似于生物体材料的多级次结构特征，如何准确描述其多尺度特征，揭示材料跨尺度力学行为和规律，无论在理论模型还是实验表征技术等多方面都提出了新的挑战。

二、研究现状

近年来，得益于国家科技投入的持续增加和对学术前沿探索的高度重视，我国的微纳米力学研究质量稳步提高，高水平成果不断涌现。在某些领域的研究处于国际引领性地位，如晶体塑性变形机制、非局部梯度塑性理论、表/界面效应理论、范德瓦耳斯器件原理、纳尺度力-电-磁耦合、微纳米摩擦学等。

微纳米材料及结构的小尺寸、大比表面积特性使其在宏观系统中表现出不一样的力学行为。例如，美国北卡罗来纳州立大学朱勇课题组发现单晶氧化锌纳米线弯曲时应力梯度诱发点缺陷迁移，宏观上表现出滞弹性行为；银纳米线也表现出类似的可恢复塑性变形行为。理解这些微纳米材料的力学行为需要系统地建立连续介质跨尺度力学理论体系，并与离散理论体系进行关联，进而发展跨尺度力学理论体系应用于先进材料的力学行为表征。清华大学黄克智院士[4]、中国科学院力学研究所王自强院士[5]、北京大学魏悦广院士[6]、南京航空航天大学郭万林院士[7]、上海大学江进武教授[8]、清华大学徐志平教授[9]、中国科学院力学研究所魏宇杰研究员[10]、哥伦比亚大学

Yevick等、哈佛大学Nelson教授、中山大学王彪教授等针对此类问题进行了深入研究，取得了突出成果。

二维材料及其界面的低维度、小尺度特性，使其基本物性的理解方面仍存在诸多未解决的问题，有必要建立基础的力学理论与模型以理解其新奇物性。对于在器件、材料方面的应用，二维材料的结构稳定性及其在载荷与环境、外场作用下的力学响应至关重要。相对于基于原子、分子间相互作用的原子力学模型，基于位移、应力、应变表述的平均场方法的优势在于可简洁描述、模拟空间尺度远大于晶格常数条件下的力学现象，而其中关键力学参数包括面内拉伸、剪切和面外弯曲刚度、强度等。对于黑磷、硅烯等具有离面位移的单原子层晶体或以MoS_2为代表的多原子层二维晶体而言，在承受面内载荷时，其面内、面外方向上的化学键合均会发生改变。二维材料同质/异质界面处的载荷传递是决定其多层结构力学稳定性的关键因素。二维材料界面剪切相互作用显著依赖于其公度性，即二维材料晶格常数、对称性的匹配，而在多层结构的整体变形中，界面剪切通常与二维材料面内变形耦合而成为一个复杂的多尺度的问题。在基于第一性原理或经验原子势的计算模拟、可描述范德瓦耳斯类型界面相互作用的密度泛函理论、多尺度力学模拟方法等方面，相关学者进行了深入研究。

对于微米尺度以上的大尺寸二维材料，无论是从块状材料中进行剥离，还是通过化学方法直接生长，其中通常存在着大量的空位、位错、晶界等缺陷，对其力学性质有一定影响；与体相材料相比较，二维材料中的缺陷在其中产生的预应力场更加非局域化，且通常会引起结构在面外的翘曲，从而影响其在载荷下的力学响应。

跨尺度力学理论与表征体系要涵盖先进材料的微观信息并充分反映微结构的作用机制。考虑到先进材料微观结构的复杂性，为准确揭示这些先进材料跨尺度力学行为和规律，微观离散与连续体系理论都需要发展并结合微纳米实验表征技术。微纳米材料和结构力学模型的建立与验证离不开跨尺度力学性能的高精度测量表征技术。微纳米结构和材料的特征尺寸处于微纳米尺度，相应的力学实验极具挑战。首先，现有的微米以上尺度的加持加载技术无法直接运用到具有微纳米尺度结构及材料体系，同时测试对象的小尺寸特点决定载荷及位移测试需要具备极高的分辨率。受微纳米尺度材料及结构大比表面积的影响，在先进材料体系自下而上的组装、构筑过程中，表/界面的影响会显著增加，在从微观到宏观尺度过渡过程中，开展跨尺度的力学传递规律研究是保证在宏观尺度实现其性能的最优化所涉及的关键问题。

目前针对二维材料的实验力学测试技术主要包括扫描和透射电子显微镜下的原位加载、纳米压入、鼓泡法等，如图 5-1 所示。利用 Push-to-Pull (PTP) 技术，美国莱斯大学楼峻教授研究组测量了含预置裂纹石墨烯的断裂强度和韧性。康奈尔大学 Park 教授、哥伦比亚大学 Hone 教授等研究组采用纳米压痕技术测量了单晶、多晶石墨烯的面内刚度与强度。相比较纳米压痕而言，鼓泡法将薄膜沉积在多孔基底上，通过薄膜两侧压强差加载实现较均匀的应变场，比较适合二维材料力学的研究。二维材料界面的力学测试可直接或间接进行。清华大学郑泉水院士及其合作者采用石墨微块和多壁碳纳米管实验测量了石墨层间黏附和剪切强度。韩国西江大学 Cheong 研究组、中国天津大学亢一澜教授研究组、中国科学院半导体研究所谭平恒研究员团队采用拉曼光谱方法表征了石墨烯的面内形变、多层石墨烯的层间剪切。综合样品加载的便捷性和薄膜样品中应力、应变场较均匀的特性，微尺度鼓泡法是一种适用于二维材料及其界面力学测试的实验技术。通过控制基底中的微孔结构和二维材料同质/异质多层结构，国家纳米科学中心张忠、刘璐琪研究员等已实现二维材料及其界面的力学加载与测试。

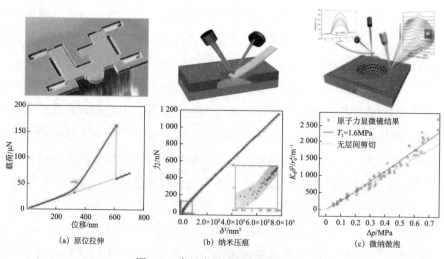

图 5-1　常见微纳米材料测试技术

三、近期重点问题

在过去的二十多年中，随着材料制备技术和工艺的不断发展，许多新型微纳米材料（如微纳米结构金属、微纳米力学超材料、高熵合金等）不断涌现。这些材料由于组成单元的特征尺寸处于微纳米尺度，表现出非常优异的力学性能。

在微纳米结构金属/合金方面，国际上主要关注于它们的塑性变形、断裂及疲劳机理的研究，我国学者取得了具有重要国际影响的研究成果：制备了多种具有梯度晶粒或梯度孪晶的金属及新型高熵合金，克服了传统金属强度与韧性的相互制约，同时借助多尺度模拟方法揭示了新型微纳米结构金属/合金的塑性变形、断裂及其疲劳的微观机理，并建立了材料力学性能与微结构之间的尺度律模型。

在低维纳米材料方面，国际上主要围绕低维纳米材料的奇异的力学行为和力学性能开展研究，我国学者另辟蹊径、深入钻研，取得了重大原创成果：构建了低维材料结构力-电-磁-热耦合的物理力学理论体系，发现了二维材料的水伏效应，建立了石墨烯晶界力学性能与微结构的理论模型，发现了纳米金刚石的超弹性行为。在微纳米力学超材料方面，国际上以哈佛大学、麻省理工学院及加州理工学院等为代表的研究组根据力学原理设计和制备了多种微纳米力学超材料，处于引领地位。我国在这方面的主要进展有：制备了多种可控的且具有奇异行为的电磁/声波/弹性波超材料、具有手性微结构的金属玻璃超材料及兼具高强度和良好可恢复性的纳米点阵材料。总的来说，在微纳米结构金属/合金和低维纳米材料方面，我国的研究水平均处于世界前列，特别是在低维纳米材料方面研究水平稍有领先。然而在微纳米力学超材料方面，我国的研究水平仍落后于国际领先水平。

在微纳结构力学领域，国际前沿研究热点包括界面相互作用、表/界面效应、流-固耦合效应、微纳米摩擦、微纳生物力学等，我国学者也取得了重要成果。例如，我国学者揭示了壁虎类生物黏附组织微纳单元导致的微观黏附力学机制，揭示了北极熊表皮毛发中微米孔道封装空气阻碍热对流的保温机理，解决了 Huh-Scriven 悖论，发现了二维石墨烯通道内的层状水、单层室温二维冰等特征受限结构，测得了低维材料内部分子层间及其与基底接触界面的摩擦力,实现了摩擦力在原子力显微镜上的直接标定,实现了大气环境下石墨/石墨、石墨/MoS_2、石墨/BN 等结构微米和亚毫米尺度的超润滑,揭示了二维材料黏着褶皱效应和原子尺度接触质量对表面摩擦的影响机制。在微纳生物力学方面,广泛研究了生物材料(包括珍珠母、蚕丝等)微纳米结构与其强韧性能之间的关联并揭示了力学机制。

在微纳米力学理论和计算方法方面,我国学者做出了在国际上有引领作用的重要贡献。理论方面,发展了基于表/界面密度的纳米材料弹性力学理论及有限变形框架下的表/界面弹性理论,并给出了不同构型下表面应力的表述,发展了能考虑曲率等非局部效应的高阶柯西-玻恩(Cauchy-Born)准则。计算方法方面,在国际上率先将分子动力学与连续介质力学相结合对断裂行为进行多尺度研究,利用离散原子系统与宏观桁架/刚架结构的相似性发展了原子结构力学,将传统有限元的连续介质框架改为离散原子框架获得了原子有限元方法,将物质点法与分子动力学的计算思想相结合发展了时空多尺度计算方法。

在微纳米尺度材料及结构实验力学测试技术方面主要研究重点包括:基于原子力探针技术的实验测量、微桥实验、纳米压痕技术、基于电镜技术下原位拉伸实验技术、微纳尺度鼓泡变形技术等。微纳尺度界面力学参数的实验力学测试技术方面,在借鉴传统实验力学研究界面方法基础上,可以实现界面关键力学参数的实验测量。但是传统模型能否很好地揭示纳米尺度界面力学行为需要深入考虑。一直以来,传统界面作用下范德瓦耳斯作用力可以忽略,但是针对纳米尺度下的界面力学的影响需要重新考虑,因此需要发展新的界面力学模型进行描述。

伴随表征技术空间分辨率提升,从微米到几十纳米及原子尺度范围,新的界面力学行为和机制不断被发现,如石墨烯自撕裂、范德瓦耳斯界面自旋转等现象。利用传统的界面理论很难解释这些新的物理机制。我国学者在利用原位拉伸-显微拉曼光谱技术测量界面剪切强度、利用自发形成纳米鼓泡进行界面黏附能计算等方面也取得了显著进展。低维纳米材料制备一直追求着连续化、规模化、批量化、大面积的策略。与此同时,这些低维纳米材料在生长、制备、加工、转移等过程中不可避免存在缺陷、形貌、多晶、织构、界面公度不均匀性等影响因素,导致其力学性能往往具有一定的统计特性。因此，从实验测试技术角度不仅需要发展相应方法，同时还需要实现高通量程序化的目标，以获取纳米材料及结构的力学统计特性。

原子尺度下的力学新现象新机制研究。以单层石墨烯弯曲变形机制为例，其抵抗弯曲变形的能力来源于原子面外 π 电子轨道在弯曲时发生的重叠，与面内变形并无直接关联，因而弯曲刚度和杨氏模量已经是两个独立力学参量。传统连续介质力学框架下的非线性薄板理论不再适用。此外，微纳米系统中一个显著的特征是在宏观尺度下比较熟悉的体积力作用变弱，而通常忽略的面积力作用逐渐显著甚至开始主导。这一特征已经在实验中得以体现，如石墨烯的自撕裂行为等。这种面积力扮演重要作用的力学现象可以归类为表/界面效应。针对表/界面效应显著的研究体系，以下一些问题尚需回答：在二维材料体系中，如何理解和预测表/界面效应显著的力学性能？从度量学角度上讲，如何科学表征主导这些行为的表/界面作用力？二维材料实验通常涉及从亚纳米到几微米的几何特征，在回答上述问题时，如何标度并给出适用范围？在较好理解二维材料体系固体-固体切向和法向力的本征基础上，未来的研究方向可以探索亚纳米量级的力学行为。

四、发展趋势与展望

微纳米力学的测试技术在过去的二十多年中得到了快速发展，但是受实验方法、测试技术和力学理论、计算方法等诸多方面制约，仍然存在以下挑战：第一，单个纳米材料及结构的力学行为及本征参数的测量仍然是技术挑战。如针对拓扑缺陷考虑面外变形影响的位错及旋转位移理论还需要进一步发展，有待建立考虑晶格对称性、几何变形等非线性因素及热涨落影响等因素的低维材料及结构的力学模型。第二，先进材料的力学行为具有多级次特征，跨尺度的力学传递规律有待深入研究。虽然基于探针技术、拉曼光谱技术、电镜技术等发展为深入研究理解材料及结构在纳米、微米尺度的力学行为提供了很好的实验技术支撑，但是跨尺度力学传递规律，特别是在原子、亚纳米尺度表/界面影响下的力学行为从力学理论到实验方法还有待发展。此外，多级次结构特征决定了需要发展统计力学的分析方法和高通量的实验技术以准确阐明结构性能间关系。第三，微纳米力学认识的深入有助于推动和促进纳米科学技术发展和应用进程。微纳米材料、结构及器件在复杂工况下的力学响应会对其功能性、可靠性、服役寿命等方面有着重要的影响，动态力学响应的研究及力学行为预测还需要深入探索。

第三节　冲击动力学

一、战略需求与科学意义

冲击与爆炸力学是研究碰撞、爆炸等各类强冲击现象的发生及在其作用下材料与结构的运动、变形和破坏规律的力学分支学科，兼具基础科学和技术科学属性。随着我国新型交通运输技术、航空航天技术、武器装备技术、工程防护技术等飞速发展，冲击动力学问题日渐突出。其中材料和结构动态力学行为和损伤断裂形式、特种材料的爆炸加工与焊接、结构耐撞特性与吸能行为、新型防爆抗冲击材料的研发、武器的设计与优化、防护装备的研发与设计、工程爆破技术等，都与冲击领域的研究密切相关。此外，小行星撞击、行星地质演化等现象的研究也依赖于冲击动力学的发展。特别在国防工业及武器装备的研制与开发中具有极其重要的军事应用价值，其研究成果可为武器设计与防护、结构耐撞性设计、爆炸加工与爆破等工程应用提供理论基础和技术支撑，推动相关技术的发展。尽管大量的国家、地方和行业需求让冲击动力学研究在近二十年来得到飞速的提高和发展，但仍然存在不少瓶颈问题，如：冲击载荷作用下结构设计与优化方法；先进的实验加载技术和快响应、高分辨能力的实验诊断技术；高精度计算方法和普适化的计算软件；高速、超高速侵彻与穿破甲问题等。这些技术瓶颈导致冲击问题难考虑、难观测、难计算、难设计，极大制约了冲击动力学应用，因而也制约了我国在国防、空天、交通、能源、先进制造、民用安全等领域的进一步发展。

对于冲击动力学研究的科学意义在于，该学科突破了传统静力学研究的框架，并不断推动对更小时间尺度力学现象的深入研究，掌握在极短时间和极强载荷下物质的运动规律，从而使人类能够更加全面、准确地认识世界。对基础科学问题的深入研究和深刻理解是解决技术瓶颈的基础和前提。然而冲击问题，尤其是高速冲击问题具有其独特的复杂性和极端性。如图 5-2 和表 5-1 所示，在较低冲击速度时，主要考虑材料和结构的弹性、塑性变形，材料的强度起主导作用；随着速度的增加，黏性效应逐渐占据主导，强度的作用减弱；当冲击速度达到约 1 km/s 时，冲击压力已接近或超过材料强度，此时的材料出现流体行为，而密度成为最重要的参量；冲击速度超过 3 km/s 时，材料可完全视为流体处理，并且可压缩性已经不能忽略；在更高的冲击速度下（超过 12 km/s），固体材料会直接发生气化，产生冲击爆炸。由此可见，不同的冲击速度对应着不同的物理现象，不仅涉及固体的弹塑性行为，还包含固、液、气多相并存，这些都给其力学描述带来了极大挑战。由于时间尺度的极端性，对高速冲击动力学的实验研究也面临诸多困难，如亟须的超快测试与诊断技术、超高速加载技术等；此外，由于缺乏能够描述材料在宽速度范围内响应的统一模型，再加上前述的相变和多相共存，因而进行精确的数值仿真也很困难。总之，冲击动力学兼具应用与科学属性，其具有极端的时间尺度特性，对于这一学科方向的研究不仅具有科学意义，而且可以推动计算力学、实验力学、高压物理学等相关学科的发展。

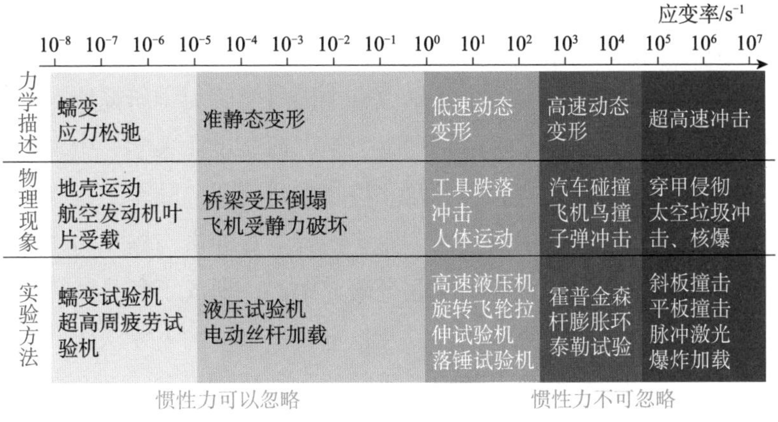

图 5-2 按照应变率划分的力学问题

表 5-1 按照冲击速度划分的力学问题 [11]

冲击速度	效 应	加载方法
>12 km/s	爆炸碰撞（气化）	电炮
3～12 km/s	流体动力学（不能忽略材料的压缩性）	爆轰加速、电炮、气炮
1～3 km/s	材料中的流体行为；压力接近或超过材料强度；密度是主要参数	火药炮、气炮

冲击速度	效 应	加载方法
0.5～1.0 km/s	黏性（材料强度效应明显）	火药炮
50～500 m/s	主要是塑性	机械装置、空气炮
<50 m/s	主要是弹性，局部地点塑性	机械装置、空气炮

二、研究现状

受学科前沿牵引和国家重大需求驱动，我国冲击与爆炸力学研究取得了长足发展。研究成果在国防工业及国民经济建设中发挥着越来越大的作用。冲击与爆炸力学学科的奠基人和开拓者郑哲敏院士、王泽山院士、钱七虎院士分别获得了 2012 年度、2017 年度和 2018 年度国家最高科学技术奖。"非线性应力波传播理论进展及应用"获得了 2012 年国家自然科学奖二等奖，"考虑非均匀结构效应的金属材料剪切带"获得了 2020 年国家自然科学奖二等奖，"飞机典型结构抗鸟撞设计、分析及试验验证技术"获得了 2018 年的中国力学学会科技进步奖一等奖和陕西省科学技术奖一等奖。目前，国内从事冲击与爆炸力学领域研究的主要单位有中国科学院力学研究所、中国工程物理研究院、北京理工大学、南京理工大学、西北工业大学、中国科学技术大学、国防科技大学、北京大学、西北核技术研究所、陆军工程大学、军事科学院国防工程研究院、中国兵器工业集团等。在冲击与爆炸力学领域，还建成了多个国家重点实验室和国际联合研究中心，形成了各具特色、优势互补的爆炸与冲击动力学研究基地，以及稳定、高水平的人才队伍。据不完全统计，国内从事冲击与爆炸力学相关研究的人员超过万名，经常活跃在科技前沿的高校教师、科研院所研究人员也超过了 1000 人。

我国学者在冲击与爆炸力学领域中取得了一系列的重要研究进展，主要涵盖以下领域：材料动力学、结构冲击动力学响应及防护、冲击加载和测试技术、爆破工程和爆炸加工、计算爆炸力学等。国外研究方面，宇宙空间殖民、电磁发射、战略防御、无核战略攻击、装甲/反装甲、行星科学及核聚变等研究引领了超高速研究的复兴。在超高速冲击研究中，另一个推动力是行星科学。根据亚利桑那（Arizona）大学的月球和行星实验室的 H. J. Melosh 的计算指出，月球和地球相比，其成分的主要差别可以用地球尺度的星体与火星尺度的星体相碰撞来解释；由 Luis Alvarez 及其同事们报告的证据指出，白垩纪的灭绝（也就是恐龙的死亡）是由于宇宙大物体对地球的撞击造成的；由美国喷气推进实验室（Jet Propulsion Laboratory，JPL）的 Eleanor Helin、美国地质勘探局的 Eugene Shoemaker 和其他人发现的以很高概率撞击地球的大型近地球小行星的稠密度，行星和月球的大气演化已表明受到冲击现象的严重影响。此外，冲击聚变具有一些胜过常规约束聚变概念的优点。据报道，将一个超高速粒子发射到聚变室，如果速度能达到 100 km/s 的量级，冲击聚变看来很可能有能力提供超过 30 倍的增益，而激光爆聚实验提出这种增益在任何条件下都难以得到。另外，电磁推进同样比激光更加有效，通过技术发展更接近于 10～100 MJ 的功率值，这样的能量是聚变所需要的。

三、主要研究进展

前文概述了在冲击与爆炸力学领域的研究现状及我国学者取得的主要进展，本部分将以案例的形式详细介绍部分典型研究成果，包括非线性应力波传播理论、考虑非均匀结构效应的金属材料剪切带、飞机结构抗鸟撞设计和高速侵彻方面的研究进展。

（一）非线性应力波传播理论

冲击载荷以极短时间发生高强度的加载和卸载为特征。与准静载荷下的力学问题相比，必须考虑两种动力学效应，即结构中惯性效应和材料力学特性的应变率效应，前者导致波传播效应的研究，后者导致材料的本构关系和失效准则的应变率效应研究。这两种效应既互相依赖，又互相耦合，构成了问题的难点，而应力波理论是解决各种爆炸与冲击问题的基础和主线。

从 1981 年开始，宁波大学王礼立教授团队对被忽视的卸载波和卸载效应开展系统研究。他们首次确定了加载-卸载边界在各种条件下的传播规律及其定量确定方法；首次揭示了不同粒子高速冲蚀损伤这类卸载失效的共同作用机理，为雨、冰、雹、沙等对高速飞行器的冲蚀现象的研究提供了理论分析基础。团队首创了弱非线性热黏弹性本构模型（简称 ZWT 模型，由朱兆祥、王礼立、唐志平提出），并建立了相应的非线性黏弹性波理论框架，提出了"有效传播时间"和"有效传播距离"等新概念。此外，在动态碎裂及其与应力波的相互作用方面，也取得了突出成绩，创建了绝热剪切演化的"应变-应变率-温度"三变量热黏塑性本构失稳准则，并推广到剪切带与裂纹相互作用问题；建立了快速加载下脆性材料大面积碎裂模型，揭示了卸载波影响碎片特征尺度及其分布的机制，提出了碎片尺度的评价公式。该项工作获得国家自然科学奖二等奖。

（二）考虑非均匀结构效应的金属材料剪切带

剪切带是一类广泛存在的塑性变形局部化失稳现象，形成过程具有极端时间尺度（微秒量级）和极端空间尺度（微米量级）特性。本征上，具有特征厚度的剪切带是一种远离平衡态的动态耗散结构，其涌现与演化是材料内部多种速率依赖耗散过程高度非线性耦合控制的时空多尺度问题。传统金属材料剪切带经百余年研究，逐渐形成了以热软化为主控机制的热塑剪切带理论，并获得了广泛的应用。该项目团队以颗粒增强金属基复合材料和非晶合金为模型材料，研究了材料内禀的非均匀结构效应如何影响甚至颠覆热塑剪切带的传统认知，显著推动了剪切带理论的发展，形成了具有鲜明特色的系统性的原创研究成果。主要成果包括：①发展了颗粒增强金属基复合材料应变梯度依赖的热塑剪切带理论；②建立了内蕴非均匀结构效应的非晶合金剪切带新理论；③提出了一种新的原子团簇运动模型——"拉伸转变区"，澄清了非晶合金剪切带诱致断裂过程中的能量耗散机制，即裂尖剪切主控"剪切转变区"和体胀主控"拉伸转变区"两个耦合元过程的固有竞争。该研究成果系统揭示了材料内禀非均匀结构效应如何影响甚至颠覆热塑剪切带的传统认知，显著推动了剪切带理论的发展，在国际上产生了重要的学术影响。该项工作获得国家自然科学奖二等奖。

（三）飞机结构抗鸟撞设计、分析与试验验证技术

鸟与飞机共享一片蓝天，相互碰撞不可避免。飞机与鸟的碰撞直接威胁着航空运输安全，轻则导致飞机严重损伤，重则机毁人亡。鸟撞问题是典型的冲击动力学问题。针对我国抗鸟撞"设计能力差、试验装备精度低、仿真分析误差大"三个核心问题，我国科研人员开展了"飞机结构抗鸟撞设计、分析与试验验证技术"研究，实现了我国飞机结构抗鸟撞设计理念、地面模拟试验装备、数值仿真分析技术的自主创新，如图5-3所示。这方面研究取

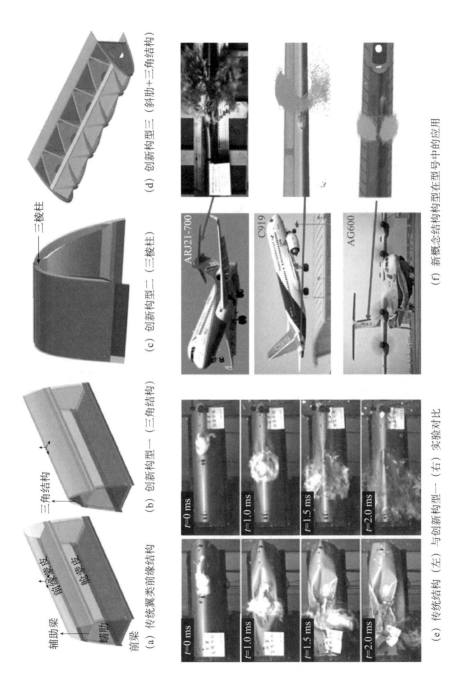

图 5-3　机翼前缘三种创新构型示意图

得的主要研究成果如下：①针对传统"结构局部加强"导致结构增重严重的问题，提出了翼类前缘结构"撞击能量疏导"的新理念，发明了抗鸟撞新概念翼类前缘结构，既提升了结构抗鸟撞能力，又减轻了结构重量，解决了飞机结构抗鸟撞设计能力差的问题；②针对大口径空气炮破膜开启技术难度大、精度难以保证的问题，基于非平衡压力下的运动分析及进气口优化设计，发明了大口径空气炮快速开启装置，研制的鸟撞试验装备鸟体发射速度控制精度提升至3%，解决了鸟撞试验装备精度低的难题；③针对仿真精度差而难以指导设计的问题，通过大量的试验研究与分析，建立了鸟体、结构材料和铆钉连接本构参数数据库，发现了鸟体本构参数与撞击速度的依赖关系，集成开发了国内首个飞机结构抗鸟撞设计与数值分析综合专用软件，分析误差小于15%，解决了仿真分析误差大的问题。

研究成果应用于 ARJ21-700、蛟龙 600（AG600）、MA700、C919 等飞机结构的抗鸟撞设计中，产生了显著的经济和社会效益。该项工作获中国力学学会科技进步奖一等奖和陕西省科学技术奖一等奖。

（四）高速钻地武器技术

动能侵彻战斗部是对混凝土、岩石等硬目标的侵彻与爆炸联合作用的常规武器，该类战斗部依靠自身动能侵入目标内部并通过延时或智能引信引爆高能炸药从而有效打击掩体内部设备和人员。动能侵彻战斗部要达到"打得狠"的效果，需要满足侵彻深度大、毁伤威力大两个条件，而侵彻深度是毁伤威力的先决条件。因此，不断提升侵彻深度将是动能侵彻战斗部未来发展的主要方向。当前取得的主要成果主要针对反深层工事钻地弹、反多层加筋混凝土靶板动能弹及混凝土结构目标抗爆轰问题（图 5-4），研究钢筋混凝土的破坏过程及抗侵彻破坏能力，多层加筋混凝土和新型防护材料及弹体材料的动态本构关系及其在极端载荷条件下的计算技术和表征方法，建立侵彻力学模型，发展抗爆震抗过载、动态断裂韧性、结构抗冲击等实验检测技术，建立毁伤和防护理论分析模型，为侵彻弹药设计和抗侵彻新型结构设计提供理论依据（图 5-5）。

图 5-4　钻地武器作用效果示意图

各类亚音速、超音速侵彻弹　　超声速、高超声速侵彻弹　　超高速动能武器

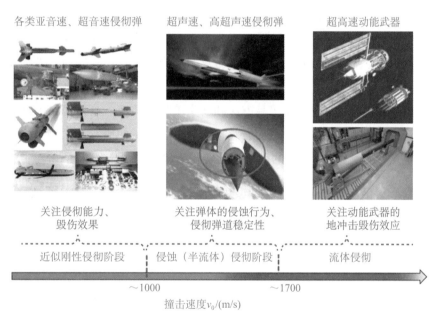

关注侵彻能力、　　　关注弹体的侵蚀行为、　　关注动能武器的
毁伤效果　　　　　侵彻弹道稳定性　　　　地冲击毁伤效应

近似刚性侵彻阶段　　侵蚀（半流体）侵彻阶段　　流体侵彻

～1000　　　　　～1700

撞击速度v_0/(m/s)

图 5-5　高速侵彻的不同阶段

（五）高速地冲击武器技术

超高速动能武器主要以地冲击效应的形式实现对地毁伤，对深地下战略防护工程头部等关键部位构成严重威胁，防护能力面临全新的挑战。目前国内外在工程抗超高速动能武器防护技术研发方面，缺乏可靠的毁伤效应评估关键指标和系统的设计计算方法及相应的实用化技术手段作支撑。我国科研人员针对高速地冲击武器的主要研究成果如下：①开展侵彻破坏区能量分配规律、地冲击压力衰减波形特征、波幅峰值影响范围和持续时间的研究，针

对超高速侵彻及地冲击传播过程高分辨率观测、微变数据记录和环境模拟控制的综合实验手段、室内相似模拟结果与原型实验验证的相似规律开展研究；②获得可靠的毁伤效应评估关键指标和系统的设计计算方法，为相应的实用化技术手段作支撑，采用计算实验方法深入系统研究超高速动能弹的侵深、成坑及地冲击效应理论与计算方法。

四、发展趋势与展望

近年来，随着动高压加载与测试技术、材料和结构的动态变形和破坏的多尺度理论、结构动力学与安全防护技术、计算机模拟技术等的发展，高速冲击已进入一个崭新的发展阶段，未来必将在民用安全、航空航天和武器装备、交通运输、先进制造等领域发挥更重要的作用。对比我国与国外的发展现状，展望未来：需要着重开展冲击动力学的基本理论、基本规律、基本方法与研究手段研究，进行新实验方法和新实验技术研究、高效高精度计算方法研究等，积极扶持大型动态加载及检测仪器和设备的研制、大型自主仿真软件的开发等。当前所面临的挑战和发展趋势包括以下几个方面。

（一）能够描述材料在不同冲击速度下响应的统一力学模型

如前所述，固体材料的力学响应具有强烈的加载速度相关性。冲击速度较低时，主要考虑材料和结构的弹塑性变形，固体材料的强度起主导作用；冲击速度逐渐增加时，黏性效应逐渐占据主导；当冲击速度达到其压力已接近或超过材料强度时，材料出现流体行为，材料密度成为最重要的参量；冲击速度进一步增加时，材料的可压缩性已经不能忽略；在超高的冲击速度下，固体材料会直接发生气化，产生冲击爆炸。由此可见，不同的冲击速度对应着不同的物理现象，不仅涉及固体的弹塑性行为，还包含固、液、气多相并存，这些都给其力学描述带来了极大挑战。目前，在不同阶段对于材料力学行为有不同的描述方法，对应于不同的数学和物理模型，而建立一个统一的模型一直是力学工作者追求的目标。

（二）超高时间分辨率实验与测试技术

冲击问题的特点是时间极短，而针对这一问题的实验研究的难点和挑战主要包含两方面：一是超快测量与诊断技术，如帧频 10^6 s^{-1} 以上的高速摄像技术、帧频 10^6 s^{-1} 以上的高速测温技术、高时空分辨率的高速显微技术等，这些技术目前多依赖于国外进口，需要尽快发展，实现自主可控；二是高速加载实验技术，如速度超过 8 km/s 的发射技术、高速多轴同步加载技术等，仍需要开展进一步研究。

（三）高速冲击数值仿真技术

由于冲击特别是高速冲击问题的复杂性，不但涉及固体的变形、失效，还涉及固-液转变、液-气转变等复杂物理过程，因此数值仿真方法的建立也面临诸多困难。此外，大型自主仿真软件一直是我国学术和工程领域的一个短板，在高速冲击软件方面也亟须自主软件的开发。

（四）大着速下弹靶响应机制

随着弹体着靶速度的提高，弹体经历了从刚性侵彻到半流体侵彻，最终到流体侵彻的转变过程，其侵彻破坏机理大不相同。对于不同的弹靶组合，侵彻临界速度各异。针对不同弹靶材料如何计算侵彻临界速度、高速/超高速侵彻过程中弹靶响应、弹靶破坏机制等问题尚不清楚。此外，弹体侵蚀效应及抗侵蚀技术也需要开展进一步研究。目前在更高速度范围下弹体产生侵蚀现象的物理机制、侵蚀效应对弹体的侵彻性能的影响规律方面取得了一定的进展，但对于弹体抗侵蚀技术及材料方面的研究不足。亟待开展弹体高速侵彻时抗侵蚀效应的物理机制研究。

（五）超高速侵彻冲击毁伤效应

目前正在研制的超高速动能侵彻武器对地冲击毁伤速度达马赫数约 5～15，具有侵彻机制独特、毁伤效应倍增的特点，对地下防护目标构成严重威胁。国内在超高速动能弹对地打击侵彻、地冲击毁伤效应机制研究中，与常规钻地武器相比，现有侵彻理论因主要集中在金属靶体采用流体动力模型而缺乏对超高速侵彻冲击毁伤效应的准确描述，相关分析理论尚属空白。

第四节　超高周疲劳

一、战略需求与科学意义

疲劳破坏是材料或者构件在受到交变往复荷载而发生断裂失效或性能衰变的现象，是造成重大装备及工程设施中关键部件失效的主要原因之一。据统计，近80%的工程灾害与疲劳破坏有关[12]。以发动机涡轮转子叶片的失效为例，一项对我国航空发动机涡轮转子叶片失效的调查研究显示，在20起失效事件中，有19起是疲劳断裂失效。疲劳破坏行为是一种时间历程相关的破坏，与材料的损伤积累过程有关。它的破坏现象存在两个显著特征：首先，即使循环加载应力远小于静强度极限，甚至明显小于材料弹性极限的情况下，破坏仍可能发生，但破坏失效不是立刻发生，而是要经历一段时间加载历程，甚至很长的时间变动加载；其次，即使对于塑性材料（延性材料），疲劳破坏前往往也没有显著的变形。这两个特征导致了疲劳破坏具有显著的不确定性和隐蔽性，这给针对抗疲劳破坏所开展的工程结构及装备的安全设计、灾害预防、健康监测等带来极大挑战。

疲劳按照破坏前的循环周次可分为低周疲劳、高周疲劳和超高周疲劳。随着更高效率新型装备在工程领域中的应用，一些核心零部件单位时间内承受的循环载荷次数明显增加。这使得结构部件在设计寿命或实际使用服役期内的循环加载次数进入超高周疲劳范畴，即达到了10^7或更高循环周次，例如设计寿命超过1万小时的民航发动机部件等。近年来，一些部件因超高周疲劳导致的断裂事故引起科研工作者和工程师对超高周长寿命疲劳的高度重视。美国普·惠公司在为第四代战机F-35研制F136型航空发动机时，两次整机可靠性检验均因涡轮叶片超高周疲劳破坏而失败，并严重滞后了该型战机的研发进度（图5-6）[13]。澳大利亚运输安全局对一架从墨尔本起飞时发生事故的空客A330飞机的事故调查显示：飞机发动机叶片由于超高周循环载荷发生了断裂继而造成整个发动机损毁[14]。自2001年美国空军首次将10^9疲劳断裂问题写入年度报告，航空发动机相关部件的超高周疲劳性能成为强制性设计要求。正是由于F-22战斗机的超声速巡航发动机反映出的耐久性问题，2004 年美国国防部正式将超高周疲劳写入航空发动机结构完整性大纲 MIL-HDBK-1783B 并提出航空发动机所有部件必须有不少于 10^9 周次的寿命。我国的军用航空发动机规范 GJB-241A 也在 2010 年版本中新增了对钛合金部件 10^9 次循环寿命的耐久性要求。2018 年，美国空军将超高周疲劳实验研究列入最新的国防基金科研计划（编号：AF181-058），以期发展一种快速评价材料长寿命可靠性（$10^7 \sim 10^9$ 循环周次）的实验和分析方法。可见高可靠长寿命已经成为航空发动机必须检验的指标，超高周疲劳破坏研究成为一个迫切的需求。

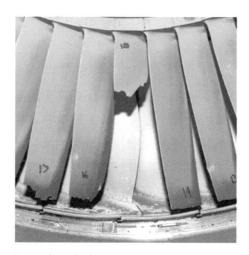

图 5-6 航空发动机叶片受超高周载荷疲劳破坏

　　超高周疲劳破坏涉及的另外一个主要领域是高速轨道交通，这也是工程需求推动科学研究迈向新领域的典型案例。其背景就在 1998 年 6 月 3 日，一辆从德国慕尼黑开往汉堡的高速列车在途中突然出轨，造成世界高铁历史上第一次严重的伤亡事故。从 2008 年 8 月我国第一条高速列车京津城际运营至今，高速列车的许多零部件包括车轮、制动盘轴承等都经历了 10^8 周次，有的甚至 10^{11} 周次的疲劳载荷。铁路车轮疲劳的特点一般表现为滚动接触下周次高于 10^7 的疲劳行为。近十年铁路车轮辋裂和剥离统计结果表明通常是由内部（深度约为 10～25 mm）和亚表面（距踏小于 10 mm 的深度处）夹杂引起的疲劳破坏（图 5-7），里程在十万公里甚至百万公里以上。按照车轮直径，对应的疲劳寿命为 $10^7 \sim 10^9$ 周次，属于超高周疲劳。

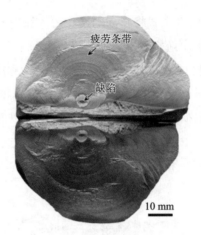

图 5-7　高铁车轮疲劳断口

图片来源：https://doi.org/10.1016/j.engfailanal.2019.01.047

近年来，核电领域也更加关注超高周疲劳破坏问题，其原因在于两个方面：核电站整体设计寿命长、接头及弯头的数量多。1998 年 5 月，法国 CIVAUX1 号核电站（N4-1400 mwe 型压水堆）的反应堆排热系统（RHRS）发生泄漏（30 m³/h），在 304 L 奥氏体不锈钢弯管中发现了 180 mm 的穿壁裂纹。在对这些奥氏体不锈钢部件进行冶金检验和损伤分析评估后，确定了开裂的主要根源是超高周疲劳断裂。

超高周疲劳破坏最新涉及的一个领域来源于人类对于外太空探索的更高要求。一方面，随着地球卫星的商业化竞争和地球轨道垃圾的日益增多，要求卫星的在轨工作设计寿命提高，其中必然要求一些循环受载的功能部件使用寿命逐渐提高；另一方面，伴随对更远更深太空的探索需要，太空飞行器设计寿命需求也不断增加（图 5-8）。此外，由于太空中阻尼很小，任何小的扰动都需要经过更多周次的往复形变才能恢复稳定，这使得一些原本按照静力构件设计的强度和安全问题不得不考虑疲劳破坏，甚至是超高周疲劳破坏。最后，比核电更加苛刻的维修条件和更换成本决定了航天设备绝大多数部件采用全寿命设计，即部件的循环载荷寿命要求远高于传统地面设计。

其他如生物医学工程中的人工植入体、微电子工业中的集成芯片、能源工业中长距离油气输送管线等也都涉及超高周疲劳问题。

超高周疲劳之所以被独立划分为一个疲劳研究方向，主要是其表现出两个新的基本特征，与人们对传统疲劳破坏行为认识有所区别。第一个特征是

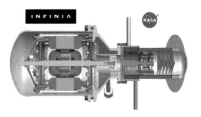

(a) 美国某火星能源装置效果图　　　　　(b) 关键弹性元器件

图 5-8　美国某火星能源装置效果图和关键弹性元器件图

在低于疲劳极限的应力循环幅值下，经过超高周次疲劳加载仍然会发生疲劳断裂。打破了传统疲劳断裂理论关于低于疲劳极限载荷材料将达到无限寿命的认知。而这个低应力幅甚至不足材料弹性极限的一半，这给结构设计带来新的问题，即对于较低的变动载荷是否需要考虑疲劳破坏。第二个特征是通过对高强钢、钛合金等结构材料的超高周疲劳断口形貌分析发现，疲劳裂纹的萌生自材料内部开始，形成典型的"鱼眼"状，这也不同于传统疲劳断口的疲劳辉纹形貌。断口形貌特征反映出其形成机理的变化，传统的疲劳裂纹由表面缺陷或滑移挤入挤出机制不能够解释超高周疲劳裂纹由内部萌生的现象及形成"鱼眼"断口的机理。这两个现象反映出的科学问题是，对于材料在低循环应力幅超高周次加载历程下内部损伤的形成机制仍然不明，对于裂纹形核发展的规律不清楚，研究超高周疲劳载荷下材料断裂机理、损伤累积规律及抗疲劳破坏因素等是多个行业重大装备及关键构件的安全设计、健康监测及定寿延寿的理论基础，对开发具有抗疲劳性能的新材料具有重要指导意义。

二、研究现状

在超高周疲劳研究方面，由于新型疲劳试验设备的应用和加速疲劳实验技术的发展，学术和工程界对材料超高周疲劳性能演变、失效机制及寿命预测原理的探索在过去 20 年成为疲劳研究的热点之一。自 1998 年由 Bathias 教授在法国巴黎联合创办国际超高周疲劳会议到 2017 年该会议在德国德累斯顿召开，国际超高周疲劳会议受到越来越多科技工作者的关注和参与。值得一提的是，2014 年第六届国际超高周疲劳会议（VHCF-6）是该会议首次在中国举办，也说明了我国学者在相关领域的学术水平和国际贡献。目前这一领域的研究也取得了显著成果，一些关于材料超高周疲劳力学行为和破坏损伤机理的新发现或新特征已被学术界普遍接受。Bathias 对传统的疲劳极限概念提出质疑，通过 $10^6 \sim 10^{10}$ 周次的疲劳断裂数据证明，即使应力幅低于疲劳极限，材料仍然可以在更多的循环载荷下发生疲劳破坏，认为包含超高周范围的 S-N 曲线更适合基于全寿命设计的部件[15]。高强钢的 S-N 曲线在进入超高周阶段后，首先出现一个平台，然后随着疲劳寿命的增加，疲劳强度再次进入下降区间。在统计了多种高强钢的疲劳数据后总结了这一规律并称之为超高周疲劳的"二次型下降"特征。Wang 等[16]通过疲劳断裂机理分析发现，随着加载循环进入超高周阶段，疲劳裂纹萌生位置由表面缺陷转变为内部夹杂处萌生，并对内部起裂萌生区形貌特征进行了总结。"氢助裂纹萌生"机理、"球状碳化物析出分离"机理、"细晶层形成与分离"机理、"大数往复挤压"机理相继被提出用以解释超高周疲劳裂纹的内部萌生机理。Hong 等[17]对裂纹萌生区"细晶区"（fine-granular-area，FGA）进行计算得出：存在一个裂纹应力强度因子阈值且该值不受超高周寿命影响。Paris 等[18]通过计算断口长裂纹阶段扩展寿命反推出超高周疲劳裂纹的萌生占总疲劳寿命的 90%以上，该结论得到其他学者的验证。由此可见，对于超高周疲劳问题，防止或者延缓初始裂纹的萌生对长寿命材料起决定性作用。研究多轴超高周载荷下位错运动特点、损伤演化规律、缺陷萌生机理显得更加重要。Mughrabi[19]统计多种材料在超高周的疲劳断裂特征后发现，一些材料在超高周阶段所特有的 S-N 曲线形式与材料的 PSB 阈值及不可逆塑性阈值有关。Wang 等[20]利用超声疲劳实时原位显微方式连续观测了 10^{10} 周次内表面塑性滑移累积，对低循环应力下位错的滑移行为进行了表征归纳。除了疲劳性能和断裂机理的研究之外，围绕超高周疲劳问题的一些特色研究相继出现。法国 DISFAT 项目和意大利 CERISI 项目从能量角度研究热耗散和塑性累积之间的关系；美国空军科研局项目利用原位扫描电子显微镜（in situ SEM）实验研究了超高周疲劳短裂纹的超低速扩展行为[21]。随着近年来国内对于航空和高铁等制造业发展需求提高，北京航空航天大学、中国航发北京航空材料研究院、空军工程大学研究团队分别对多种新型航空材料开展了超高周疲劳性能研究；西南交通大学、北京交通大学、山东大学的研究团队分别对高铁材料进行了超高周疲劳分析；华东理工大学对焊接材料的超高周疲劳问题进行了系统研究。四川大学、中国科学院力学研究所、中国科学院金属研究所对超高周塑性累积和损伤失效等方面也开展了深入研究。

三、主要研究进展

（一）仪器设备

要研究超高周疲劳破坏问题首先需要解决实验方法问题。常规疲劳试验设备包括旋转弯曲疲劳试验机和电液伺服疲劳试验机。旋转弯曲疲劳试验机驱动光滑标准棒状试样以固定转速旋转，标距段承受按正弦规律变化的弯矩载荷，最大载荷位置在试样表面，试验频率小于 200 Hz。电液伺服疲劳试验系统发展于 20 世纪 60 年代初期，传统电液伺服阀的频宽为 2～100 Hz。谐振式电液伺服高频疲劳试验系统在输入功率减小的情况下（约为传统电液伺服疲劳试验系统的 1/50～1/10），试验频率可以得到提高，一般范围为 10～350 Hz。利用常规疲劳试验设备，完成 10^9 周次的疲劳试验至少需要 38 天，而获得一种材料疲劳强度（S-N 曲线）通常需要数十个有效样品数据，因此系统开展超长寿命疲劳行为的研究成为遥不可及的事情。法国研究团队首先成功搭建了基于压电陶瓷技术的超声加速疲劳试验系统，并首次成功实现了对超薄片材料、管状材料、棒状材料及高温高压氢环境下的超长寿命（10 亿周）疲劳试验，该系统可实现 20 kHz 的加载频率，将疲劳试验效率提高 60 倍以上，试验方法和系统上的突破让超长寿命疲劳行为研究成为可能，该系统已成为超长寿命疲劳研究最有效的仪器，在法国、德国、日本、美国等工业发达国家广泛使用。在超声疲劳试验过程中，虽然施加载荷远低于宏观屈服强度，试样处于宏观弹性范围，但是由于加载频率非常高，对于内阻尼较大的材料，试样升温现象不可忽视。为了避免温度影响被测材料的疲劳行为，一般需要控制试样的温升小于 10 ℃。

超声疲劳试验系统正不断发展与完善，四川大学疲劳断裂课题组在 2014～2019 年完成了国家自然科学基金国家重大科研仪器设备研制项目"复杂载荷-环境下超长寿命疲劳振动加速综合试验系统研制"。该重大专项改变了国内超声疲劳仪器设备条件现状（即只能在自然环境条件进行单轴拉压循环加载），首次建立了复杂载荷和多环境超声疲劳测试的综合试验平台。复杂载荷下的超声疲劳系统包括：变应力比超声疲劳测试、扭转超声疲劳测试、三点弯曲超声疲劳测试、振动弯曲超声疲劳测试及微动磨损超声疲劳测试。复杂环境下的超声疲劳系统包括：不同的温度环境（-200～1000 ℃）和不同的加载环境（真空、腐蚀气体、腐蚀液体）。该综合试验系统为国内航空航天、核电、高铁、桥梁、生物医学等领域特殊服役材料的超长寿命服役行为研究提供了有效可行的试验平台。已在汽轮机高温转子、航空发动机叶片和桥梁波形钢腹板等领域中获得直接工程应用，取得显著经济效益。

（二）超高周疲劳的裂纹萌生机制

对于疲劳失效，疲劳裂纹的发展过程大致分为微裂纹形核与萌生、微裂纹扩展、宏观裂纹稳态扩展、宏观裂纹失稳扩展等阶段。通过疲劳裂纹扩展试验、断口定量分析等方法，结合断裂力学理论可以大致推算出各阶段的疲劳寿命。

大量研究证明，对于超高周疲劳失效，疲劳裂纹萌生阶段所消耗的寿命占总寿命的绝大部分（>90%）。因此，揭示超高周疲劳失效的裂纹萌生机制具有重要意义。

在超高周疲劳研究中，对于夹杂物引起的内部裂纹，"鱼眼"（fish-eye）形貌是其典型的断口特征，如图 5-9 所示。在"鱼眼"内部，采用光学显微镜观察可以看到一个特征区域，该区域明显较暗，即所谓的"光学暗区"（optically dark area，ODA）。该特征区域是超高周疲劳失效的独特特征，因为在低周疲劳和高周疲劳失效中未发现类似的实验现象。值得注意的是，作为裂纹萌生源的夹杂物一般就位于该特征区域内部，因此该特征区域也是裂纹萌生与初期扩展的痕迹，值得深入研究。

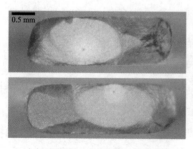 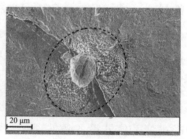

(a) 宏观断口内部"鱼眼"特征　　　　　(b) 裂纹形核区形貌

图 5-9　超高周疲劳典型断口形貌

目前，关于微裂纹萌生阶段和微裂纹初期扩展阶段的界定暂时还不明确。基于断口形貌和断裂力学，大量的试验结果显示，该特征区域（FGA）尖端所对应的应力强度因子值几乎为一个常数，而且约等于疲劳裂纹扩展试验所获得的裂纹扩展应力强度因子门槛值。可以将内部裂纹的发展大致分为四个阶段：特征区域对应的裂纹萌生阶段（包括微裂纹的形核、萌生及初期扩展）；从特征区域边缘到"鱼眼"边缘对应的裂纹稳态扩展阶段（符合Paris 公式）；"鱼眼"边缘以外对应的裂纹非稳态扩展阶段；瞬断区对应的最后断裂阶段。

最后两个阶段消耗的总疲劳寿命很短，假设忽略它们，则可以通过 Paris 公式反推特征区域的平均裂纹扩展速率。有研究发现，裂纹扩展速率的大概范围是 $10^{-9}\sim10^{-10}$ mm/cycle。显然，它甚至远小于一个晶格尺度。对于该现象的解释目前主要有两种：第一，微裂纹的形核与萌生消耗大部分疲劳寿命；第二，微裂纹的初期扩展是间歇性进行的，并非每个加载周次都会发生微裂纹扩展。

（三）裂纹扩展与寿命预测

疲劳裂纹扩展速率是工程构件损伤容限分析的重要依据，也是进行疲劳寿命预测的基础，因此是结构材料力学性能的重要指标。尽管实验测试上更困难及高频下动态裂纹行为检测的困难造成了超高周疲劳裂纹扩展方面的研究相对较少，但仍然有一些阶段性进展获得了认可。

Stanzl-Tschegg 通过重复两步超声疲劳断裂试验，获得了裂纹扩展速率 $\frac{\mathrm{d}a}{\mathrm{d}N}$ 在 10^{-12} m/cycle 的 ODA 或 FGA，$\frac{\mathrm{d}a}{\mathrm{d}N}$ 低于 10^{-11} m/cycle 的光滑区，以及高于 10^{-9} m/cycle 的外 Paris 定律区的裂纹扩展速率与断裂形态的比较。王清远等通过预腐蚀超声疲劳断裂试验，观测了小裂纹扩展特性及裂纹门槛值附近 $\frac{\mathrm{d}a}{\mathrm{d}N}$ 在 10^{-12} m/cycle 的裂纹速率扩展行为。此外，Daly 课题组、王海东、周敏、美国 McDowell 课题组分别围绕超高周疲劳问题开展了卓有成效的工作。

在传统的工程设计理念中，耐久寿命和疲劳裂纹扩展门槛值之间有本质的区别，因为前者是在安全寿命服役概念的框架内，而后者是损伤容限的重要部分。为确保安全有效的疲劳设计，既需要了解全寿命过程疲劳裂纹萌生与扩展行为的控制机制，又需要了解这些机制与微结构特征、应力强度因子/阈值等及宏观力学性能的关联。这需要实验分析与数值模拟的进一步协同来更精准地描述及量化微观结构特征，裂纹萌生和早期扩展机制与过程，驱动力及断裂形态等。

四、发展趋势与展望

（1）发展更加符合重大装备工况条件的实验方法。建立标准统一的实验规范，并对超声频率加速疲劳方法的频率效应进行分析，形成加速实验方法的有效性理论。面对航空航天、高铁、核电等关键领域重大装备长寿命、高可靠性需求，发展核心部件极端服役环境下（高温、高压、低温、真空、腐蚀、辐照等）材料→构件→结构加速疲劳实验方法及其系统。研究超声频率加速疲劳的频率效应和环境耦合效应，建立超声加速疲劳实验的有效性理论；针对典型工况，研制超声加速振动疲劳实验系统，建立标准统一的实验规范。

（2）建立类似基因工程的材料超高周行为数据库，为工程装备的定寿延寿提供数据基础。超高周疲劳失效问题中最重要的一个问题是：什么因素导致了超高周疲劳失效？作为疲劳失效过程的"黑匣子"，大量疲劳断口分析表明：虽然超高周疲劳裂纹萌生与初期扩展寿命占疲劳总寿命的绝大部分，但疲劳裂纹萌生发生在微观尺度，物理机制复杂多变，难以量化。因此，想要基于微观力学特征参量，建立具有物理意义的力学模型预测材料的超高周疲劳性能目前是难以实现的。对于实际工程中超高周服役的工程装备，想要解决定寿延寿问题，一种切实可行的方案可能是：通过试验直接获得不同材料的超高周疲劳基础数据，然后建立类似基因工程的材料超高周疲劳数据库，再借助大数据、人工智能等方法进行寿命预测，从而解决该非确定性问题。

（3）发展一个统一的超高周疲劳寿命预测模型，为健康监测提供理论依据。开展超高周疲劳寿命预测与可靠性评估方法研究，探索材料微观结构或异质相与超高周疲劳寿命之间的影响关系，拟合构建考虑材料微观特性的超高周疲劳寿命预测模型。进一步基于蒙特卡罗和鞍点近似等耦合概率统计方法结合数值模拟手段研究超高周疲劳损伤演化机理，研究损伤与寿命预测模型中各随机变量的不确定性。探索工程中小样本条件下高精度和高鲁棒性的随机不确定下的疲劳可靠性分析方法及模糊不确定下的疲劳寿命预测及可靠性分析方法，发展并构建一个面向工程应用的超高周疲劳预测模型，满足工程中对关键构件的超高周疲劳寿命预测并实现疲劳可靠性分析和延寿设计，保障工程构件服役运行的可靠性和安全性。

（4）极端多场耦合环境下材料的长寿命服役性能数据、损伤行为及相关失效机制，以及极端环境-超长寿命疲劳耦合实验-理论体系，是国家重大装备与结构亟待研究的关键问题。为此，开展典型失效机理特征表达方法与极端环境影响因素聚类分析，研究服役性能及极端复杂环境动态演化规律和多场耦合机制，准确表征力热化学耦合作用下材料宏观服役性能与极端环境之间的构效关系，构建基于实际服役环境和材料微观结构特征的微观-宏观多尺度性能评价体系，发展基于多尺度失效机制的超高周疲劳损伤定量评估理论方法，提出高可靠性疲劳强度与寿命的定量评价技术，形成完备的疲劳力学理论，为极限环境条件下产品可靠性/耐久性分析、验证及评估提供技术支持。

第五节 本章小结

极端时空尺度的力学是极端力学研究的最主要方面，对极端时空尺度力学的研究不仅有助于拓展传统力学的思维方法和理论框架，而且对我国的航空航天、兵器国防、交通运输、海洋装备、先进制造、电子信息、能源环境等领域的技术发展和产业升级具有重要的战略意义。本章全面介绍了极大、极小、极快、极慢等条件下的力学研究现状和研究进展，并对极端时空尺度下的力学研究进行了展望。当前，极端时空尺度下的力学研究仍然面临着诸多挑战，需要更多的学者为之奋斗。存在的主要问题及潜在的研究方向包括以下几个方面。

（一）极大空间尺度力学方面

以空间太阳能电站为代表的空间超大型航天器受到世界航天大国的重视，而目前对空间太阳能电站动力学与控制的研究尚处于起步阶段，有很多动力学与控制问题仍未得到解决，同时也有很多新的动力学与控制问题等着去探索。一方面，超大尺度空间系统在轨运行阶段的动力学与控制问题是一类典型的高维、强非线性、约束系统的动力学与控制问题，同时这些航天器的在轨动力学分析与控制又都需要长时间稳定的、精确的数值解。对于此类问题，主要困难在于：若采用常规的数值计算方法，系统许多真实的本质物理特性难以在长时间数值仿真中保持，从而失去了求解非线性问题的根本意义。另一方面，复杂、变化、不确定的空间环境会带来超大尺度空间系统复杂的非线性动力学行为。因此，空间环境对超大尺度空间系统轨道、姿态和结构振动的影响及其控制方法是最受关注的问题，其难点在于：结构的超低频振动会引起系统的姿-轨-柔-控耦合问题，在这种情况下如何保证姿态控制精度和发射天线型面精度。超大型空间系统的设计、建造与维护过程涉及光学、力学、材料、机械、通信、控制等多个学科的问题，其多学科分析、设计与优化是未来发展的必然趋势。

（二）极小空间尺度力学方面

在自然界中，原子在纳米尺度组装在一起，从而具有了各种各样新的功能，结构功能一体化是其最重要的特征。过去二十多年微纳米力学在理论、模拟和试验领域得到了蓬勃发展，一方面支撑了材料、结构和器件系统的设计，同时也为传统力学理论、计算方法和实验技术提出了新的挑战。微纳米力学的进一步挑战包括：如何更加精准地表征和测量单个纳米材料及结构的力学行为及本征参数；如何在掌握力学性能跨尺度传递规律的基础上，发展和设计具有微纳结构、性能优异的新的材料体系；如何实现纳米材料在极端服役条件下的性能。

（三）极快时间尺度方面

需要着重开展冲击动力学的基本理论、基本规律、基本方法与手段研究。例如，由于在不同的时间尺度对于材料力学行为有不同的描述方法，对应于不同的数学和物理模型，如何建立一个统一的模型一直是力学工作者追求的目标。在时间尺度极小时，对实验技术提出更高的要求，一是超快测量与诊断技术，如帧频 $10^6\ \mathrm{s}^{-1}$ 以上的高速摄像技术、高速测温技术、高时空分辨率的高速显微技术等；二是高速加载实验技术，如速度超过 8 km/s 的发射技术、高速多轴同步加载技术等，仍需要开展进一步研究。在数值仿真方面，由于冲击特别是高速冲击问题的复杂性，数值仿真方法的建立面临诸多困难，大型自主仿真软件一直是我国学术和工程领域的一个短板，在高速冲击软件方面也亟须自主软件的开发。此外，基于超高冲击速度的武器装备作用机制的研究较为匮乏，如大着速下弹靶响应机制、超高速侵彻冲击毁伤效应等还需要进一步深入研究。

（四）在极大时间尺度方面

需要着重开展加速实验的基本原理、基本方法、可靠性分析及失效规律和破坏理论的研究。尽管是极大时间尺度的科学问题，但在技术层面需要在有限的、合理的时间内获得相应的结论，必然涉及对加速实验方法的进一步探索，获得短时效应和长时效应的映射关系。特别是在考虑多因素时间历程时的耦合响应问题。此外，极大时间尺度的问题从另外一个角度也是认识一些力学行为难题的可能突破点。例如固体力学中的断裂问题，当断裂失效的发生可以映射到一个极大时间尺度时，对于阐明更加细微的断裂破坏机理就更加清晰。因此，基于极大时间尺度的加速实验理论及方法开展包括构件超长寿命耐久性研究有助于突破现有认知，服务于工程装备不断提升的长寿命可靠性需求。

本章参考文献

[1] Glaser P E. Power from the sun: Its future[J]. Science, 1968, 162(3856): 857-861.

[2] Sallaberger C. Canadian space robotic activities[J]. Acta Astronautica, 1997, 41(4-10): 239-246.

[3] 张素英, 邓子辰. 非线性动力学系统的几何积分理论及应用[M]. 西安:西北工业大学出版社, 2005.

[4] Jiang H, Huang Y, Hwang K C. A finite-temperature continuum theory based on interatomic potentials[J]. Journal of Engineering Materials and Technology, 2005, 127(4): 408-416.

[5] Tang Q H, Liu X L, Chen C, et al. A constitutive equation of thermoelasticity for solid materials[J]. Journal of Thermal Stresses, 2015, 38(4): 359-376.

[6] Jiang Y, Wei Y G, Smith J R, et al. First principles based predictions of the toughness of a metal/oxide interface[J]. International Journal of Materials Research, 2010, 101(1): 8-15.

[7] Liu X F, Pan D X, Hong Y Z, et al. Bending poisson effect in two-dimensional crystals[J]. Physical Review Letters, 2014, 112: 205502.

[8] Jiang J W, Chang T C, Guo X M, et al. Intrinsic negative poisson's ratio for single-layer graphene[J]. Nano Letters, 2016, 16(8): 5286-5290.

[9] Gao E L, Xu Z P. Thin-shell thickness of two-dimensional materials[J]. Journal of Applied Mechanics Transactions of the Asme, 2015, 82(12): 121012.

[10] Wei Y J, Wang B L, Wu J T, et al. Bending rigidity and Gaussian bending stiffness of single-layered graphene[J]. Nano Letters, 2013, 13(1): 26-30.

[11] 张庆明, 黄风雷. 超高速碰撞动力学引论[M]. 北京:科学出版社 , 2000.

[12] 傅国如, 禹泽民, 王洪伟. 航空涡喷发动机压气机转子叶片常见失效模式的特点与规律[J]. 失效分析与预防, 2006, 1(1): 18-24.

[13] Bolkcom C C. Proposed termination of joint strike fighter (JSF) F136 alternate engine[R]. CRS Report for Congress, 2006: RL33390.

[14] Australian Transport Safety Bureau. Engine failure involving Airbus A330 (VN-A371)[R]. ATSB Transport Safety Report, 2017, AO-2014-081.

[15] Bathias C. There is no infinite fatigue life in metallic materials[J]. Fatigue & Fracture of Engineering Materials & Structures, 1999, 22: 559-565.

[16] Wang Q, Bathias C, Kawagoishi N, et al. Effect of inclusion on subsurface crack initiation and gigacycle fatigue strength[J]. International Journal of Fatigue, 2002, 24(12): 1269-1274.

[17] Hong Y, Lei Z, Sun C, et al. Propensities of crack interior initiation and early growth for very-high-cycle fatigue of high strength steels[J]. International Journal of Fatigue, 2014, 58: 144-151.

[18] Bathias C, Paris P. Gigacycle fatigue of metallic aircraft components[J]. International Journal of Fatigue, 2010, 32(6): 894-897.

[19] Mughrabi H. Specific features and mechanisms of fatigue in the ultrahigh-cycle regime[J]. International Journal of Fatigue, 2006, 28(11): 1501-1508.

[20] Wang C, Wagner D, Wang Q, et al. Very high cycle fatigue crack initiation mechanism according to a 3D model of persistent slip bands formation in alpha-ferrite[J]. Fatigue & Fracture of Engineering Materials & Structures, 2015, 38(11): 1324-1333.

[21] Geathers J, Torbet C, Jones J, et al. Investigating environmental effects on small fatigue crack growth in Ti-6242S using combined ultrasonic fatigue and scanning electron microscopy[J]. International Journal of Fatigue, 2015, 70: 154-162.

编　撰　组

组长：郭亚洲

成员：朱志韦　张先锋　王　宪　张　忠　张田忠　刘璐琪

第六章
极端流动与输运

　　极端流动与输运已成为极端力学研究的重要课题之一，主要包括多相多组分、微纳尺度、超重力、强电磁场、超高温燃烧等极端条件下的流体力学问题。这些问题的解决常常涉及电磁场等多场耦合、流-固耦合、相变、燃烧等物理化学过程和表/界面以及极大极小尺度等极端条件，将对传统流体力学研究的理论［如纳维-斯托克斯方程］提出新的挑战。因此，亟须构建极端条件下流体力学的理论体系框架，建立国家级极端条件下流体力学实验设施，发展相应的数值模拟方法和软件，从而拓展和丰富流体力学的研究内容。基于此，本章第一节介绍了多相和多组分湍流极端条件下的流体力学问题的研究现状、研究进展与发展方向，第二节和第三节分别针对超高速流体力学和微纳尺度流动极端条件下的极端流动及其输运特性进行了总结，第四节和第五节详细论述了高聚物湍流和等离子体流动的研究进展与发展方向，第六节和第七节详细总结了页岩气开发中的极端流动与输运和先进发动机极端工况下的湍流燃烧的流体力学理论体系研究现状、研究进展和近期重点关注问题。

第一节　多相和多组分湍流

　　众多湍流系统包含多相或多组分，典型示例包括海洋中的气泡和浮游生物、泥石流及石油管道输运的油水气混合物等。研究多相和多组分湍流对于航空航天、国防科技、能源环境等国家重大需求具有重要意义。例如，在石油工业中，输油管道中输运的介质通常是油、水和气泡的混合流体，如何在如此复杂的多相流动中降低管道摩擦阻力是工业界需要解决的重大问题，这就需要深入理解多相和多组分湍流的输运规律和物理机制；大气和海洋的相互作用涉及夹带气泡和液滴的复杂湍流运动，提高对台风等极端天气的预测能力则依赖于对多相和多组分湍流复杂物理过程更深入的理解；多相和多组分湍流也在沙尘暴治理、污染物弥散等环境问题中起着重要作用。

同时，多相和多组分湍流研究也具有重要的基础科学意义。湍流自身具有强非线性和强非平衡性，包含许多强耦合的自由度。多相和多组分的引入使得系统控制参数成倍增加，湍流问题变得更加丰富。分散相与湍流的相互作用与许多参数有关。当分散相为气泡或液滴时，还需考虑界面变形，将引入新的相间相互作用自由度。分散相破裂和合并过程等复杂动力学演化也会改变宏观流体响应。对于带有相变的体系，分散相和流体之间则会有更加复杂的质量、动量和能量耦合。

自然界和工业中的多相和多组分湍流往往具有高体积分数和高雷诺数的特点。在这样的极端条件下，多相和多组分湍流将变得更具挑战性。

在高体积分数条件下，分散相的平均间距减小，会显著影响湍流的发展和结构，可能使得单相湍流中经典的力学规律不再适用，在高体积分数下会出现新的物理效应。例如，固体颗粒碰撞等分散相之间的直接相互作用变得更加重要，使得多相和多组分湍流与低体积分数下的情况有本质区别。高体积分数的分散相会对湍流的整体和局部特性产生重要的影响，其中很重要的一点是改变整体流变特性，即改变宏观上剪切应力和剪切率的关系。这在优化和设计相关工业过程中具有重要的应用，有望减小摩擦阻力，增强传热等。

实际情况中的多相和多组分湍流往往处于高雷诺数的极端条件，给相关研究又带来巨大的挑战。这是由于对单相的高雷诺数湍流现仍缺乏全面的认识，而在高雷诺数的多相和多组分湍流中，湍流和分散相的相互作用会更加剧烈和复杂，在高雷诺数湍流中分散相的性质、单相湍流及低雷诺数多相和多组分湍流的规律在该极端条件下能否适用等都亟须进一步研究。

一、颗粒湍流

颗粒湍流指颗粒与流动相互掺混形成的湍流分散体系。颗粒湍流普遍存在于自然界中，在风沙治理、泥石流预测与防治、国防军工装备的运行和维护等众多环境问题和工业过程中也有极广泛的应用。风沙治理的研究对改善人民生活环境、防灾减灾等具有极重要的意义。一方面，颗粒与流体之间界面的存在，使得颗粒湍流具有与单相湍流不同的动力学特性；另一方面，湍流场的随机性加上分散颗粒的分布随机性，使得颗粒湍流体系的复杂程度远高于对应单相湍流。尤其是在工业中常见的高雷诺数、高体积分数的极端条件下，这两者的差异更加显著。

研究者已经得到了载有悬浮颗粒和重颗粒的湍流在不同尺度下的颗粒动力学和湍流调制，而浮力效应对颗粒运动影响的相关研究仍十分匮乏 [1]。浮力产生的湍流 [2]、对流与环境治理中的不稳定流动密切相关 [1]。浮力效应的内在规律及两相之间的相互作用机理等，未被完全理解。研究颗粒的浮力效应的基本控制量有两个，即反映惯性力与浮力比值的弗劳德数和反映浮力与黏性比值的伽利略数。当考虑颗粒是气泡或液滴时，其形变也会对颗粒-湍流相互作用产生影响，这时浮力与表面张力之比也变得十分重要。

根据分散相颗粒的体积分数不同，颗粒-湍流相互作用有显著差异。系统宏观的流动响应依赖于分散相微观尺度的流动特性。以固体颗粒悬浮体系为例，当体积分数很小时，分散相之间的相互作用可以忽略，加入的悬浮颗粒会增加混合物的有效黏度 [3]。然而，高分散相体积分数的颗粒湍流体系更加普遍，对这一极端条件下的颗粒湍流体系研究存在很大的挑战性。随着颗粒之间的平均距离变小，颗粒之间的流体动力学相互作用不可忽略。当体积分数进一步增大时，颗粒之间的直接力学相互作用也越发重要。这些变化会对悬浮液流变响应产生重要影响，有效黏性会迅速增大。在高体积分数下，流体则会表现出非牛顿流体的特性，即宏观上剪切应力和剪切率的关系，如剪切变稀和剪切增稠。当体积分数非常大或接近体积分数极限时，有效黏性会急剧增大，系统发生阻塞现象，流动停止。在极高体积分数时，考虑和理解颗粒之间的接触相互作用是极高体积分数悬浮液的一个核心问题，当距离过小时，颗粒所带的电荷、水分、范德瓦耳斯力等表面能相互作用产生重要影响，这时颗粒的表面粗糙度、形状对颗粒湍流的动力行为也会产生影响。极高体积分数湍流涉及更多相互间作用力，大幅增大了数值仿真的困难。

高雷诺数的极端条件下的颗粒湍流也在许多实际应用中普遍存在，尤其在常见的大流速的旋转机械、高强度的搅拌等工业过程中，还有飞行起飞着陆过程中地表风沙对发动机叶片的磨蚀等[4]，都是极高雷诺数的湍流冲击动力学行为。一方面，极高雷诺数湍流本身已有的实验与理论研究还有所欠缺；另一方面，分散颗粒的随机性则使得体系的复杂程度更高，因此，极高雷诺数下的颗粒湍流仍然是一个值得进一步研究的问题。

二、气泡湍流

当湍流流动中散布有不同体积分数的气泡或轻颗粒时，这些粒子的集体行为经常应用于大多数带有粒子的湍流工程，并产生可观的效果。以湍流泰勒-库埃特（TC）为例，在高雷诺数的极端条件，气泡的减阻机理与低雷诺数不同。当 TC 系统处于强旋转的高雷诺数模式下时，TC 流中涡旋的稳定相干结构不再存在，流动为高强度湍流。此时，气泡仍可用于减少阻力，即气泡的可变形性对于减阻起到至关重要的作用。在这种参数空间内，阻力减小的程度随着雷诺数的增加而增加。在 TC 系统中加入表面活性剂，引起气泡的破裂，并且可以有效防止气泡的合并效应，从而使大的、可变形的气泡被微小的、变形性很小的微气泡所取代[5]。

气泡在高雷诺数湍流中的运动特性更加复杂。例如，TC 系统处于高度湍流的极端状态时，气泡会受到液体速度脉动和压力脉动的剧烈影响，这些脉动足以使气泡流动区域的体区间扩散，从而引起气泡在系统内的重新分布。此外，在高温等极端条件下，湍流系统中包含相变，由此产生的分散相会显著改变湍流输运特性。将 TC 系统进行流动、热和相变耦合，通过加热 TC 系统的内圆筒，使工作液体沸腾产生蒸汽泡，以研究在单种相态及产生相变的两种相态相比较的减阻效果。

总结起来，当系统处于高度湍流的极端状态时，浮力、气泡可变形性和向心效应都会对气泡的分布及湍流结构的发展等产生极大的影响，因此都是影响减阻的重要因素。并且高体积分数下，气泡间、气泡和流体之间都会产生相互影响，系统不再是单一耦合状态。当流动和相变相耦合时，相变导致气-液相互转化，进而使系统的质量实现再分配。更进一步，当系统的压力和温度达到临界状态时，湍流结构和分散相的相互作用机制会进一步被调制，这给研究减阻问题增加了新的难度和挑战。

在传热系统中，气泡的运动可以有效地引起冷、热液体的混合。和单种工作液体相比，在系统中额外注入气泡可以使其传热系数提升约百倍。气泡等离散相通过湍流系统原有的相关结构，例如边界层，显著改变湍流输运特性。研究表明，在热壁面处，高气泡体积分数可以增强传热[6]。在高温等极端条件下，系统相变的发生会显著影响湍流系统的热输运。应用上一种思路是针对单种组分的传热系统，将系统温度增加到超过该液体的沸点，从而使其沸腾产生气泡[7]。但是由于节能和保证安全稳定等原因，不允许工作液体自身产生沸腾，并且希望系统远离（超）高温（超）高压的状态，这使得单组分和相变耦合的方法不再适用。这就促使发展新的多相传热增强思路：在工作液体中加入少量的低沸点液体，使低沸点液体沸腾，从而保证在工作液体不沸腾的前提下能享受到相变传热带来的传热效率的增加，相变引起质量和热量在不同相态之间的再分配[8]。

三、多组分湍流

多组分湍流通常指两种或多种互不相溶的液体组分相互掺混形成的湍流分散体系。一方面，组分与组分之间界面的存在，使得多组分湍流具有与单组分均相湍流不同的动力学特性；另一方面，湍流场本身的随机性加上分散液滴的分布随机性，使得多组分湍流体系的复杂程度远高于对应单组分湍流[9]。

以双组分湍流为例，其重要的研究方向是液滴分散特性，涉及液滴的变形、破碎与合并过程，以及其与湍流场的关系[10]。液滴本身的变形与液滴之间合并等过程对于液滴的分散特性及整个体系的流动特性均有影响。目前双组分湍流的研究基本都局限于低体积分数下，分散液滴只是适应湍流体系的研究，仍然可以近似采用单一组分液体的经典湍流理论。然而，高分散相体积分数的双组分湍流体系更加普遍。相关研究的挑战在于，一方面，由于大量液-液界面的存在，湍流发展已不同于单组分情况下的湍流发展，采用稀疏分散相条件的湍流模型对液滴的运动及其破碎与合并等的预测已经不再准确，分散液滴本身的动力学行为还不能得到很好的描述；另一方面，双组分湍流中的液滴和湍流之间具有强耦合作用。

随着分散相体积分数的变化，双组分体系的有效黏度将发生显著变化，这对工业过程中的湍流减阻具有重要价值。与固体颗粒悬浮体系的流变特性不同，液液双组分体系的分散液滴本身受流场影响，具有变形性与尺寸分布特性，这些对于体系整体的流变特性具有显著影响。高体积分数的双组分湍流存在相反转现象，即在一定条件下连续相转变为分散相，而原来的分散相转变为连续相的过程，不仅是流动形态上的转变，更伴随着体系一系列流动特性的变化。

除高体积分数之外，高雷诺数的极端条件也是许多实际应用中双组分湍流的特性。这种情况下，双组分湍流研究难度更加明显，主要体现在：一方面，高雷诺数湍流本身已有的实验与理论研究还有所欠缺；另一方面，分散液滴的随机性使得体系的复杂程度更高。实际情况下，多组分湍流中往往需要考虑表面活性剂的影响，表面活性剂能够显著改变多组分湍流的演化过程，其倾向于聚集在液-液界面位置，能够显著改变界面张力系数，进而改变液滴尺寸的分布。同时，活性剂在界面的浓度分布也会形成界面张力梯度。总而言之，活性剂的加入不仅改变了液-液界面的行为，也通过界面与周围流场的耦合作用，改变了整个体系的动力学特性[11]。目前的实验手段还难以对这些界面附近的物理量进行准确的测量，多组分湍流的数值模拟在捕捉分散液滴的拓扑形态及其变化上也存在模型构建的困难[12]，而活性剂的引入对实验和模拟的手段都构成了新的挑战。

四、研究展望

高体积分数、高雷诺数等极端条件下的多相和多组分湍流仍有许多挑战性的问题值得深入研究。例如，分散相和湍流具有剧烈的相互作用，分散相直接相互作用，气泡和液滴复杂的融合和破裂过程，分散相对湍流发展和结构的影响，以及在湍流减阻、增强掺混等方面的应用。极具潜力的研究课题还包括：在湍流中加入各向异性的浮力颗粒，可能显著增加湍流中的能量；改变旋转的惯性矩或浮力颗粒的质心位置也可能对湍流产生很大的修正；上升气泡和浮力颗粒的尾迹不稳定性在强湍流中是否仍然存在的问题。对极端条件下多相和多组分湍流的研究需要发展有效的实验方法和测量手段，包括发展高速成像、激光多普勒测速（LDA）等，以对分散液滴形态等物理量进行测量分析；开发出能够同时对载体和分散相进行完全分辨的测量的实验技术。

第二节　超高速流体力学

一、需求情况

现代高速飞行器研制是开展超高速流动问题研究的重要驱动力，随着飞行马赫数提高，流动性质发生变化。超高速的飞行条件，对高速飞行器动力系统提出了更高的要求，也颠覆了传统低速飞行器的设计理念，对高超飞行器的设计、热防护及控制系统都提出了极大的挑战。超高速条件下的转捩、湍流、激波等问题，既是重大基础空气动力学问题，又是制约超高速飞行器发展的极端物理问题，直接关系飞行器研制成败。

伴随超高速流动产生的还有极端条件下的气动热。航天飞行器再入大气层或飞行器在大气层内高超声速巡航时，强烈的激波压缩与飞行器表面边界层内的黏性阻滞耗散，会使得飞行器周围流场中出现极高的温度。以"阿波罗"号航天飞船再入过程为例，其飞行马赫数（Ma）达到 35 左右，飞船头部温度高达 11 000 K，气体分子内部的振动能被完全激发，气体各组分在高温下发生不同程度的离解。此时，气体的热力学特性相对于完全气体发生较大变化，气体高速流动的同时伴随着显著的热化学反应，这些现象被称为高温效应或高温真实气体效应。另一个值得注意的极端情况是，当飞行高度较高或局部膨胀过于剧烈时，空气密度的显著降低会使其分子平均自由程随之增大，表征平均自由程与流动特征长度之比的克努森（Knudsen）数显著增大，从而出现稀薄流效应。

高超声速飞行器周围流场在高温作用下激波后的气体会发生复杂的化学反应，并进一步发生分子电离，在飞行器表面形成一层由电子、多种离子、多种中性粒子组成的复杂组分的等离子体流场包覆在飞行器的周围，形成"等离子体鞘套"。等离子体流场的存在会影响电磁波的传播，电磁波的交变电场驱动等离子体鞘套中的自由电子与中性粒子发生无规则碰撞，使得电磁波发生反射、散射和折射及能量衰减，在衰减低于天线接收阈值时通信中断，造成飞行器与地面站之间的无线通信不能正常工作，即产生"通信黑障"，从而影响对飞行器的导航和制导[13, 14]。

通信黑障是临近空间飞行器研制面临的重大挑战，对高超声速飞行器等离子体流场进行研究具有非常重要的意义。高温真实气体效应、黑障效应、稀薄流效应，都是飞行器在极高的速度条件下遇到的极端流动物理现象，这些效应的存在使得飞行器面临极其严峻的力热乃至电磁环境，显著制约了当前高超声速飞行器的设计研制与性能优化。

高超声速飞行器在极端的气动力/热环境下，其结构受到高焓超高速气流的强烈冲刷与持续非均匀气动加热。壁面温度的改变将影响到外围流场的流动特征和气动加热，该变化又将导致新的壁面响应。同时，结构材料受热后物理属性的非均匀性会引起结构刚度和结构模态的变化，对结构的静/动热气动弹性性质造成极大的影响。此外，高温下飞行器材料表面与超高声速流动将发生强烈的非线性耦合作用。常见防热材料的粗糙和多孔壁面会改变超声速边界层湍流结构及动量和能量传递机制，可能导致正反馈发生，即局部热流密度迅速增大，材料所受的热应力加大，造成表面开裂、机械剥离及化学烧蚀加剧，这对飞行器极端条件下气动力热环境和材料损伤评估都十分关键。

高超声速推进系统内部的超声速燃烧反应流是一种燃料在超声速气流中混合燃烧的物理化学过程。高超声速冲压发动机由进气道、隔离段、燃烧室和尾喷管四大部件组成。超燃冲压发动机需要经历一个由压缩、加热、膨胀、排气组成的热力循环过程才能将燃料燃烧的热能转化为有用功，而其中的瓶颈是实现高效率、低阻力的混合与燃烧。高马赫数条件下来流气体雷诺数高，湍流脉动异常剧烈、激波/膨胀波和边界层相互作用等因素不仅使得燃烧过程异常复杂，而且使得维持这种超声速燃烧变得非常困难，这种情况在高超声速气流的作用下将变得更加严峻。加之空气来流速度高，燃料在燃烧室驻留时间非常短，燃烧室要在如此短的时间内完成燃料的混合、雾化、蒸发、掺混、稳定燃烧等一系列过程，还要同时能实现高效的能量转化和较小的压力损失，其难度不言而喻。为研制出真正实用的高超声速飞行器，需要在超燃冲压发动机中实现稳定高效的燃烧，亟须解决发动机中稳焰与燃烧稳定性等一系列问题[15]。

对于高超声速飞行器，如果能够借助激波、边界层转捩、激波与边界层干扰进行主动控制，可以改善飞行器的内外流特性，提高飞行器性能。但是，超高速流动具有高马赫数、强黏性等极端特性，传统的机械式等手段难以适用于超高速流动的主动控制，利用快速响应、高频、高能的等离子体，能够实现对超高速非反应流和反应流的有效调控。

二、研究现状

为揭示超高速条件下的关键空气动力学问题，研究人员在转捩、湍流、激波边界层干扰等方面开展了大量研究工作。在超高速条件下，边界层的感受性在较低速条件下更趋复杂，边界层外的扰动还会以快声波和慢声波的形式直接或间接诱发边界层内的不稳定波。在扰动的演化方面，还存在 Mack 模态波，不同马赫数条件下占据主导地位的非线性过程并不相同，扰动增长的多样性导致转捩过程的多样性。湍流的动力学特征和热力学特征相互关联，流动动能的大幅增加引起温度的大幅变化。但随着流动马赫数的不断提高，基于脉动速度的马赫数将与来流马赫数处于同样的数量级，从而形成大的脉动速度散度和强脉动压力，影响超高速飞行器的气动性能，使得气动力特性和热流特性的预测变得极为困难。激波会导致流动参数沿纵向的大梯度分布，将产生局部强耗散区和很强的内在压缩效应，导致壁湍流脉动及黏性耗散急剧增强[15]。激波作用下的边界层变形、增厚及流动分离所带来的位移效应可显著改变超声速流道的等效截面和壁面形状，从而对主流产生显著影响。伴随着激波边界层作用的大尺度非定常分离流动可以导致高速飞行器表面气动力和气动热载荷迅速变化[16]。

超高速条件下的气动热问题对于临近空间内长航时飞行的高超声速飞行器往往具有更严峻的挑战，尽管飞行马赫数不高，但巡航飞行所积累的气动加热量使得飞行器热应力变形和表面烧蚀问题十分显著。目前国内外针对超高速流动条件下气动热力学相关问题开展了大量的试验与数值模拟研究工作。在飞行试验方面，包括美国系列高超声速验证机 X-43A、X-51A 及 HTV 的多次验证性飞行都开展了气动热数据的收集。在地面试验方面，气动热问题的观测研究以各类高焓激波风洞为主，代表国外先进水平的高焓激波风洞主要有美国的 LENS 系列、俄罗斯的 Y-12 等，我国也相应建成了以中国科学院 JF10、JF12 等为代表的一系列不同规模的高焓激波风洞/脉冲风洞。同时，随着气体动力学理论的不断完善与计算机技术的飞速发展，数值模拟也成为研究气动热力学的重要手段，热化学非平衡流模型、热辐射模型等越来越多地被开发并应用于高速高温环境下的流动数值模拟，国内外诸多计算流体力学软件集成了基于不同气动热力学模型的计算模块。

超高速流气动力-热-结构耦合是流场、温度场、应力场和位移场等多个物理场的紧密耦合，物理过程极其复杂，且具有强烈的非线性，其耦合模型、耦合机理等问题是当代航天研究领域中的热点与难点之一。从物理本质上来讲，该多物理场耦合问题主要涉及流体和固体两种介质，其耦合的最本质机理是流体介质内的高超声速气动热力学问题与固体介质内的热-结构动力学问题通过流-固耦合界面发生相互作用的复杂物理过程。超高速流动与壁面相互作用导致的烧蚀、氧化、高温辐射、变形与失效等问题是多学科交叉的复杂科学问题，并已成为发展高超声速技术亟待解决的重大基础问题。

超高速流动通过激波产生的高温会使气体发生化学反应，形成超高速等离子体流，从而产生了复杂的气动力-热-化-电磁多场耦合问题。该耦合问题具有多过程、高动态、强非线性、非均匀性的特点，传统的单流体模型难以描述这种等离子体。冲压发动机燃烧室内的超声速燃烧过程十分复杂，燃烧流场中充满激波、混合、湍流、边界层，以及它们与化学反应动力学的相互作用，因此对超高速反应流的研究需克服众多难题。目前对燃烧流场复杂结构的认识仍不充分。例如，超声速来流条件下的激波/膨胀波系及其与边界层的相互作用、化学反应的非平衡效应等多种因素使得超燃冲压发动机中的燃烧过程异常复杂，需要进一步深入研究 [17]；另一个需要重点关注的是与时间有关的谐振非稳态燃烧问题，表现为火焰在燃烧流道中往复传播。超燃发动机燃烧室宽范围、燃烧鲁棒性、发动机调控和稳定工作的要求已经凸显出对该问题研究的迫切性 [18]。

超高速非反应流和反应流主动控制的重要手段是采用等离子体。等离子体对超高速非反应流的主动控制包括控制激波边界层干扰、控制边界层转捩和流动分离等。目前根据等离子体放电类型的不同，超高速非反应流主动流动控制激励器主要有介质阻挡放电、直流辉光/弧光放电和火花放电合成射流等类型[19]。等离子体对超高速反应流的主动控制主要是强化点火和助燃。在等离子体作用下，能够实现宽马赫数范围超声速气流中氢气、乙烯等燃料的强化点火，可以显著增加初始火核面积，有效缩短点火延迟时间，并且能够增加燃烧室壁面压力，有助于增强燃烧和促进火焰稳定。

三、研究进展

（一）超高速空气动力学

近年来国内关于超高速条件下弯曲边界层的研究发现，流向曲率和压力梯度会显著地改变边界层的时均和湍流特性，揭示了流向曲率、压力梯度和体积膨胀/压缩等关键因素的影响规律[20]。对于超高速流动中的激波边界层相互作用，国内外对激波诱导分离流动的非定常特性展开了深入研究，激波边界层干扰流场中湍流不仅受到激波压缩作用的影响，同时还受激波系结构的时间/空间振荡、流线凹曲不稳定效应及逆流反馈效应的影响。分离流动的不稳定特性不仅会影响进气道工作状态及其启动性能，还会与下游发动机隔离段、燃烧室内部非定常流动/燃烧同样耦合。

（二）超高速流动气动热力学

受制于高温真实气体效应、黏性干扰效应及尺度效应的影响，超高速流动条件下气动热力学的试验研究面临重重困难，近年来，诸多学者基于飞行或地面试验数据开展了气动热的研究分析。美国针对 AVT-136 飞行器相关飞行与地面试验中获取的气动热数据开展了详细的研究分析[21]，并利用不同后处理统计方法对气动热数据进行理论建模。中国科学院、中国空气动力研究与发展中心等国内多家研究单位基于地面试验数据，辅以理论分析和数值模拟，开展了大量的高超声速流动中的热力学、热化学反应等气体物理问题研究。在稀薄流效应的研究方面，在介观气体动理学基础上发展出了一大类将连续流与稀薄流进行统一计算的高效数值方法，包括徐昆、李志辉、郭照立等提出的确定论形式的统一气体动理学格式，气体动理学统一算法和离散统一气体动理学格式等方法，以及粒子形式的多尺度的统一粒子 BGK（Bhatnagar Gross and Krook）方法和统一气体动理学波-粒子方法等。

（三）超高速流气动力-热-结构多场耦合

高超声速飞行器的发展对于超高速流气动力-热-结构多场耦合问题的研究提出了迫切需求。在过去的几年中，对多场耦合问题的理解有了长足的进步。西北工业大学、北京航空航天大学、南京航空航天大学、大连理工大学等单位发展了流-固耦合计算的数值方法，哈尔滨工业大学、中国科学院、中国空气动力研究试验中心等单位开展了超高速流气动力-热-结构耦合作用试验，主要研究高速飞行器的防热结构材料与高温高速来流气体的相互作用。气动力/热环境与材料耦合问题是一个涉及物理、化学、材料、力学等多学科交叉的复杂科学问题，未来亟须在多尺度多物理场耦合模型、试验方法及理论分析上开展更为深入的研究。

（四）超高速流气动力/热/化-电磁多场耦合

在等离子体流场模拟方面，主要的数值模拟方法有多流体磁流体动力学（MHD）模型和单流体 MHD 模型。多（双）流体 MHD 模型将等离子体的每种成分假设为一种独立的流体，并假设每种流体均处于局部热力学平衡，但不同流体之间并不处于局部热力学平衡。将多流体模型进行简化，把等离子体行为假设为一个准中性导电流体，所有成分均假设为局部热力学平衡，并具有相同温度，可以得到单流体的磁流体动力学方程。单流体的 MHD 模型将等离子体视为一个单一的、准中性的磁化流体，无法捕捉电子的运动情况。近年来，国内外很多学者利用多流体模型研究高超声速等离子体的电磁-流场耦合问题。密歇根大学 Kim 团队利用双流体模型模拟了外加正交电磁场下的等离子体特征参数。Berton 和 Roland、Hakim 等扩展了经典的兰金-于戈尼奥（Rankine-Hugoniot）关系，为 MHD 激波捕捉模拟开辟了新的途径。Laguna 等在此基础上考虑了等离子体的部分离解和化学反应。然而，这些研究均未考虑不同粒子间的碰撞对完整磁流体动力学方程求解的影响。西安电子科技大学研究组采用双流体模型在考虑电子碰撞的基础上，研究了同时施加电磁场下的等离子体鞘套特征及对通信黑障的缓解程度。

（五）超高速燃烧反应流

在超声速气流中组织燃烧具有较高的难度，高马赫数来流气体雷诺数高[22]。通过增加火焰稳定器创造低速回流区和局部高温区不仅能为点火燃烧提供必要的驻留时间，而且能为持续燃烧提供稳定的热源。事实上，它已成功地应用于2013年进行飞行试验的X-51的SJY61发动机[15]。非稳态燃烧问题涉及声学、火焰动力学及流体力学稳定性，近些年来实验观察到冲压发动机内部燃料火焰闪回和燃烧振荡等非稳态燃烧现象会对发动机性能及结构产生不利影响，但是现有研究更多关注现象分析，对火焰闪回诱发燃烧振荡的内在机理，目前还没有清晰的认识，对闪回诱发机制研究至今未取得共识。通常的解释是火焰稳定器下游燃烧释热加强压力升高，火焰沿壁面边界层的低速区逆流可以传播，同时压力升高导致预燃激波串压缩，对来流进行预热，出现自点火的作用，另一方面，下游放热导致边界层的分离区前传也起到重要作用等。超声速气流中的火焰闪回诱发燃烧振荡机理非常复杂，有众多未解决的问题需要在未来给出解释。例如，是否存在诸如激波诱导边界层分离等流动主导的不稳定性与燃烧不稳定性相互耦合。一定总温条件下，燃料的自点火化学反应过程提供扰动放大的能量。这些因素都有可能在下游产生诱发闪回的强烈燃烧。超燃发动机燃烧室宽范围、燃烧鲁棒性、发动机调控和稳定工作特点要求结合多种手段对火焰闪回诱发振荡机制开展综合研究，为超声速燃烧研究及发动机稳定性设计提供理论支撑和依据。

（六）超高速流动等离子体主动控制

超高速流主动控制采用多种放电方式实现对超高速非反应流和反应流的调控。介质阻挡放电激励器能够实现对超声速湍流边界层控制，显著减少湍流边界层厚度，控制弓形激波。但是介质阻挡放电激励器的诱导射流速度低、超高速流动控制能力相对较弱。直流辉光/弧光放电主要通过气体快速加热效应在流场中形成强压缩波、弱激波，产生涡流发生器的效果，显著改变超声速流场的结构。直流放电加热效果显著，形成的射流速度快，适用于高速流动控制，但是过大的输入功率会引起激励器电极的烧蚀问题。火花放电合成射流通过放电加热腔体内气体，使腔体内气流的温度和压力快速升高，高温高压气体通过腔体出口喷出形成高速射流，实现对超高速流场的主动控制。火花放电合成射流速度高、环境适应性强，很适合进行超高声速流动控制，但是也存在能量利用效率低和电磁干扰强等问题。超高速流强化点火和助燃等离子体通常可以分为平衡等离子体和非平衡等离子体两大类。超高速气流点火和助燃时常用的平衡等离子体包括等离子体炬、火花放电和激光诱导等离子体。平衡等离子体主要依靠等离子体的热效应强化点火和助燃。非平衡等离子体的热力平衡无法维持，电子温度远大于中性粒子温度，电子密度高，化学反应选择性好。超高速气流点火和助燃时常用的非平衡等离子体包括纳秒脉冲放电、介质阻挡放电和滑动弧放电。等离子体的气动效应能够增强掺混，也是等离子体强化点火和助燃的重要原因。等离子体点火和助燃机理比较复杂，热效应、化学效应和气动效应常会互相耦合，共同发挥作用[23]。

四、展望

（一）面临的力学挑战

显然，研究超高速流动对于高超声速飞行器的设计与研制意义十分重大。然而，在超高速条件下，该研究面临多个方面的力学挑战。

1.超高速空气动力学

目前，我国超高速飞行器技术快速发展，转捩、湍流、激波等问题如影随形，是飞行器研制中的关键基础问题。准确的转捩预测和有效的转捩控制仍未有有效的解决方案，具体包括针对实际飞行器外形几何的转捩位置预测能力、模化转捩和湍流能力等。超高速条件下的激波-边界层相互作用及其诱导的大尺度非定常分离流动难以准确预测，包括热流速率、脉动压力等高速飞行器设计中的关键参数仍然无法计算。激波与湍流边界层作用对飞行器气动外形、材料选取、热防护等方面都有关键影响。对于激波诱导的分离流动，目前仍然缺乏有效的快速模拟工具。

2. 超高速流动气动热力学

超高速流动条件下气动热力学问题的研究面临如下几个方面的科学挑战。首先，高温下的一系列物理化学反应及飞行器表面边界层与高温化学非平衡来流的相互耦合作用使得飞行器气动力/热数据的准确预测十分困难；其次，高温真实气体效应将引起超高速流场中典型流动特征发生改变，如飞行器头部斜激波的激波角减小等，这些改变所带来的影响难以评估；此外，气体的辐射效应变得更加剧烈，热流会因辐射加热有大幅度的增长，研究常规气体传热的模型方法及假设不再适用；最后，高超声速飞行器存在显著的局部稀薄流的跨流域多尺度问题，且当前还未具备任何能够有效分析和预测真实大气稀薄流效应的实验模拟能力。

3. 超高速流气动力-热-结构-电磁多场耦合

当前超高速流气动力-热-结构-电磁耦合的研究工作主要侧重工程应用及宏观评估，相关基础研究刚刚起步。宏观的流体力学模拟方法无法预测材料表面的微观流动现象，而直接的分子、原子模拟对宏观尺度问题计算量难以接受。对于高温高速产生的等离子体鞘套，其高超声速流场是多过程、强非线性、多场多组分、随机性并伴随复杂电磁效应的力学行为。目前多尺度、多物理场耦合问题尚无统一的求解算法及模型。对复杂的多物理场耦合机制，例如高超声速力热环境、材料响应因素之间存在的相互作用，高超声速等离子体流自生电磁场的高动态特性等问题缺乏更深入的研究。高超声速流动、传热、电磁与材料响应还无法直接有效测量，地面试验环境与真实服役环境的差异、天地换算理论有待研究。高超声速流动、传热、组分碰撞、电磁与材料响应耦合分析模型及多尺度/多物理场的耦合模拟还不成熟，耦合作用机理亟待研究。

4. 超高速燃烧反应流

超声速气流中的燃烧流场结构复杂，高雷诺数下的强湍流脉动强，激波/膨胀波系及其与边界层的相互作用显著，限制了超声速流场复杂流动机理的完善和理解。精细数值仿真研究需发展适用于宽马赫数范围的高精度的数值模型，随着马赫数进一步升高，化学反应的非平衡效应显著，目前燃烧模型中的化学反应机理适用范围较窄，还远远未达到宽马赫数范围内的总温变化范围，并且高总温来流的自点火效应凸显出发展自点火燃烧模型的迫切需求。在各类超燃冲压发动机试验中观测到的局部熄火、火焰闪回和燃烧振荡等非稳态燃烧现象对发动机性能及结构产生不利影响。

5. 超高速流主动控制

超高速流主动控制在等离子体调控理论模型、高效智能调控方法及其系统应用等方面存在挑战。需要建立超高速流等离子体调控的理论模型，明晰等离子体物理化学效应与复杂超高速流非定常耦合机理。创新超高速流动等离子体组合调控方式，实现对超高速流动监测、识别、调控、评估等一体化自适应高效智能控制。突破轻质、小型化、长寿命、强环境适应性的超高速流等离子体调控关键技术及其系统应用。

（二）近期重点问题

1. 超高速空气动力学

在边界层物理方面需着重针对超高速边界层对来流扰动的感受性、不同模态扰动的非线性演化规律、适用于工程的高温三维流动的转捩模式和半经验转捩方法、超高速流动的湍流减阻方法、由壁面旋转或曲率诱发的边界层湍流结构的形成机制等开展研究。对于激波主导的流动，需深入研究激波层与边界层的相互干扰与作用规律、激波边界层干扰诱导大尺度分离区的低频脉动产生机制等。在超高速湍流模拟方面，亟须发展更快速的高精度数值计算技术，来支持超高速飞行器的研制。

2. 超高速流动气动热力学

在气动力-热的相互作用机制探究上，需进一步明晰气动热与黏性干扰、流场波系结构、飞行器表面流动状态的耦合关系，探究局部热载荷对热防护系统的影响；针对其高温传热机理，亟须研究黏性和组分离解/电离等对热化学非平衡流体的影响机制，拓展现有的对流换热预测方法；还需要重点关注极端条件下气动热试验技术及天地相关性理论研究，建立由风洞试验数据到飞行条件的预测方法；同时应加大力度发展数值模拟技术，开发与完善气动力/热相关过程的数值模拟理论模型与方法，提供飞行试验和地面实验中无法或难以观测的大量关键数据；针对稀薄流效应研究，受限于目前的试验能力，需进一步开发与完善针对稀薄流域飞行器的气动力/热问题的跨流域多尺度数值模拟方法。

3. 超高速流气动力-热-结构多场耦合机理

深入理解材料在超高速及反应环境下承受超高温的机理，研究氧化/力热环境与材料微细观尺度的作用过程，发展材料氧化烧蚀动力学模型和模拟方法、材料内部及表面微观特性测量与表征方法；考虑高温真实材料表面的催化、氧化、辐射效应，研究粗糙壁面/多孔壁面超声速湍流边界层内流动结构演化规律与传热变化机理，发展相应的宏观模型及多尺度仿真方法、微尺度流动与传热实验方法，评估气动力/热环境的变化。

4. 超高速燃烧反应流

超声速燃烧流场具有流动结构复杂、高雷诺数下的湍流脉动强、激波/膨胀波系及其与边界层的相互作用显著、化学反应的非平衡效应显著等特点，应依据精细的实验观测和高精度数值仿真数据，完善火焰稳定理论，形成针对宽马赫数范围燃烧组织方法。在更高马赫数条件下，自点火效应凸显、气流损失加大、发动机性能下降，需要继续寻找技术解决途径。针对燃烧鲁棒性问题，未来应从机理到判据上开展系统的实验观测、数值仿真和理论分析，为超声速燃烧研究及发动机稳定性设计提供理论支撑和依据。

5. 超高速流主动控制

在调控方法上，需要采用多种等离子体相结合的方式对激波与边界层相互作用、边界层转捩、燃料掺混、点火和燃烧进行组合和协同调控，提高等离子体调控的能效比；在调控机理研究方面，需要针对等离子体调控物理过程建模与调控机理开展深入研究，建立超高速流动等离子体反应流和非反应流调控的理论模型，明晰等离子体调控热效应、化学效应、气动效应与超高速复杂流动的非定常耦合机理。

五、小结

超高速飞行器是当前国际竞争的技术制高点，发展超高速飞行器技术离不开超高速流动中关键基础问题的研究。超高速流动中的激波、湍流、转掠、燃烧、力-热-电-磁耦合、化学非平衡、高温真实气体效应、稀薄流效应、黑障等极端物理现象,以及快速响应的高频高能主动控制方法等是超高速流动研究中绕不开的问题。面对超高速飞行器长航程、超高速、高机动、可重复使用的发展需求,亟须立足当前研究进展,直面挑战,通过力学、物理学、化学、材料科学等基础学科开展交叉创新研究,支撑新型超高速飞行器的研制。

第三节 微纳尺度流动

一、需求情况

微纳流体力学(microfluidics/nano fluid mechanics)是研究微米至纳米等极小尺度下流体流动及物质输运规律的一门学科。相伴发展而来的微流控芯片技术方兴未艾,已广泛应用于生物、化学、医学、药学、材料学、新能源等领域[24]。这种趋势体现了社会发展对微型化及新型流体操控技术的追求。

20 世纪 80 年代的相关研究主要集中在微流传感器、微泵、微阀等的设计与应用。Manz 等在 1990 年提出了"微全分析系统"的概念,标志着微流体力学及其应用开始真正获得重视并进入快速发展阶段[25]。随着应用领域的拓展,"微流控芯片"和"芯片实验室"成为更通用的说法。微流控芯片在结构上的主要特征是各种构型的微米尺度通道网络,通过对通道内流体的操控,可以实现传统生化实验的功能。2004 年美国 *Business 2.0* 杂志的封面文章称它是"改变人类的七种技术"之一。2006 年,《自然》也推出名为"Insight: Lab on a chip"的一系列专题评论文章[26]。从 20 世纪 90 年代后期开始,国内学者从各个不同领域切入微流控领域,开展了卓有成效的工作。2017 年科技部将微流控芯片定位为一种"颠覆性技术"。

随着微流控器件的尺度缩小到亚微米、纳米量级,微流体力学进一步扩展为微纳流体力学。表面/体积比的增加使得作用在流体上的表面力与体积力的相对重要性发生了巨大变化,宏观尺度下原本被忽略的因素逐渐凸显出来，与表面密切相关的传热、传质、表面物性的作用大大增强，改变通道的几何、尺度、材料等将导致一系列独特的流动现象。在微纳流控技术发展的前期阶段，研究者淡化了对基础理论的研究。随着研究的发展，相关机理的认识不足已成为制约微纳流控芯片进一步发展的主要因素之一。因此，微纳流体力学获得了国际力学界的极大关注，多种专业期刊相继创刊，论文呈现快速增长趋势。从 2004 年起，*Annual Review of Fluid Mechanics* 杂志发表了一系列微纳流动研究方面的综述，包括流动机理、表面效应、电动流动现象、可视化测量技术、多相流动、生物分子在微纳受限空间的运动等 [27]。在未来国际微流控芯片产业中，作为提高我国竞争地位的重要战略举措，推动和强化微纳流体力学研究值得充分的重视和支持。

二、研究进展

（一）连续性假设和界面效应

随着通道尺度的减小，一个引人关注的理论问题出现：流体的连续性假设是否仍适用？对气体而言，连续介质假设成立与否可用无量纲克努森数进行判断，随着克努森数的增加，非连续效应变得越加显著。而生物、化学、能源等领域，针对的是以液体为主的环境介质，所以微纳流体力学更关心的是在液体介质中连续性假设的适用性。液体分子难以定义明确的分子自由程，但可采用分子间相互作用距离来代替分子自由程长度。对简单液体而言，连续介质假设在 3 nm 以上的尺度仍然适用，而在 10 nm 以上尺度，纳维-斯托克斯方程即可适用。对于尺寸小于 10 nm 的情况，有必要采用分子动力学等非连续介质模拟方法进行研究。需要强调的是，以液体为介质的微纳流动并不存在界限明确的不同流动区域。即使连续性模型不能完全正确地描述更小纳尺度下的流动及输运，基于连续性假设的方法仍然是微纳流体力学中应用最广泛有效的模型。

微纳通道的表面/体积比大幅度增加，使得表面力对流体运动的作用也大大增强。各种外加物理场如电场、毛细力场等被发展用于流体驱动及物质输运。在微纳器件中，常用材料包括玻璃、硅和高分子材料，它们与电解质溶液接触时，固体表面水解形成硅烷醇表面基团，在不同的溶液 pH 值下可能带正、负电荷或者呈现电中性。壁面电荷吸引溶液中的异号离子并排斥同号离子，从而形成带净电荷的薄层，称为"双电层"。双电层特征厚度通常用德拜长度 λ_D 来表征。通常地，对于强电解液，λ_D 约 $0.1 \sim 10$ nm，而对弱电解液，λ_D 约 10 nm ~ 1 μm。在微纳通道中，双电层对液体电场驱动流动起着重要的作用，与此相关的流动现象称为"电动流动"，包括电渗流、电泳及电黏性效应等。近年来更是出现了与诱导电荷相关的称之为第二类电动现象的非线性效应，其现象更为复杂，基本机制尚未明晰。当通道尺度远大于双电层厚度时，双电层内电势和离子浓度分布满足玻尔兹曼分布规律。但当通道尺寸进一步缩小甚至出现双电层重叠时，相对的通道两个壁面之间开始相互作用，玻尔兹曼分布规律将不再适用，此时需考虑离子关联性、镜像效应或者离子有限尺度效应等，对流动和物质输运影响更为显著，值得进一步深入研究。

与微纳尺度界面效应相关的另一个引人瞩目的问题是边界速度滑移现象[28]。长期以来，人们普遍接受的边界条件是唯象性的无滑移边界条件，即认为紧靠固体表面的液体速度与固体表面速度一致。需要强调的是无滑移边界条件是对通常流动条件下的一种近似，本身并无严格的理论证明。纳维在1823 年首先提出了滑移边界条件的概念，认为滑移速度的大小正比于固体壁面上的流体所受剪切率。在小尺度下，滑移速度的存在会对流动及输运产生显著的加强作用，因此对速度滑移的研究获得了广泛重视。目前认为，影响滑移的可能因素包括表面亲疏水性、表面粗糙度、流动剪切率、纳米气层、流体分子形状及排列等。增加表面滑移长度，对于加强微纳尺度流动及输运效率具有重要意义。因此，近年来开展了一系列滑移增强机制的研究，其中针对超疏水表面作用的研究具有重要理论意义和实际应用价值。超疏水表面的概念最早是受到荷叶及其他植物叶子独特排水特性的启发，这种超疏水特征表现为同时存在非常大的接触角和小的接触角滞后。研究发现，超疏水特性来自于表面的微纳复合结构。研究者们在微通道内壁制作具有微纳结构的超疏水表面，通过增强滑移长度获得了高达 40% 的减阻效果，这对于微纳流动中机械-电能转换效率的提高具有重大意义。值得指出的是，虽然对超疏水表面减阻及增强滑移的效果已经达成共识，该方向的研究仍处于发展阶段，表面结构的优化、超疏水特性的长久保持、流体物性调控等问题仍需深入的系统研究。

（二）微尺度多相流动

微纳流控器件的最重要功能之一是以液体为介质，实现在高度可控条件下微纳通道中各种物质的输运。在很多生化反应和分析中，存在一些生物大分子和细胞，它们的尺度在几纳米到十微米量级之间，通称为颗粒，其在微纳通道中的运动不能简单地用质点处理方式进行简化，必须考虑其尺寸效应及物理化学特性。颗粒能通过"被动"或者"主动"两种方式进行操控。被动方式包括流体力、范德瓦耳斯力、布朗运动、带电偶极子作用等。被动方式的缺点是难以实现精确和重复性好的颗粒操控。颗粒的精确操控在生物、化学、材料等学科具有重要的应用价值，是当前微纳流控领域最受关注的研究热点之一。

在微纳流控系统中颗粒浓度通常较低，因此首先可以忽略颗粒之间的相互作用。其次，如果颗粒大小和系统特征尺度相比很小，那么颗粒运动对流场的反馈影响也能忽略。颗粒受力包括流体作用力和外加作用力两部分，单个颗粒的运动轨迹可通过牛顿第二定律表达为 $m\dfrac{\mathrm{d}^2 x}{\mathrm{d}t^2} = F_f + F_{ext}$。这里 m 为颗粒质量，x 是颗粒运动位置矢量，F_f 为流体对颗粒作用力，F_{ext} 为其他外加作用力，包括电、光、热、声、磁等外加场。理论上，只要准确描述受力情况，通过上面方程就能跟踪颗粒的运动轨迹。在某些情况下，微通道内的颗粒运动到固壁附近时，由于固体表面的存在，颗粒受力会发生变化，形成受限运动，其受到的作用力包括范德瓦耳斯力、静电力和修正的流体阻力，而这三者需要考虑的作用距离范围分别为 10 nm、100 nm 和 1 μm 左右。此外，还需要考虑颗粒的有限尺度效应，即颗粒的存在会改变局部的流场、电场、磁场等，此时颗粒的运动与流场、电场等相互耦合，使得其流动现象和求解过程更复杂。

电、光、热、声、磁等外加力场能精确地控制颗粒/细胞运动，能根据颗粒/细胞的大小、电磁特性、表面生化特性等的不同而对其进行分选与富集。然而，其显著劣势是流动速度低，难以实现针对大量颗粒/细胞的高通量分选及富集目标，其次，这些作用力需要通过外部器件施加，微流控器件制作复杂。2009 年，基于惯性力迁移效应的微流控系统在对颗粒/细胞的高通量处理方法方面显示出极大潜力[29]。在压力驱动下，其流动能达到几十厘米每秒甚至数米每秒的高速度。颗粒在流体中，除了受到阻力，还受到垂直于主流方向的惯性升力。惯性升力 F_L 的公式可表达为 $F_L = \dfrac{f_L \cdot \rho U^2 a^4}{H^2}$，这里 ρ 为流体密度，U 为通道内的流速，a 为颗粒直径，H 为通道的水力学直径。从上述公式可以看出，惯性升力与颗粒直径大小的四次方成正比，因此不同直径的颗粒会到达不同的平衡位置，从而实现汇聚和分离。惯性升力由两部分组成：剪切诱导升力和壁面诱导升力。到目前为止，即使在微流动的层流条件下，f_L 的变化规律、影响因素和准确表达式仍未有定论。进一步，如果微通道中存在弯曲或者横截面变化结构，会产生横向的二次流动，颗粒在横向涡拽力和惯性升力的共同作用下迁移至新的平衡位置，此时流体流速、通道线形、横截面变化、曲率半径等因素将对颗粒的最终平衡位置起着综合性影响的作用。

由于惯性效应的产生随着颗粒与通道尺寸的缩小需要巨大压降，对接近亚微米尺度的生物体和纳米颗粒的操控效果差。而在黏弹性流体中，即使在很慢的流速下通过主应力差效应仍然使悬浮其中的颗粒发生侧向迁移，与惯性效应共同作用可使颗粒汇聚位置更加集中。黏弹性微流控更具灵活性，特别是能够有效操控纳米颗粒的运动，因此结合黏弹性-惯性效应的微流控颗粒操控技术将拥有广泛的应用前景。

近年来，微尺度惯性效应及黏弹性效应展示了众多优点和应用前景，但其流动机理尚不完善，还需要更深入研究。一方面，发展高分辨率、非侵入式实验技术，对微通道内的惯性迁移及二次流动现象进行三维可视化观测，表征微通道内的三维流动特征和颗粒运动规律；另一方面，在理论建模和数值模拟方面，考虑颗粒的有限尺寸效应、几何形状影响及颗粒间相互作用，获取更为真实的微尺度流动理论模型。

微尺度多相流中的另一种重要形式是液滴或者气泡[30]。就微通道中的液滴而言，两种互不相溶的液体（如水和油）分别被赋予分散相和连续相的功能，前者以微小体积单位的液滴形式分散于后者中。每个液滴均可被视为独立的微反应器，其反应具有更快的传质传热效率，能大大减少昂贵试剂的消耗；液滴与液滴之间相对独立，避免了交叉污染。因此液滴已被广泛用于蛋白质接近、酶筛选、模式生物研究甚至信息学上。

流动中同时存在被相界面明显分开的两种或者多种物质组分，界面的存在使得原本相对简单的微纳通道流动变得复杂，在微尺度受限空间条件下，比表面积非常大，边界效应对液滴运动行为起着关键作用。设计具有实际应用价值的液滴微流控器件需要满足两个要求，即高通量和精确控制。通过增加驱动压力提高流速并采用多通道布局，可以基本满足高通量合成的要求。其优势是简单有效、流速高。但微液滴的存在将在原本呈现线性的低雷诺数斯托克斯流动中引起非线性效应，液滴构型的变化会反馈到流动形态，这些效应与复杂多通道结构进一步耦合，使得液滴行为呈现多样性和复杂性。

（三）纳尺度下流动与物质输运

生物体中存在各种形式的纳通道，对生命活动的正常进行发挥着独特作用，例如水通道和离子通道实现选择性的分子和离子输运。随着微纳加工技术发展，具备了制作纳米尺度结构和分子层次上改变材料的能力，为离子、蛋白质、脱氧核糖核酸（DeoxyriboNucleic Acid，DNA）分子等的输运控制和识别研究提供了更多的可能性。纳尺度下流体和溶质的精确操控对纳流控器件的性能至关重要，从而必须深入研究和了解分子尺度上的流动及输运现象[31]。纳通道和纳米孔是最主要的两种纳流控器件结构。由于尺寸效应，流体中的物质尺寸与通道尺寸接近，这为研究离子通道、蛋白质输运、蛋白质与离子结合反应等提供了一个理想的模型平台。

为充分开发纳流控器件的应用潜力，首先对纳尺度离子输运机制和电学特性要有全面了解。在宏观尺度乃至微尺度下被忽略的各种现象，例如双电层重叠、离子通过性、扩散等，将在纳尺度下发挥越来越重要的作用。如果纳通道存在非对称性，将发生离子-电流整流效应。这种非对称性，来自于几何形状、表面电荷或者通道两端缓冲液性质等的非对称性。整流效应表现为一个方向上的离子-电流通量高于反方向上的通量。棘轮模型认为，当通道尺寸与双电层厚度接近时，外加电势和源自表面电荷的电势组成了一个势阱，势阱大小与表面电荷密度及外加电势密切相关。另一种模型是基于沿着通道方向反号离子输运数量的差异，即在纳通道形成离子排空和离子富集效应。虽然众多学者对纳通道离子输运和整流过程进行研究，其明确机制到目前为止还处于争论中，对很多现象，如纳通道中的电流振荡、表面电荷电性反转等，还难有定论。纳尺度下流体动力学和输运规律的研究仍处于数据积累阶段，必须以多学科交叉为出发点，包括力学、微纳制造、生物、化学、电子学等众多学科的合作，加强这方面的系统研究。

三、展望

（一）面临的力学挑战

就机理本身而言，微纳流动并不存在超越传统流体力学的疑难和挑战，但是微纳流体力学仍然有其独特的研究特点。微纳流动与宏观流动的主要区别可大致分为以下四个方面：占主导的表面效应、低雷诺数效应、多尺度及多物理场效应、非连续介质效应。此外，微纳流动与输运常常会呈现出反直觉的流动现象。上述问题有些通过对传统流体力学做少量修正就能处理，而有些必须采用新的理论方法、模拟算法和实验技术才能更好地进行深入研究[32]。

微纳流体力学的另一个挑战则来自其固有的交叉学科性质。微纳流控技术是流体力学、化学、生物学、材料学等学科深度融合所产生的颠覆性技术，流体力学研究者一方面要立足力学学科，充分发挥力学所具有的高度"定量化"优势，另一方面更要避免故步自封，而应积极汲取其他学科的优势，例如化学和生物学等的精确测量等优势，以能够切实指导实际应用为目标，从而获得跨学科同行的高度认可。

（二）近期重点问题

1.与生命健康相关的微纳尺度流动和输运

近年来兴起的纳米医学则是微纳流体力学做出贡献的一个新突破口。纳米医学是一门高度交叉的新兴学科，其目标是研究在纳米尺度上治愈各种疾病及修复人体组织的原理、方法和技术。它将导致医学的重大变革，给人们带来疾病的早期诊断、肿瘤等疾病的药物精准投放、更小的毒副作用、更灵敏的诊疗技术等诸多优势。人体生理微环境以血液、细胞液等各种复杂流体为重要组成部分，流动介质不再是通常研究的简单流体，同时复杂生物微环境具有各向异性特征，边界约束更为复杂，涉及力学、物理、化学等多种作用及它们之间的复杂耦合过程，流动过程非定常，其特征时间、空间尺度也与单纯的微纳尺度流动区别明显[33]。

复杂生物环境中纳米颗粒的运动特性从机理上还有很多问题没有弄清。微纳流体力学在这方面开展研究，将会对纳米医学中的关键问题产生重要的指导意义。比如，纳米药物颗粒在肿瘤间质组织中的扩散问题，纳米雾霾颗粒穿透肺泡表面活性剂膜进入微血管，是研究雾霾颗粒毒性的关键问题。不同形状或表面物理化学性质的纳米颗粒与肺表面活性剂中的生物分子会有不同程度的相互作用，有可能在颗粒表面形成称为生物分子冕的结构，进而改变原本纳米颗粒的性质，对纳米颗粒在人体循环系统的最终归宿及其生物效应产生深刻影响。

2. 微流控仿生芯片

微流控技术的易操作性，使其成为一种能够模拟人体局部体系乃至多个组合体系的先进技术。其研究最新热点之一是构建不同类型、不同层次的仿生系统。微流控芯片在细胞研究中已经获得了广泛认同，微流控下的细胞培养然后延伸为组织，再进一步发展到器官。近年来能够整合多个器官微芯片真实模拟生命体系中基本生理功能运转的人体芯片概念也得到发展[34]。目前器官芯片工作更关注的是器官微芯片能否模拟相应器官的某些基本功能，或是其运行过程的生化指标是否与真实接近。比如，肺微芯片主要模拟肺泡后部与毛细血管通过表皮细胞的物质交换；肾微芯片的核心是模拟离子交换的渗透膜，离子交换效率是否与真实肾功能接近是关心的重点。显然，更高级的器官芯片不能满足于此，将"死"芯片升级为"活"芯片必须真实模拟和再现体液循环下的流体流动特征和物质输运规律。对更复杂的多器官芯片联合工作则需要对包含血液循环、营养输运及呼吸系统的流动控制进行完善。

对于复杂微流控仿生芯片的设计一定是在深入了解其流动及输运规律的基础上才有可能获得成功。微流控仿生芯片包括多种尺度、多种物理过程的耦合机制，涉及从纳米尺度到微米尺度的流动、离子输运及大分子输运、单相流体到多相流体、多种界面的流-固耦合、微纳尺度传热等现象。这些复杂过程的建模与求解必须在各相关学科密切交叉合作的基础上，充分发挥微纳流体力学的基础指导作用，才有可能实现。

四、小结

面对我们所生存的已经消耗过度的地球，微型化反映人类对资源枯竭的忧虑和对资源利用的优化，微纳米流控技术正顺应这一潮流。微纳米流控器件的出现，使得人们具有在同等尺度下操纵流动环境下微小对象的能力，直接面对社会各行各业的实际需求，前景可观。微纳流控领域对微纳流体力学既是全新的挑战也是难得的机遇，流体力学研究者需要与其他学科的学者开展深度融合的交叉合作研究。

第四节　高聚物湍流

一、简介

高聚物湍流是指添加有高聚物的湍流流动，高聚物的添加可以减小液体流经固壁的阻力[35]。高聚物减阻具有很大的经济价值，在工业、消防、国防和交通等领域具有广泛的应用前景。最新的研究显示，超大分子量的聚合物能够提高燃油的安全性[36]。即使在远离壁面的流动中，高聚物也能够改变湍流的统计特性，影响湍流的能量级串过程。近些年高聚物减阻机理和弹性湍流的研究取得了很大的进展，但是高聚物如何影响湍流能量级串过程的研究较少。

高聚物湍流涉及三个控制参数：雷诺数、魏森贝格（Weissenberg）数（Wi）[或者是德博拉（Deborah）数（De）]和高聚物浓度（ϕ）。均匀各向同性湍流一般用泰勒雷诺数（R_λ）刻画流动强弱。$Wi = \dfrac{\tau_p}{\tau_\eta}$ 衡量的是高聚物弹性力与受到的黏性力的比值，其中 τ_p 是高聚物的弛豫时间，一般直接测量或者通过齐姆（Zimm）模型计算，τ_η 是流动的特征时间，在均匀各向同性湍流中取科尔莫戈罗夫（Kolmogorov）时间尺度。$De = \dfrac{\tau_p}{\tau_L}$，$\tau_L = \dfrac{L}{u'}$ 是积分时间尺度。

二、研究现状及进展

（一）理论研究

研究高聚物对能量级串过程的影响，其中一个重要的问题是级串过程中哪些尺度受到影响。尺度 r 上对应的特征时间为 $\tau_r = \left(\dfrac{r^2}{\varepsilon_t}\right)^{\frac{1}{3}}$，在惯性区内 τ_r 随着 r 减小而减小。定义 $Wi_r = \dfrac{\tau_p}{\tau_\eta}$，Lumley 认为，$Wi_r < 1$ 时，尺度 r 的流动结构不足以拉伸高聚物，只有当 $Wi_r > 1$ 时，能量级串才开始受到高聚物的影响，即临界尺度为 $r_L = (\tau_p^3 \varepsilon_t)^{\frac{1}{2}}$。高聚物的作用依赖于高聚物的浓度，Lumley 的"时间准则"未考虑浓度所起的重要作用[37]，因此不能成功地解释实验现象，后来 de Gennes 提出"能量平衡理论"引入浓度这个控制参数[38]。de Gennes 认为只有当高聚物存储的能量 $e_p(r) \sim c_p kT \left(\dfrac{r_L}{r}\right)^{\frac{5n}{2}}$ 等于尺度 r 上的湍动能时，能量级串才会受到影响，此时

$$e_p(r) = c_p kT \left(\frac{r_L}{r^*}\right)^{\frac{5n}{2}} = e_k(r) = \rho(\varepsilon_t r^*)^{\frac{2}{3}} \tag{6-1}$$

得到

$$r^* = \left(kT\rho^{-1}c_p \varepsilon_t^{\frac{5n}{4}-\frac{2}{3}} \tau_p^{\frac{15n}{4}}\right)^{\frac{1}{\frac{2}{3}+\frac{5n}{2}}} \tag{6-2}$$

其中，c_p 是单位体积内高聚物分子链的个数，ρ 是流体的密度，n 是一个与流动平均拉伸维度有关的参数。r^* 随着浓度减小而减小，$r^* = \eta$ 时得到高聚物影响能量级串的起始浓度，$r^* = r_L$ 时得到高聚物影响能量级串的最大浓度。

另一个重要问题是在临界尺度下，能量是如何继续向小尺度传递的，以及这些尺度上的流动特征。Fouxon 和 Lebedev 等 [39] 认为：①高聚物处于线性拉伸状态，即 $R_g \ll R \ll R_{max}(R = \sqrt{R_i R_i})$，$\boldsymbol{R}$ 是高聚物分子两端点构成的矢量）；②小于 r_L 尺度上的能量级串被高聚物截止，流动是光滑的，特征速度梯度为 $\dfrac{1}{\tau_p}$。根据以上假设，他们得到在区间 $r_v < r < r_L$ 内，速度脉动和高聚物弹性势能的能谱相等且满足标度律，即 $E_k(k) = E_p(k) \sim k^{-\alpha}$，$\alpha \geq 3$。其中，$r_v = (v\tau_p)^{\frac{1}{2}}$ 是新的耗散尺度，$E_k(k)$ 和 $E_p(k)$ 分别是速度脉动和高聚物弹性势能的能谱。光滑性还意味着 n 阶纵向速度结构函数满足 $S_L^n(r) \sim r^n$。

（二）早期研究

早期研究受制于实验测量手段，多采用流动显示、单点速度或者压力测量和一个平面的速度测量。Greated、McComb 和 van Doorn 等研究格子湍流网格后的流动，发现加入高聚物后速度脉动明显减弱，在网格附近的位置，速度脉动能谱的高频部分比水的更加陡峭，说明湍流小尺度被高聚物抑制。由于流动向下游逐渐衰减变弱，不足以拉伸高聚物，所以在距离网格较远的地方，高聚物和水的能谱几乎一样。Bonn 等发现高聚物不能减小惯性驱动的流动阻力，与 Virk 的实验结果一致，粗糙表面能够削弱高聚物在圆管流动中的减阻效果。在冯·卡门涡旋流动系统中注入微小气泡，微小气泡会聚集在低压区域形成涡丝（vortex filament），即涡量很大、耗散很小的地方。加入高聚物后，能抑制涡丝的形成，使流动涡量减小。压力测量也表明，加入高聚物后低压出现的概率减小。

Liberzon 等利用三维粒子追踪测速获得沿流体微元和物质元上的速度和速度梯度，研究高聚物对湍流特性的影响。实验发现，高聚物通过减小应变和涡量的产生项，抑制了应变和涡量的大小，与早期的压力测量结果一致。Perlekar 等和 Watanabe 等通过直接数值模拟发现，高聚物降低了耗散率在尾部出现的概率，但是用标准差归一化后，高聚物湍流和牛顿流体耗散率的概率密度函数完全重合。Valente 等系统研究高聚物湍流能量级串随着德博拉数的变化规律，高聚物抑制非线性能量传输，能量传输率随 De 增加而减小；De

很大时，平均的能量传输率远小于传递到高聚物的能量，但是非线性的作用仍然很强，局地的能量传输率仍然有很大的值。在惯性区和耗散区之间能谱满足标度律，标度指数从 $\frac{5}{3}$ 增加到 3 左右，然后又回归到 $\frac{5}{3}$。

（三）最新进展

最近的实验从结构函数的角度出发研究了高聚物对能量级串的影响，获得一些新的认识。Crawford 等发现高聚物抑制流体加速度的方差，但是加速度的概率密度函数形状不变，结合数值模拟结果——应变（能量耗散率）和涡量概率密度函数形状不变，表明高聚物湍流在小尺度仍然保持牛顿流体的某些特性，只是高聚物的加入让这些变量的涨落减小。在高聚物减阻的研究中，部分研究者认为高聚物在靠近壁面的缓冲区被剪切力拉伸，伸长的高聚物增加了缓冲区中流体的有效拉伸黏性，进而抑制湍流脉动，增加缓冲区的厚度，实现减阻。加速度的方差减小和相关时间增加说明高聚物减小流体的黏性耗散，而不是简单地增加流体的黏性，很明显"黏性假说"不能解释高聚物在均匀各向同性湍流中的作用。

高聚物改变湍流能量级串，在牛顿流体中成立的等式 $\varepsilon_t = \varepsilon_d$ 不再成立。通过二阶结构函数的惯性区和耗散区直接得到流体的能量传输率和耗散率，Ouellette 等发现高聚物不仅抑制了能量耗散率，也抑制了能量传输率，且 $\varepsilon_t > \varepsilon_d$。高聚物对湍流能量级串的影响，一般认为发生在小于某个临界尺度之下，临界尺度远大于高聚物分子的尺寸；大于临界尺度的结构以流体非线性的能量传输为主导，结构函数在大尺度上仍满足惯性区的标度律，比如 $S_T^2(r) \sim r^{\frac{2}{3}}$，不同的是在小尺度上 $\frac{S_T^2(r)}{r^{\frac{2}{3}}}$ 下降更快。Lumley 的"时间准则"得到的临界尺度 r_L 不仅没有考虑高聚物的浓度，也与实验结果不一致。在固定高聚物种类（即 τ_p）和浓度的条件下，改变雷诺数（即改变 ε_t），发现通过 r_L 不能将 $S_T^2(r)$ 重合，所以 Lumley 的理论不适用于高聚物对均匀各向同性湍流的影响[37]。

de Gennes 的"能量平衡理论"认为，高聚物虽然在小于 r_L 的尺度上被拉伸，但是只有当高聚物的能量与流体的能量相等时才开始影响能量级串，

$r_L > r > r^*$ 的尺度上不受影响。事实上，高聚物在 $r_L > r > r^*$ 被拉伸，必然从湍流中汲取能量，进而影响能量级串，能量本身不能作为影响能量级串的标准，应该用能量流即能量传输率作为判断的标准[40]。以高聚物的弛豫时间 τ_p 作为高聚物能量传递的特征时间，临界尺度为高聚物的弹性势能流与湍流的能量传输率相等的尺度[41]

$$\varepsilon_t = \varepsilon_p(r_\varepsilon) \sim \frac{e_p(r_\varepsilon)}{\rho \tau_p} \tag{6-3}$$

得到 r_ε 为

$$r_\varepsilon = A \left(\frac{kT}{\rho}\right)^{\frac{2}{5n}} c_p^{\frac{2}{5n}} \varepsilon_t^{\frac{1}{2}-\frac{2}{5n}} \tau_p^{\frac{3}{2}-\frac{2}{5n}} \tag{6-4}$$

A 是一个与高聚物种类有关的常数。实验得到 $n = 1 \pm 0.2$，$A = 101 \pm 17$。$n = 1$ 意味着高聚物在双向拉伸的结构中更容易被拉伸，与在圆管流动中得到的值 $n \approx \frac{2}{3}$[42] 接近。数值模拟也显示不管是在槽道流还是在均匀剪切流中，高聚物在双向拉伸的区域具有更大的伸长量。另一方面，在均匀各向同性湍流中，出现双向拉伸的概率要大于单向的概率。

三、展望

（一）面临的力学挑战

高聚物湍流包含高分子聚合物和湍流两个复杂的领域，存在如下挑战：

高聚物之所以能够改变流动的特性，在很大程度上是由于高聚物分子受到流动拉伸前后具有不同的性质。例如，常用的聚丙烯酰胺（PAM），在卷曲状态下直径约为 500 nm；当 PAM 分子受到拉伸作用时，其最大长度可达 77 000 nm。高聚物分子相对于微观物质来说是极大的，但相对于管道或者实验室装置来说又是极小的。高聚物分子在流动中的构型随着时间和空间剧烈地变化，宏观极小的特点使观察高聚物在流动中的构型非常困难，增加了研究的难度。虽然在很小的雷诺数下，已经可以观察染色的 DNA，但是观察高雷诺数流动中高聚物的构型变化还未有相关报道。

湍流的一个特点是具有广泛的时间和空间尺度，高聚物对湍流的影响主要集中在小尺度上，实验研究高聚物湍流小尺度的特性和相干结构对于理解高聚物与湍流相互作用的机理具有重要的作用。

考虑到溶液中存在的大量的高聚物分子，直接模拟单个分子的运算量巨大。目前流行的方法是把高聚物的应力构建为连续的应力场。高聚物稀溶液的数值模拟虽然在定性上与实验一致，但是在定量上有一定的差异，有必要寻找一种更接近真实情况同时计算量又可接受的高聚物稀溶液的本构方程。

（二）近期重点问题

1. 高聚物与湍流相互作用的理论研究

已有的理论[39]与实验结果[13]不符，主要体现在两个方面：一是 Fouxon 等采用 Lumley 尺度作为临界尺度，没有考虑高聚物浓度的影响；二是能量级串在小于临界尺度上并没有被高聚物完全截止。迫切需要根据现有的实验结果发展新的理论。

2. 高聚物在流体中的本构模型

现有的高聚物模型只能定性地描述高聚物湍流，定量上存在一定的差别。需要改进现有的模型，使其能够更加准确地描述高聚物减阻等现象，同时计算耗费少。

3. 高聚物在湍流中的构型变化

大部分高聚物湍流的研究关注流动本身，高聚物宏观极小的特点，使得研究高聚物在湍流中构型的变化十分困难。研究高聚物在湍流中构型的演化有助于理解高聚物与湍流的相互作用，进而理解高聚物减阻等问题。

4. 研究高聚物湍流在弹性区和耗散区的特性

实验研究临界尺度之下包括弹性区和耗散区的动力学，比如局部能量传输率和速度梯度张量的统计特性。

5. 高聚物减阻弹性理论的实验验证

高聚物的弹性理论给出了高聚物减阻的起始浓度和最大减阻浓度的标度律关系，然而可以验证这些标度律理论的精准实验数据还比较缺乏。所以今后需要开展关于减阻起始浓度和最大减阻浓度的精准实验。

四、小结

目前的研究显示，高聚物对能量级串的影响主要集中在小尺度上，随着浓度增加，更多的尺度将会受到高聚物的影响。在浓度较高的时候，耗散区和惯性区之间出现一个新的标度律区间——弹性区，弹性区结构函数的标度律指数为 $(1+1.1)\dfrac{n}{3}+\theta\left(\dfrac{n}{3}\right)$；在弹性区，通过流动传递的能量逐渐减少，高聚物通过卷曲和拉伸传递的能量增加，所以通过黏性耗散的能量小于惯性区能量的传输率。相对于牛顿流体，更少的能量传输到耗散区被黏性耗散，相应的应变和涡量减小，流体的加速度也会减小，但是高聚物不会改变应变、涡量和加速度的概率密度函数的形状，小尺度流动的统计特性仍然保持牛顿流体的特征。虽然高聚物减阻现象被发现已有 70 年，减阻技术也已经得到广泛的运用，但是我们对高聚物减阻的机理及高聚物与湍流相互作用的机理还缺少认识。接下来需要从理论、实验和计算等多方面深入研究高聚物在湍流中构型的变化及高聚物对流动的影响，为高聚物减阻技术提供理论和技术支持。

第五节　等离子体流动

一、背景需求

超高速飞行器在再入和巡航大气层过程中，在飞行器表面形成等离子体流场，又称"等离子体鞘套"，会影响电磁波的传播甚至引起通信中断，即产生"通信黑障"。

通信中断时间是飞行器飞行过程中生死攸关的时段，通信黑障使地面测控设备在飞行器返回最关键阶段不能对其进行遥测监视、外弹道测量和飞行控制，给飞行器的安全着陆、落点预报和地面搜救带来了难题。随着超高速飞行器的发展，通信中断问题越来越重要。通信黑障是临近空间飞行器研制面临的重大挑战，对超高速飞行器等离子体流场进行研究具有非常重要的意义。

临近空间超高速飞行器的等离子体流场有以下特点。

（一）高温热流

超高速飞行器的等离子体鞘套，由超高速流场产生的激波、气动加热、粒子电离生成。激波层中最高温度甚至可以达到上万开尔文。但飞行器的壁面温度与激波层外流场温度接近常温，甚至激波外流场温度低于常温。等离子体鞘套中温度跨度较大，不同温度、密度的情况下粒子的电离状态和程度均不同，因此等离子体鞘套中的等离子体处于非均匀、非热平衡、多过程复杂状态。传统的单流体模型难以描述这种等离子体。

（二）高动态、强非线性、非均匀性

超高速飞行器等离子体鞘套的基本特征参数具有在时间和空间尺度上的大跨度范围、大梯度特征。相比于热核聚变等离子体，等离子体鞘套内部粒子具有更宽的参数范围，并在不同方向非均匀分布，电子密度为 $10^9 \sim 10^{13} \ \text{cm}^{-3}$，具有宽时间尺度的高动态特性，电子密度变化频率超过 $100 \ \text{kHz}$，变化幅度达 1 个数量级。因此等离子体鞘套内部的特征波频率可能同时包含低频和高频。传统 MHD 方法仅能处理低频问题。

（三）多场耦合

超高速气流通过激波产生的高温会使气体发生化学反应，气体的各物理特征量都会发生显著变化，这些变化反过来又影响超高速流动的气动力和气动热，即高温效应。等离子体集体运动特征可描述为带电流体电荷在空间的非均匀分布，会产生感生电场，而带电流体元的流动会产生感生电流和磁场，等离子体流动的感生电磁场也发生局部改变，通过改变作用在带电流体元上的电磁力影响流体运动，从而调控流场的流向、密度、黏度等流动特征。因此，等离子体流场的建模需要解决力-热-电-磁-化多场耦合问题。

（四）多过程

超高速流场中可能存在激波附面层相互干扰、激波-激波相互干扰、分离、转捩等复杂流动现象，还涉及化学反应及电离等非平衡现象，因此，该流场是具有多过程并伴有复杂力学行为的流场，这些过程包括流动变化过程

（转捩、激波）、边界变化过程（流体动边界）、粒子碰撞过程、热力学状态的变化过程、化学反应过程（电离、烧蚀）。

目前对于黑障问题的研究中，地面模拟设备难以获得形成鞘套的高温高速环境；而飞行试验耗资巨大、风险高，且获得的测试数据有限，并且由于鞘套所处的高温非热平衡极端条件，相关测量准确性也难以保证。随着计算机技术的迅速发展，数值模拟方法成为预测超高速飞行器等离子体流场特性的有效手段。然而等离子体流场所具有的跨流域、多场耦合、多过程、高动态、非均匀、强非线性等特征给其准确建模和定量模拟带来了困难，因此必须发展准确合理的等离子体流场建模和可靠有效的定量分析方法。

二、研究现状

（一）超高速等离子体流场的实验研究

1. 飞行试验

美国从 20 世纪 50 年代开始，围绕等离子体鞘套诊断及几种黑障缓解方法，进行了一系列的飞行试验，如 Fire 计划、Asset 计划。通过发射各种再入飞行器，采用静电探针和反射计等方法，能够获取等离子体鞘套相关数据，但仅能获得固定点的测试数据。Fire 计划的研究表明，使用的化学动力学模型还不完善。Asset 计划共进行了 3 次针对常用电磁波频率的飞行试验，并在后续的分析中认为，阻抗测量在等离子鞘套研究中可能是有价值的。RAM 计划对注入法、磁窗法等进行了相应飞行试验，获得了等离子体鞘套密度与黑障的对应关系数据 [43]。但随着战术助推滑翔高超声速研究计划的推进，NASA 围绕新型高超声速战机又进行了几次飞行试验，如 X-43 飞行试验只飞行了 12 秒，尚未进入黑障区域；随后的 2 次 HTV-2 飞行试验均告失败。

2. 地面试验

当前地面实验仪器重现等离子体鞘套环境比较困难，国内外的典型设备有激波风洞、电弧/射频等离子体风洞和辉光射频等离子体源等。其中，著名的有美国卡尔斯本-布法罗大学联合研究中心（Calspan-University at Buffalo Research Center，CUBRC）研制的 LENS-Ⅰ型和 LENS-Ⅱ型激波风洞，日本国家航天中心研制的 HIEST 激波风洞，德国斯图加特大学的磁流体式电弧风洞，以及美国密歇根大学研制的 Helicon 等离子体发生装置。我国一直致力于等离子体鞘套的相关地面实验研究，中国航天空气动力技术研究院于2007年研制了具备4种类型加热器的电弧风洞 FD15，中国科学院于2012年研制了基于反向爆轰驱动方法的超大型激波风洞 JF12，西安电子科技大学利用辉光放电技术研制了动态等离子体鞘套地面模拟装置。然而，目前尚未有任何一种手段能够在地面环境中完全再现真实的超高速等离子体流场环境。

（二）超高速等离子体流场的理论研究

在等离子体流场模拟方面，已有各种等离子体模型，最完整和通用的模型是玻尔兹曼方程结合麦克斯韦方程，可以描述每种等离子体成分的分布函数的演化，计算量巨大，因此动力学模拟必须局限在有限区域中。研究人员发展出了多流体和多温度的磁流体动力学模型、基于带电粒子概率分布函数的等离子体动力学模型。动力学模型能够预测电离气体中的高频现象，目前在超高速相关问题中多用于稀薄气体，主要方法有 DSMC 方法和PIC 方法。

将玻尔兹曼方程通过查普曼-恩斯库格（Chapman-Enskog）逐级逼近展开可得到欧拉方程、纳维-斯托克斯方程及 Burnett 方程。对于等离子体的每种成分建立玻尔兹曼方程，并展开得到纳维-斯托克斯方程，即为多（双）流体模型。由于该模型中对每种等离子体成分的速度空间取矩，将六维空间降到三维空间，因此该模型比较简单。多流体模型将等离子体的每种成分假设为一种独立的流体，并假设每种流体均处于局部热力学平衡，但不同流体之间并不处于局部热力学平衡。将多流体模型进行简化，把等离子体行为假设为一个准中性导电流体，所有成分均假设为局部热力学平衡，并具有相同温度，可以得到单流体的 MHD 方程，单流体的 MHD 模型将等离子体视为一个单一的、准中性的磁化流体。

国内外很多学者利用多流体模型研究超高速等离子体的电磁-流场耦合问题。南京航空航天大学伍贻兆采用 MHD 方法研究了考虑磁场干扰效应和化学非平衡效应的超高速复杂流动问题。国防科技大学李桦课题组采用三维自适应叉树网格方法，实现了对激波流场结构的细致捕捉。美国华盛顿大学 Shumlak 提出了一种近似的黎曼（Riemann）求解器的两流体算法，计算单元界面处电子和离子流体的通量，以及一个基于迎风特性的求解器来计算电磁场。该课题组后续还发展了基于有限体积法和有限元的算法。密歇根大学 Kim 团队利用双流体模型模拟了外加正交电磁场下的等离子体特征参数。西安电子科技大学郑晓静研究组采用双流体模型在考虑电子碰撞的基础上，研究了同时施加电磁场下的等离子体鞘套特征及对通信黑障的缓解程度[44]。美国 Tech-X 公司与乔治华盛顿大学合作研究了 RAM-C 飞行器的流场（含化学反应、忽略粒子碰撞）、通信及磁场减缓的效果[45]。

然而，多流体或磁流体模型存在很多局限性，主要表现在：①在麦克斯韦方程中忽略了位移电流，仅能描述低频现象，无法描述随时间的高频变化；②多流体模型将各种粒子组分看作单独的流体，模型跨越大范围的时间和空间尺度，当考虑碰撞项时，由于每种流体都有其不同的声速，电磁波以光速传播，远大于这些流体的特征速度，在理想多流体情况上附加了一个刚性源项，使模型的数值求解充满挑战。

为克服模型的局限性，学者们提出了描述流动等离子体的模型和完整的麦克斯韦方程耦合的数值方法，称为完整磁流体动力学（FMHD）模型。德国斯图加特大学 Munz 小组提出了具有散度消除修正的麦克斯韦方程的双曲方程形式[46]。Winglee 和 Harnett 等描述了考虑离子回旋作用和电子离子碰撞作用的双流体 FMHD 方程[47]。Wilson 及 Thompson 等先后报道了这些方程的数值离散算法[48]。北海道大学 Takahashi 小组用基于纳维-斯托克斯方程的 CFD 方法和计算电磁学中与频率相关的有限差分时域方法（FDTD）相结合，计算了 RAM-C 飞行器的流场，并分析了通信中断现象[49]。美国华盛顿大学 Shumlak 课题组发展了基于有限体积法和有限元的算法[50]。扩展后的经典的兰金-于戈尼奥关系，为 MHD 激波捕捉模拟开辟了新的途径。然而，这些工作均未考虑不同粒子间的碰撞对完整磁流体动力学方程求解的影响，当磁流体动力学方程中加入碰撞项后，增加了额外的刚度源，给方程求解带来了困难。

三、发展趋势与展望

（一）面临的力学挑战

超高速环境中等离子体的流动是一类典型的极端环境流体力学问题，也是通信黑障课题迫切需要解决的难题之一，是制约飞行器测控与通信的瓶颈。虽然对黑障调控抑制问题的研究已经进行了几十年，但各种方法仍然存在一些缺陷，到目前为止，尚未见有可以彻底解决黑障问题的报道。对临近空间超高速飞行器流场的模拟，除了需要强计算能力的计算机系统外，最关键和基础的需求是提高对基本物理现象的建模能力，除了湍流模型、边界层转捩、流动分离问题等经典挑战之外，超高速等离子体流场的电磁效应、真实气体化学反应、壁面催化等问题给物理建模带来了挑战。能否复现超高速飞行"在很大程度上取决于物理模型反映真实情况的程度"[51]。

对于超高速等离子体流场的模拟，高温高压、高热流、跨流域、多场多过程的等离子体流场增加了模型复杂度和计算难度。在等离子体流场方面，随着技术需求的不断提升，对非线性复杂流场的研究仍有许多方面需要突破。当超高速飞行器在非连续区域飞行时，其飞行环境往往不能被视为连续介质。飞行器头部和翼前缘是高密度、高温高压、高热流的状态，对超高速飞行器等离子体流场的模拟必须考虑跨流域问题。现存的物理模型在跨流域模拟方面，仍然存在模型简易、计算量巨大、不能完全描述等离子体流场内部复杂流动过程的问题。

等离子体鞘套在本质上是临近空间超高速流动带来的效应，超高速流动具有高能和高温的特征。对于高温高速的等离子体鞘套，宏观上可将等离子体的集体运动特征视为多组分的带电流体，其流动产生自生电磁场，在外加电磁场下，复杂电磁场通过电磁力又会影响流场，需要考虑流动变化过程、边界变化过程、粒子碰撞过程、热力学状态的变化过程及化学反应过程，因此这是一个伴有强非线性、随机性的多场多组分多过程复杂带电流体的力学行为研究的问题，需要发展多场多组分多过程复杂带电流体力学行为的建模技术。

对于电-磁-热-化-流多场耦合计算面临几个难点：一是各个场的解耦计

算方法，需要力–电磁的迭代计算，需要通过不断迭代才能得到最终的流场结果和等离子体鞘套的分布；二是非线性项和耦合项导致方程增加刚性源项，使模型变得复杂和数值模拟面临较大挑战，尤其是当现有的等离子体流体模型考虑碰撞项时，都会增加巨大的计算量；三是描述电磁场演化的双曲型方程，需要满足椭圆散度约束条件；四是对于完整的磁流体动力学方程的数值模拟，流场的传播速度和电磁场的传播速度相差 5 个数量级。因此需要发展高速等离子体电–磁–流多场耦合高效数值计算技术。准确建立超高速飞行器等离子体流场的力–热–电–磁–化耦合模型，对多场多组分多过程复杂带电流体的流动进行精确模拟，是实现对超高速飞行器等离子体鞘套有效调控的前提和基础，其中所涉及的复杂系统具有多场、强耦合和强非线性特征，是当前科学研究前沿亟须理论与方法突破的难点问题。

（二）重点问题

1. 超高速等离子体流场–电磁场耦合计算模型

针对"通信黑障"问题，深入理解超高速流场、外加电磁场、等离子体流动感生电磁场、温度场、热化学反应的耦合机理，考虑超高速等离子体特征参数具有在时间和空间尺度上的大跨度范围、大梯度特点，解决非线性项和流场–电磁场耦合项带来的数值刚性问题，建立电–磁–热–化–流多场多组分多过程复杂带电流体流动状态的计算模型，发展适用于大规模并行计算的超高速电磁流体的精细化模拟算法，评估电磁场调控对超高速等离子体流动状态的影响。

2. 超高速等离子体电–磁–热–化–流多场耦合计算软件

目前对超高速等离子体流场的计算模型和计算方法的研究都比较少，该领域中我国自主的程序代码和软件尚是空白，美国对我国封锁且在电磁–流场耦合处理方面还存在很多限制和缺陷。对该问题的研究，不仅能够提高飞行器在等离子体鞘套下的通信保障能力，促进我国超高速飞行器的发展，而且能够提高多物理场耦合问题的解决能力，推动相应软件的开发，打破国外封锁，摆脱技术封锁，为我国提供长远发展的平台。

第六节　页岩气开发中的极端流动与输运

一、需求引领

页岩气作为非常规能源的典型和潜在可以替代石油的新兴能源，必将成为未来新能源的重点发展方向。中国拥有世界第一大页岩气资源，页岩气可采资源潜力为 25.1 万亿 m^3。然而我国非常规气的赋存特点导致了其开发的巨大难度。70% 的页岩气以吸附气的方式储集在页岩中；我国页岩地层极深，页岩孔隙结构复杂、孔喉直径非常小，渗透率极低，必须进行水力压裂才能进行商业化开采，而"甜点区"水资源紧缺。因此，通过传统的压裂、加热等方法开采，效率极低、成本极高，并且会导致生态、地质和安全问题，这直接导致了目前我国非常规能源的采收率极低、发展缓慢的现状。

在 2014 年的香山科学会议中，国家最高科学技术奖获得者郑哲敏院士和著名力学家黄克智院士明确指出：力学在页岩气开发领域内大有作为[52, 53]。目前，严重限制我国页岩气开发的瓶颈来源于两个基本难题：①压裂形成裂纹网络的影响范围小；②解吸附、驱替并运移出来的天然气少，与力学直接相关。对于页岩气来说，目前我国的采收率仅为 6%，如果裂纹网络影响范围增加 25%，或者解吸附、驱替的天然气增加 8.2%，就相当于开一口新井，节约成本 5000 万～8000 万元。这不仅是工程界亟待提高非常规能源采收率的关键，也是力学、地质、地球化学等学科迫切需要解决的前沿难题。一方面，要结合工程实际，对"地质甜点区"、"工程甜点区"和"经济甜点区"三类甜点区进行重点匹配评价；另一方面，从科学机理出发，揭示多孔介质中毛细凝聚和吸附相变、压裂尖端滞后区的应力奇异性和网缝连通、多尺度孔隙中驱替导致的非线性渗流等微观机理问题，才能解决页岩气开发中的基础难题。

二、研究现状

针对非常规能源的资源成藏和开采的基础理论与勘探开发技术研究涉及三个最基本的关键科学问题：多孔介质中毛细凝聚和吸附相变、压裂尖端滞后区的应力奇异性和网缝连通、多尺度孔隙中驱替导致的非线性渗流，目前国内外的研究者们已经在其中的某些方面开展了相关的研究工作，并取得了一定的研究进展。

我国页岩气深埋于地下数千米的岩石储层，主要以吸附态受限于纳米孔隙或包合物中，造成了解吸和驱替的困难。对非常规能源开采中的吸附/解吸热力学和动力学微观机理的认识不足，是限制其开采的首要瓶颈。页岩体具有复杂的孔隙结构，不同尺寸和曲率的孔隙并存，对吸附/解吸的规律具有重要的影响。在纳米孔隙中，由于孔隙壁面的作用力范围几乎覆盖了整个孔隙，气体分子受孔隙壁面的吸引而吸附。

水力压裂是页岩气开采中的关键技术，可以形成交联裂纹网络使得气体从超低渗透率的储层中释放出来。为了充分发挥水力压裂的影响，从 20 世纪 50 年代到 80 年代，国际上先后发展了关于水力压裂的 Khristianovic-Geertsma-de Klerk（KGD）、Perkins-Kern-Nordgren（PKN）等理论模型。然而，目前水力压裂的一大瓶颈问题是形成裂纹网络的影响范围较小。想要充分发挥压裂技术，就需要形成密集的交联裂纹网络，从而扩大裂纹的影响范围。裂纹尖端失稳的两个必要条件是裂纹尖端的位错发射和突破裂纹传播的极限速度。压裂液驱动的裂纹转向在缝网形成过程中至关重要，牵扯到压裂液的注入、输运等流体力学问题，更涉及自然因素中的储层物性、地应力条件等多重因素作用，使得问题格外复杂。当气体从页岩孔中解吸附后，主要通过渗流的方式，从储层基质的纳米孔隙中到达水力压裂造成的交联裂纹网络，进而到达生产井筒开采出来。当前对气体在纳米孔中的运移规律和机理的认识不足是制约页岩气有效开发的一个重要因素。

工程上对于非常规能源有效开发的迫切需求推动了基础理论研究，迫切地需要自下而上地开展缝网连通与气体解吸附及运移的微观机制研究，建立理论模型指导工程实际。对于水力压裂过程中流–固耦合的移动接触线问题、多尺度孔隙中的吸附/解吸附动力学、运移规律和机理的研究，需从微观尺度理解相关机理，再结合多尺度手段获得相关规律。非常规油气向常规的发展其实就是微观向宏观的发展，宏观上的突破会越来越依赖于微观成果，因而亟须采用新理论、新方法加大微观领域的研究，促使从根本上变"非常规"为"新常规"，推进其真正达到低成本、具有实际大规模生产应用价值的阶段。

三、主要研究进展

赵亚溥课题组针对非常规能源开采中解吸和驱替动力学开展了系统、深入的研究，发展了一套针对非常规能源问题的"吸附-解吸附-驱替-运移的微力学机理"研究实验平台和"第一性原理-分子动力学-相场动力学-逾渗理论-连续介质"模拟平台，建立了跨尺度理论框架，从电子/原子层次的吸附/解吸附、驱替的微观机制出发，通过介观尺度的相场动力学和实验观测/表征手段将微观孔隙中的流-固界面动力学与宏观多孔介质中复杂扩散和运移联系起来，研究在多物理-化学场耦合条件下，非常规能源开发中的吸附/解吸附、扩散/运移等动力学，从多场耦合、界面演化方面揭示其开发中的跨尺度机理。

（一）非常规能源开发中，多孔介质中的吸附和解吸附动力学

赵亚溥课题组采用扫描电子显微镜（SEM）结合核磁共振（NMR）等显微测试技术，研究了某页岩气田井下三千米处岩心样品的孔隙结构和特征，发现其孔隙率极低（~2.64%）。孔隙主要为小于 100 nm 的微孔和介孔（~97%），呈正态分布。开展了页岩气的吸附动力学实验，发现在恒定温度下，随着注入气体压力的不断增加，吸附态和游离态甲烷整体呈现增加的趋势。使用分子动力学（MD）模拟，研究了不同流体性质和外界环境中流体在纳米通道中的吸附状态和吸附量，结果显示吸附相具有比体相更强的储存甲烷的能力[54]。进而研究了页岩成气机理与页岩气的吸附、解吸附和驱替动力学过程：在力-热-化学多场耦合作用下，探索孔隙性质、温度、压力、地应力等工程实际因素的耦合影响，从微尺度实验出发研究成气机理和结构，揭示天然气在界面上的吸附规律、毛细凝聚、吸附相变行为的机制，揭示连通网缝中流-固耦合的驱替规律及对页岩体的反作用，并给出了吸附相状态的定量预测。

（二）非常规能源开发中，多孔介质中的驱替和渗流动力学

裂纹尖端失稳的发生与裂纹尖端的位错发射和孔洞形成密切相关。在水力压裂过程中，压裂液导致并跟进岩体中裂纹的扩展，移动接触线与裂纹扩展一起推进但相差一个滞后区。由于滞后区的存在，应用润滑近似，得出水

力压裂裂纹尖端的应力奇异性为 $-\dfrac{1}{3}$，与传统断裂力学的 $-\dfrac{1}{2}$ 应力奇异性相异。该课题组的工作基于实空间重整化群方法，建立了三维各向异性逾渗模型，纠正了前人所提出的三维各向异性逾渗模型[55]。研究孔隙分布与非线性渗流的关系：从微观尺度出发，从实验上揭示压裂液种类、孔隙尺寸和形态对驱替效率影响的微观机理，以及孔隙的分形特征对页岩气驱替和运移的影响。采用 MD 方法研究了页岩气的驱替动力学问题，最终发现 CO_2 的驱替效率最高[56]。

该课题组首次实现深部页岩气吸附、解吸的原位模拟，阐明了超额吸附线交叉和解吸滞后现象的微观机理，建立了考虑吸附质分子间相互作用的超高压吸附模型。利用场发射扫描电子显微镜（FE-SEM）观察了 3000 米深的多个页岩样品，得到了其原位孔隙结构，并得到了孔隙的分形特征。首次建立了原位结构的 MD 模拟模型。通过探索页岩原位条件下甲烷的吸附/解吸行为，从原子层面揭示其微观机理，为页岩气储量的准确估计及产能预测提供指导。

（三）非常规能源开发中的水力压裂、网缝形成和连通

该课题组研究压裂导致网缝形成和连通的机理：实时、原位地观测与表征压裂液压裂并跟进岩石裂纹扩展的动态过程，揭示渐进破坏过程中移动接触线导致网缝形成、连通和能量耗散的微观机制，解决滞后区流-固耦合的应力奇异性问题。这些研究为压裂液的选取和压裂流量的控制提供了方向，从理论上指导水力压裂优化设计。从全局解的角度，对无滞后区的全应力水力压裂模型定量地分析了切应力主导机制和在此机制下裂纹扩展的失稳现象。裂纹尖端的二维流动和岩石的非线性弹性并不对切应力主导机制产生决定性影响，并且裂纹尖端过程区使切应力主导机制更容易产生。如果裂纹不产生分岔和转向等现象，裂纹尖端局部闭合的水力裂纹可以在压裂液的作用下重新开启（图 6-1）[57]。

该课题组研究了裂纹扩展过程中应力场变化，发现裂纹轨迹在流体压强主导、地应力诱导的作用下逐步转向最大主应力方向，但转向过程受多重因素作用。该研究可为页岩气开采中的水力压裂施工提供指导[57]。

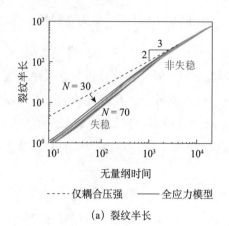

（a）裂纹半长

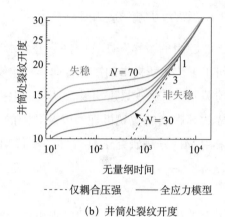

（b）井筒处裂纹开度

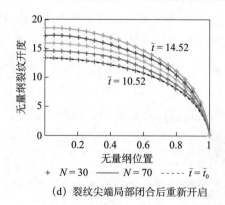

（c）岩石的非线性弹性、–1/3阶奇异性区示意图

（d）裂纹尖端局部闭合后重新开启

图 6-1　裂纹扩展存在失稳现象，但失稳现象随时间消失 [57]

四、近期重点问题

（一）干酪根熟化的物理力学研究

采用范德瓦耳斯修正的密度泛函理论计算不同油气分子在干酪根表面局部结构上的吸附位点及吸附能，研究不同油气分子在干酪根孔隙中的吸附特性，探索不同干酪根结构对相互作用势的影响。研究地应力变化条件下干酪根变形及吸附能的改变，并探索其对吸附量的影响和量化关系。开展油气吸附的原位模拟，探索不同成熟度干酪根及不同类型干酪根对吸附的影响，并考虑实际油气分子间的范德瓦耳斯作用，修正超高压双点朗缪尔（Langmuir）方程，阐明解吸迟滞现象的微观机理及其存在条件。在密闭高压环境下对干酪根进行催熟，分析其干酪根孔隙结构演化过程中油气的生成过程及浓度变化，研究限域条件下该非平衡态体系中油气分子的输运性质，从而为页岩油气储量的准确估计及产能预测奠定理论基础。

（二）基于物理力学反演法和机器学习法的干酪根重构

开展了干酪根的重构、成熟度表征、成气机理研究，为解决我国页岩气采收率极低的工程科学基本难题提供新思路。直接构建干酪根分子集团十分困难，需采用大量实验手段获得干酪根的分子键合参数等微观特征信息，通过裂解实验及模拟表征干酪根的断键机制和热解性质。进而基于化学-力学耦合机制建立包含更多矿区干酪根结构特点的分子，获得分子量满足聚合物高斯分布的分子群，为页岩油气产气机理及高效开采等后续研究提供了更加可靠的模型基础。利用机器学习强大的特征分析与学习能力，从海量标注样本中学习成键机理等特征，进行精准快速的高通量分析和预测。

第七节　先进发动机极端工况下的湍流燃烧

一、背景需求

燃烧技术促进了航空、航天、航海和地面等现代交通运载工具的发展和广泛应用。发动机的先进性体现为高效率、高动力性能、瞬态响应性能和低污染物排放。为提高发动机性能并满足越来越苛刻的军事和民用需求,需在极端条件下组织高效稳定燃烧。发动机极端条件表现在高/低压、高/低温、超声速等方面,因此会出现激波、爆轰波、流场大畸变、燃烧不稳定、点火困难等引发流场间断和参数突变的现象,从而引起局部各向异性的湍流混合,出现强间断–湍流–燃烧相互作用。在极端发动机工况条件下,湍流燃烧中的流动和化学反应特征尺度在时间和空间上紧密耦合,混合气的形成、着火和燃烧过程受工况参数显著影响。其复杂性表现为:燃烧组织困难及燃烧不稳定性,如超燃和爆轰发动机气流速度约 $1500 \sim 3000$ m/s,驻留时间小于 1 ms,抑制了湍流混合,使点火及完全燃烧更困难;燃烧不稳定性问题更为严重,比如爆燃转爆震;流场参数突变/大梯度特征,如燃烧流场气流参数和组分浓度在激波前后和火焰边界发生突变;激波和火焰的界面相互作用导致具有大尺度湍流特征的火焰面发生畸变和失稳。

高性能发动机要求既能够在高来流速度下实现快速混合和高强度湍流燃烧,又能够在宽工况范围和参数突变情况下实现稳定燃烧,涉及流动和化学反应等复杂过程,且存在强烈湍流和化学反应相互作用。其复杂性表现为强旋流、交叉射流和回流等流场结构与多尺度湍流涡旋和火焰的相互作用。如图 6-2 所示,湍流涡旋通过局部剪切改变火焰面结构、温度场、组分小尺度混合,从而影响局部化学反应速率;同时,化学反应放热改变局部密度与黏性,从而影响流场和湍流结构。湍流和燃烧相互作用决定了火焰结构和分布,可以引起局部熄火/再着火、回火、吹熄等现象,直接影响燃烧组织效果及发动机的燃烧性能。发动机的污染物排放、喷嘴积碳、叶片烧蚀、燃烧稳定困难、高空熄火、爆震、振荡燃烧等一系列问题均可归因于湍流燃烧问题。

二、研究现状

在理论和模型方面,由原先仅考虑大尺度湍流对其中标量场运动的解耦研究,转向小尺度湍流与化学反应之间存在的耦合问题研究[59]。但针对湍流混合速率与化学反应速率相当的湍流–反应耦合的燃烧模式,仍缺乏合适的湍流燃烧模型,亟须发展和改进湍流燃烧理论与模型。目前,多个课题组将

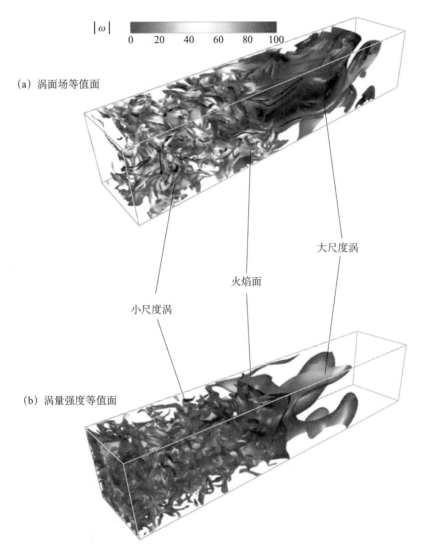

(a) 涡面场等值面

$|\omega|$　0　20　40　60　80　100

大尺度涡

火焰面

小尺度涡

(b) 涡量强度等值面

图 6-2　湍流燃烧中流动与火焰相互作用示意图[58]
红色等值面为反应进度变量 0.8 等值面

湍流燃烧研究工况推广至高雷诺数、高压等极端条件，探索湍流与化学反应相互耦合对着火熄火、火焰传播等关键现象的影响及建模方式[60-63]。高雷诺数下的大规模直接数值模拟（DNS）计算网格数达几十亿，提供了高时空分辨率与完整的速度、温度和组分场，被应用于研究多尺度湍流和火焰结构及其相互作用，以及湍流燃烧模型验证[64]。然而由于巨大的计算量，湍流燃烧直接数值模拟仅适合对简单火焰做机理性研究。另外，详细化学反应机理的应用是直接数值模拟精度的主要制约因素。我国学者研究改进了基于小火焰面假设的湍流燃烧模型、输运概率密度方法等多种湍流燃烧速度建模方法。此外还自主研发了若干湍流和燃烧测量诊断仪器，获得了大量湍流点火和火焰传播的实验数据，目前正稳步开展理论与模型的探索工作。

在实验方面，国际湍流燃烧的前沿实验研究开始关注高压、高雷诺数下的湍流燃烧实验，结合激光诱导荧光等一系列激光光谱方法，初步开展了对温度、速度和主要反应物、生成物、多组分、较高空间分辨率的测量。关于氢气、合成气和小分子碳氢燃料的一系列简单湍流射流火焰、值班火焰和钝体稳定火焰的实验研究，提供了一批可用于湍流燃烧模型验证的数据[65]。为满足更为严格的军用和民用动力要求，高性能发动机的技术发展趋势通常需要从常规条件走向极端条件。为适应高超大空域（0~40 km）和宽参数范围（亚燃和超燃）需求，涡轮/亚燃/超燃/火箭等多种发动机组合模态成为备选方案。

目前，对极端条件下的湍流燃烧问题，如高速条件下湍流与燃烧的相互作用、参数突跃的瞬变燃烧过程等，国际上还缺乏对其表观现象规律和内在关联机制的深入探索。针对这些特殊燃烧现象，如激波-湍流-燃烧相互作用、爆轰波等的研究已从现象学逐步转向对物理机理与化学机理的深入认知。测量方法从宏观观察实验转向精细实验验证，模拟方法从定性简化分析转向高精度、高分辨率数值模拟[66]。以超燃和爆轰发动机高速燃烧为例，研究者探索了反应机理、湍流燃烧模型、网格生成、源项刚性等问题，为高难度的可压缩湍流燃烧数值模拟奠定基础。但在多模态高效燃烧、燃烧不稳定性等方面缺少必要的机理性试验研究，测试手段有限，且没有经过严格试验验证的高速燃烧数值模拟工具。为满足新概念发动机的研发需求，国内外正积极推动极端条件下湍流燃烧机理方面的研究[58, 62]。国内学者设计了适用于发动机稳定燃烧的燃料，提出了多通道等离子体点火助燃方法。通过对受限空间内宽范围下燃烧模态识别及转换规律的研究，实现了受限空间内爆燃转爆轰及爆轰波发展的有效调控，对突破发动机性能提供了解决方案和途径。获得了压力波诱导未燃混气自燃并导致爆轰的全过程，揭示了内燃机有限空间爆轰波形成机理，解决了传统爆震理论无法解释超级爆震形成机理的难题[67]。

三、近期重点问题

随着发动机性能要求的不断提高，超声速、参数突变等具有强间断流动现象的极端条件下的湍流燃烧相互作用机理的实验测量和数值模拟成为重要研究课题。高温高压复杂组分环境会导致分子吸收和发射谱线展宽、频移及发射光的碰撞淬灭。火焰面厚度急剧下降至微米级，甚至远小于现有光谱诊断方法的空间分辨率，并导致吸收光谱的穿透能力减弱、发射光谱的本底噪声增强，干扰光谱诊断结果。强间断流动会增强湍流的局部各向异性，强湍流条件则会产生多种空间尺度量级的瞬变复杂涡系结构，最小涡系结构尺寸同样会降至微米级，从而加剧高压湍流火焰诊断难度。因此，亟须发展极端条件燃烧实验新方法、高分辨率测量和高精度数值模拟方法，建立微米级燃烧流动结构的定量表征理论，以及参数突变、大梯度流场中瞬变燃烧机理及其调控机制。发展湍流多尺度效应下火焰、涡结构及其相互作用定量表征理论和方法；研究燃烧释热和诱发的不稳定性对湍流的抑制/诱导机制；研究高速、宽压力、宽当量比、超临界和大速差、变边界条件下的点火和熄火、火焰稳定和火焰传播过程；研究参数突变引起的不稳定燃烧和熄火机制，气流参数突变和大梯度变化的火焰失稳和熄火问题；研究低能和高效激励点火强化方式，延拓点火边界；研究非纯净空气对点火/熄火及燃烧的影响。研究超声速燃烧过程释热与燃烧模态相互作用规律，建立燃烧模态理论模型及其转化规律；研究强阶跃条件下反应动力学对爆震波的影响，揭示激波-湍流-燃烧相互作用机理；探索激波-湍流边界层相互作用导致流动分离对燃烧的影响机理及控制方法，探索超声速燃烧和爆震燃烧模态转换规律与调控方法。发展燃烧化学反应动力学高效精确应用理论和方法；发展面向发动机典型燃烧问题的湍流火焰基础实验与先进非接触诊断技术；研究湍流燃烧高分辨率、多场多组分同步诊断及三维流场和火焰重建理论和方法；发展强间断、参数突变燃烧场实验方法，以及光学/光谱定量诊断的多参数精确反演集成技术。

第八节　本　章　小　结

极端条件下的流动与输运涉及相变、流-固耦合、燃烧、化学反应、电磁场等多场耦合等物理化学过程；表/界面，极大极小尺度等极端条件。诸多新规律和新现象不断被发现，为传统流体力学研究的理论提出了新挑战。经典的连续性假设纳维-斯托克斯方程甚至无法适用。若干极端环境的流体力学科学问题的研究仍处于空白阶段，比如：

（1）多相和多组分湍流，特别是高体积分数、高雷诺数等极端条件下的多相和多组分湍流，在这样的极端条件下，分散相和湍流具有剧烈的相互作用，还包括分散相直接相互作用，气泡和液滴复杂的融合和破裂过程，以及分散相引入额外的随机因素会显著影响湍流发展和结构、输运特性和分散相特性，单相湍流中的经典规律能否适用，以及在湍流减阻、增强掺混等方面的应用，这些都尚需研究。此外，对极端条件下多相和多组分湍流的研究需要发展有效的实验方法和测量手段。这既包括发展高速成像、粒子图像测速等传统测量方法在多相和多组分湍流上的应用，以对流动结构、分散液滴形态等物理量进行测量分析，开发出能够同时对载体和分散相进行完全分辨的测量的实验技术，同时也需要建立新的实验方法，从而对界面形变、活性剂动力学特性等进行研究。

（2）超高速飞行器是当前国际竞争的技术制高点，发展超高速飞行器技术离不开超高速流动中关键基础问题的研究。超高速流动中的激波、湍流、转捩、燃烧、力-热耦合、化学非平衡、黑障等极端物理现象，以及快速响应的高频高能主动控制方法等是超高速流动研究中绕不开的问题。面对超高速飞行器长航程、超高速、高机动、可重复使用的发展需求，亟须立足当前研究进展，直面挑战，通过力学、物理学、化学、材料科学等基础学科的交叉创新研究，支撑新型超高速飞行器的研制。

（3）就机理本身而言，微纳流动并不存在超越传统流体力学的疑难和挑战。微纳流动与宏观流动的主要区别可大致分为以下四个方面：占主导的表面效应、低雷诺数效应、多尺度及多物理场效应、非连续介质效应。由于多种效应的耦合，微纳流动与输运常常会呈现出反直觉的流动现象。上述问题有些通过对传统流体力学做少量修正就能处理，而有些必须采用新的理论方法、模拟算法和实验技术才能更好地进行深入研究。

（4）高聚物添加到流动中，在不同条件下，往往会起到相反的作用，因而可以实现流动控制。高聚物减阻的研究一般使用槽道流或者管流，流动的特性依赖于到壁面的距离，增加了研究的复杂程度。远离壁面的流动可以很好地用均匀各向同性湍流模型来近似，简化了研究；另一方面，槽道流固定高度上的流动，也具有能量级串的特征。所以研究高聚物对能量级串过程的影响，有利于我们理解高聚物与湍流相互作用的机理，进一步理解高聚物减阻的机理，同时也有助于加强对湍流本身的理解。当前对高聚物减阻的机理及与湍流相互作用的机理还缺少认识。接下来需要从理论、实验和计算等多方面深入研究其在湍流中构型的变化及对流动的影响，为其减阻技术提供理论支持。

（5）超高速环境中等离子体的流动是一类典型的极端环境流体力学问题，也是通信黑障课题迫切需要解决的难题之一，是制约飞行器测控与通信的瓶颈。到目前为止，尚未见有可以彻底解决黑障问题的报道。准确合理的等离子体流场建模和可靠有效的定量分析是分析和解决黑障问题的有力工具。对临近空间超高速飞行器流场的模拟，最关键和基础的需求是提高对基本物理现象的建模能力，除了湍流模型、边界层转捩等经典挑战之外，高超声速等离子流场的电磁效应、真实气体化学反应、壁面催化等问题给物理建模带来了挑战。准确建立超高速飞行器等离子体流场的力-热-电-磁-化耦合模型，精确模拟多场多组分多过程复杂带电流体的流动，是实现对超高速飞行器等离子体鞘套有效调控的前提和基础。

（6）针对非常规能源的资源成藏和开采的基础理论与勘探开发技术研究涉及三个最基本的关键科学问题：多孔介质中毛细凝聚和吸附相变、压裂尖端滞后区的应力奇异性和网缝连通、多尺度孔隙中驱替导致的非线性渗流。工程上对于非常规能源有效开发的迫切需求推动了相关领域内的基础理论研究，迫切地需要开展缝网连通与气体解吸附及运移的微观机制研究，建立理论模型。对于水力压裂过程中流-固耦合的移动接触线问题、多尺度孔隙中的吸附/解吸附动力学、运移规律和机理的研究，需要从微观尺度上理解相关机理，再结合多尺度研究手段获得相关的规律，这也正是目前基础理论所缺乏的。非常规油气向常规的发展其实就是微观向宏观的发展，宏观上的突破会越来越依赖于微观成果，因而采用新理论、新方法加大微观领域的研究十分必要。

（7）随着发动机性能要求的不断提高，超声速、参数突变等具有强间断流动现象的极端条件下的湍流燃烧相互作用机理的实验测量和数值模拟成为重要研究课题。高温高压复杂组分环境会导致分子吸收和发射谱线展宽、频移及发射光的碰撞淬灭。火焰面厚度急剧下降至微米级，导致吸收光谱的穿透能力减弱、发射光谱本底噪声增强，干扰光谱诊断结果。强间断流动会增强湍流的局部各向异性，强湍流条件则会产生多种空间尺度量级的瞬变复杂涡系结构，最小尺寸会降至微米级，从而加剧诊断难度。因此，亟须发展极端条件燃烧实验新方法、高分辨率测量和高精度数值模拟方法，建立微米级燃烧流动结构的定量表征理论，以及参数突变、大梯度流场中瞬变燃烧机理及其调控机制。

综上所述，迫切需要系统地建立和发展极端条件下流体力学的理论体系框架，建立国家级极端条件下流体力学实验设施，发展相应的数值模拟方法和软件，鼓励更多学者积极探索极端条件下流动与输运问题研究的新理论、新方法和新技术，拓展和丰富流体力学的研究内容，促进我国流体力学学科前沿的理论创新，建设引领未来国际流体力学发展的新增长点，为相关的国家大型战略项目提供科学和技术支撑。

本章参考文献

[1] Mathai V, Lohse D, Sun C. Bubbly and buoyant particle-laden turbulent flows[J]. Annual Review of Condensed Matter Physics, 2020, 11: 529-559.

[2] Jiang H, Zhu X, Wang D, et al. Supergravitational turbulent thermal convection[J]. Science Advances, 2020, 6(40): eabb8676.

[3] Ceccio S L. Friction drag reduction of external flows with bubble and gas injection[J].

Annual Review of Fluid Mechanics, 2010, 42: 183-203.

[4] 郑晓静, 王国华. 高雷诺数壁湍流的研究进展及挑战[J]. 力学进展, 2020, 50(1): 202001.

[5] Verschoof R A, van der Veen R C A, Sun C, et al. Bubble drag reduction requires large bubbles[J]. Physical Review Letters, 2016, 117(10): 104502.

[6] Dabiri S, Tryggvason G. Heat transfer in turbulent bubbly flow in vertical channels[J]. Chemical Engineering Science, 2015, 122: 106-113.

[7] Zhong J Q, Funfschilling D, Ahlers G. Enhanced heat transport by turbulent two-phase Rayleigh-Bénard convection[J]. Physical Review Letters, 2009, 102(12): 124501.

[8] Wang Z, Mathai V, Sun C. Self-sustained biphasic catalytic particle turbulence[J]. Nature Communications, 2019, 10: 3333.

[9] Balachandar S, Eaton J K. Turbulent dispersed multiphase flow[J]. Annual Review of Fluid Mechanics, 2010, 42: 111-133.

[10] Hinze J O. Fundamentals of the hydrodynamic mechanism of splitting in dispersion processes[J]. AIChE Journal, 1955, 1(3): 289-295.

[11] Manikantan H, Squires T M. Surfactant dynamics: hidden variables controlling fluid flows[J]. Journal of Fluid Mechanics, 2020, 892.

[12] Elghobashi S. Direct numerical simulation of turbulent flows laden with droplets or bubbles[J]. Annual Review of Fluid Mechanics, 2019, 51: 217-244.

[13] Zhang Y B, Bodenschatz E, Xu H, et al. Experimental observation of the elastic range scaling in turbulent flow with polymer additives[J]. Science Advances, 2021, 7: eabd3525.

[14] Tirsky G A. Up-to-date gasdynamic models of hypersonic aerodynamics and heat transfer with real gas properties[J]. Annual Review of Fluid Mechanics, 1993, 25(1): 151-181.

[15] 俞刚, 范学军. 超声速燃烧与高超声速推进[J]. 力学进展, 2013, 43 (5): 449-471.

[16] Knight D, Mortazavi M. Hypersonic shock wave transitional boundary layer interactions—A review[J]. Acta Astronautica, 2018, 151: 296-317.

[17] Leyva I A. The relentless pursuit of hypersonic flight[J]. Physics Today, 2017, 70(11): 30-36.

[18] Wang Z, Wang H, Sun M. Review of cavity-stabilized combustion for scramjet applications[J]. Proceedings of the Institution of Mechanical Engineers, Part G: Journal of Aerospace Engineering, 2014, 228 (14): 2718-2735.

[19] Sun M B, Wang H B, Cai Z, et al. Unsteady Supersonic Combustion [M]. Singapore: Springer, 2020

[20] 孙明波, 王前程, 王旭, 等. 流向弯曲壁超声速湍流边界层研究进展[J]. 空气动力学学报, 2020, 38(2): 379-390.

[21] Schmisseur J D, Erbland P. Introduction: Assessment of aerothermodynamic flight

prediction tools through ground and flight experimentation[J]. Progress in Aerospace Sciences, 2012, 48-49: 2-7.

[22] Urzay J. Supersonic combustion in air-breathing propulsion systems for hypersonic flight[J]. Annual Review of Fluid Mechanics, 2018, 50: 593-627.

[23] Ju Y, Sun W. Plasma assisted combustion: Dynamics and chemistry[J]. Progress in Energy and Combustion Science, 2015, 48: 21-83.

[24] Zhou Y, Xia Z, Luo Z, et al. Characterization of three-electrode spark jet actuator for hypersonic flow control[J]. AIAA Journal, 2019, 57(2): 879-885.

[25] Manz A, Graber N, Widmer H M, et al. Miniaturized total chemical analysis systems: A novel concept for chemical sensing[J]. Sensors and Actuators, 2019, 1: 244-248.

[26] Whitesides G M. The origins and the future of microfluidics[J]. Nature, 2006, 442: 368-373.

[27] Stone H A, Stroock A D, Ajdari A, et al. Engineering flows in small devices: Microfluidics toward a lab-on-a-chip[J]. Annual Review of Fluid Mechanics, 2004, 36: 381-411.

[28] Rothstein J P. Slip on superhydrophobic surfaces[J]. Annual Review of Fluid Mechanics, 2010, 42: 89-109.

[29] Di Carlo D. Inertial microfluidics[J]. Lab on a Chip, 2009, 9: 3038-3046.

[30] Anna S L. Droplets and bubbles in microfluidic devices[J]. Annual Review of Fluid Mechanics, 2016, 48: 285-309.

[31] Schoch R B, Han J, Renaud P. Transport phenomena in nanofluidics[J]. Review of Modern Physics, 2008, 80: 839-875.

[32] Hu G, Li D. Multiscale phenomena in microfluidics and nanofluidics[J]. Chemical Engineering Science, 2007, 62: 3443-3454.

[33] Koumoutsakos P, Pivkin I, Milde F. The fluid mechanics of cancer and its therapy[J]. Annual Review of Fluid Mechanics, 2013, 45: 325-355.

[34] Esch M B, King T L, Shuler M L. The role of body-on-a-chip devices in drug and toxicity studies[J]. Annual Review of Biomedical Engineering, 2011, 13: 55-72.

[35] Toms B. A. Some observations on the flow of linear polymer solutions through straight tubes at large Reynolds numbers[C]. Proceeding International Congress on Rheology. Vol. 2. North Holland Publishing Co, 1949.

[36] Wei M H, Li B, David R L A, et al. Megasupramolecules for safer, cleaner fuel by end association of long telechelic polymers[J]. Science, 2015, 350(6256): 72-75.

[37] Lumley J L. Drag reduction in turbulent flow by polymer additives[J]. Journal of Polymer Science, 1973, 7(1): 263-290.

[38] de Gennes P G. Towards a scaling theory of drag reduction[J]. Physica A, 1986, 140 (1-2):

9-25.

[39] Fouxon A, Lebedev V. Spectra of turbulence in dilute polymer solutions[J]. Physics of Fluids, 2003, 15(7): 2060-2072.

[40] Xi H D, Bodenschatz E, Xu H. Elastic energy flux by flexible polymers in fluid turbulence[J]. Physical Review Letters, 2013, 111(2): 024501.

[41] Ouellette N T, Xu H, Bodenschatz E. Bulk turbulence in dilute polymer solutions[J]. Journal of Fluid Mechanics, 2009, 629: 375-385.

[42] Sreenivasan K R, White C M. The onset of drag reduction by dilute polymer additives, and the maximum drag reduction asymptote[J]. Journal of Fluid Mechanics, 2000, 409: 149-164.

[43] Rawhouser R. Overview of the AF Avionics Laboratory reentry electromagnetics program: The entry plasma sheath and its effect on space vehicle electromagnetic systems[R]. NASA SP-252. Washington D C: NASA, 1971: 3.

[44] Cheng J J, Jin K, Kou Y, et al. An electromagnetic method for removing the communication blackout with a space vehicle upon re-entry into the atmosphere[J]. Journal of Applied Physics, 2017, 121(9): 093301.

[45] Kundrap M, Loverich J, Beckwith K, et al. Modeling radio communication blackout and blackout mitigation in hypersonic vehicles[J]. Journal of Spacecraft and Rockets, 2015, 52(3): 853-862.

[46] Munz C D, Omnes P, Schneider R, et al. Divergence correction techniques for Maxwell solvers based on a hyperbolic mode[J]. Journal of Computational Physics, 2000,161(2): 484-511.

[47] Harnett E M, Winglee R M, Delemere P A. Three-dimensional multi-fluid simulations of Pluto's magnetosphere: A comparison to 3D hybrid simulations[J]. Geophys Res Lett, 2005, 32(19): L19104.

[48] Thompson R J, Wilson A, Moeller T, et al. A strong conservative Riemann solver for the solution of the coupled Maxwell and Navier-Stokes equations[J]. Journal of Computational Physics, 2014, 258: 431-450.

[49] Takahashi Y. Advanced validation of CFD-FDTD combined method using highly applicable solver for reentry blackout prediction[J]. Journal of Physics D: Applied Physics, 2015, 49(1): 015201.

[50] Shumlak U, Loverich J. Approximate Riemann solver for the two-fluid plasma model[J]. Journal of Computational Physics, 2003,187: 620-638.

[51] 中国科学院. 高超声速飞行器气动特性与湍流问题[M]// 中国科学院.中国学科发展战略·新型飞行器中的关键力学问题. 北京: 科学出版社, 2018.

[52] 郑哲敏. 关于页岩气开采的几点思考[C]. 香山科学会议, 北京, 2014.

[53] 黄克智. 页岩油/气开采中的断裂力学和本构关系[C]. 香山科学会议, 北京, 2014.

[54] Yuan Q Z, Zhu X, Lin K, et al. Molecular dynamics simulations of the enhanced recovery of confined methane with carbon dioxide[J]. Physical Chemistry Chemical Physics, 2015, 17: 31887-31893.

[55] Zhao Y P, Chen J, Yuan Q Z, et al. Microcrack connectivity in rocks: A real-space renormalization group approach for 3D anisotropic bond percolation[J]. Journal of Statistical Mechanics-Theory and Experiment, 2016, (1): 013205.

[56] Lin K, Yuan Q Z, Zhao YP, et al. Which is the most efficient candidate for the recovery of confined methane: Water, carbon dioxide or nitrogen? [J]. Extreme Mechanics Letters, 2016, 9: 127-138.

[57] Shen W, Yang F, Zhao Y P. Unstable crack growth in hydraulic fracturing: The combined effects of pressure and shear stress for a power-law fluid[J]. Engineering Fracture Mechanics, 2020, 225: 106245.

[58] 游加平, 卢臻, 杨越. 湍流预混燃烧中的非各向同性速度统计与涡面结构[J]. 空气动力学学报, 2020, 38: 603-610.

[59] Sammak S, Ren Z, Givi P. Modern Developments in Filtered Density Function, Modeling and Simulation of Turbulent Mixing and Reaction[M]. Singapore: Springer, 2020: 181-200.

[60] Gicquel L Y M, Staffelbach G, Poinsot T. Large eddy simulations of gaseous flames in gas turbine combustion chambers[J]. Progress in Energy and Combustion Science, 2012, 38: 782-817.

[61] Driscoll J F, Chen J H, Skiba A W, et al. Premixed flames subjected to extreme turbulence: Some questions and recent answers[J]. Progress in Energy and Combustion Science, 2020, 76: 100802.

[62] Wang H, Hawkes E R, Chen J H, et al. Direct numerical simulations of a high Karlovitz number laboratory premixed jet flame—An analysis of flame stretch and flame thickening[J]. Journal of Fluid Mechanics, 2017, 815: 511-536.

[63] Lu Z, Yang Y. Modeling pressure effects on the turbulent burning velocity for lean hydrogen/air premixed combustion[J]. Proceedings of the Combustion Institute 2021, 38(2): 2901-2908.

[64] Chen J H. Petascale direct numerical simulation of turbulent combustion-fundamental insights towards predictive models[J]. Proceedings of the Combustion Institute, 2011, 33 : 99-123.

[65] International Workshop on Measurement and Computation of Turbulent Flames. https://tnfworkshop.org/[OL].

[66] Sun M, Wang H, Cai Z, et al. Unsteady Supersonic Combustion[M]. Singapore: Springer, 2020.

[67] Wang Z, Liu H, Reitz R D. Knocking combustion in spark-ignition engines[J] Progress in Energy and Combustion Science, 2017, 61: 78-112.

编　撰　组

组长：郝恒东

成员：杨　越　孙明波　胡国庆　孙　超　袁泉子

第七章
极端条件的实验与测试

    众多大型工程、重大工程装备、航空航天器及大型科学仪器在运行过程中常常遭受极高低温、超高声速、超高压、强电磁场、强核辐照及多场耦合等极端工作环境，由此可导致关键装备材料与结构性能发生显著变化甚至突变，进而导致装备失效甚至引发灾难事故。因此，亟须发展极端条件下的实验与测试技术，从而对上述各类型重大工程和装备进行在线测量，揭示极端复杂环境对结构材料失效破坏的影响机理，为重大装备更新换代、灾害预警、高效测控应用和力学特性分析等提供支撑。基于此，本章第一节介绍了以极端高/低温测试技术为代表的极端温度实验技术，阐述非接触式温度和变形测试技术、高温纳米压痕测试技术、极端低温环境实现与大型低温力学测试设备研发及相应的多场测量技术等的研究进展；第二节描述了极端"大"、"小"和"内部"三种尺度特征的极端尺度实验技术；第三节分析了以极端速度加载实验技术、高速电测实验技术、高速光测方法为代表的极端速度条件下的测试和加载技术；第四节给出了超导、高辐射、电-化-热-力多场耦合、电磁、超重力等其他极端环境下材料性能评估和结构健康监测的实验技术；第五节介绍了直接加热型高超声速风洞、加热轻气体驱动高焓激波风洞、爆轰驱动高焓激波风洞在内的高超声速风洞技术，以及结冰风洞技术、低温/高温风洞技术；最后展望了极端条件下实验与测试技术的发展趋势。

第一节 极端温度实验技术

一、需求情况

极端温度条件包括极端高温、低温及大幅快速变温等。高温技术主要涉及材料加工、化学工程、能源生产、交通运输和航空航天、燃气轮机、核反应堆等领域。低温技术的应用场景主要包括新型能源（如受控热核装置、超导输电、超导储能、超导电机等）、新型交通（如磁悬浮列车、磁推进船舶）、医疗卫生（如核磁共振成像、生物磁仪器等）、电子与信息技术（如超导微波、各类超导传感技术、超导集成电路与超导计算机等）、航空航天（如火箭、探月工程等）及国防技术领域（如超导反潜、扫雷、飞船再入、电磁推进、通信及制导等）等。以"嫦娥五号"为例，升空过程中探测器周围温度达到 1000 ℃以上；返回器再入大气层时温度甚至高达 3000 ℃；而其着陆器、上升器在月球上则需要经历-150～150 ℃的极端温变条件。

高温环境可分为静态和动态高温环境。低温环境通常细分为普冷（-153 ℃或 120 K）、深冷（-153～-253 ℃，或 120～20 K）、超低温（20～0.3 K）和极低温（低于 0.3 K）。热力学定律表明，绝对零度是物质世界中存在的温度最低极限，但不可能达到，目前可获得的最低温度为 0.5 nK。受极低温环境下材料的奇异特性和观测研究的需要，科学家们致力于低温环境的实现，不断地刷新超低温纪录。

复杂的高温环境对材料的结构稳定性提出挑战，要求材料至少必须具备稳定的高温力学性能和抗氧化烧蚀性能。高温环境下材料受力及结构变形破坏、温度场的实时在线测量对研究结构材料失效破坏机理至关重要。低温下，由于原子迁移率减弱，往往发生塑性到脆性的转变，即低温脆性；而高温下则易发生蠕变和塑性流动，降低材料的强度和韧性。因此在极端高温、低温或大幅变温等超常服役环境下，传统的力学参数、本构关系及其测量方法往往不再适用，甚至可能已突破经典连续介质的界定。因此，发展极端温度下的可靠的实验技术，是揭示固体材料在服役环境下的力学行为、演化过程的关键，对材料/结构的损伤失效机理研究、安全评估和寿命预测至关重要。

二、研究现状和进展

国内外诸多科研单位和人员已经开展大量高温测试技术的研究工作。美国国家标准局、俄罗斯科学院高温研究所、德国基尔大学、德国联邦材料研究院等国外多家单位均建立了高温力学测试技术的实验中心，并开展了多种体系的高温结构材料的测试研究。其中，材料的高温拉伸力学行为已经可以用较为成熟的高温万能试验机进行测试，高温三点弯测试技术也被发展起来用于测量材料的断裂韧性和抗弯强度，而高温纳米压痕技术也逐渐被应用于材料的弹性模量和硬度测试。尽管国外已经搭建了有氧 1600 ℃与真空 2300 ℃的超高温测试仪器，建立了超高温环境下材料的测试表征方法，但有关测试的关键技术仍处于封锁状态。国内研究起步于 20 世纪 90 年代，哈尔滨工业大学、西北工业大学、中国航天科技集团有限公司一院 703 所、中国航天科技集团有限公司十一院、清华大学、北京大学、北京航空航天大学等陆续开展了材料的高温力学行为测试和表征研究。"九五"期间，中国航天科技集团有限公司一院 703 所成功研制了我国第一台惰性环境 3000 ℃超高温力学性能测试系统，哈尔滨工业大学在杜善义院士等的带领下自主研制了国内惰性环境 2200 ℃快速通电加热测试技术和 3000 ℃超高温力学性能测试系统。随着高温测试平台的逐渐完善，高温环境下的高品质数据的获取获得关注。由于高温极端环境带来的复杂测试挑战，传统的高温测试技术无法获取材料测试过程中的在位力学行为演化，难以获取测试的过程信息。近年来发展的原位、在线测试和表征技术使得材料的高温力学行为和演化过程可以被记录和分析。

目前，在普冷和深冷温区下材料与结构的力学、微观结构等物性方面的研究较多。受限于超低温下实验技术与测试手段，以及极低温环境伴随的强电磁场、辐照、腐蚀等多场环境，材料（包括金属、高分子、超导复合等材料）性能、测试技术、内在机理研究国内外较少涉及。例如，超导电磁学特性是在极端低温的超导态条件下才得以实现，虽然超导材料的制备技术已经相对成熟，但超导磁体技术与极端低温环境下的应用尚处于摸索阶段，缺乏像常导磁体那样的成熟设计理论和制备技术，因此故障多发（复杂性、多因素、多场等）。此外，极端低温多场环境下超导结构力学变形会导致超导性能降低、易引发失超现象甚至结构破坏，显著影响结构安全性和可靠性等。

（一）非接触式温度和变形测试技术

传统结构变形测量方法按照测量形式分为接触式和非接触式两大类，接触式一般在被测物体表面放置变形传感器，非接触式常利用光测力学方法测量结构受力变形，但这些结构变形测量方法在高温环境下都面临极大挑战。对于接触式变形测量方法，测量元器件耐高温性和测量精度高温稳定性是影响测量方法高温变形测量的主要因素。对于非接触式光测力学方法，除测量元器件耐高温性的较高要求外，高温下空气扰动、强光辐射、散斑退化和热辐射等也是影响变形测量的重要因素，近年来，以数字图像相关（digital image correlation，DIC）方法为代表的非接触式测试技术在高温环境的测试中受到关注，因该方法所需设备对测量环境要求较低，同时可实现在线、全程观测，适合高温复杂环境下物体的变形测量。

为克服高温强光辐射，通过选取可见光波段的蓝光光源和蓝光波段的窄带滤波片，可以有效滤除过高的强光辐射，实现高质量的光学成像。国内冯雪研究团队发展了基于窄带数字滤波技术的自适应光学测试技术[1]，该技术在 1600 ℃下的高温三点弯实验、2100 ℃下的氧乙炔火焰烧蚀实验和 2600 ℃以上的高温电弧风洞实验中都得到了成功应用。因为材料参数（如弹性模量、屈服强度、断裂韧性等）大多与温度相关，高温环境下的温度场测试技术比较重要。冯雪研究团队继续在温度场和变形场同步测试技术研究中，提出基于通道分配策略的表面全场温度变形同步测试技术（图 7-1），该技术在自适应光学图像获取技术的基础上，引入温度参考点，通过对 CCD 相机的

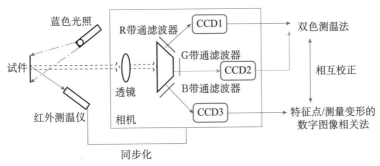

图 7-1　基于通道分配策略的温度场和变形场同步测试技术[2]

红（R）、绿（G）、蓝（B）通道的分配实现了对温度场和变形场的全场、精准、同步测量，并实现了 C/SiC 材料高温加热过程中温度场、变形场的测量。此外，他们分别发展了大光比环境下和大尺度结构的表面温度场精准测试技术，并提出了解决通道串扰问题的数值迭代算法，解决了由于相机通道之间串扰带来的反射光和辐射光干扰问题，提升了温度场测试的精度。

（二）三维几何重构测试技术

高温环境下材料的力学性能和行为受其内部微结构分布和演化的影响，例如，内部微裂纹的萌生和扩展会降低材料使用寿命，造成难以估计的损失。然而在极端高温环境下材料内部三维数据的获取十分困难，传统非接触式光学测试方法只能停留在材料表面成像的层面上。X 射线透射测试技术为获取材料内部信息提供了研究思路，但由于高温环境下带来的复杂环境噪声，该技术一直难以被应用于高温测试。近二十年，随着 X 射线同步辐射源的发展，材料三维结构表征的对比度、灵敏度和空间分辨率得到大幅提升，基于 X 射线三维成像的材料表征技术得到较多成功应用。

同步 X 射线显微断层扫描技术是一种利用 X 射线的计算机辅助断层成像技术（computed tomography，CT），也是目前进行材料内部三维重构的重要手段。基于该技术，可以获得物体在高温环境不同载荷下的内部微结构演化三维图像，并可利用这些重建图像来分析物体内部的演化规律和机理。比如，Bale 等[3]利用同步 X 射线显微断层扫描技术，设计了温度可达 1750 ℃的测试系统，实现对 SiC 复合材料在高温环境下三维内部结构形貌的实时重构，并观测和分析了内部微裂纹的扩展过程（图 7-2）。

数字图像体相关（digital volume correlation，DVC）技术是一种利用被测物体变形前后的两个三维体图像进行相关运算，进而获得物体内部变形信息的测试技术，可实现物体内部三维变形场的全场测量。近年来，将同步 X 射线显微断层扫描技术和数字图像体相关技术关联，用于高温环境下的材料三维变形测试已经得到了较为广泛的应用。比如，Kiss 等[4]将透射 X 射线显微扫描（TXM）技术用于金属 Ni 在 850 ℃下的全场氧化行为和内部形貌的三维观测，从微观结构层面对镍氧化还原机制做了解释（图 7-3）。

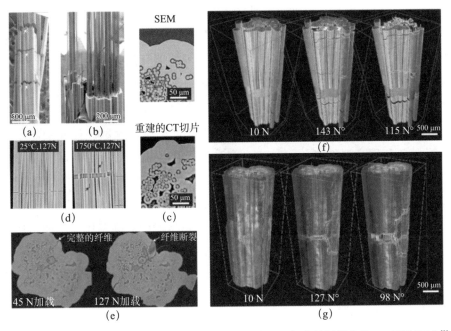

图 7-2　室温（25 ℃）和高温（1750 ℃）下单丝碳化硅复合材料样品的 CT 原位测试 [3]

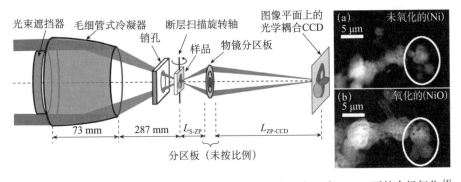

图 7-3　利用透射 X 射线显微扫描（TXM）技术观测金属 Ni 在 850 ℃下的全场氧化 [4]

（三）高温纳米压痕测试技术

纳米压痕测试技术是获取材料小尺度力学性能和变形机制的重要实验手段，被广泛应用于金属、合金、复合材料、薄膜材料、生物材料等的测试。该项技术采用高分辨率传感器和致动器监测加载卸载过程中载荷和位移的连续变化，基于接触力学中的赫兹（Hertz）接触理论，通过 Oliver-Pharr 模型分析完整加载卸载回路的载荷-位移数据获得材料的弹性模量和硬度等性质。

由于纳米压痕技术在小尺度力学性能表征方面的便捷性，配备高温载台的高温纳米压痕测试技术受到关注。然而，在较高温度的纳米压痕实验中，载荷-位移曲线的加载段及卸载段初期往往会发生明显的蠕变现象，使得经典的 Oliver-Pharr 方法在应用于高温情况时明显不足。针对高温纳米压痕实验中载荷-位移曲线卸载段出现负接触刚度的现象，Li 等[5]发展了纳米压痕蠕变的幂律修正方法，并用该方法测量了镍基单晶高温合金 800 ℃的高温模量。Li 等[6]还利用高温纳米压痕技术可在高温氧化环境中对特定微区施加原位载荷，发展了研究微纳米尺度应力-氧化耦合效应及微结构演化的实验方法，利用该方法开展了 FeCrNi 合金在 600 ℃高温原位外载施加情况下的应力-氧化耦合效应及微结构演化测试。高温纳米压痕技术中的高温压头一般可用作执行高温扫描探针显微成像（scanning probe microscopy，SPM）的探针，实时获取高温下在微米/纳米尺度的表面三维形貌。Li 等[7]结合高温 SPM 和光刻技术，发展了表征全场实时氧化演化的微尺度实验方法，实现了对氧化空间非均匀性的定量测量（图 7-4）。

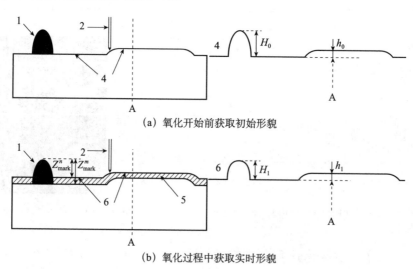

（a）氧化开始前获取初始形貌

（b）氧化过程中获取实时形貌

图 7-4　氧化空间非均匀性定量测量
1-预制标志物；2-扫描探针；4-样品表面初始形貌；5-氧化膜；6-样品表面实时形貌

（四）极端低温环境实现与大型低温力学测试设备研发

低温环境最初通过液化气体获得。1877 年，卡里捷液化氧气得到 90 K

的低温；1883 年，奥利雪夫斯基和伏洛布列夫斯基液化一氧化碳、甲烷、氮气和空气得到 48 K 的低温；1898 年，杜瓦液化氢气获得了 20 K 的低温；1908 年，昂纳斯成功地液化了氦气，得到超低温 4.2 K；1965 年，Das 等基于超流氦稀释制冷理论制成了 ^{3}He-^{4}He 稀释制冷机，可达毫开量级的低温。液氦作为战略资源在国际上供应紧张。取代液氦的干式制冷技术成为新型制冷仪器研发主流趋势，出现了顺磁盐绝热去磁制冷（可达 10^{-3} K 温度）和核去磁制冷（可达到 $10^{-6} \sim 10^{-8}$ K 低温）等。极低温设备的研发，先进性主要体现于能获得低温的极限（图 7-5），还取决于制冷方式及环境漏热等因素。尽管科学家在追求超低温上进行了不懈努力，并取得了一些进展，但是受制于低温实现的困难和代价，往往仅适合小尺寸、小质量的测试样品所需环境，难以实现宏观低温材料与结构的性能测试。

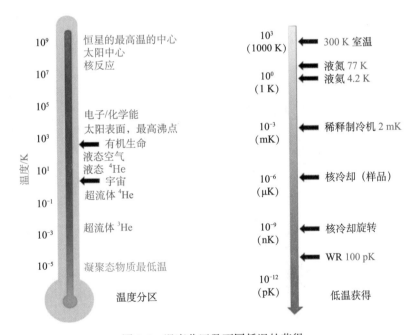

图 7-5 温度分区及不同低温的获得

为支持聚变堆等大型超导磁体技术的发展，在诸如超导等相关材料极低温特性的测试研究方面，瑞士、法国、日本、俄罗斯等均建设有超导材料低温测试装置，包括：瑞士 SULTAN 低温测试装置、欧洲核子研究组织（CERN）FRESCA 测试装置、德国卡尔斯鲁厄理工学院（KIT）的 TOSKA

超导线圈全尺寸低温测试系统、俄罗斯茹科夫斯基国家研究中心 Kurchatov 研究所极低温材料测试系统、日本国立聚变科学研究所超导线圈测试装置，这些装置多以液氦浸泡的方式实现对超导等材料的恒定低温（4.2 K）下的测试。

国际低温实现大都是在超导态临界温度附近和采用冷却剂浸泡的方式，为单一低温环境等。为了实现超导带材长样品、电磁结构大尺寸的低温多场测量，兰州大学超导电磁固体力学团队近些年在相关低温基础实验平台和科学仪器自主研制方面开展深入研究，研制了一系列低/变温环境下材料或结构的力学性能测试系统，可实现低温环境下的连续变温功能，获得有关超导材料、环氧材料、绝缘材料、金属材料等连续变温（77~300 K）的力学特征规律。此外，面对测试功能与平台非标准、非通用，测试方法与技术匮乏等困难，自主研制了国际上首台用于超导等电磁类材料极端低温多场下力学性能测试仪器（图 7-6），可为高低温超导材料的测试提供超低温/变温、背景强磁场、高载流及机械加载等多场环境与测量[8, 9]。

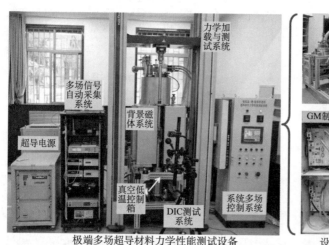 

极端多场超导材料力学性能测试设备　　　　　设备的部分辅助子系统

图 7-6　极低温全背景场超导材料力学性能测试大型装置

（五）极端低温环境下力学及其多场测量技术

极端低温场下的力学变形/应力的高精度测量是一项挑战，将常温、常规条件下的电阻应变片测试技术向低温及极端条件下的拓展是一种自然的思路。低温电阻应变片测量技术研究始于 20 世纪 60 年代，通过改变电阻应变片敏感栅材料来适应低温环境下的应变测量。经过十多年发展，日本 KYOWA 公司推出了商用低温电阻应变片，推动低温下的测试技术发展。基于低温电阻应变片用于极低温环境下（77 K 以上低温区）材料与结构等的测量，国内外已有一些测试技术尝试，但极端低温环境下应用的相关工艺和关键技术尚不成熟，仍需大量摸索与经验。近年来，基于大科学装置的建造与升级，众多发达国家竞相将极端温度与多场下材料性能测试列为未来高新技术的制高点。国际热核聚变实验堆投入上亿欧元为 ITER 真空结构、低温结构和超导磁体结构等进行电学、光学及应变监测。美国布鲁克海文国家实验室和国家强磁场实验室也在加紧发展适应于极低温下的力学及多场测量技术，但由于其技术敏感性和保密需要，相关的测试工艺和细节均未见公开报道。

针对国内外在极低温多场环境下的力学测试所面临的传统方法与技术失效、测试手段极为匮乏的现状，兰州大学超导电磁固体力学团队在近十年来进行了较系统的探索与研究。自主发展了低温电阻应变传感、电磁补偿和无线信号传输与应变的新技术，解决了超低温的应变片“脱黏”难题，可实现高精度实时测量。此外，基于极端工况下的远程信号传输技术，解决了加速器磁体近距离辐射剂量大测试带来的测试精度与安全性问题，相关方法已用于国内自主研制的大型高场超导磁体的实时力学性能测试中，发挥了积极作用，实现了极端低温及多场环境下的应变测量与力学评价。

三、发展趋势与展望

在国家重大需求和重大工程的牵引和导向下，关于极端温度下的实验与测试的关键技术，如下方向值得关注和持续深入研究。

（1）随着工业和重大科学工程的需求提升，极端高温、低温、大幅变温（如极端高温 10 000 ℃，降温速率 20 K/s）等极端环境下材料与结构的物性参数（包括力学、化学、热学、电磁学等）是结构设计过程中的核心问题，亟须研发具有宽测试空间的极端高/低/变温等多场环境下材料与结构物性测试设备。

（2）极端高温下的非接触式测试方法已经得到较为广泛的应用，但受制于光学滤波技术，针对 4000 ℃ 及以上的温度条件下的非接触测试仍存在较大挑战，而超低温环境下的测试仍停留在接触式应变测量摸索阶段，发展极端环境下能够有效抗干扰的光学等非接触式测试技术尚未得到有效应用。此外，现有的测量技术无法深入材料内部，无法了解材料的复杂行为的演化过程及其机制，亟须发展以透射电镜技术和同步CT扫描为基础的三维测试技术。

（3）材料加工和使用中，微缺陷的产生和存在不可避免，同时存在尺度效应，包括多尺度的分布和跨尺度的演化。微缺陷的分布及其不确定性是影响材料在极端高/低温下的强度和韧性的重要因素，如高温环境下微缺陷会导致位错和蠕变，低温环境下的微缺陷又易引发材料脆化。亟须建立极端温度下跨尺度的材料微结构与力学性能的交互机制研究模型和深入材料内部表征的跨尺度实验观测技术。

（4）材料微观组织的改变将影响其力学及多场行为，组织演变的形式和内在机制与材料属性和外部温度环境密切相关，探究极端温度及多场（如电磁、辐照、真空等）环境下材料的电磁学、高/低温热力学、本构关系与宏-微观形变规律，揭示极端低温环境下材料的临界特性、宏观增塑增强、脆化老化与微观组织演变的内联机制，可为材料的设计和结构参数优化控制提供支撑。

第二节　极端尺度实验技术

一、需求情况

极端尺度力学实验技术是指测量对象尺度处于极端"大"或"小"及"内部"。极大尺度力学测量分析的需求与任务是利用摄像测量实现大型工程和大型构件等大尺寸结构的形貌变形及飞行器等目标的大范围运动参数测量。摄像测量是利用摄像机、照相机等对动态、静态景物或物体进行拍摄得到序列或单帧数字图像，再应用数字图像处理分析等技术结合各种目标三维信息的求解和分析算法，对目标结构参数或运动参数进行测量和估计的理论和技术。摄像测量具有高精度、非接触、适于运动和动态测量、适于实时测量、智能化和自动化程度高、适用范围广等优势，广泛应用于各种精密测量和运动测量[10, 11]。尽管摄像测量技术在解决大型结构形貌变形和大尺度运动精密测量方面具有优势，但由于测量覆盖范围与测量精度需求之间尺度跨度大，尺度与精度难以兼顾。通常摄像测量精度与测量范围尺度之间大概有4个数量级，而对于大尺度测量，虽然测量覆盖范围需求加大，但对测量精度的需求并未降低。因此，对于超大尺度测量，存在测量系统布设空间有限、现场环境条件下难以获得稳定的测量平台，测量平台不受控的运动和变形极大影响测量精度、现场不确定性因素多等难题，迫切需要创新摄像测量理论方法，构建新的测量模式，研发高精度鲁棒算法，使得在超大尺度结构形貌变形测量和目标运动测量中能够得到可靠精准的测量结果。

与极大尺度力学测量分析相对应的是极小尺度测量分析，通过不断提高测量分辨率、提高检测平台性能和实验技术，实现微纳米尺度的材料、器件和结构的力学性能测量。近二十多年，世界各国科研机构非常重视微纳米科学技术的发展，争先制定微纳米科学研究和发展战略计划，期望在微纳米科技领域率先取得新的研究成果。我国自21世纪初就启动了若干重大微纳米科学和技术研究计划，纳米科技被列入"国家有望实现跨越式发展的领域"之一。微纳米科学技术的蓬勃发展必然会对微纳米尺度材料、器件和结构的力学性能提出更高的要求。但是当材料、器件和结构的特征尺寸减小到微纳米尺度，材料的变形机理及演化方式将与宏观尺度有很大差异；另外，为了保障微结构和微器件的强度与可靠性，需要直接获得材料具体性能参数。显然，这些需求都亟须对微纳米尺度的材料、器件和结构进行力学性能直接检测与表征。在宏观尺度，人们可以通过成熟的材料力学实验机及相关载荷或位移测量技术容易地获得材料的基本力学性能参数。但在微纳米尺度，由于试件尺寸迅速减小，随之载荷和位移量级也迅速下降，而环境噪声或扰动对测量结果的影响显著上升，给实验带来巨大的困难，因此实现微米乃至纳米量级超小尺寸样品的力学性能测量成为极具挑战性的难题[12]。

除了极端"大"和"小"外，"内部"也是极端测量的重要体现。传统力学实验对结构表面的力学行为测量的方法较多，但对表层以下无法直接感知。内部力学量表征是困扰固体力学家的世纪难题，《科学》2005年公布的125个最具挑战性的科学问题中至少两个问题和材料内部力学参量测量与表征相关。同时，国家战略中涉及的各类大型结构和装备的寿命设计与可靠性评价，也迫切需要发展材料内部全场力学参量精细测量理论与实验方法。内部全场力学参量精细测量技术与表征方法是亟须发展的极端尺度力学测量的重要方向之一。近年来，国内外学者将谱线、图像、声学等方法用于材料内部性能测量研究，诸如中国散裂中子源与第三代同步辐射装置等一批国家大科学装置陆续建成，为材料内部实时、原位的极端尺度研究提供了新工具，同时为围绕极端尺度力学实验开展内部力学测量技术与表征方法研究提供了新机遇。

二、研究现状和进展

（一）超大尺度实验技术

1. 串并联相机组网测量大型结构多点变形和沉降

大型复杂结构待测变形点位多、待测点与测量基准点之间无法通视，研究者提出了位姿传递相机串联网络摄像测量的概念和方法[13]。其基本思路为用摄像机和标志物组合构成相机链，将空间任意区域柔性联系。如图 7-7 所示，待测目标和测量基准之间的光路由一系列测量传递站 S0～S6 连接。每级测量传递站由相互关系已事先精确标定的相机或合作靶标固连。相邻传递站间，通过一个传递站的相机观测另一个传递站的合作靶标，得到相邻传递站间的相对位置姿态关系及其变化。获得各级传递站内相机或合作靶标间的相对位置姿态关系，以及相邻传递站间的相对位置姿态关系后，可以通过坐标系间关系转换，得到其中任意传递站间的位置姿态关系及其变化量，包括待测目标相对于测量基准间的变形量等，以实现不通视多点间的变形测量。该方法已用于实现海上试验中的大型船体变形测量、高速铁路、隧道等大型结构的路基沉降监测，以及采用串联和并联相机网络组合以构成摄像测量网络，实现大型风电叶片、大尺寸机翼等大型结构的高精度宽范围的变形测量。

2. 运动观测平台对大尺度运动目标三维轨迹的交会测量

对于长航时长航程运动目标，测量范围超大，达到数百上千公里，无法通过地面布站覆盖进行全过程测量。为此，可通过测控飞机对目标进行伴飞，从测控飞机上对目标进行观测。由于条件限制，采用两架以上测控飞机

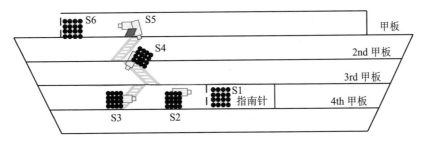

图 7-7 折线光路相机链摄像测量原理

对目标进行伴飞观测不可行。而在单架测控飞机作为观测平台时，由于摄像测量平台的规格尺寸相对于目标的物距非常小，即使安装两台摄像机，由于基线太短，也只相当于进行单目观测。同时，在目标尺寸比较小（相对于物距），或者并不关心其姿态的情况下，可以将其作为点目标。这就构成了基于单个运动平台对运动点目标的三维轨迹测量问题。对此，摄像测量中的常规测量方法不适用。针对此类问题，研究人员提出单目轨迹交会测量的方法[14]。如图 7-8 所示，在世界坐标系 W-XYZ 中，对应于不同拍摄时刻 $t_i (i=1, 2, \cdots, n)$，相机光心位置为 C_i，目标的位置为 P_i，目标成像点为 p_i，相机光心与目标的连线（观察目标的视线）为 l_i。相机焦距、像差等内参数精确已知。观测平台运动可控可测，因而相机位置姿态参数已知。提取各时刻目标像点坐标后，即可确定各观测视线 l_i。需要求解目标运动参数，即各时刻 P_i 在世界坐标系中的坐标。对此，如果逐个时刻求解 P_i，显然条件不充足。每个时刻的观测结果只能确定目标所在的视线方位，而无法确定目标物距。

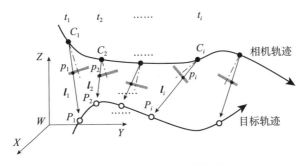

图 7-8 单目轨迹交会测量原理

在实际自然时间空间中，真实目标的运动必然是连续有序的，因此在短时间内，通常满足或近似满足一定的运动规律。如果将运动规律用参数化模型来描述，就得到了对于目标运动的约束条件。对于不同的应用背景，可采用不同的运动模型。目标轨迹参数化后，各个时刻目标的位置 P_i，就可以用其对应时刻 t_i 的有限参数方程表示。从而，需要对各个时刻目标三维位置坐标进行求解的问题，就转化为了对有限的目标轨迹参数进行求解的问题。当观测数据足够并满足可观测性条件时，即可对目标三维运动轨迹进行求解。基于该方法已研制了测量系统，并在某型号的长航时飞行测控中应用。

3. 多种受限及扰动条件下摄像测量系统参数的标定与在线修正

摄像测量的精度和测量系统，与相机参数的精度密切相关，测量系统参数的误差不仅会代入而且很多情况下会放大测量结果的误差。摄像测量中一般并不直接使用相机等的标称参数或设计参数，而是采用专门的技术手段对测量系统参数进行标定，得到高精度的测量系统参数值，以保证摄像测量精度的基础[10]。摄像测量系统标定已有大量经典技术和方法，但对于超大尺度测量，由于各种现场限制和扰动条件复杂，摄像测量系统参数的事先高精度标定及观测过程中的抗扰动修正都尤为关键。对于具体测量任务，可针对性地提出现场标定和在线修正方法。比如针对摄像测量平台整体位置姿态扰动情况，提出了固连副相机静态基准转化修正平台晃动影响的方法；针对双目交会测量情况，提出了交会测量平台间通过各自安装的副相机和靶标进行对视测量，修正测量平台间相对位置姿态误差的方法；针对各种极端和复杂使用条件引起的摄像测量系统参数受扰动的一般情况，提出了对关键受扰动参数通过光束法平差进行优化修正的方法。

（二）微纳尺度实验技术

面对材料表现出越小越强的规律及微器件体积不断收缩的趋势，为确定材料和结构随着外部尺寸或内部微结构特征急剧减小时力学性能的变化规律，以及评估与预测以微机电系统（MEMS）为代表的微器件的强度与可靠性，微纳尺度实验力学得到快速发展。

1. 基于小尺度材料力学实验机的测试技术

从 20 世纪 80 年代开始，薄膜结构被大量应用于半导体工业，同时涌现很多力学问题，如块体材料退化到二维薄膜状时其力学性能如何变化、涂覆在晶片表面的电介质薄膜中的残余应力数值等，如何对这些性能进行量化表征成为面对微尺度材料测试的新问题。然而，由于试件极小的尺寸，难以利用传统的材料力学实验机和实验方法进行检测。因此，国内外研究者们根据各自实际需求，利用宏观的材料力学测试技术，结合光学显微镜（OM）、扫描电子显微镜（SEM）等显微系统，研制了各种形式的微纳米材料力学性能实验机或装置，开展了包括弯曲测试、鼓膜实验和晶片曲率测试等先期研究。随后，研究者建立了基于线性步进电机的加载装置，利用双金属线光干涉方法获得薄膜应变测量；以及开展了铜丝扭转和镍箔弯曲实验，发现了扭转应变梯度硬化和弯曲强度的尺寸效应；提出了适用于薄膜的新型微桥测试方法 [15]，并提供了挠曲与载荷之间的解析关系，使其能同时评估薄膜的杨氏模量、残余应力和弯曲强度；这类较早期的微纳米材料力学性能实验机或装置遵循宏观材料试验机的测量方法，大多只能在光学显微镜下工作。其载荷范围一般在数十牛到几十纳牛量级，载荷分辨为纳牛量级，检测对象的特征尺度从厘米到微米范围。虽然此类装置不能在具有更高分辨率的显微观察系统下对更小尺寸样品进行检测，但是由于该类技术具有简单、直观、便宜且易于操作等特点，仍然被进一步研究中。

2. 基于 MEMS 平台的微纳米实验方法及装置

为了获得微米或纳米尺度材料的力学性能，需要开发更加有效且可靠的测量平台和技术。此时基于 MEMS 平台的微纳米实验方法和基于探针平台的两类微纳米实验力学技术得到发展。MEMS 平台式的微纳米力学测量技术主要适用于微米、纳米尺度材料和结构的力学性能检测，可以和多种高分辨显微环境相结合使用。载荷一般在毫牛以下，位移限制在微米量级，位移分辨可以达到亚纳米量级。作为 20 世纪的一项关键技术，MEMS 技术的发展开辟了一个全新的技术领域和产业，可批量生产微米尺度复杂结构、器件和系统，如微传感器、微执行器、微机械光学器件、电力电子器件等。这使得利用成熟的半导体加工工艺直接制造微型加载和测量单元成为可能。目前，已有大量基于 MEMS 平台的测量系统被用于微纳米尺度材料和器件的力学性能研究，国外研究者 Espinosa 开发了首个集成片上原位拉伸测量系统，可适用于 SEM 和 TEM 观察系统与 X 射线同步加速器等环境，该系统主要由静电驱动或热驱动，以及梳齿电容式微力传感器组成，可实现亚纳米分辨的位移测量和纳牛分辨的载荷连续测量，之后 Saif 也在 SEM 和 TEM 系统中引入 MEMS 装置以表征微米到纳米尺度薄膜的力学性能。他们的测量系统由静电梳齿和外部压电进行驱动，由微梁的弯曲变形实现微力传感，载荷分辨率 3 nN，应变分辨率 0.05%。

3. 基于探针平台的微纳米实验技术及装置

在微纳尺度实验力学发展中，探针平台式的测量技术和装置相对较新，该方法一般利用探针实现微操纵、夹持和加载，也可作为微力、温度等物理量的传感单元，与微纳米操纵仪或其他微纳米定位平台协同使用，以实现物理、材料、微电子和生物等领域微纳米尺度材料和结构的力学性能测量。探针平台由于结构简单、易于操纵、可在多种显微环境下工作等优势，因而在微纳米尺度实验测量中被广泛使用。探针平台根据其所在的显微环境，可以提供较宽的测量范围，载荷从几百毫牛到皮牛，位移从几百微米到纳米。探针的形状和材料不受限制，典型的探针平台和显微系统结合方式有：①将探针平台与 OM 结合，其优势是空间开放，但空间分辨率较低。典型工作有利用探针配合商用微纳米操纵仪实现纳米线的疲劳性能研究，利用探针-音叉悬臂结构实现细菌细胞的动态力学行为表征 [16, 17]。②将探针平台和 AFM 系统相结合，其优势是可以直接利用 AFM 探针进行加载和微力测量。③将探针平台和 SEM 系统相结合，其优势是能够对微小样品进行准确定位、直接利用电子束沉积对样品进行夹持、利用高分辨图像结合图像处理技术实现样品的变形检测，但劣势也很明显，即实验安装、操纵和加载非常困难。④将探针平台和 TEM 系统相结合，则成为高分辨纳米力学性能检测的重要平台，但在该环境下样品尺寸会受到限制。

（三）材料内部力学测量技术与表征方法

1. 基于先进光源的极端内部力学行为三维原位实验

基于先进光源的三维原位表征是指在材料的制备或服役过程中，利用同步辐射和加速器中子源等先进光源，对其内部微观力学特征的演化进行三维全场、原位全程的表征和测量。近年来不断涌现的先进光源（第三、第四代同步辐射光源和散裂中子源等），具有高纯净、高亮度、高准直和窄脉冲等优秀的光源品质，已成为各科技大国为服务其前沿研究、彰显其科研底蕴而竞相建设的重要大科学平台。以先进光源为基础，构建内部力学表征理论、发展测量与传感方法并研制专用仪器装置，将为实现材料乃至结构的内部力学行为三维原位精细表征提供有效的手段与装备。

2. 复合结构界面力学性能的光谱测量方法与多尺度性能评价

复合结构具有超出单一材料的力/磁/电/光/机/化/生及综合性能，成为当今新材料、新结构研究的热点。在非均匀局部载荷作用及结构本身几何构形与边界等因素的影响下，复合结构内部界面呈现出缺陷、应力集中、脱黏、断裂等界面问题。复合结构的界面应力属于典型的内部应力。有关复合结构界面问题的表征与评价，特别是界面应力的定量分析，是实验力学领域的难点问题。尽管目前对于材料表层问题已有不少有效的实验力学测量技术与装置，可实现无损非接触的全场实时测量。但这些基于表面变形的测量并基于梁（壳）变形理论反演应力的方法，在内部界面应力的表征时遭遇瓶颈。此外，一些基于高分辨电子显微的手段，例如 TEM 云纹、电子全息干涉等，虽然能够通过制备剖面样品实现内部测量，但样品制备过程改变了内部应力的状态与分布，而且也无法实现应力演化的原位实时表征。因此，对于复合结构界面问题的力学测量表征还缺少有效的手段与工具，难以实现对内部应力的空域分布及时域演化的定量测量，由此制约了相关领域中基础科学问题研究的深入开展。源于多学科交叉的光谱力学方法，可能成为突破复合结构界面实验表征方法学瓶颈的有效手段。以拉曼光谱、荧光（光致发光）光谱、太赫兹波时域光谱等为代表的光谱力学方法是近年来发展起来的一类实验力学新手段。光谱力学方法以光波作为探测媒介、以光散射能量谱作为探测手段，通过测量材料固有的特征参量（晶格/分子振动、电子跃迁或者应力双折射等）因应力改变而发生的变化，兼具较高的时-空分辨率与应力灵敏度（秒、波长/2、兆帕）。同时，利用不同波长的光波穿透能力和特征峰位的差异性，光谱测量能够实现材料的表面、浅层（10 μm 量级）与内部（百微米至毫米量级）不同材料的"指纹识别"探测。近年来，基于光谱技术的实验力学方法在复合结构界面问题的实验研究中得到应用，并在半导体异质结构的应变工程控制、热障涂层结构中 IGO 层热氧化应力测量、低维纳米复合材料的界面力学行为分析、新型能源结构中界面力-电-化耦合行为表征等多种复合结构的界面力学问题研究中发挥了关键作用。

3. 材料内部微结构演化精细测量与实验表征

材料内部微结构演化规律实验表征的重点在于服役环境。关键部件所需先进材料的服役环境大多为多场耦合的载荷环境。多场环境下材料内部微结构演化精细测量与实验表征，集多场环境施加、纳微观尺度结构观察、物化属性表征及力学参量精确测量技术于一体。其基本思想是，在高能 X 射线衍射、SEM、TEM、显微拉曼光谱（MRS）等现代分析仪器设备的基础上，配合能谱（EDS）、X 射线荧光（XRF）谱、电子背散射衍射（EBSD）等结构与物化分析模块，并集成应力场、电场、热场、磁场、环境气氛等加载装置，同时获得材料的微结构信息和力学（及谱学、光学、磁性等）性能参量。近年来，材料、力学、物理等学科领域的学者们围绕多场环境下材料内部微结构演化表征及相关的力学参量测量，开展了卓有成效的研究工作，有力地推动了相关领域的研究进展，但仍然存在若干共性的瓶颈问题亟待突破。例如，如何在服役条件下对材料内部微区的结构与应力的演化进行精细测量仍是实验力学领域的国际难题之一。

三、发展趋势与展望

超大尺度结构的形貌变形测量、大尺度运动目标摄像测量，是典型的极端力学测量问题，也是摄像测量当前和未来的重要研究发展方向。摄像测量已有一套相对成熟的理论、方法、算法体系，对解决超大尺度极端力学测量问题打下了基础。一方面，成像硬件水平的迅速提升、超大分辨率相机的出现等，使得对超大视场成像并同时获得高的物面分辨率成为可能。另一方面，数字图像处理领域中图像超分辨率重建、图像拼接等软件能力的提升，使得进一步提高成像分辨能力成为可能。此外，将摄像测量与激光测距、激光三维扫描、激光多普勒测振、主被动雷达测量等相结合，发挥各自互补优势，达到全面最优的测量效果，是一个用于解决大尺度等极端条件测量问题的重要发展趋势。最后，引入深度学习、鲁棒优化算法、误差理论等多学科前沿理论方法，可提高测量解算对极端条件的适应性与全局精度。

已有微纳米尺度力学测量技术与方法均是针对各自特定尺度而发展，它们能够有效实现某个特定尺度样品的载荷和位移测量，然而，面对材料或者结构在实际应用中往往呈现多尺度形式，它们的特征尺寸往往跨越多个数量级，如从毫米到纳米量级，这对材料和结构的多尺度力学性能测量将提出新的需求。一方面，由于材料和结构特征尺度减小到微纳米量级，被测载荷下降到微牛乃至皮牛量级，传统的加载和测力结构已经无法匹配，研究适用于多尺度材料的宽量程高分辨微力传感器成为重要的课题。另一方面，考虑到微纳米尺度实验一般都在显微环境下开展，自然地想到利用显微平台记录样品表面强度图像，结合数字图像处理技术就可以获得全场的位移和变形。但事实上，在提高图像空间分辨率的同时必然会牺牲全场信息的获取。此外，考虑到微纳米尺度下的夹持加载方式与宏观尺度下有很大差别，传统的夹持方式已不适用，研究者们基于不同的夹持原理及材料属性与结构几何尺寸，提出了各式各样的夹持方法，但尚未针对这一技术领域做专门系统的研究。因此，如何建立微纳尺度下各类实验测量所需的夹持方式选择标准、夹持强度标准与评价体系也是未来值得探讨的重要课题。

　　基于加速器中子源、同步辐射光源等先进光源的实验方法，为内部力学行为的三维原位实验带来了可能，以及以显微拉曼、显微荧光等光谱为代表的光谱力学手段对界面力学测试表征表现出独特的优势，然而想要准确全面地实现材料制备与服役过程中的内部微观力学复杂演化的实验表征，并发展成精准、完备、通用、广谱的实验方法体系，还需要提高同步辐射高精度原位实验方法在穿透深度和内部全场表征能力、中子成像原位实验方法空间分辨能力及内部全场力学信息识别能力；考虑光量子尺度效应与复杂应力状态的光谱力学，发展基于几何与偏振构型调控的光谱力学探测方法、倾角/相位精细识别技术、全谱形多参量拟合与谱像体相关技术、多物理量协同表征方法、力学信息识别与可视化技术等，构建、完善多光谱的界面力学行为的综合表征实验技术体系及面向多尺度力学性能的通用性量化评价标准；解决各个环境场的施加、计量、标定、校准、反馈和控制，解决两场间的相互干扰、破坏及测不准问题，在线观测微结构演化的同时实现多个关键力学/物理量的协同表征等挑战。

第三节　极端速度实验技术

一、需求情况

极端速度是天体运行与演化、航空航天及国防技术领域必须面对的问题，其与人类生存和发展、生活和文明息息相关。以航天器为例，随着人类航天活动的增加，航天器正面临着日益增多的人造空间碎片和天然微陨石的威胁［图 7-9(a)］。航天器的安全防护是航天大国面临的主要问题之一，且必须立足实验室超高速碰撞的技术进展。20 世纪 90 年代末，美国已经发展终速 15 km/s 左右的超高速发射装置用于这方面的研究。目前国内主要基于二级轻气炮实验技术开展相关的地面模拟试验，所能实现的飞片速度上限为 8 km/s，而威胁最大的空间碎片速度在 10 km/s 量级，尺寸在毫米量级、质量在 1 g 以内，国内由于相应高速实验技术的不足，在航天器结构防护与碰撞及其破坏程度评判及相关超高速撞击物理现象与机理的研究方面，与世界发达国家存在显著的差距。

极端高速加载试验技术是开展材料或结构极端力学性能与响应研究的基础和关键，对强磁场物理基础研究、超高速飞行器设计［图 7-9(b)］、航天器防护撞击地面模拟、超高速撞击实验和核武器内爆物理过程研究、凝聚物质及材料的动力学行为和状态方程测量等学科的发展具有重要意义。极端高速测试实验技术主要利用传感仪器将不易观测的待测量转化为可测的电压、电流、电容等电学信号和光强分布等光学信号，并通过待测量与电学信号或光学信号的关系，获知待测量的过程。从数据采集方法来说，力学的高速采集落脚于电信号和光信号的高速采集，分别对应于高速电测方法和高速光测方法。在高速电测方法中涉及的传感器有应变片、压电传感器、加速度传感器等。而在电信号高速采集过程中需要解决高采集速度和高频噪声压制的问题。为此，高速电测方法需要传感器具有极快的响应速度，数据采集设备具有极快的数据处理、存储速度，数据采集系统能够压制高频噪声。在高速光测方法中涉及的传感器主要是高速相机。而高速光测方法面临的挑战来自于高速数据存储及弱光条件下的高信噪比成像。

（a）近地轨道空间碎片示意图　　　　（b）超高速乘波体飞行器

图7-9　空间中的极端速度

二、研究现状和进展

（一）极端速度加载实验技术

基于高电压强电流的电磁能装备技术，理论上可以突破轻气炮实验技术的速度上限。基于电磁能技术衍生出多种电磁加速系统，相应的加载原理可以归结为：脉冲功率技术产生的负载（如弹丸、炮弹等）强电流与其自身的感应磁场相互作用产生极高的短脉冲电磁作用力，该力驱动弹丸等负载构件以超高速度运动形成攻击武器或驱动多种异型负载，可实现数十千米/秒终速度。若撞击靶样品，可产生数十至上千吉帕的冲击波压力，若实现材料的平面和柱面准等熵压缩，加载压力达到百吉帕量级；又可发射宏观金属飞片，使其速度达到 15 km/s 以上，实现 500 GPa 左右的冲击压缩加载，可实现核武器物理所关心的压力范围。基于电磁能驱动的装备技术为航天器超高速碎片防护技术和地面模拟实验研究、相关的数值模拟物理模型校核提供重要的实验数据。

在新型爆炸驱动与冲击加载技术方面，我国研究者发展了超高速撞击技术、电磁驱动斜波加载的新型实验装置和精密物理实验技术，以及基于高能纳秒脉冲激光装置、同步辐射光源的冲击、斜波加载装置研发，其中开发成功的三级炮超高速发射技术可将 10 mm 直径的钛合金飞片加速至 15 km/s，为开展空间碎片防护研究提供有力的技术保障。这些实验技术和装置可以在不同阻抗样品中获得吉帕至太帕量级的冲击载荷，另外，组装的冲击过程同步 X 射线相衬成像、X 射线衍射和 X 射线数字相关成像等原位表征技术为材料和结构的抗冲击性能分析与优化、微观结构演化与损伤研究提供技术支撑。

在极端高速冲击过程中，材料或结构的力学响应表现出显著的应变率特征，体现不同的失效特征和作用机理。因此，在结构设计之初需要知晓材料所涉及的严峻工况下的响应和性能。在材料动力学加载方面，旨在研究工程材料的动态本构关系和高压状态方程、剪切带、层裂和动态碎裂、冲击相变等过程的宏-细-微观机理、物理和数学描述及工程应用等。数十年来，我国研究者开发了高速、高应变率或高加载率的动态测试技术，研究了多种材料在宽广压力、温度和应变率范围内的动力学行为，获得了动态本构关系、屈服准则、高压强度等大量的基础数据，揭示了材料变形应变率效应的机理。针对强动载荷下材料变形、损伤和破坏，基于霍普金森（Hopkinson）杆高应变率和高速气炮加载的损伤演化状态冻结方法，并发展了基于先进光源的超快时、高分辨材料微介观结构的原位诊断技术，实现了层裂、剪切局部化等过程材料微结构演化的冻结诊断和表征，建立了多个损伤演化和剪切局部化的模型和理论。另外，还发展了如材料动态多轴或复合加载、极端高温环境下的材料动态加载及变形与损伤过程在线观测、电/磁/激光驱动的准等熵实验方法与装置等多种技术，应用于多种材料的动态力学行为。

航天器发射或运行过程中的爆炸解锁过程是典型的冲击过程［图 7-10(a)］，产生的高过载载荷对电子设备的安全可靠运行提出严峻考验。另外，高速侵彻武器在穿甲或钻入工事过程中面临更加严峻的超高过载载荷，影响到弹体所载的引信的安全可靠运行，甚至产生早爆或不爆，严重影响了弹药的毁伤效果。为此，西北工业大学李玉龙教授早在 1994 年就基于应力波理论开发了

(a) 航天器爆炸解锁　　　　(b) 美国桑迪亚国家实验室建立的
　　　　　　　　　　　　　　　高过载冲击模拟设备

图 7-10　航天部件典型冲击状态及模拟

高过载传感器标定校核试验系统，可以实现 20 万倍 g 值的加速度传感器校准工作，相关校准系统不确定度小于 6%。该技术可为微纳结构的抗高过载设计、性能校核及封装电子设备可靠性研究提供技术支撑。基于同样的应力波加载原理，2017 年美国桑迪亚国家实验室宣布开发了一种低污染、高效的冲击加载设备 [图 7-10(b)]，可以实现航天器部件分离时箭载设备抗冲击性能的检测。

（二）高速电测实验技术

电测法是通过测量电阻、电压、电容、电流等电信号，并根据电信号与力学信号的关系实现力学量的测量。电测法中，利用应变片来测量力学应变是最常见的方法。应变片有半导体应变片和电阻应变片两种：半导体应变片具有尺寸小、横向效应和机械滞后小、灵敏度系数高、信号采集系统简单的优点；电阻应变片具有蠕变和滞后小，温度特性和长期稳定性好的优点。半导体应变片与电阻应变片相比温度稳定性差，灵敏度一致性低，大应变测量非线性误差大 [18]。因此，电阻应变片在变形测量中得到了广泛的应用。

高速电测通过超动态应变仪实现应变片输出电信号的高速处理和应变采集。目前超动态应变仪可以大致分为以下三类：瞬态记录仪、分布式高速应变仪、高频多通道应变仪。瞬态记录仪通过自备的静态存储器进行数据存储，采集频率可达千赫乃至兆赫，但存储空间较小，只能记录几毫秒到几百毫秒的信号，无法获得长时间变形全过程的详细信息。分布式高速应变仪通过并行数据采集方法解决了单台采集器无法快速存储大量数据的问题，可实现长时间测量，但其结构较为复杂。高频多通道应变仪可以同时采集多达几十个通道的数据，可以更加清晰地描述变形场地空间形态 [19]。

与低速电测方法相比，高速电测面临的巨大挑战是高频信号采集中的高频噪声。例如，在地震监测中，受到扰动后岩体会以弹性能释放的形式产生弹性波，每一个微震信号都包含岩体内部状态变化的丰富信息 [20]。但在实际监测的过程中，传感器接收到的高频信号不可避免地包含了高频噪声干扰，直接影响了微地震信息的反演精度。为了有效降低噪声对微地震信号的影响，研究微地震信号时需要详细了解噪声信号的频率分布并消除噪声，与此同时还要对微地震信号的信息进行最大程度的保留。此外，在一些长时高速电测中，温度、湿度等外界环境的变化会引起传感器输出信号的漂移。因此，在高速测量过程中，需要布置补偿传感器来监测传感器的漂移，以便将信号漂移量从测量结果中去除，得到准确的力学信息[21, 22]。

（三）高速光测方法

光测法以光学仪器为测量工具，结合光的干涉原理或被测物结构特征，通过图像分析方法实现力学量的测量。其中，图像是光测法的原始数据，基于光学仪器的图像采集是获取原始数据的重要手段。因此，高速光测方法对高速相机和图像分析方法的要求更高。

1. 高速相机

高速相机是高速光测方法的硬件基础。对于高速相机，一方面需要解决高速图像采集与存储的问题，另一方面需要解决因超短曝光时间带来的图像曝光不足的问题。在高速图像采集与存储方面，目前发展了四种高速相机结构来满足各种测量需求。此外，为解决高速相机中因超短曝光时间带来的图像亮度不足的问题，发展了针对超低亮度图像采集的特殊成像芯片。

1）高速相机分类

高速相机可以在高速采集状态下记录被测物完整的图像信息。按照硬件构造，可将现有的用于实验测量的高速相机分为四种（图 7-11），其实例和典型参数如表 7-1 所示。

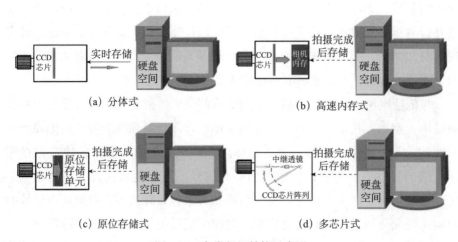

(a) 分体式   (b) 高速内存式

(c) 原位存储式   (d) 多芯片式

图 7-11　各类相机结构示意图

表 7-1　典型高速相机的性能

相机类型	相机型号	图像幅面/pixel	帧率/(f/s)	采集时长	产地
分体式	Optronis CP80-3-M-540	1 696 × 1 708 1 200 × 1 200	540 1 000	不限	德国
高速内存式	PhotronFastcam SA1	1 024 × 1 024 512 × 512	5 400 20 000	2.18 s	日本
原位存储式	Kirana	924 × 786	10 000 5 000 000	18 ms 36 μs	英国
多芯片式	Cordin 系列	1 000 × 1 000	500 000 000	0.4 μs	美国

　　分体式高速相机［图 7-11(a)］通常采用普通 CCD 或 CMOS 传感器，此类相机在图像采集的同时将数据实时传输到外部计算机上进行存储，因此拍摄时长理论上不受限制。但是，数据传输和存储接口的带宽限制将导致采集速度和图像幅面相互制约。高速内存式结构相机［图 7-11(b)］将拍摄后的图像直接存储在相机内部的高速缓存中，拍摄结束后再将图像传回计算机。此类相机的拍摄速度要高于分体式相机，但图像采集速度仍受相机内存写入速度限制。原位存储式高速相机［图 7-11(c)］采用诸如 ISIS CCD[23]、FTCMOS[24]、μCMOS[25] 等自带高速存储结构的图像传感器实现对高速运动的图像采集。在图像采集时将图像直接传输到传感器内部的存储结构中，而非传输到外部的存储空间。由于不存在数据传输的问题，因此采样速度可达到百万～亿帧/秒（f/s）量级。多芯片式高速相机［图 7-11(d)］，例如转镜式高速相机[26, 27] 和分光式高速相机[28]，通过传感器芯片的数量来换取采集速度的提升。转镜式高速相机在普通成像系统的基础上增加了一个转镜，其通过转镜的反射将物体的像投影到成像芯片上。分光式高速相机在镜头和成像芯片之间增设了分光棱镜，分光棱镜将一束光分为两束，分别射向两个成像芯片。两个成像芯片轮流曝光即可提升相机的图像采集速度。

　　2）弱光成像

　　成像芯片中的每个像元采集到的数据是投影在此像元上的光强在时间

上的积分，因此曝光时间短带来的最大问题是传感器进光量少，图像信噪比低。为了解决这个问题，一些高速图像采集系统中会使用针对弱光成像的传感器芯片。一般常见的弱光成像芯片有 SPAD CMOS[29] 和 ICCD（像增强 CCD）[30]。SPAD CMOS 是一种基于单光子探测能力的光电探测雪崩二极管（SPAD）发展而来的紧凑型的像素电路，可实现低功耗、大分辨率的图像采集。由于其光电探测能力极强，所以其曝光时间可以短至几纳秒。由于 SPAD CMOS 传感器采集的图像位数极低（仅为 1 bit），因此常用于飞行时间（ToF）实验的成像系统（图 7-12）。ICCD 由像增强器、光纤耦合元件和 CCD 传感器三个部件组成（图 7-13），其利用像增强器的光学放大作用来克服传统 CCD 传感器弱光照信噪比低的局限性。

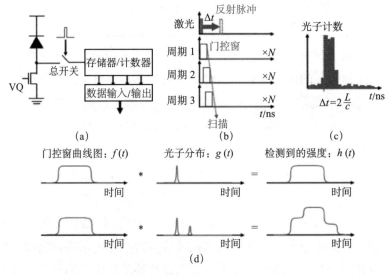

图 7-12　时间门控 ToF 测距示意图

2. 高速图像采集新思路

1）基于时域编码的高速图像采集

编码图像采集主要是指基于压缩感知理论进行时间域的图像重建方法[31, 32]。在高速测量场景中，时序图像的信息细节更接近，稀疏性更加明显。例如，图 7-14(a) 是在高速公路上连续拍摄的两帧图像，图 7-14(b) 是这两帧图像的灰度差。可以看出连续变化的两帧图像之间的差异主要体现在运动物体部分，图像整体具有明显的稀疏特性。时域压缩感知成像主要利用了

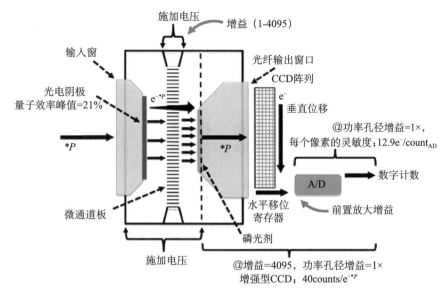

图 7-13　ICCD 结构示意图

(a) 连续两帧图像　　　　　　(b) 差异图

图 7-14　时间轴上连续变化的两帧图像差异示意图

图像的稀疏特性，将高速变化的场景在时域上进行压缩成像，利用压缩感知理论重构得到在时间轴上被压缩的细节信息。

　　如图 7-15 所示为一种时域压缩感知高速成像示意图，目标物发出或反射的光经过 DMD（数字微镜器件）芯片反射进入相机，在相机的一次曝光时间内，DMD 芯片通过其微镜阵列形成 n 个编码模板。相机采集到的图像相当于 n 幅被编码过的图像的积分，根据压缩感知理论将这幅图像进行解码重构，就可以得到在 n 次编码时的 n 幅图像。由此可避免图像采集设备因数据传输和存储速率而导致速度难以提升的问题，即通过低速图像采集来获得高速图像序列。与传统成像方法不同的是，时域压缩感知并不直接对被测物成像，而是通过空间光调制器对光信息在时间上进行调制，并在一段时间内对多幅图像进行积分，最后通过调制信息对多幅图像进行重构，以此实现在低速采集的情况下获取高速图像的目的。

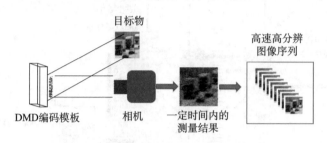

目标物

高速高分辨
图像序列

DMD编码模板　　相机　　一定时间内的
测量结果

图 7-15　时域压缩感知高速成像示意图

2）基于相机阵列的高速图像采集

相机阵列技术是指用多个相机相互配合采集图像，将多个低性能相机等效为一个高性能的"超级相机"的技术。将多个相机错时触发对同一个区域采集图像，可将多个相机的图像在时间轴上拼接成一个"高速"图像序列。斯坦福大学的 Wilburn 等用 52 个 30 f/s 的低速相机搭建了一个帧率为 1560 f/s 的次高速图像采集系统[33]。因此，利用分体式相机的长时采集能力，再基于错时触发的思想，用相机阵列提升其采集速度是满足高速图像采集的一个可行途径。

3. 高速光测的测量分辨率

1）高速光测图像的质量控制

高速光测图像的质量评价主要由图像质量和图像采集时间精度构成。图像质量严重制约着摄像测量方法的测量精度，研究发现，相机在不同的设置下采集到的图像信噪比不同，因此在高速光测中，需要尽量选用高信噪比的相机设置来进行图像采集。高速光测力学中除了要考虑变形测量的分辨能力和精度，对时间的分辨能力和精度也有极高的要求。一般来说，高速数据采集设备的采集时序具有较高的稳定性和准确性，但当多台相机进行联合测量，或相机与其他设备进行联合测量时，就需要考虑图像采集设备的时间精度控制。

2）高速光测力学测量算法

光测力学的测量算法是指从采集的图像中定量获取变形场、三维位姿和形貌等信息的数据处理方法。常见的变形测量方法有 DIC、网格法、CCD 云纹等方法，这些方法都是直接将变形后的图像与参考图像进行对比得到被测物体的变形情况。在高速光测中，极高的图像采集频率使得图像序列中的位移/变形等力学量在时间上具有连续性。因此，基于时间连续性发展了一些针对高速光测的特殊算法。例如，将时间连续性引入数字图像相关（DIC），发展了具有力学约束的高速图像测量算法。如图 7-16 所示，在时间段 $[t_{k-m}, t_{k+m}]$ 中共拍摄 $2m+1$ 幅变形图像，考虑时间连续性的 DIC 方法，可以通过"灰度不变"方程，将这 $2m+1$ 幅变形图像构建一幅新的"散斑图像"。这幅新的"图像"的噪声远低于原始图像，从而大幅提升了 DIC 的变形测量精度 [34]。

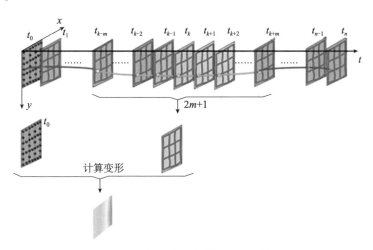

图 7-16 考虑时间连续性的测量算法

三、发展趋势与展望

极端高速加载和测量实验技术作为极端速度实验技术中的核心技术不断呈现新的发展趋势和方向。极端高速加载呈现出力学、物理学、材料学、化学、信息学等多学科交叉、多物理场复杂耦合加载的发展态势。一方面，基于极端高速加载实验技术的支撑，力学涌现出一些新兴研究领域，诞生了一系列新的理论、计算和实验方法，如微纳米与多尺度力学、先进结构力学与设计方法、智能材料与结构力学、软物质与柔性结构力学、生物材料与仿生力学、材料与结构的力学信息学、多场耦合力学等。另一方面，力学的发展和应用更加深入地融入航空航天、先进制造、新能源等领域，而且通过与生物医学工程、人工智能、脑科学等的交融产生了更多的应用领域。对于极端高速测量实验技术，随着材料损伤破坏、结构失稳、爆炸等高速过程的研究不断深入，对高速数据采集的需求越发急迫。高速过程多具有复杂的时空特性，需要进行长时高速高密度观测，目前的仪器无法满足要求，导致对一些复杂结构的失稳机理的认识还不清楚，无法用数值或理论模型对其过程进行表征和预测。因此，一方面需要基于同步辐射、中子散射等先进光源大科学装置，发展冲击加载装置及同步、超快、原位诊断技术，以及超强加载能力的电磁驱动、高能脉冲激光、强磁场等熵压缩等实验装置与诊断技术，另一方面需要瞄准极端高速条件下的材料损伤破坏、结构失稳、爆炸等问题，发展以长时、高速、高位移分辨率、高空间分辨率的采集系统和算法为技术特征的高速采集及测试方法。

第四节　其他极端实验技术

一、需求情况

重大科学装置研制、材料与器件先进制造和重大工程结构在役状态评估中，存在诸如极低温、强电磁场、核辐照、超重力甚至复杂多场耦合等极端环境或工况，要研究全寿命周期内材料与结构在多场耦合条件下的多尺度力学行为，需针对特定的极端环境和测试需求，发展专门的实验力学方法、技术与仪器。

例如，在超导材料领域，实验发现 Nb_3Sn、YBCO 和 BSCCO 等表现出临界电流的应变敏感性（在拉伸或压缩外力作用下临界电流降低），以及磁场或温度发生变化时的磁通崩塌行为[35]。为实验观察上述物理现象，需要开发能够服役于极低温、强磁场和大电流等复杂环境的变形、电磁、温度同步测量技术与仪器，以揭示磁通崩塌、应力调控超导材料临界温度等现象的物理机理。再例如，核电用金属材料在长期辐照过程中易出现损伤而引起材料力学性能恶化（如辐照致硬化、脆性、蠕变和疲劳等）。相较国外，我国对核材料辐照效应相关的关键科学和技术问题研究严重不足。基础材料/零部件制造过程中力学性能的在线监测，重大工程结构和复杂工业装备在役健康状态监测，事关国防军事、智能制造、公共安全防控等国家战略。传统方法主要通过离线、抽样方式进行残余应力和力学性能指标测试，无法直接面向生产过程对力学参量进行监测。锂离子电池失效具有典型的多场耦合和多尺度特点。传统的离位表征方法无法得到电池多场耦合失效的全部过程，亟须采用在位表征手段对其多场耦合演化过程进行表征，探究多场耦合失效机理。电磁能装备是国家重大战略需求，作为具有极高功率、极短时间（毫秒级）、极大电流（兆安级）和极高速度等特征的电磁能结构设备，电磁轨道炮在发射中经常因为极端电磁场引起的瞬态强磁–力–热冲击加载，从而造成材料及结构刨削、槽沟、转捩和弧烧蚀等多种损伤。极端瞬时强电磁场冲击影响下，常规仪器不仅难以面向发射炮筒的封闭空间进行直接实验测量，也因强电磁干扰而不能有效工作。超重力实验不仅可以真实复现超重力科学规律，更重要的是其具有的时空缩尺和相物质分离加速效应，对模拟大时空尺度环境、地质、污染物的运移规律至关重要。与理想超重力场不同，离心超重力实验手段主要涉及非惯性系效应，具有非均匀性和相对速度相关性，需要在大型实验设备建设中进行考虑。

然而，当前已有的实验技术难以满足上述超导、强辐照、瞬时强电磁场冲击、超重力等极端环境下的测试要求，部分领域甚至缺乏有效的极端条件实验技术。

二、研究现状和进展

（一）超导材料多物理场参数测量及磁通崩塌行为观察

为研究超导材料在应用过程中的电磁特性，国内外学者相继设计和研制了极端环境超导材料的电磁特征测试装置，但对力学特性的测量关注较少。2018 年，兰州大学周又和团队 [36, 37] 自主设计、完成了全背景场超导力学测试装置（图 7-17）。该装置最低温度为 4.2 K，具备温度连续控制功能。背景磁场 5 T，最大测试电流 1 kA，最大载荷 100 kN，采用了数字图像相关（DIC）方法和引伸计测试超导材料的应变。超导材料全场变形特征的测量结果不能仅与电磁特性相关联，为实现力学加载条件下超导材料电磁特征的实验测试，团队研制了基于磁光效应的超导材料力学测试系统，实现了同步的力学加载和磁光观测，获得了超导材料在拉伸过程中的磁光演化规律，定性给出了超导材料的内部损伤及破坏模式。

图 7-17　超导材料全背景场变形和磁光观测系统

　　超导体环境变量如温度（低于 20 K）、磁场大小及其变化率、电流等发生变化，均会诱发超导材料发生磁通崩塌且磁通崩塌发生的位置随机，难以对它的时间演化过程进行研究。为对磁通崩塌的演化特征进行实验验证，基于泵浦技术设计了一种双曝光光路，首次测量得到 YBCO 超导材料的磁通崩塌速度可达 180 km/s，但由于光路条件限制，无法给出磁通崩塌过程中连续的速度演化结果。兰州大学周又和团队 [38] 设计了多次曝光的光路图，通过脉冲激光诱导磁通崩塌发生，在崩塌出现位置可控的前提条件下，首次给出了磁通崩塌过程连续的速度演化结果，获得了与时间关联的崩塌演化图。

（二）辐照条件下材料微观结构演变及力学性能测试

为对材料辐照前后的微观结构进行分析表征和获得微观结构参数的变化规律，可利用的先进测试手段包括：原位透射电镜分析测试技术、原位 X 射线衍射技术、X 射线吸收谱、电子能量损失谱、小角度中子散射和正电子湮没技术等。运用小尺寸试样测试（SSTT）、小尺度力学测试（SSMT）和原位 TEM 力学测试等手段，可以直接获得材料辐照前后力学性能的变化情况。

针对小尺寸试样测试，直接面对核反应堆内辐照损伤的研究具有效率低、放射性高等诸多缺点，离子模拟技术的发展则为在实验室条件下研究辐照对结构材料的力学性能影响提供了可能，但离子辐照的穿透深度仅限于几百纳米到几十微米量级的近表面。聚焦离子束（FIB）处理技术的引入提高了几十纳米到几十微米的样品制备能力，结合纳米压痕硬度测试、微拉伸和微压缩试验方法及仪器的发展，小尺度力学测试材料离子辐照后力学性能成为可能。相比纳米压痕硬度测试，微拉伸试验可以扩展从离子辐照试样中获得的力学性能测试数据类型。微压缩测试法需要采用双束聚焦离子束扫描电子显微镜（FIB-SEM）制备微米大小的柱子样品，微压缩测试可以产生比纳米压痕技术更为简单的单轴应力状态，可用于评估屈服应力或强度，也能够产生应力-应变曲线和获得变形机制的直接观测，使定性和定量的力学性能研究成为可能。此外，针对辐照或温度等单一条件下高分子材料的力学行为研究已有大量报道，但尚缺乏含 γ 辐射复合环境下高分子材料化学性变与力学行为的实验表征数据，对于复合环境下的耦合效应研究工作有待开展。

（三）材料、零部件、结构健康状态监测

钢铁材料/零部件制造过程中的在线监测技术发展迅速，例如涡流谐波分析和磁导率测量技术已分别成功应用于锻件热处理过程的组织演变和热轧机出料口带钢材料相变的在线监测。芬兰 StressTech 公司及德国弗朗恩霍夫研究所分别研制出磁巴克豪森噪声及多功能微磁检测仪器（图 7-18），利用磁参量间接评价铁磁性材料的力学性能与残余应力。国内北京工业大学何存富团队发展了基于人工智能建模的残余应力与力学性能微磁检测方法与技术，融合深度神经网络和机器人技术，开发了国内首台面向复杂零部件的力学性能微磁无损检测仪器，在钢铁及零部件制造企业得到应用。

| (a) 德国 | (b) 芬兰 | (c) 中国 |

图 7-18　德国、芬兰和中国团队开发的微磁检测系统

美国针对在役主要型号及下一代飞行器，均已配置了结构健康监测与预测管理系统。据估计，基于健康监测与管理的自主式运维体系的应用，可使新一代联合攻击战斗机的故障复现率减少约82%。Airbus的A380和A350XWB机型搭载了多种结构健康监测传感网络，用于碳纤维舱门结构的冲击实时监测、垂尾平面连接螺栓应力监测等。南京航空航天大学袁慎芳团队制备了可与蒙皮结构一体化集成的分布式压电传感网络，实现了复杂条件下碳纤维增强复合材料结构的冲击载荷和损伤监测；研发了轻量化HIS（high speed interrogator）型光纤光栅解调系统，可用来监测裂纹尖端附近应变场的分布情况，结合反射谱特征变化可实现对结构裂纹扩展长度的监测。变形、载荷和损伤是土木工程结构健康监测的重要组成部分。北京航空航天大学的潘兵团队提出基于斜光轴数字图像相关方法的远距离挠度测量方法，研制了用于大型结构位移实时测量的视频挠度仪，可对桥梁上的多点挠度以117 f/s的速度进行远程测量，为大型土木结构的变形检测提供了实用技术手段。华南理工大学汤立群团队[39]结合桥梁的有限元物理模型与已有的纯信号处理方法，提出了基于应变阈值的桥梁载荷异常信号准确识别方法，建立了基于云计算的桥梁健康监测服务平台。

（四）电池内部电–化–热–力多场耦合实验表征

在位实验主要目标是获取电极在工作状态时内部的形貌、应力–应变、温度场及浓度场演化，以及进行基本参数（如弹性模量、断裂韧性、膨胀系数等）的定量化表征。目前，力学量在位表征方法主要包括AFM、光学、SEM、CT等。在位光学方法主要包括在位光学显微镜、悬臂梁法及多光束法等，针对电极表面、侧面及基底进行表征，可以对电极的形貌及曲率变化进行观察。针对小变形的石墨复合电极材料，Harris及Pascal等分别设计了在位电池-光学观测装置，并利用石墨电嵌锂变色的特性，发展了色度法。北京理工大学的陈浩森团队[40]通过设计在位光学池，并制备规则的硅柱及硅薄膜材料，对其进行脱嵌锂的同时实施在位光学形貌观测（图 7-19）。在位 AFM 方法利用探针在样品表面进行扫描，从而在纳米尺度上提供电极材料局部的形貌、化学和物理信息，获得高精度的样品表面图像。在位 SEM 是电化学循环下锂离子电池内部材料与结构表面形貌变化高分辨率观测的理想工具。CT 扫描是采用 X 射线成像原理进行超高分辨率三维成像的设备，锂电池的在位 CT 表征可以分为颗粒、极片和电芯三个尺度。红外热像法在电池表面温度演化表征方面具有直接性、可靠性等优点，无需对电池进行任何处理。在电芯截面温度监测方面，北京理工大学的陈浩森团队通过可视化软包、柱状电池设计制作及红外热像仪等设备，构建了电池电芯截面二维温度场在位监测实验平台。

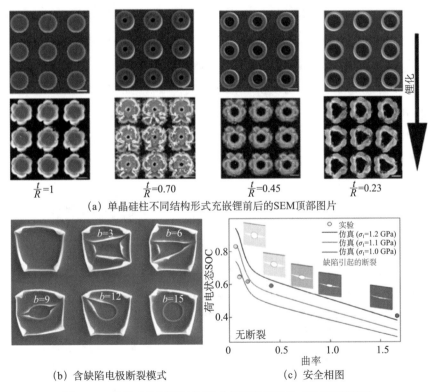

(a) 单晶硅柱不同结构形式充嵌锂前后的SEM顶部图片

(b) 含缺陷电极断裂模式　　(c) 安全相图

图 7-19　单晶硅柱不同结构形式充嵌锂前后的 SEM 顶部图片、
含缺陷电极断裂模式及安全相图

（五）电磁轨道炮关键状态参数测量

常规测量仪器的性能易受电磁轨道炮发射过程强电流、强磁场、高温等极端环境干扰甚至出现功能损坏。目前主要采用罗戈夫斯基（Rogowski）线圈、平板耦合光学传感器和电光效应测量电场等技术手段测量电磁轨道炮发射过程强电场。Gallo 等利用高速摄像技术研究了强脉冲电流下的导轨材料裂纹增长和裂纹处的材料喷出。电磁发射器中的载流导体经受仅持续几微秒的高应力和热载荷，Landen 等发展了扩张环实验，测量导轨材料在强脉冲电流作用下的非平衡短时应力及热载荷。为测量电磁轨道炮发射过程中的强电磁场，法国和德国的研究机构建立了具有四个独立数据通道的磁场标量测量系统，主要用于轨道炮电枢静止和运动过程中的强磁场分布测量。每通道配备一个巨磁阻传感器，实现极短响应时间内强脉冲磁场（0.3～20 T）的准确测量，测量频率范围 DC～20 kHz，可工作于高达 0.2 T 和频率高于 1 kHz 的脉冲磁场环境。南京理工大学林庆华等利用 B 探针测量对电磁轨道炮发射过程中的电枢运动及磁场分布进行了测量[41]。在轨道炮整体发射中，采用闪光照相、高速视频、微波干涉仪、激光干涉仪、微波遥测、多普勒雷达等多种新技术，可以研究强电磁场对发射过程的影响，分析电枢位置、速度与加速度随时间的关系。美国高级技术研究所和陆军研究实验室合作开发了电枢微型遥测和传感系统（图 7-20），用于评估电磁发射极端环境中的遥感收集、动态信息测量能力[42]。

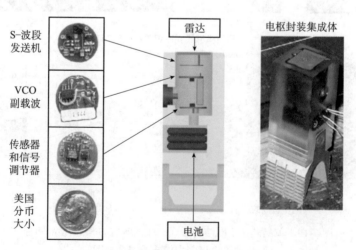

图 7-20　电枢微型遥测和传感系统

（六）超重力实验

超重力环境可对改变多相介质内部特性发挥重要作用。多相介质的运动和变形规律复杂，不仅包含多场耦合、多尺度问题，还涉及相与相之间的质量和能量传递等过程，很难通过简单的数值方法进行定量模拟。因此，发展超重力效应的物理实验模拟方法与技术，在地球超重力环境下实现超重力效应并对其进行研究，有着重要的科学意义。

实现超重力效应的手段主要包括：通过施加线性加速度的方法对物体产生超重力效应、抛物线飞行法、离心机物理模拟等。离心机物理模拟是目前最为常见的超重力实验手段，主要应用于岩土工程、地球科学及材料科学研究。超重力离心实验设备于 1931 年在美国哥伦比亚大学首次建成并用于岩土工程的物理模拟，该校矿业学院的 Philip B. Bucky 教授提出了"离心力模拟"的概念，通过系列研究为采用超重力效应研究土体变形奠定了理论基础。20世纪 30 年代，美国和苏联的研究人员都采用离心机开展了土工模型超重力实验和金属材料制备试验。瑞典乌普萨拉大学于 1968 年构造了离心超重力场用于模拟地质构造的过程。目前世界上容量最大的离心机由美国陆军工程师兵团于 1991 年制造，该仪器最大可以生成 1200 g 的离心加速度，被用来进行矿物的堆积和压密过程的研究。另外，欧洲航天局通过在离心试验机上搭载不同的实验装置（图 7-21），对多个学科中多相介质的运移规律和相互作用进行研究。我国超重力物理模拟技术起步较晚，长江科学院在 1983 年建成了国内首台大型土工离心机，后来陆续又有超过 20 家科研院所和高校分别独立建成

图 7-21　欧洲航天局离心机设备

了三十多台离心机。其中浙江大学牵头建设的国家重大科技基础设施超重力离心模拟与实验装置较为有代表性，所建造的多个离心实验机中两台主机的最大容量为 1900 g·t，建成后将是全世界最大的超重力多学科综合实验平台。

三、发展趋势与展望

（一）面临的力学挑战

1. 超导材料特征参数的力学敏感特性和磁通崩塌的内在机理

临界电流的应变敏感性、应力调控超导材料临界温度等的物理机理仍不明确。超导材料承受热应力的同时还需要承受极高的电磁力，导致超导材料不可避免发生结构变形，降低其临界电流，进而诱发超导材料失超，给超导装置带来安全隐患。如何准确预测极低温、强磁场和大电流复杂环境中力作用引发的临界电流下降，是多场耦合计算理论层面需要攻克的难题之一。超导材料的磁通崩塌现象研究方面，需揭示树枝状崩塌和金属层抑制磁通崩塌的确切物理机理，给出发生磁通崩塌的能量阈值确定准则。

2. 电-磁-声特性、微观结构与力学性能三者关系的揭示

电-磁-声特性参数是无损表征材料、零部件力学性能与残余应力的重要手段。当前大多基于标定实验方法，建立电-磁-声特性参数与测试指标（力学性能与残余应力）的关联，主要原因是无法准确预测电-磁-声特性、微观结构与力学性能三者关系。以磁巴克豪森噪声为例，其由磁畴的不连续跳变行为诱发，受残余应力和微观结构（晶粒、晶界、位错等）的钉扎效应影响，当前的连续介质力学或磁学理论均无法预测这一物理现象，亦无法实现磁性能与力学性能的直接关联。

3. 真实电池结构内部全场、多场信息的实时测量

高比容电池内部的真实反应过程中电极材料的力学失效与温度失控问题是制约锂离子电池发展的瓶颈之一。目前大部分在位表征方法仍只能针对特制电池，且无法完全反映电池内部的真实反应过程。因此，针对真实电池内部的无损、高精度、多场耦合在位表征方法，仍然是锂离子电池表征技术发展的重要方向。迫切需要发展适用于电池内部的特种传感器及其电磁屏蔽、

数据实时传输等方法，提高真实电池结构内部全场、多场信息的实时测量能力。发展长寿命内埋传感器件制造、传感与传输一体化等工艺，实现真实电池全寿命周期内部多场耦合演化的长时间监测。

（二）近期的重点问题

1. 超导材料变形、电磁和温度分布的同步测量技术

采用 DIC 方法和磁光法可分别获得超导材料全场应变和电磁特征，但磁光法采用的偏振光正交暗场测试光路通常会限制 DIC 的照明光路，难以实现 DIC 与磁光的同步测量，导致超导材料的电磁特征难以跟局部变形进行关联。上述限制导致超导材料变形、电磁测试难以同步开展，成为制约超导材料电磁特性的力学敏感机理揭示的主要原因。要攻克该项实验技术难题，可能需要通过光路设计，实现超导材料全场变形的 DIC 测量和电磁特征磁光法的同步测量。

2. 锂离子电池多尺度多场耦合在位实验表征方法

锂离子电池内部是由几十上百层复合非金属材料与金属材料紧密堆叠而成，共同处于力-电-化-热多场耦合复杂环境。在这种极狭小、极复杂环境中，如何在不影响电池原有结构及保持多场环境稳定的条件下进行测试，具有极大的挑战与难度。充放电过程中锂离子电池内部环境是一种脆弱的伪稳定态，对于掺入其中的外界物质极其敏感。稍有不慎，不但会打破这种特殊状态而影响测试准确性，还有可能引发严重安全事故，这种特异性要求更先进的无损测试手段。

3. 真实模拟核材料服役环境的多场耦合测试

目前的辐照实验、力学性能测试等是分别进行的，难以实现多场的同步加载及长时间监测。此外，核结构材料不单纯面临高温辐照环境，还可能面临腐蚀介质侵蚀等工况，而目前的实验条件与材料真实服役工况相差甚远，无法全面评估材料的服役性能。因此，针对小尺度力学测试、小样品测试及TEM 原位分析技术等，应着重开发能够真实模拟核材料服役环境的多场耦合测试手段。以含 γ 辐射复合环境下的高分子材料为例，应开发辐照、温度和循环加载条件下的力学性能原位测试方法与装置，开展在线监测技术研究，

获得高分子材料在含 γ 辐射复合环境下的松弛、永久变形规律，以及填料-基体界面化学性变及力学性能的演变规律。

4. 材料/零部件力学性能的在线监测

金属材料成型过程中微观结构、力学性能与残余应力的在线监测，是智能制造水平提升的助推器，也是国际上公认的值得挑战的技术难题之一。已有的实验方法及技术在应用于产业前，还需要深入研究：①考虑微观结构特征，揭示残余应力、力学性能与测量物理参量的本构关系，开发多物理场耦合及跨尺度观察的实验仪器系统，验证本构模型；②与机器人、人工智能、互联网等新兴领域融合，开发面向生产线复杂环境（高温、高压、强电磁干扰等）和大型复杂零部件的无损监测仪器系统。

5. 健康监测与控制系统的融合

结构健康监测的最终目的是为控制系统提供决策。当前主要集中于状态参数监测技术及数据分析方法的研究阶段，如何将监测结果形成可反馈的决策，实现健康监测与控制系统的有机融合，完成重大工程结构和复杂工业装备的智能运维，是结构健康监测领域下一代技术发展的核心。主要方向包括：①多参量动态测量传感器技术与仪器；②面向数据驱动决策的高效传感器布置与优化方法；③结合有限元模型和监测数据的动力学反演与载荷识别；④与 5G 网络通信、云计算相匹配的高可靠性健康监测系统集成。

6. 电磁轨道炮极端条件等价试验与测量技术

发展极端条件下电磁轨道炮电-磁-热-力多场强耦合作用的同步加载方法（温升速率 $\geqslant 10^5$ K/s、电流密度 $\geqslant 10^8$ A/m²、电-热耦合冲击下的应变速率 $\geqslant 10^4$ s^{-1}），进行高温、绝热、高应变率、强脉冲电流、强磁场等多条件耦合作用的实验测量；研究电磁轨道炮超高速载流滑动摩擦特性的等价试验技术和测量方法；研究电磁轨道炮超高速运动过程发射体形貌的连续观测技术（时间分辨率 $\leqslant 1$ μs，空间分辨率 $\leqslant 0.1$ mm，连续观测时间 $\geqslant 10$ ms）。

7. 大型超重力物理离心实验技术

超重力物理离心实验技术及装置不仅可用于研究岩土体等松散介质的宏观本构特性和土体内部的固-液-气多相材料的细观非线性行为，而且可以用于研究多相连续介质（如合金凝固、材料制备、生物及仿生材料）的力学行为。实验模拟技术可能涉及高温、高压下的传质、传热、化学等多场耦合反应。大型超重力离心实验中还涉及实验装置的非惯性系效应，实验对象的多相介质演变等非线性效应。与理想超重力场不同，离心超重力具有非均匀性和相对速度相关性。

（三）总结和展望

极低温、强辐照、瞬时强电磁场冲击、超重力等极端环境中，材料的微观结构、物性参数和应力状态都是诱导时变的因素，其内在机理的揭示仍需探索新的路径。例如，当前的理论难以预测超导材料磁通崩塌现象和计算超导材料服役过程的多场耦合应力状态，已有的在位实验表征技术仍无法获得真实电池内部的力-电-化-热多场耦合过程，电磁轨道炮电-磁-热-力多场强耦合作用的同步加载方法仍有待研究等。这需要科研工作者充分利用多学科实验技术的发展成果，构建适用于多场耦合、跨尺度的科学装置和实验仪器，为高性能超导和电池材料设计、极端环境中材料与结构性能测试和寿命预测等理论发展提供基础实验数据。

第五节 极端条件与风洞技术

一、需求情况

飞得更快、更高、更远、更稳一直是人类不懈追求的目标，飞机尤其是军用战斗机在中低空、高亚声速、高雷诺数条件下的飞行性能越来越受到重视，现代航空技术也已经实现了马赫数为 3 左右的大气层内超声速飞行，极端条件下的高超声速风洞技术、结冰风洞技术、低温风洞技术和高温风洞技术已经成为当今国际研究热点。从极端力学的观点来看[43]，当流动从超声速过渡到高超声速时，超常服役环境出现了，传统学科的本构方程失效，新的流动现象和规律出现。高超声速飞行具有速度高、空域广的特点，不仅会有常规气动力问题，也会有稀薄气体动力学问题，以及所面临的复杂气动热问题。因此，高超声速地面模拟试验需求非常广泛。

（一）高超声速风洞

各种高超声速飞行器的典型飞行轨道与高度-速度图如图 7-22 所示。由高度-速度图可见，飞得越快就必须飞得越高，否则气动阻力太大，热流率太高，飞行器难以生存[44]。对于这种极端环境下的高温反应气体流动，至今仍然缺乏具有适当精度的数学物理模型。六十年高超声速地面试验技术发展表明，先进高超声速风洞的研制必须面对四个主要问题。第一个是流动温度的模拟，即如何恰当地模拟给定飞行条件下实验气体的总温。由于热化学反应进程是高超声速流动的核心物理现象，总温复现成为正确激发反应进程，获得可靠实验结果的基础。第二个是尺度率问题，即流动尺度和反应尺度是不相关的。热化学反应进程不随实验模型缩比而改变，因此高超声速往往要求足够大尺度的实验模型以减小尺度效应的影响。第三个是飞行速度的模拟。随着飞行速度的增加，摩擦阻力在总阻力中占的比重越来越大，只有模拟了流动速度才能更准确地预测飞行器表面的边界层发展，获得准确的摩擦阻力和气动加热强度。第四个是试验时间。高超声速风洞在确保复现热化学反应机制，并能开展大尺度模型实验的条件下，获得适当长的有效试验时间是极具挑战性的难题。譬如，对应马赫数 8 的飞行状态，风洞实验气流的总温近 3000 K，长时间维持这样的高温气源和流动而不损害实验装备是极其困

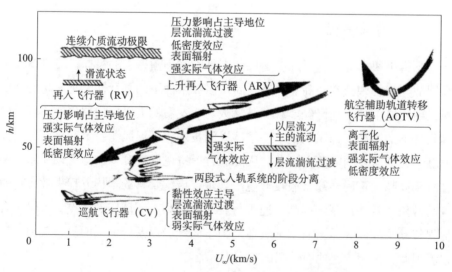

图 7-22 高超声速飞行器的典型飞行轨道与高度-速度图

难的。另外，如果实验流场直径为 3 m，那么高超声速风洞的输出功率大约为 90 万 kW，而输入功率高达 300 万 kW 以上。对比葛洲坝水电站 272 万 kW 的总装机容量，可知如此高的功率需求使得连续下吹式大型高超声速风洞建设与运行几乎是不现实的。所以目前国际上发展的高超声速风洞的试验时间都是以毫秒甚至微秒做单位计量。

（二）结冰风洞

20 世纪 40 年代，美国采用机载测量设备在高空云层中采集了大量结冰气象数据，通过对这些结冰云数据的研究确定了基本的飞行结冰条件包线，并被美国联邦航空局（FAA）采纳，成为 FAA 运输类飞机适航条例 FAR 25 附录 C 中的结冰适航认证条件。20 世纪 90 年代以来，随着对飞机飞行安全要求的提高，美国又主导开展了过冷大水滴（SLD）等其他导致飞行结冰气象条件的数据采集和研究。2014 年，FAA 正式发布过冷大水滴结冰适航 25-140 号修正案，对适航条例 FAR 25（运输类飞机）、FAR 33（航空发动机）分别增加了附录 O 和附录 D/P，给出了 SLD 结冰条件特征包线，提出了在过冷大水滴、混合相和冰晶（IC）结冰条件下对飞机和发动机进行适航认证的要求。过冷大水滴和冰晶环境条件，成为当今结冰风洞试验模拟能力拓展的目标。

我国航空工业发展起步较晚，并在相当长的一个时期内处于仿制状态，使得飞机防冰/除冰研究基础薄弱。进入 21 世纪以来，随着综合国力和航空科学技术的提高，以大型民用/军用运输机为代表的各类自主研发飞机型号增多，型号部门对飞机防冰/除冰系统设计的迫切需求，以及结冰数值模拟软件开发和验证需要，促使国内结冰风洞试验研究迅速发展。用结冰风洞开展飞机结冰研究的设想可以追溯到 20 世纪 20 年代，但由于制冷技术和结冰云模拟技术的限制，直到 20 世纪 40 年代美国建成 NASA 格伦研究中心结冰研究风洞（简称 IRT 风洞，图 7-23，其试验段尺寸为 2.7 m×1.8 m），才真正开启了结冰风洞主导飞机结冰研究的时代。发展至今，美国逐步建设了低速地面结冰试验设备、发动机结冰试验设备、水滴撞击和结冰机理研究设备、结冰云地面遥测设备等，完善了结冰地面试验设备体系。20 世纪 90 年代，意大利航空航天研究中心也建成了试验段尺寸为 2.3 m×2.4 m 的结冰风洞

（图 7-24）。2013 年，我国 3 m × 2 m 结冰风洞建成，开启了我国飞机结冰风洞试验研究的新纪元。

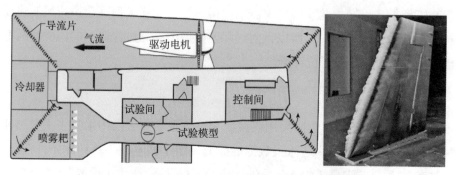

图 7-23　美国 IRT 风洞简图及飞机垂尾结冰试验

图 7-24　意大利航空航天研究中心结冰风洞
图片来源：AIAA-2003-0900

（三）低温风洞

为了获得准确的风洞试验数据，需要保证风洞试验的雷诺数与飞机在空中飞行的雷诺数一致。但实际上，常规风洞雷诺数模拟能力与大型运输机研制需求相差很大，这将严重影响与雷诺数密切相关的气动问题的研究，并带来风洞与飞行的相关性问题。如图 7-25 所示，常规跨声速风洞翼弦雷诺数模拟能力一般在 10^7 以下，远低于一般运输机对风洞试验雷诺数的需求。通常提高风洞试验雷诺数的方法有：①风洞中流动气体采用重气体，以提高流动介质密度；②增大模型尺寸，如建设大尺寸风洞，在风洞尺寸一定的条件下，采用半模试验;③增加风洞中压力，以提高流动介质密度;④降低风洞中温度，以提高流动介质密度。使用大模型是提高雷诺数的最直接手段。但如果保持洞壁干扰不变，大模型意味着要增大风洞试验段尺寸，风洞运行的动力也将与试验段截面积成正比地增加，因而风洞建设和运行成本都将是严重问题。在保持风洞试验段尺寸一定的情况下，采用低温、增压和用氮气作为流动介质的手段来提高雷诺数是一个可行的方法。因此，低温风洞应运而生，它可以很好地满足大型飞机雷诺数模拟的需要，提高风洞试验数据的可靠性。

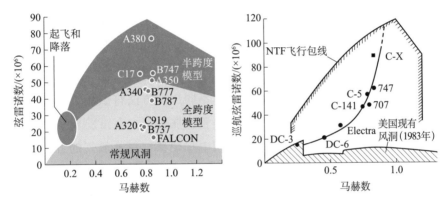

图 7-25　欧洲 ETW 和美国 NTF 风洞雷诺数模拟能力

（四）高温风洞

高超声速飞行环境流场模拟复杂，目前还很难做到使用一种风洞设备复现全部高超声速流流场参数并满足不同试验类型需求。因此，通常做法是针对某种主要试验类型，发展一类试验设备，满足此类试验必须复现的真实飞行参数条件。如气动力试验设备必须复现马赫数、雷诺数，温度可以放宽要求;气动热试验设备必须复现总温、表面压力，可以放宽驻点热流对应的马赫数。因此，各种类型的高超声速风洞应运而生。高温（高焓）风洞就是其中一类。高温风洞模拟试验作为全因素模拟的重要方式之一，可以最大程度上模拟高超声速真实热环境作用，是开展飞行器热防护技术研究和气动热研究的重要试验设备。建设和发展高温风洞对推进高超声速飞行器的设计和研究具有重要意义。

二、研究现状和进展

（一）高超声速风洞技术

高超声速风洞技术获得了高度重视，几十年来世界上成功地发展了不同类型的高焓流动实验装备[3]。先进高超声速风洞研究最本质的问题是如何加热实验气体，并获得需要的流动速度。目前国际上广泛应用的有实验气体直接加热型高超声速风洞和高焓激波风洞。高焓激波风洞依据驱动方式可以分为三类，即加热轻气体驱动、自由活塞驱动和爆轰驱动模式。这些高焓激波风洞是目前国际高超声速研究的主要实验手段，并获得了大量的试验数据。

1. 直接加热型高超声速风洞

直接加热型高超声速风洞技术采用不同加热方法将试验气体在高压条件下预热到需要的温度状态，然后经喷管膨胀加速，在试验段获得高超声速流动。美国NASA格伦研究中心应用电加热氮气再补氧气的方法获得了高焓气体，研制成功HTF（Hypersonic Tunnel Facility）高超声速装置[45]。HTF于1966年建成，应用于原子能火箭发动机试验。1969年改建为高超声速风洞，计划应用于吸气式高超声速发动机试验研究。HTF能够模拟的高焓流动的马赫数范围为5～7，飞行高度为20～30 km，获得的气流总温为1200～2200 K。该风洞建成后开展了HRE（Hypersonic Research Engine）的试验研究工作，使用的是全尺度、水冷却、氢/氧燃料的Scramjet试验模型。直接加热型高超声速风洞采用连续运行模式，能够提供较长的试验时间和较宽的马赫数范围，得到了广泛应用。直接加热型风洞的试验时间通常为几十秒到分钟量级，可模拟的飞行马赫数一般小于7。加热器通常选用耐高温且蓄热性能好的材料，如何提高其与实验气体的热交换性能，获得焓值均匀的实验气流是核心问题。但是由于加热器系统较为复杂，造价昂贵。同时蓄热器还受高温空气的侵蚀和冲刷，对实验气体存在一定的污染。另外，由于加热器的加热能力和蓄热器承热极限限制，很难获得总温高于2200 K的实验气体。

2. 加热轻气体驱动高焓激波风洞

激波动力学理论表明，对于激波风洞，提高驱动气体压力和声速都能够提高入射激波马赫数，获得更高总温和总压的实验气体。所以加热轻气体驱动激波风洞采用了高声速的轻气体作为驱动气体，并利用加热方法进一步提高驱动气体的声速。国际上应用加热轻气体驱动模式的激波风洞有美国Calspan-UB 研究中心的 LENS（Large Energy National Shock Tunnels）系列国家高能激波风洞 [46]。俄罗斯 TSNIIMASH 中心机械工程研究院发展的 U-12激波风洞可采用加热轻气体和氢氧燃烧两种驱动模式 [45]。LENS 系列激波风洞的研制起始于 1986 年，采用加热到很高温度的氢气作驱动气体。计划研制目的是提供高质量、长时间的高焓实验气流，用于高雷诺数和高马赫数的湍流实验。风洞设计指标为：总压 180 MPa、总焓 35 MJ/kg，总温 12 000 K[46]。高温氢气对金属具有严重的侵蚀作用，从而导致在风洞调试中发生了严重事故。而后，修改研制计划，采用了氦气作为驱动气体，获得气流总焓最高可达 12.5 MJ/kg。为了配合美国国家空天飞机计划开展超燃冲压发动机的研究，风洞获得进一步的改进。LENS Ⅰ的试验模拟能力为马赫数 7～14；LENS Ⅱ 为马赫数 3～7；LENS X 是膨胀管风洞，具有模拟马赫数 12 以上飞行条件的能力。LENS 系列的高焓激波风洞采用双膜片技术，保证风洞实验状态具有良好可重复性。

3. 自由活塞驱动高焓激波风洞

自由活塞驱动高焓激波首先把很重的自由活塞加速到很高的速度，然后依靠自由活塞的惯性动能，压缩激波管里的驱动气体。当驱动气体压力达到设定压力值时，驱动气体与实验气体间的主膜片破裂，形成入射激波，完成实验气体的压缩过程。自由活塞驱动高焓激波风洞的概念首先由 Stalker 提出，他曾经获得 1995 年度的 AIAA Ground Testing Award。自由活塞驱动方式在世界范围内得到了广泛的应用，已经建造的自由活塞驱动激波风洞有澳大利亚国立大学的 T3、昆士兰大学的 T4，美国加州理工学院的 T5，德国 DLR的 HEG，日本国家航大中心的 HEK 和 HIEST。在目前发展的自由活塞驱动高焓激波风洞中，日本国家航天实验中心（角田）的 HIEST 以其尺度大、技术成熟、试验时间长而具有代表性。HIEST 的压缩段长 42 m、内径 600 mm；激波管长 17 m、内径 180 mm；活塞质量分别为 220 kg、290 kg、580 kg、780 kg；锥型喷管出口直径 1.2 m、喉道直径 24～50 mm；型面喷管出口直径

0.8 m、喉道直径 50 mm；最高驻室压力 150 MPa；最高焓值高达 25 MJ/kg；稳定试验时间 2 ms 以上。HIEST 的主要性能范围：流动速度 3～7 km/s、飞行马赫数 8～16、动力学压力 50～100 kPa。自由活塞驱动高焓激波风洞已经成为高超声速研究的主流装备之一。

4. 爆轰驱动高焓激波风洞

爆轰驱动模式是应用可燃混合气爆轰后的高压燃气作为驱动气体，实现入射激波的产生。由于爆轰压力和温度远高于可燃混合气的初始压力和温度，所以爆轰驱动模式是一种更高效的驱动方法。在爆轰驱动技术发展过程中，中国科学院力学研究所俞鸿儒等于 1998 年研制成功了 JF-10 氢氧爆轰驱动高焓激波风洞，能够产生的实验气流总温 8000 K[45]。该风洞驱动段长 10.15 m、内径 150 mm；被驱动段长 12.5 m、内径 100 mm；并配置了出口直径 500 mm 锥型喷管。爆轰驱动有两种运行模式，分别是反向和正向爆轰驱动。反向爆轰驱动应用爆轰波后动能为零的部分恒温、恒压燃气，这部分气体的压力不到 C-J 爆轰压力的一半。正向爆轰具有更强的驱动能力，但是爆轰波后稀疏波的影响使得入射波严重衰减，成为正向爆轰驱动模式应用必须克服的难题。姜宗林等基于激波反射概念，提出了一种具有波型剪裁和压力补偿作用的正向爆轰驱动方法（forward detonation cavity driver，简称 FDC 驱动器），并通过计算和实验研究获得了优化的 FDC 驱动器尺度[47]。依据反向爆轰驱动方法，针对吸气式高超声速飞行器的实验需求，姜宗林等进一步发展了爆轰驱动激波风洞缝合运行条件、喷管启动激波干扰衰减方法和激波管末端激波边界层相互作用控制技术，研制成功了能够复现高超声速条件的国际首座超大型爆轰驱动高焓激波风洞（简称 JF-12 复现风洞，国外称 Hyper-Dragon）。JF-12 复现风洞长 265 m，喷管直径为 2.5 m，获得的有效试验时间长达 100 ms，并具有复现 25～50 km 高空，马赫数 5～9 范围高超声速飞行条件的能力[48]。

（二）结冰风洞技术

国内外结冰风洞结冰云模拟参数设计主要依据 FAA 的 FAR 25 附录 C 结冰适航认证条件。世界三大结冰风洞主要参数如下[49, 50]。

（1）美国 IRT 风洞。试验段：2.7 m×1.8 m；试验速度：26～180 m/s；

总温：-25～5 ℃；总压：90～101 kPa；LWC（液态水含量）：0.2～3 g/m³；MVD：15～50 µm，50～500 µm；湿度：95%；结冰均匀区范围：1.2 m×0.9 m。

（2）意大利航空航天研究中心结冰风洞。主试验段：宽 2.35 m，高 2.25 m，最大马赫数 0.4，最低温度-32 ℃；第 2 个试验段：宽 1.15 m，高 2.35 m，最大马赫数 0.7，最低温度 -40 ℃；第 3 个试验段：宽 2.35 m，高 3.60 m，最大马赫数 0.25，最低温度 -32 ℃；开口试验段：宽 2.35 m，高 2.25 m，最大马赫数小于 0.4。风洞模拟结冰高度 7000 m，湿度可到 70%，MVD：5～300 µm。

（3）我国 3 m×2 m 结冰风洞。主试验段：3 m×2 m；风速：8～256 m/s；模拟高度：0～20 km；气流温度：-40 ℃～室温。LWC（液态水含量）：0.2～3 g/m³；MVD：10～300 µm。

结冰风洞冰极端气象条件试验技术主要包括：风洞结冰云模拟技术，该技术主要包括制冷技术和喷雾系统技术；风洞结冰云参数测量技术，风在结冰风洞建立结冰云流场条件下，准确测量结冰云参数是保证结冰试验准确可靠的前提条件。

（三）低温风洞技术

1945 年，英国皇家飞机研究院的 R. Smelt 研究高雷诺数高速风洞时注意到重气体和低温的优点。但由于当时没有实际可行的冷却方法和认为没有合适的结构材料，低温风洞建造未能付诸实施。1982 年，美国建成世界第一座大型跨声速低温风洞［NTF，图 7-26（a）］，试验段尺寸 2.5 m × 2.5 m。NTF 风洞采用液氮冷却，试验气体可用氮气或空气，马赫数范围为 0.2～1.2，气流最低温度 -195 ℃，最高压力 8.9 atm。1993 年，欧洲四国联合建成欧洲跨

(a) 美国NTF　　　　　　　　　　　(b) 欧洲ETW

图 7-26　美国 NTF 和欧洲 ETW 低温风洞

声速低温风洞［ETW，图7-26（b）］，试验段尺寸 2.4 m×2.0 m，试验气体可用氮气或空气，马赫数范围为 0.2～1.3，风洞中最低温度 −163 ℃，最高压力 4.5 atm。此外，德/荷DNW风洞联合体建设了 2.4 m×2.4 m 低速低温风洞（KKK）。相对常规跨声速风洞，低温风洞的这些极端流场条件使气动力测量更为复杂。低温风洞主要测试技术[51, 52]包括：气动力测量、模型技术及压力测量、转捩测量和流动显示技术。

（四）高温风洞技术

根据目的用途可将高温风洞分为两大类[53]：一是以气动加热材料烧蚀为主的风洞，一般试验时间相对较长，分钟量级，如美国 AEDC 的 H2、H3 电弧加热器，意大利 SCIROCCO 等离子体风洞等；二是以气动力为主（气动力-气动热耦合）的风洞，通常试验时间相对较短，毫秒、秒量级，如高焓激波风洞（美国 LENS、HYPULSE，德国 DLR 的 HEG，日本的 HIEST）、脉冲风洞（法国 ONERA 的 F4）等。

高温风洞根据产生高温的原理可分为：①燃烧加热。如美国 NASA 的 8 ft[①] 高温风洞，采用甲烷燃烧加热，马赫数为 4、5、7，驻点总温 2050～4560 ℃，试验时间约 2 min。②电弧加热。如美国 AEDC 的 H2、H3，马赫数 2～8，驻点焓值可达 20 MJ/kg，试验时间 30 min；意大利 SCIROCCO 70 MW 等离子体风洞，喷管出口速度 2000～7000 m/s，驻点焓值可达 45 MJ/kg，试验时间 30 min。③电加热。如美国 LENS，驻点焓值可达 10 MJ/kg，试验时间 25 ms。④燃烧爆轰加热。如美国 HYPULSE，总温可达 1500～3500 ℃，驻点焓值可达 10～20 MJ/kg，试验时间约 10 ms。⑤感应加热。如冯·卡门流体力学研究所的 1.2 MW 感应热等离子体风洞（非高超声速），驻点温度可达 1700 ℃。⑥辐射加热。如激光/电子束/微波，这些加热增能概念处于研究中，20 世纪 90 年代，美国开展了先进高超声速磁流体加速计划（MARIAH），试图研制一种试验时间 100 ms，能够复现马赫数 8～15 真实温度的新概念高超声速试验与评估风洞（图7-27），其采用的就有电子束等加热手段。

----

① 1 ft=3.048×10⁻¹ m。

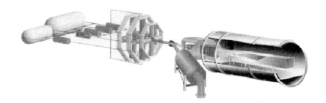

图 7-27　高超声速试验与评估风洞（RDHWT/MARIAH Ⅱ）

三、发展趋势与展望

（一）高超声速风洞

为了支撑吸气式高超声速飞行器和新型跨大气层天地往返运输器的研发，高超声速风洞技术正在朝着高总温总压、大尺度喷管、长试验时间和纯净实验气体介质的要求发展。因此需要高度重视的方向有：①高强度和大功率驱动方法。大功率可以解决增加试验流场尺度的问题，可以降低化学反应过程对缩比实验模型不相关性产生的影响。②长试验时间。尽管试验时间的长短应该依据研究目的、研究对象和测量技术作综合判断，但是试验时间太短是不足以捕捉正确的物理现象并获得具有足够高精度的测量结果的。气动力试验则需要根据实验模型的大小和天平系统的刚性来确定。如果试验时间能够长于天平系统最低固有频率的三个周期，那么应用目前发展的数据处理技术就可以获得具有一定精度的试验数据。对于高超声速发动机试验，100 ms 的试验时间是需要的。③测量技术。长试验时间和超高速环境对风洞实验测量技术提出挑战，传统的激波风洞测量技术都不适用。需要发展耐高温、可重复使用的高精度热流和温度传感器技术，脉冲型风洞大尺度天平技术，吸收与发射光谱技术和无接触光学诊断技术。

（二）结冰风洞

从国外结冰风洞技术发展看，在传统结冰研究测试领域，MVD、LWC等测试技术基本成熟稳定，未来风洞结冰云流场均匀性光学诊断技术将会有所发展；在现代结冰研究测试领域，过冷大水滴、冰晶风洞模拟技术和测量处于起步阶段，有待进一步发展。从我国结冰风洞技术发展看，在不到十年的时间里，建成了世界一流的大型结冰风洞，初步建立了结冰风洞测试技术，开展了飞机结冰试验研究工作。然而，与美国等发达国家悠久的飞机结冰研究历史相比，我们需要在测量设备发展、测试技术研究、风洞系统匹配校测上进一步完善。

（三）低温风洞

美、欧大型跨声速低温风洞分别建成于 20 世纪 80 年代和 90 年代初，经过三四十年的发展，基本建立低温/高压极端条件下模型测力、测压、流动显示等试验能力，并在实际试验中积累低温/高压环境条件下的试验经验，不断发现问题和解决问题。从未来发展看，美欧都将持续致力于低温风洞天平设计/校准新技术的应用，研制高精度天平，提高压敏漆技术，发展动态试验测试技术，研究结构材料低温与常温之间变换力学特性变化影响。我国低温风洞技术尚处于起步探索阶段，未来一个时期内，将致力于低温风洞基本测力/测压技术研究，为未来试验技术在大型低温风洞中的应用提供支撑。

（四）高温风洞

不同类型的高温风洞，由于主要研究的高超声速气动热问题不同，因此都有针对性地发展了各自的主要试验技术。以材料烧蚀/结构防热研究为主的高温风洞，主要发展驻点烧蚀率、结构热生存力、端头外形稳定性等评估和测试技术，研究试验模拟方法、模型设计技术、测热技术和流场诊断技术。以气动力-气动热耦合研究为主的高温风洞，主要研究气动加热/力/声/光学等复杂的高超声速飞行问题，涉及转捩、激波/边界层干扰、气动光学、噪声等测试技术，研究试验模拟方法、模型设计技术、测力等测量技术和流场诊断技术。吸气式高超声速飞行器是当今高超领域的重点研究方向，围绕吸气式高超声速飞行器气动热问题的研究，也是今后一个时期各类高温风洞试验技术发展的重点。

第六节　本 章 小 结

极端条件下实验与测试技术的发展对于我国航空航天、绿色能源、海洋装备、星际探测、重大引调水、防洪减灾、交通运输等技术的提升具有重要推动作用，是加快我国现代化产业升级、推动战略性产业发展、推进民生和国防基础设施建设的有力技术保障。本章全面系统地介绍了用于极端条件下的重大工程装备实验与测试的相关技术研究现状和研究进展，对极端条件下的实验与测试技术进行了展望。总而言之，极端条件下实验与测试技术的发展仍然面临着严峻挑战和诸多问题，需要更多的科学工作者为之付出努力。

（1）随着工业装备的不断升级、大型载人商业飞行器和超高声速飞行器研究的深入、深空探测需求的增加，极端高/低/变温环境给材料可靠性评估和寿命预测带来极大挑战，目前极端环境下材料微缺陷和性能的交互机制和多物理场影响机制仍不明确，亟须发展更为可靠的极端复杂环境实验表征、测试和评估方法。

（2）面对不同尺度结构形貌变形测量的需求，亟须提升相应的硬件、软件和测量系统，解决各类复杂条件下多个数量级的跨尺度结构全场高分辨率力学性能测量的难题。发展成精准、完备、通用、广谱的实验方法体系，提升材料制备与服役过程中内部微观力学复杂演化的实验表征手段。

（3）随着材料损伤破坏、结构失稳、爆炸等高速过程的研究不断深入，亟须发展高速过程中的测量和数据采集方法，突破极端耦合环境下的静、动态非接触式测量实验技术，提升先进材料在极端环境下的演化测量方法，构建复杂多场环境下航空航天装备力学行为和损伤失效理论仿真模型，加快复合材料、高温合金修复技术和评价技术研究。

（4）针对极端复杂多场耦合实验测试需求，亟须揭示极端环境下材料微观结构、物性参数和应力状态演变的内在机理，发展适用于多场耦合、跨尺度的科学装置和实验仪器，为高性能超导和电池材料设计、极端环境中材料与结构性能测试和寿命预测等理论发展提供基础实验数据。

（5）面向重大航空航天器的研发需求，发展适用于高总温总压、大尺度喷管、长试验时间和纯净实验气体介质的高超声速风洞技术，提升过冷大水滴、冰晶风洞模拟技术和测量技术，深入低温风洞基本测力/测压技术研究，解决高温风洞中材料烧蚀/结构防热和测量的问题，揭示吸气式高超声速飞行器气动热问题的机理。

本章参考文献

[1] Fang X, Yu H, Zhang G, et al. *In situ* observation and measurement of composites subjected to extremely high temperature[J]. Review of Scientific Instruments, 2014, 85(3): 035104.

[2] Su H, Fang X, Qu Z, et al. Synchronous full-field measurement of temperature and deformation of C/SiC composite subjected to flame heating at high temperature[J]. Experimental Mechanics, 2016, 56(4): 659-671.

[3] Bale H A, Haboub A, Macdowell A A, et al. Real-time quantitative imaging of failure events in materials under load at temperatures above 1600 ℃[J]. Nature Materials, 2013, 12(1): 40-46.

[4] Kiss A M, Harris W M, Wang S, et al. *In-situ* observation of nickel oxidation using synchrotron based full-field transmission X-ray microscopy[J]. Applied Physics Letters, 2013, 102(5): 053902.

[5] Li Y, Fang X, Lu S, et al. Effects of creep and oxidation on reduced modulus in high-temperature nanoindentation[J]. Materials Science and Engineering: A, 2016, 678: 65-71.

[6] Li Y, Fang X F, Zhang S Y, et al. Microstructure evolution of FeNiCr alloy induced by stress-oxidation coupling using high temperature nanoindentation[J]. Corrosion Science, 2018, 135: 192-196.

[7] Li Y, Fang X F, Qu Z, et al. *In situ* full-field measurement of surface oxidation on Ni-based alloy using high temperature scanning probe microscopy[J]. Scientific Reports, 2018, 8(1): 6684.

[8] Wang X Z, Zhou Y H, Guan M Z, et al. A versatile facility for investigating field-dependent and mechanical properties of superconducting wires and tapes under cryogenic-electro-magnetic multifields[J]. Review of Scientific Instruments, 2018, 89: 085117.

[9] Wang X Z, Zhou Y H, Guan M Z, et al. Performance Improvement by Upgrading of the Multi-Field Test Facility of Superconducting Wires/Tapes[J]. IEEE Transactions on Applied Superconductivity, 2020, 30(4): 600505.

[10] 于起峰, 尚洋. 摄像测量学原理与应用研究[M]. 北京: 科学出版社, 2009.

[11] 尚洋, 于起峰. 多能高效的测试新军——摄像测量的研究及应用进展[J]. 中国测试, 2013, 39(1): 1-7.

[12] 李喜德, 苏东川, 曾杜鹃, 等. 基于光学和探针技术的微纳米固体实验力学研究进展[J]. 固体力学学报, 2010, 31(6): 664-678.

[13] Yu Q, Jiang G, Fu S, et al. Broken-ray videometric method and system for measuring the three-dimensional position and pose of the non-intervisible object[J]. The International

Archives of the Photogrammetry, Remote Sensing and Spatial Information Science, 2008, 37(B5): 145-148.

[14] Yu Q, Shang Y, Zhou J, et al. Monocular trajectory intersection method for 3D motion measurement of a point target[J]. Science in China Series E: Technological Sciences, 2009, 52(12): 3454-3463.

[15] Zhang T, Su Y, Qian C, et al. Microbridge testing of silicon nitride thin films deposited on silicon wafers[J]. Acta Materialia, 2000, 48 (11): 2843-2857.

[16] Ling X, Wang Y, Li X. Characterization of micro-contact resistance between a gold nanocrystalline line and a tungsten electrode probe in interconnect fatigue testing[J]. Review of Scientific Instruments, 2014, 85 (10): 104708.

[17] Ye X, Cui Z, Fang H, et al. A multiscale material testing system for *in situ* optical and electron microscopes and its application[J]. Sensors, 2017, 17(8): 1800.

[18] 卢兴国, 余晓芬, 黄亮. 应变片的选择对应变式位移传感器特性的影响[J]. 黑龙江科技学院学报, 2005, 15(3): 153-156.

[19] 李世念, 齐文博, 刘力强. 超动态变形场长时间观测系统[J]. 地震地质, 2019, 41(6): 1529-1538.

[20] 刘晓辉, 武力聪, 容宇. 某深井矿山微地震活动研究[J]. 铜业工程, 2011, 6: 1-6.

[21] 刘卫东. 冲击地压预测的声发射信号处理关键技术研究冲击地压预测的声发射信号处理关键技术研究[D]. 徐州:中国矿业大学 , 2009.

[22] 徐谦. 微地震监测数据采集与分析[D]. 廊坊: 华北科技学院 , 2015.

[23] Maruno H. Development of high-speed video camera with ISIS-CCD[C]. Japan Congress on High Speed Photography & Photonics, 2001.

[24] Sugawa S. Ultra-high speed video imaging technologies[J]. ITE Technical Report, 2013, 37: 9-14.

[25] Crooks J, Marsh B, Turchetta R, et al. Kirana: A solid-state megapixel μCMOS image sensor for ultrahigh speed imaging[J]. Proceedings of SPIE—The International Society for Optical Engineering, 2013, 8659(1): 3.

[26] 畅里华, 李剑, 汪伟, 等. 棱镜转像机构在超高速转镜相机中的应用[J]. 光电工程, 2019, 46(1): 73-79.

[27] 李剑, 汪伟, 肖正飞, 等. 大画幅等待式转镜分幅相机研制及应用[J]. 爆炸与冲击, 2012, 31(6): 641-646.

[28] Tiwari V, Sutton M A, McNeill S R. Assessment of high speed imaging systems for 2D and 3D deformation measurements: Methodology development and validation[J]. Experimental Mechanics, 2007, 47(4): 561-579.

[29] Benoit-Louis B. Vincent-Philippe Rhéaume, Parent S, et al. Implementation Study of Single

Photon Avalanche Diodes (SPAD) in HV CMOS Technology[J]. IEEE Transactions on Nuclearence, 2015, 62(3): 710-718.

[30] Xiong Q, Nikiforov A Y, Lu X P, et al. High-speed dispersed photographing of an open-air argon plasma plume by a grating-ICCD camera system[J]. Journal of Physics D Applied Physics, 2010, 43(41): 415201.

[31] Llull P, Liao X, Yuan X, et al. Coded aperture compressive temporal imaging[J]. Optics Express, 2013, 21(9): 10526-10545.

[32] Reddy D, Veeraraghavan A, Chellappa R. P2C2: Programmable pixel compressive camera for high speed imaging[C]//Computer Vision & Pattern Recognition. IEEE, 2011: 329-336.

[33] Wilburn B, Joshi N, Vaish V, et al. High Speed Video Using a Dense Camera Array [C]. Proceedings of the 2004 IEEE Computer Society Conference on Computer Vision and Pattern Recognition, 2004: 294-301.

[34] 王显. 考虑时/空连续性的数字图像相关方法及其应用 [D]. 北京: 北京理工大学博士学位论文, 2014.

[35] Denisov D V, Shantsev D V, Galperin Y M, et al. Onset of dendritic flux avalanches in superconducting films[J]. Physical Review Letters, 2006, 97(7): 077002.

[36] Wang X, Zhou Y, Guan M, et al. A versatile facility for investigating field-dependent and mechanical properties of superconducting wires and tapes under cryogenic-electro-magnetic multifields[J]. Review of Scientific Instruments, 2018, 89(8): 085117.

[37] Liu W, Zhang X, Liu C, et al. A visualization instrument to investigate the mechanical-electro properties of high temperature superconducting tapes under multi-fields[J]. Review of Scientific Instruments, 2016, 87(7): 075106.

[38] Zhou Y H, Wang C, Liu C, et al. Optically triggered chaotic vortex avalanches in superconducting $YBa_2Cu_3O_{7-x}$ films[J]. Physical Review Applied, 2020, 13(2): 024036.

[39] 涂成枫, 刘泽佳, 张舸, 等. 面向桥梁长期健康监测的大数据处理技术及应用[J]. 实验力学, 2017, 32(5): 652-663.

[40] Yang L, Chen H, Song W, et al. Effect of defects on diffusion behaviors of lithium-ion battery electrodes: *In situ* optical observation and simulation[J]. ACS Applied Materials & Interfaces, 2018, 10(50): 43623-43630.

[41] 林庆华, 栗保明. 电磁轨道炮瞬态磁场测量与数值模拟[J]. 兵工学报, 2016, 37(10): 1788-1794.

[42] Levinson S, Erengil M, McMullen K. Preliminary investigation of microwave telemetry on an EML projectile[J]. IEEE Transactions on Magnetics, 2003, 39(1): 173-177.

[43] 郑晓静. 关于极端力学[J]. 力学学报, 2019, 51(4): 1266-1272

[44] Bertin J J, Cummings R M. Fifty years of hypersonics: Where we've been, where we're

going[J]. Progress in Aerospace Sciences, 2003, 39: 511-536.

[45] Jiang Z L, Li J P, Hu Z M, et al. On theory and methods for advanced detonation-driven hypervelocity shock tunnels[J]. National Science Review, 2020, 7:1198-1207.

[46] Holden M S. Recent advances in hypersonic test facilities and experimental research[J]. AIAA , 1993: 93-5005.

[47] Jiang Z L, Zhao W, Wang C, et al. Takayama: Forward-running detonation drivers for high-enthalpy shock tunnels[J]. AIAA Journal, 2002, 40(10): 2009-2016.

[48] 姜宗林, 李进平, 赵伟, 等. 长试验时间爆轰驱动激波风洞技术研究[J]. 力学学报, 2012, 44(5): 824-831.

[49] Judith F. Van Zante. Update on the NASA Glenn Propulsion Systems Lab icing and ice crystal cloud characterization[R]. AIAA 2018-3969, 2018.

[50] 战培国. 国外风洞试验[M]. 北京: 国防工业出版社, 2019.

[51] Robert A K. Evolution and development of cryogenic wind tunnels[R]. AIAA 2005-457, 2013.

[52] Melissa B. R.NASA Common research model test envelope extension with active sting damping at NTF[R]. AIAA 2014-3135, 2014.

[53] Lu F K, Marren D E. 先进高超声速试验设备 [M]. 柳森, 黄训铭, 等译. 北京:航空工业出版社, 2015.

编 撰 组

组长: 冯 雪

成员: 姜宗林 易 贤 王省哲 仇 巍 尚 洋 裴永茂
  苗应刚 马少鹏 张兴义 万 强 陈浩森 刘秀成

第八章
极端力学的基础理论、方法与数值模拟

极端条件下基础理论、方法及数值模拟的发展在航空航天、燃气轮机、核反应堆等关乎国防技术、能源安全等领域具有重要的科学意义，对于我国实现和平崛起和保障国家安全具有重要的战略意义。极端力学对力学基础理论和数值计算方法的发展提供了机遇，同时意味着巨大的挑战。本章在对极端力学的基础理论与方法及数值模拟研究的现状总结的同时，还对未来值得重点关注的研究方向进行了展望。

第一节　极端力学的空间形式和几何基础

本小节尝试预测极端力学的理论基础。这项任务是"极端"困难的，因为极端力学作为新的力学分支学科，主要关心极端对象、极端载荷、极端环境、极端条件、极端运动等，其绝大多数现象都很难捕捉，甚至看不见、摸不着。因此，当探索极端力学的发展时，极端力学的空间形式和几何基础不可忽视。这是因为力学研究受力物质的运动，而任何物质的运动都不可避免地发生在特定的空间中，由此带来两个"必然"：一是物质的运动必然要受到其所在的空间形式的制约；二是成熟的力学理论必然要被奠定在可靠的几何基础上。在预测极端力学的未来时，回溯一下物理学的历史，也许会带来些许启迪。

一、极端物理学的启示

经典物理学发展至近代物理学和现代物理学，最显著的特征趋势就是"极端化"。可以不夸张地说，近代和现代物理学就是"极端化的物理学"。狭义相对论力学是极端高速下的力学，广义相对论力学是极端高密度、极端大尺度下（宇宙）的力学。量子力学是极端不连续、极端不确定性下的力学。它们对应的空间形式，依次为伪欧几里得（Euclid）空间、黎曼-芬斯勒（Riemann-Finsler）空间、希尔伯特（Hilbert）空间。它们对应的几何基础或代数结构，依次为闵可夫斯基（Minkowski）几何、黎曼-芬斯勒几何、冯·诺依曼代数。至于现代理论物理的弦论和超弦理论，更是走向了极端抽象的几何学和拓扑学。

二、极端力学潜在的空间形式与几何基础

如果说常规力学对应的是常规空间形式、常规几何基础及常规时空观念，那么极端力学对应的是反常空间形式、反常几何基础、反常时空观念。这里的"反常"等价于"极端"。

常规力学对应的常规空间形式，主要是平坦的欧几里得空间。欧几里得空间中的几何，就是欧几里得几何。与欧几里得几何对应的度量，当然就是欧几里得度量。常规力学中常说的"尺度"和"跨尺度"，就是以欧几里得度量为"标尺"测得的尺度。极端力学对应的反常空间形式，就具体表现形态而言，应该并不唯一，甚至很难有标准答案。尽管很难准确地说出反常空间形式"是什么"，但比较容易推测反常空间形式"不是什么"。

实际上，平坦、光滑、连续的空间，是常规力学理想化的产物。绝对平坦、光滑、连续的空间，在极端力学中则是极为罕见的。极端力学的空间应该不是整数维和整数阶的，应该是分数维和分数阶的。分数维的空间，是人类抽象出来的空间形式，在真实的自然界中是几乎不存在的。分数阶的导数是人为塑造的导数，或者说是人类喜欢的导数，但不一定是大自然"喜欢"的导数。常规力学都是建立在整数维空间中的力学，都是用整数阶导数刻画的力学。我们没有理由认为，极端力学也应该如此。

推测了极端力学"不是什么",再尝试着推测一下极端力学"是什么"。

在一定条件下,极端力学的空间是极端弯曲的。弯曲的空间形式中,黎曼空间最普遍。因此,黎曼空间形式,是极端力学空间形式的有力候选者之一。换言之,极端力学的一部分是流形上的力学。在某些条件下,极端力学的空间形式是分形的。分形空间是分数维空间形式之一。此时,分形几何可以成为极端力学的几何基础之一。近期的研究表明:如果空间是分数维的,那么分数维空间上的运动是分数阶的[1];分数维空间自身的运动,也是分数阶的[2]。这意味着,极端力学的时间响应,或许需要用分数阶微积分来刻画。在常规力学中,整数维的空间和整数阶的时间是解耦的,相互之间没有任何相关性。然而,近期的研究表明:分数维的空间与分数阶的时间是耦合的[1,2]。如果说,常规力学中我们看到的是整数时空,那么极端力学中我们看到的是分数时空,其中的空间和时间是耦合的,显示出极端力学与常规力学的根本差异。

极端力学的空间度量不唯一,时间度量也不唯一。这也是极端力学与常规力学的另一个根本差异。常规力学中,度量空间只需要一把尺子;度量时间也只需要一把尺子。但极端力学中,度量空间需要多把尺子,度量时间也需要多把尺子。如果上述"是什么"的推测成立,那么如下命题成立就成为大概率事件——极端力学的基础理论一定"极端"抽象。常规力学的基础理论,大体上还是比较具象的,能够被我们的经验和直觉把握。但是,极端力学基础理论会超越我们的经验和直觉,或许只能通过理性来理解和诠释。

力学探索者最重要的使命之一是追逐守恒律,力学中最核心的规律都是守恒律。极端力学中,即使守恒律是"老"的,描述守恒律的基本方程也必然是"新"的。理由很简单:极端力学的时空是全新的,全新时空中老的守恒律方程,一定具有全新的形式。当然,如果极端力学有新的守恒律,那么在全新的时空中,一定会有崭新形式的守恒律方程。

三、极端力学的特殊案例——生命体力学

"生命体力学"是极端力学的漂亮案例之一,通常是指正常生理状态下生命体的力学。这里的用词是"生命体力学",而不是"生物力学":因为前者不可以脱离生命体而存在,而后者可以。生命的出现,是极端条件下概率

极端低下的事件，因此地球上的生命被视为广袤宇宙中的奇迹。生命的出现是极端化的产物，生命的维持和演化仍然是极端化的产物。

维持生命的"正常生理状态"，是我们耳熟能详的概念。然而，"正常生理状态"并不是一成不变的"静止状态"，而是一个动态演化过程。极端稳定性的丧失或偏离，往往意味着生命的终止。从这个意义上讲，生命体是极端"娇气"的，生命体力学表面上看似常规力学，但在本质上属于极端力学。生命体的多级结构中，无论哪一级结构所对应的物质构形空间，大多不是平坦的欧几里得空间。如果看单一的细胞，我们看到的细胞膜是弯曲的黎曼空间，其几何基础就是黎曼几何。如果看单一的组织，我们看到的是多级结构，而具有自相似性的多级结构，其物质构形就是分形空间，其几何基础就是分形几何。

四、极端力学与新的几何（数学）

力学家武际可先生论断："有什么样的数学，就有什么样的力学。反过来，在一定程度上也可以说，有什么样的力学，就有什么样的数学。"该论断源自对数学史和力学史的深刻洞察[3,4]。有理由认为，该论断对极端力学仍然成立。

极端力学既需要新的数学，也能够发展新的数学。自高斯（Gauss）和黎曼之后，几何学的内蕴化成为绝对的主流。然而，内蕴几何并不能完全满足极端力学的要求。以生命体力学为例，当我们观察心肌细胞或神经细胞的运动时，我们既能看到细胞膜内的"内蕴运动"，又能看到细胞膜外的"外蕴运动"。而内蕴几何只能刻画内蕴运动。这意味着，黎曼几何并不能为细胞膜力学提供所需的全部概念和语汇。而随着新概念的定义，外蕴几何展现出生机，力学由此发展了基于新概念和外蕴几何的细胞膜力学。常规力学中的诸多物理效应，在外蕴的细胞膜力学中被证实为几何效应或拓扑效应。这在很大程度上为武际可先生的如下断言提供了注脚："与内蕴几何（力学）相比，外蕴几何（力学）的内涵同等丰富，思想同等深刻。"

再次强调一下：从几何基础的角度回答"极端力学是什么"确实很困难。然而，回答"极端力学不是什么"则相对容易。我们大胆地预测：大多数情形下，极端力学的空间形式可能不再是平坦的；极端力学的空间维数可能不再是整数维的；极端力学的分析学（导数与积分）可能不再是整数阶的，极端力学的基本公理可能不再是局部化的……

总之，极端力学的几何或数学基础可以从先驱们的忠告进行审视。早在1950 年，G. W. Scott Blair 就曾告诫："我们可以用牛顿的语汇[①] 来表达我们的思想。但是，如果这么做，就必须意识到，我们已经采用了一种语言，而这种语言，对于我们所探索的宇宙而言，是外来语。"虽然先驱们的忠告，非常绝对，异常极端，但在发展极端力学的基础理论时，仍然应该保持足够的敬畏。

第二节　极端力学的本构理论

一、需求引领

本构理论是连续介质力学最核心的科学问题。本构理论旨在建立物体中应力张量、热流向量等广义力与物体所经受的温度历史、变形历史等广义流之间的关系，即本构关系。其中广义力是守恒定律中定义的物理量，广义流是运动学几何描述中的物理量。运动学的几何描述、守恒律和本构关系构成了数学物理（初）边值问题的完整提法，而本构关系起到了关键的联结作用。材料的本构关系不仅是材料本身性质的描述，而且与外部作用、内部微结构演化紧密相关。极端力学研究方向的发展，给材料的本构关系的建立带来了很多挑战性问题，主要有：

（1）材料性能的新颖性。表现为超高弹性模量、超低密度、负等效密度、负等效模量、非互易性材料，具有负泊松比和多稳态的折叠/剪纸超材料，具有多场耦合、强非线性、大变形响应的智能材料等。近年来，越来越多的研究表明，这些新颖材料的本构关系超出了经典本构关系范畴，需要发展新的与之对应的本构关系。

（2）外部环境的复杂性。例如，风沙环境的随机性、非线性及多场耦合性等，深地环境的高温、高压及高地应力等。外部环境的复杂性会导致本

---

① 即牛顿–莱布尼茨的微积分。

构关系的复杂性，也会导致材料/结构变形，变形会反过来进一步影响外载，形成更加复杂的耦合效应。复杂的耦合效应进一步加大了建立本构关系的难度。

（3）内部微结构及其演化的多机制、多层级性。例如，金属材料在强辐照下会产生空辐照缺陷及氦泡、氢泡，发生位错运动、固体相变、剪切带、动态再结晶等多机制跨尺度的组织结构演化行为，此外还会发生氧化、腐蚀等化学反应。为准确预测材料的行为，需要发展考虑"多机制-多层级-多物理场"的"宏观-细观-微观"耦合的本构关系。

近年来，我国研究者们在风沙环境力学、晶体塑性本构、超材料动态宏观性能预测本构关系等多个学科分支的基础理论方面已取得了一系列创新性的成果。研究者们相继提出了开展"广义连续介质力学"和"广义本构理论"研究。发展极端力学基础理论和建立新的本构关系的思想已经悄然在多个学科分支萌生。那么，发展极端力学基础理论是否有方法可循呢？为探究这一问题的答案，本小节将以 *The Nonlinear Field Theories of Mechanics*[5]、*Nonlocal Continuum Field Theories*[6] 和《连续介质力学基础》作为主要参考书目，在回顾本构原理和简单物质基础上，论述极端力学可能的本构原理及物质分类，希冀厘清未来研究方向。

二、本构原理之于极端力学

历史上，Truesdell 和 Noll 提出了决定性原理、局部作用原理和客观性原理三条本构原理（principle）[5]。Eringen 进一步扩充了 Truesdell 和 Noll 的原理，提出了八条本构理论（axiom）[6]。本节统一记作原理，总结归纳 Truesdell、Noll 和 Eringen 等提出的常用的本构原理，并分别讨论各本构原理对极端力学的适用性。

（一）因果原理（axiom of causality）

在物体的热力学性态中，我们把物质点的运动和温度看成是自明的可测效应，而把熵生成表达式中的其余的量看成是相关本构变量。该原理将本构关系涉及的物理量进行了因果分类，明确了本构泛函中的自变量和因变量。极端力学涉及复杂的多场耦合情况，包括热、力、电、磁、化学等多场之间的交叉耦合，这意味着本构关系中将包含更多的自变量（如温度、位移等）和因变量（内能、熵、应力等）。本构关系将变成更加复杂的多对多映射。为了解决复杂映射的问题，近年来机器学习、数据驱动算法、人工智能等前沿工具引入到了本构关系的建立中，但也带来了其他的一系列问题，如训练集的构建、模型的可解释性等。

（二）等存在原理（axiom of equipresence）

本构因变量应表示为所有自变量的泛函。该原理强调了各自变量的平等性，防止建立本构关系有所遗漏或偏向，对极端力学同样适用。

（三）相容性原理（axiom of admissibility）

所有的本构方程必须是与连续统力学的基本原理相容的，即它们必须服从质量守恒、动量守恒、能量守恒原理及克劳修斯-杜安（Clausius-Duhem）不等式。对于极端力学而言，若其数学物理问题的提法不变，本构关系也应该与守恒定律相一致，此外本构关系不能违背热力学第二定律，即该原理对于极端力学同样适用。极端力学下相容原理对本构关系的具体约束条件将会发生改变，在本构关系的建立过程中不可避免地要开展极端环境下的相容性条件研究。

（四）物质不变性原理（axiom of material invariance）

本构方程必须是关于物质点对称群形式不变的。该原理在本构关系的建立和物质分类中发挥着重要作用，也为极端力学本构关系的建立指出了一个非常重要的研究方向，即开展极端力学的群论研究。事实上，该原理和物理学群论中的诺依曼（Neumann）原理异曲同工，诺依曼原理可表述为："晶体的每一个物理性质一定具有它所属点群的一切对称性。"[7] 晶体由于平移对称性具有 32 个晶体点群，磁性晶体由于需同时考虑位置空间和磁矩张量空间的对称性具有 90 个磁点群。在极端条件下的固-液相变、固-固相变及其他微结构演化会导致对称群的变化，发生对称破缺等。如何在本构关系中体现这些扩增的群结构及群演化规律将是建立极端力学本构关系的关键核心问题。因此开展极端力学下的群论研究，将成为推动、加速极端力学本构理论建立的一个非常重要的研究方向。

（五）决定性原理（axiom of determinism）

物体中物质点的热力学本构函数由物体中所有物质点的运动和温度历史决定。上述原理由 Eringen 提出，是 Noll 的应力决定性原理（principle of determinism for the stress）的拓展。应力决定性原理可表述为：物体中的应力取决于物体运动的历史。决定性原理定性地指出了因变量和自变量之间的依赖关系，其中"所有物质点的自变量历史"包含了自变量的全部信息。因此决定性原理给出了一种最普适的"时空非局部"泛函描述，对极端力学仍是适用的。

（六）局部作用原理（principle of local action）

在确定任一给定点的应力时，可以忽略该点无限小邻域外的运动。该原理由 Noll 提出，忽略了应力对其他物质点运动的依赖性。Noll 在提出该原理时指出，当本构假设中包含对允许运动的局部行为的限制条件时，该原理必须要加以改造。在建立本构关系时，局部作用原理是一个较强的约束。而常用的经典本构关系，如柯西弹性体等，是在局部作用原理的基础上建立起来的，因此随着极端力学的发展，研究者们发现常用的经典本构关系愈发捉襟见肘，在构建跨尺度本构关系时，局部作用原理难以准确反映不同尺度与层次内禀变量之间的关联传递。

（七）邻域原理（axiom of neighborhood）

任一点的本构因变量与远距离点的本构自变量无关。该原理是 Eringen 对局部作用原理的扩展，排除了对远距离点本构自变量的依赖性。该原理放松了局部作用原理，实质上是对决定性原理的一种近似简化，带来的一个直接问题是有限距离如何选取。该原理刻画的本构关系具有时空非局部性，但是非局部特征长度的物理意义及确定至今仍是一个未彻底解决的问题。尤其是近年来随着近场动力学等非局部理论在数值计算领域的兴起，非局部特征长度的确定再次引起了关注。该原理相当于局部原理和决定性原理的中间过渡，而极端力学的本构关系更有可能具有时间、空间或者时空卷积的形式，因此该原理对于建立极端力学本构来说是非必需的，可看作一种近似形式。

（八）记忆原理（axiom of memory）

任一时刻的本构因变量与远离现在的过去时刻的本构自变量无关。该原理对应邻域原理，把对空间的限定变成了对时间的限定，排除了本构因变量对较远时刻的本构自变量历史的依赖性，将本构因变量对自变量的依赖限制在了有限时间内。同邻域原理一样，该原理对于建立极端力学本构是非必需的。

（九）客观性原理（principle of objectivity）

本构方程必须是关于空间参考系的刚体运动形式不变的。本构关系中的张量应该是客观性张量，伽利略变换是刚体运动的一种特殊形式。在伽利略变换下具有的不变性不一定在一般刚体运动下仍具有变换不变性。本构关系与微观离散系统的相互作用直接相关，因此建立本构关系时客观性原理可能是一个较强的限制条件，能有效性地筛选出与本构因变量真正相关的自变量，并确定其性质。值得注意的是，并非所有的本构因变量均能同时满足某个客观性定义。在极端力学中，本构因变量种类繁多，其是否满足对应定义下的客观性是需要研究的。如果不满足，则需要相应地引进满足客观性的因变量。

（十）坐标不变性原理（principle of coordinate invariance）

本构关系与坐标系的选取无关。当采用张量的绝对记法时，这一条件可自然得到满足，由此可知该原理对于张量表示的极端力学同样适用。

综上所述，现有本构原理在极端力学中的适用情况可进一步归纳为如图8-1所示，其中6条是需要扩充的，而作为决定性原理简化形式的3条原理是需要舍弃的，客观性原理是否保留则是需要针对具体问题具体分析的。需要说明的是，上文关于决定性原理的讨论并未涉及空间的具体形式，因此对于欧几里得空间、黎曼-芬斯勒空间、希尔伯特空间下的极端力学，上述结论仍适用。

三、物质及其分类

根据爱因斯坦在《理论物理学的原理》中的论述，在明确了本构原理后，就可以从本构原理出发，演绎出形式各异的本构关系。然而，考虑：①物

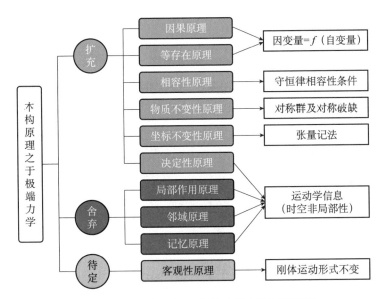

图 8-1　现有本构原理在极端力学中的适用情况

质及其分类是从本构原理推理演绎的产物，②物质与分类有助于明确极端力学发展中各个学科分支的任务范畴，因此在建立极端力学本构关系之前，还需要探讨极端力学中的物质及其分类。

对于满足客观性原理的简单物质，其柯西应力仅依赖伸长张量的变形历史和当前时刻的旋转，而与转动历史无关。因此，主要有以下两种分类方式：①考虑对物体的运动和变形的某些限制，即内约束，可根据内约束条件将简单物质细分为不可压缩材料、Bell 材料、刚体材料等。②基于同格群或材料对称群，根据同格群的性质，将简单物质分为简单固体、简单流体和流晶，如图 8-2 所示。常用的简单物质的具体本构形式有积分型本构关系、微分型本构关系、率型本构关系、内变量型本构关系及混合型本构关系等。对于极端力学，基于简单物质的本构体系是否适用，仍是需要讨论的问题。

极端力学的（简单）物质分类应建立在决定性原理上，而现有的简单物质将构成极端力学物质中的一类特例。鉴于决定性原理实质上描述了一种时空非局部本构泛函，一个可能的分类方式是根据是否考虑时空非局部性，将基于决定性原理的物质分为简单物质和非简单物质。非简单物质具有时空非局部性，而简单物质是只具有空间或者时间非局部性的物质，分别称为时间简单物质和空间简单物质，其中空间简单物质对应于现有的基于局部作用原

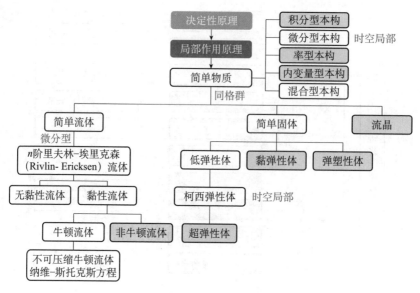

图 8-2 简单物质及其分类

理的简单物质。时间简单物质和非简单物质将有可能成为极端力学本构关系研究的主要方向。其次，对于局部作用原理仍适用的极端力学情形，其本构关系的建立可依据现有的简单物质及其分类框架，可根据不同的极端性能或载荷发展出新的不同的本构关系具体形式，使现有的简单物质本构关系更加丰富。

四、案例分析

在展望极端力学的空间、几何、本构、物质分类后，现在回到人们普遍关心的一个问题："是否存在现有力学无法解决的问题？"这其实是极端力学当下是否"有用"的问题。尽管科学研究不能一概以"用"来度量，但该问题的回答或许关乎当下开展极端力学理论研究的初衷。如果现有力学足以解决当下所有问题，那么开展极端力学理论研究似乎不是当务之急；反之，开展极端力学研究则是件迫切的事情。为此，以材料力学研究为背景，尝试回答这一普遍关心的问题。

材料与力学理论的发展相辅相成。尤其是，近十几年来，"超材料"概念的提出极大地促进了学科之间的借鉴、交叉与融合，也带来了众多领域颠覆性的技术创新。那么通过现有力学是否可以描述超材料的力学特性呢？按照材料的微结构是否周期排布，可以将材料分为周期材料与非周期材料。

对于周期材料，其静、动态力学特性可由色散关系描述。在实验测量方面，通过实验可以测定力学超材料的模量、带隙等色散关系特征，却无法得到色散关系全貌；庆幸的是在数值模拟方面，对于周期材料，可以通过选取单胞数值计算得到其色散关系，但是鉴于计算机能力，通过数值计算无法模拟超材料所组成的实际结构的响应，这在一定程度上减慢了超材料走向应用的进程，但与此同时也促进了对超材料连续介质理论研究的重视。比如，当代一些著名的力学学者 Willis、Nemat-Nassar 等一直致力于超材料连续介质理论的研究，并得出了超材料本构具有时空非局部性的结论，即其本构不满足局部作用原理，应回归到决定性本构原理上。但目前发展的超材料连续介质理论仅能预测声学支、低阶光学支和低阶带隙，且仍基于欧几里得空间。基于欧几里得空间建立的连续介质力学理论，仅能考虑无穷小的转动情况，如考虑点的局部旋转自由度的 Cosserat 连续介质理论。若物质点存在一般的有限转动，三个有限转动自由度对应的构型空间应为三维实射影空间，这意味着描述运动的空间将发生从欧几里得空间到非欧几里得空间的转变，故须建立基于流形的广义连续介质力学框架。可见，对于周期超材料而言，通过现有的数值模拟还无法解决结构层面的力学问题，而通过实验和理论虽能窥一斑而不能得全貌，且现有理论无法完全反映材料的主要力学特性，需要从几何基础上进行革新。

对于非周期材料，如准晶或者无序超材料等，其情况比周期材料更加严峻。现有力学的方法和手段无法描述无序材料的力学特性。无序材料是无序系统的特例，对无序系统的研究是凝聚态物理和材料物理的基本问题，也是新物态和新材料发展的理论基础。不难发现，在力学中，周期材料色散关系的概念和方法多源自固体物理中的电子学或者晶格理论。在固体物理中，关于完全有序晶体中电子波函数（即布洛赫函数）的研究相对成熟，而关于无序系统电子性质的研究相对薄弱[8]。若一味借鉴，发展无序材料力学特性的力学理论和方法无疑要走很长的一段路，甚至可能会走弯路。此外，从方程形式上看，力学的方程和描述电子的薛定谔方程有着很大的不同，即便是有方法可借鉴，也需要经过一个漫长的改造期。在此背景下，力学工作者直接参与到无序系统，尤其是无序材料力学特性的研究中则尤为必要。

总之，随着材料的发展，关于材料力学性质的描述已经触及了现有力学的边缘，甚至超越了现有力学的范畴。

第三节　极端力学的原子尺度理论方法

一、战略需求及科学意义

原子尺度理论提供了一个从微观视角来设计满足极端力学性质和动力学行为的材料和结构的方法。原子尺度的微观理论建模可以从基本物理原理出发，通过计算机辅助模拟的办法提供所关注体系在极端情况下的力学过程、参数等关键信息，并可模拟力学系统随极端环境变化引起的时间演化过程。因此，原子尺度理论方法是研究极端力学不可替代的重要手段之一，也是揭示极端力学微观机理的重要方法。

二、国内外研究现状和面临的问题

（一）原子尺度理论方法的发展

分子动力学（MD）是研究原子和分子尺度微观运动过程的一种重要方法。它通过数值求解包含相互作用的多个粒子系统的牛顿方程组给出系统的动态演化过程，并按照统计力学分析每个原子或分子动力学轨道，获得体系的宏观热力学、动力学性质。

对多粒子体系的时间演化研究可以追溯到 16 世纪，主要关注天体力学和太阳系稳定性等问题。由于当时计算机还未被使用，因此所开展的数值计算可以认为是手动"MD"。随着计算机技术的发展，20 世纪 50 年代现代意义上的分子动力学方法开始发展。最初的分子动力学方法主要通过简化模型系统来探讨物理学中的基础问题。1964 年，Rahman 发表了采用伦纳德-琼斯（Lennard-Jones）势的液态氩的模拟研究工作，标志着分子动力学方法与实际问题紧密结合的开端。此后，分子动力学方法的发展主要包括两个方面：一是发展势函数模型，如伦纳德-琼斯势模型、嵌入原子势方法等；二是采用计算机扩展更大规模的物理过程研究。目前分子动力学方法所能处理的问题的空间尺度已经从介观尺度向宏观尺度逼近。

1985 年，Car 和 Parrinello 首次提出基于量子力学方法的分子动力学，即"从头计算分子动力学"或称为"第一性原理分子动力学"。该方法通过密度泛函理论计算电子系统的基态电荷密度，从而计算原子受力，再进一步通过牛顿运动方程进行原子的运动轨迹演化。目前量子分子动力学方法主要是采用局域密度近似或者广义梯度近似，可以满足绝大多数应用的需求，少数研究中用到了杂化密度泛函。国内外目前采用量子分子动力学的工作大量集中在物理、化学、材料领域。早在 2000 年左右该方法便开始被用来研究极端条件下物质的力学性质，如今已经可以预测较广温度、压强和密度范围内物质的热学、力学性质。

（二）原子尺度理论方法在极端力学中的应用

冲击波问题是极端力学中的一个基础问题，极端力学状态通常需要通过冲击加载的方式来实现。冲击波问题同时是典型的多尺度力学问题，其传播过程是在宏观介质中进行的，但是各类热力学参量的变化则是在冲击波波面处发生，这一物理过程对应的空间尺度一般在平均原子自由程量级上，时间尺度在皮秒至纳秒量级。此外，冲击波波面内微观过程的另一个特点是具有很强的非平衡特性，在特定的冲击波体系内，伴随着冲击波的传播，还会在冲击波波面附近发生冲击相变、分子离解、电离等复杂的物理过程。这些特征必须采用原子尺度的理论方法来对其进行研究，而非平衡分子动力学方法则是一种非常有效的手段。

1960 年 George Vineyard 开展的辐射损伤问题的分子动力学模拟可以认为是首个类冲击波问题的工作，随后分子动力学方法陆续应用于分析冲击波在稠密流体及晶体等材料中的传播与相互作用过程。随着冲击波的强度进一步增强，电子的激发效应就起到重要的影响作用，而由于缺少了对电子结构的描述，经典分子动力学方法在研究与电子结构相关的冲击化学反应、分子离解、电子电离等相关过程上存在一定的局限性。针对这一问题，多种理论模型与方法正在逐步发展中。一类方法的思路是通过对分子体系内的化学反应相关过程用近似模型进行考虑，从而能够在经典分子动力学的框架下考虑冲击引起的化学反应过程，这一类方法的局限性来自于其引入的近似模型的有效性。还有一类方法的思路则是通过引入半经典的势函数形式来描述体系中电子结构的动力学演化过程。一个典型的势函数是电子力场（eFF）方法，该方法大大降低了处理电子结构演化的计算难度，使得对大规模量子系统的计算成为可能。

极端高压、高温、高应变率条件下晶体材料的层断裂问题也是极端力学中的一个重要研究方向。断裂问题从纳米尺度微裂纹或孔洞的萌生到形成宏观断裂面，时空尺度跨越了 7 个数量级以上，涉及材料各个尺度缺陷动力学的全过程，是一个典型多机制、跨尺度问题。传统连续介质力学研究材料层断裂行为需要根据不同的层裂微观机制发展相应的损伤模型，以 20 世纪八九十年代国际上流行的基于孔洞形核与生长的 NAG 模型和基于孔洞生长的 VG 模型为代表，形成了当前层裂行为数值模拟的主要手段。然而，由于模型中包含较多经验参数，对于不同的工程材料，实际应用效果并不理想，主要原因是上述损伤模型的发展忽略了晶体结构与塑性的影响。相比之下，原子尺度理论方法的一个独特优势在于，它不借助唯象损伤模型就可以自然地揭示损伤形核、发展到断裂的全过程，因此广泛应用于层裂唯象建模中。

高压作为一种典型的极端条件，对材料和结构的力学性能及动力学响应特性有重要影响，对材料结构和性质的调控作用十分明显。对高压结构与相变的研究不仅可增进对地球和行星与天体内部物质结构的认识和理解，也是新材料合成的一种重要方法。一方面，与基于密度泛函理论的第一性原理计算方法相结合，高压合成新型功能材料产生了许多具有原创性的科学成果。另一方面，通过对铁、锆、铅等典型金属构建恰当的、足以描述其高压结构与相变特征的原子间相互作用势，研究者在高压相变过程中是否出现亚稳态相、塑性与相变的相互影响、塑性变形主导因素等方面取得了许多有价值的结论。

材料在极端高温条件下表现出的特殊力学行为，对于能否设计出在极端高温环境下安全可靠运行的器件极其重要。极端高温下材料内的原子可能在缺陷、位错和晶界的影响下发生特殊的扩散行为，通过原子尺度模拟计算对原子的扩散机理展开深入研究，可以阐释微观固体缺陷与极端高温材料性质的关系。目前国内外的研究主要采用经典分子动力学方法。首先，在极端条件下，仍需要拟合新的经验势场或者采用量子分子动力学方法来解决经验势的适用范围有限的不足。其次，在极端高温下，材料承受热冲击、氧化烧蚀，甚至会与其他杂质反应，反应生成物有可能会使其力学性能下降。经典分子动力学方法对于处理高温化学反应可能存在原子相互作用势精度不足的情况，一种更可行的方法是采用量子分子动力学方法进行具有第一性原理精度的模拟。

原子尺度方法仍有很大的局限性：①可预测的晶体体系有限，元胞若包含大量原子数目，采用第一性原理方法计算非常耗时，使得通过考虑大量结构获得相互作用势能面的结构预测算法难以开展；②无法很好地处理高温和强关联电子体系，使得发展针对高温环境和强关联材料的分子动力学势函数陷入困难；③虽然分子动力学已经给出了许多有关位错运动、孪晶变形、晶界、微孔洞等对材料高压相变和损伤断裂影响的定性规律和认识，但是如何从分子动力学模拟结果出发，得到将材料微介观物质和结构演化考虑在内的宏观本构模型和损伤断裂模型仍然是多尺度模拟中的难点。针对这些限制和问题，研究者提出了 OFDFT、DMFT、深度学习方法构建多体相互作用势、量子计算等新思路和新方法，并且在某些典型问题和场景下获得了突破。但是，总体而言，这些问题对构建统一的原子尺度模拟方法仍是巨大的挑战。

三、国内主要的研究进展

（一）原子尺度理论方法的发展

近年来，基于机器学习的分子动力学模拟方法的迅速发展，最具代表性的是深度势能方法（DPMD 方法）。对于缺乏实验数据的极端条件物性，深度势能方法兼具第一性原理精度和高效率，非常适合用来研究大尺度的极端力学问题。DPMD 通过对目标函数的训练，生成具有第一性原理方法精度的、能准确描述原子间相互作用的深度神经网络，可模拟不同外界环境下材料的高精度高效率分子动力学。DPMD 方法有两个重要的创新点：一是该方法将原子系统的总势能分解到每个原子上，可解析得出每个原子受力和原胞所受应力；二是通过自动寻找参数空间里 DPMD 势场描述不准确的原子构型，再使用第一性原理方法计算提供训练新数据，最后通过多轮的循环迭代直到得到收敛的势场。以上创新点目前已经集成在开源软件 DeePMD-kit 中，并且在国内形成了开源社区，吸引了大量国内同行。在效率方面，深度势能方法已经可以在 CPU 和 GPU 上进行数千万原子的大规模并行计算，已应用于包括金属、陶瓷、半导体、分子、水等各种常见材料，相关成果发表在诸多国际期刊。

高温高密度条件下物质的热力学及输运性质是预测高温高压极端条件下流体的流动特性的重要参数，也是激光聚变等大科学工程的关注点。传统的基于 Kohn-Sham-Mermin 框架的第一性原理分子动力学方法在高温条件下会遇到计算量暴增的瓶颈，通常能处理的体系温度不超过 10^6 K。我国学者发展了一套扩展的第一性原理分子动力学方法（简称 ext-FPMD 方法）。通过对高能级电子的平面波近似，ext-FPMD 方法能够将高能级电子的贡献半解析地耦合在 Kohn-Sham-Mermin 有限温度密度泛函框架内，突破了高温条件下的计算瓶颈。该方法在保留了第一性原理方法对物质体系的热学、力学性质的计算精度的前提下，使得第一性原理的计算规模不随温度的升高而增大。同时，基于 ext-FPMD 方法，还能够获得多种材料的宽区稠密物质状态方程，理解内壳层电子电离对状态方程的软硬程度及拐弯结构的关键影响。

（二）原子尺度理论方法在极端条件下应用的进展

在金属材料动态损伤、断裂微观机理的分子动力学模拟研究方面，中国工程物理研究院北京应用物理与计算数学研究所开展了金属层裂和微层裂的微观机理研究，揭示了微层裂过程中损伤累积的主要机制是空化过程，并基于连续介质力学的波反射理论和分剪切应力理论，建立了孔洞表面位错成核点分布的理论模型。北京理工大学研究了含氦泡金属的冲击响应，发现了氦泡坍塌过程中会形成稳定层错四面体结构。在层状复合材料的冲击响应研究中，研究者发现了半共格复合材料界面阻碍位错运动的新 Hybrid stair-rod 生成机制，突破了关于界面位错通过"钉扎"效应阻碍晶体位错运动的传统认识。湖南大学采用分子动力学模拟研究了强冲击作用下金属材料固-固相变与塑性行为之间的耦合关系，揭示了随着冲击强度的增加，滑移、孪晶等塑性行为及相变会相继出现。华南理工大学对脆性材料（如 SiC）的冲击相变、层裂和微层裂行为开展了系统研究，发现了多晶 SiC 损伤成核应力的晶粒尺寸依赖特征随着冲击强度的改变而改变。

　　基于经典密度泛函理论的原子尺度方法是近年来原子尺度理论方法研究的前沿方向之一。断裂问题为该方法的重要应用领域之一，国内最近取得了一些重要进展。西北工业大学的王锦程课题组提出了一种差值型晶体相场模型，成功模拟了带缺口的石墨烯纳米带的拉伸断裂行为。中国工程物理研究院北京应用物理与计算数学研究所的王昆等针对传统晶体相场模型无法描述快声子弛豫的问题，提出了一种新的变形模拟与应力-应变计算方法，实现用晶体相场方法模拟晶体材料在压缩下的塑性与相变行为。

　　在极端条件下材料相变和力学性质预测方面，我国也产生了一些具有影响力和实用价值的工作。中国工程物理研究院流体物理研究所、北京高压科学研究中心、吉林大学等单位对高压下氢的高压相图及金属化进行了深入的理论研究，通过原子尺度模拟方法基本确定了宽广温度及压力范围内氢的结构和物性，为氢高温高压结构实验表征并最终实现金属氢的合成提供了有力的理论指导。

　　过渡金属材料除了通常所熟悉的用作结构支撑和防护部件及电、热、磁等工程材料之外，还常常被用作化学反应的催化剂、抗腐蚀和抗辐射材料等。针对过渡金属材料在高压下表现出非常独特的性质，我国研究人员采用基于第一性原理方法的模拟对金属钒和铌高压结构相变和弹性性质进行了深入的研究。一方面，成功预测了金属钒中由于奇异的电子结构特性导致的剪切模量"压致软化"和"热致硬化"反常力学效应，分析并确认这一力学反常来源于电子费米面嵌套、派尔斯-杨-特勒（Peierls-Jahn-Teller）畸变和电子拓扑相变的综合作用；另一方面，通过系统深入的理论分析，首次发现了当前密度泛函理论在应用到金属钒和铌时的 d-电子局域化偏差和 sp-电子离域化偏差，明确了这一偏差是导致所预测的剪切模量被大幅低估的根源。

　　在更高强度的冲击波体系中，与电子结构相关的物理过程将在冲击波波面上发生，典型的过程包括冲击引起的分子离解、化学反应、电子激发与电离等。我国研究人员对稠密氘、碳氢冲击体系的电子力场模拟工作表明，相比不包含电子结构效应的模拟工作，冲击波波面处的热力学非平衡特性出现了明显的增强，该非平衡状态对波面处的电离度起到了增强的效果。对聚乙烯材料冲击波波面附近的化学键断裂行为进行分析发现，在合适的冲击强度区间，在波后区域发现氢分子的存在，这表明在冲击波作用下体系中出现了碳氢键的断裂及氢氢键的形成。

四、发展趋势和展望

现有的原子尺度理论方法在研究极端条件下的力学性能方面已经建立了比较坚实的基础。在未来的工作中精细、定量预测物质在实际工况下的性能或动力学演化行为将成为一种趋势。因此，一方面需要对现有的理论工具进行改进和升级，将人工智能方法融合在现有的原子尺度理论方法中；另一方面需要进一步深入原子尺度理论在冲击波微观结构、高压结构与相变、层裂与断裂等极端条件下的应用的研究。真实情况下冲击波所作用的物体还有可能是非均匀介质，或者是多相介质，因此冲击波在非均匀介质中的传播过程及在多相介质中与界面相互作用的过程值得重视。

在高压结构与相变、层断裂研究方向，后续则需要对复杂加载路径下材料的高压结构、相变和弹性性质进行研究。针对高速碰撞、激光惯性聚变（ICF）、ITER、地球和行星内部等极端力学应用环境，研究典型材料在复杂加载路径下的高压结构、相变和弹性性质，将为理解其动态行为规律奠定基础。同时，借助于大尺度分子动力学模拟方法、晶体相场方法、位错动力学方法深入研究微介观尺度下位错运动、孪晶变形、晶界效应、塑性和相变相互作用等基础问题，将为建立微介观演化规律与宏观物理力学性质及损伤本构关系之间的联系、解决多尺度耦合问题提供参考。

第四节　复杂流动模拟

一、高雷诺数湍流仿真方法

（一）需求情况

高雷诺数湍流流动在自然界及工程领域普遍存在，如大气表面层流动的摩阻雷诺数可以达到 $Re_\tau \sim o(10^4 \sim 10^7)$。航空飞行器、船舶、汽车等周围的流动及高压输油、输气管道内的流动等的摩阻雷诺数可以达到 $Re_\tau \sim o(10^3 \sim 10^6)$。

然而，现有实验所能达到的雷诺数范围远低于实际流动，且限于实验技术与条件无法给出全部流动信息。因此，目前关于壁湍流的研究仍是以中低雷诺数流动为主，通常雷诺数为 $Re_\tau \sim o(10^3)$。而对于极高雷诺数下的湍流性质，往往需要通过对中低雷诺数实验或模拟数据按尺度相似律进行外推。从 20 世纪 90 年代开始，已有高雷诺数实验发现了一些与基于低雷诺数壁湍流研究得到并形成基本共识的理论、标度律及所理解的物理过程等有所不同的新现象。这表明，高雷诺数壁湍流流动与低雷诺数情形下的剪切流动有着显著的差异。高雷诺数湍流的这些较之于低雷诺数情形的新现象不仅说明在现有壁湍流研究中需要深化对雷诺数效应的研究以全面准确地认知壁湍流，而且对数值模拟提出巨大的挑战。

（二）研究现状

现有的湍流数值模拟方法有直接数值模拟（direct numerical simulation，DNS）、大涡模拟（large eddy simulation，LES）和雷诺平均纳维-斯托克斯（Reynolds averaged Naiver-Stokes，RANS）方程模拟方法三种。DNS 不需要对湍流建立模型，采用数值计算直接求解流动的控制方程，可以获得所有湍流尺度的流动信息[9]。LES 的主要思想是：大尺度湍流直接使用数值求解，只对小尺度湍流脉动建立模型[10]。所谓小尺度，习惯上是指小于计算网格的尺度，而大于网格尺度的湍流脉动通过数值模拟获得。工程中广泛应用的湍流数值模拟方法采用 RANS 方程模型，这种方法将流动的质量、动量和能量输运方程进行统计平均后建立模型[11]。RANS 方程模拟得到的大多是空间或时间平均量，抓不到湍流结构及其时空关联特征，不能满足人们对湍流时空结构精细刻画的要求。

1. 湍流 DNS

DNS 不引入任何模型和假设，可以识别从最小尺度到最大尺度的全部湍流涡结构，能够得到湍流的时空间演化信息，是目前最可靠和最精确的湍流模拟方法。最早采用 DNS 对湍流进行模拟的是美国学者 Orszagand Patterson 等。他们模拟了泰勒微尺度雷诺数的各向同性湍流。大约到 20 世纪 80 年代后期，学者逐步开展了对槽道、管道和边界层流动的 DNS 研究。随着计算能力的提升和并行计算方法的发展，壁湍流 DNS 模拟的雷诺数纪录不断被打破。以槽道湍流为例，DNS 模拟的雷诺数从$Re_\tau=180$（20 世纪 80 年代）到$Re_\tau=590$（20 世纪 90 年代），再到$Re_\tau=2000\sim8000$（21 世纪的最初十年），以及最近 2018 年在美国物理学会流体力学分会的年会上报道的$Re_\tau=10000$。而针对湍流边界层和管道湍流的 DNS 模拟，目前最高分别是$Re_\tau=2000$和$Re_\tau=3000$。国内如清华大学许春晓课题组实现了$Re_\tau=1000$和 2000 的槽道湍流 DNS 模拟。这种不断提高所模拟的湍流雷诺数的努力一直在持续。但是，因为 DNS 既需要足够大的计算区域以包含湍流中的超大尺度运动（VLSMs），也需要足够小的网格来捕捉最小尺度的湍流涡，其网格数大约与$Re_\tau^{37/14}$成正比。目前 DNS 所能模拟的壁湍流Re_τ最高也仅限于$O(10^3)$量级，比大多数工程实际的雷诺数还低 2～3 个数量级。

2. 湍流 LES

LES 方法最早由气象学家 Smagorinsky 于 1963 年提出。1970 年，气象学家 Deardorff 首次将 LES 用于有工程意义的槽道流动的模拟，为这一方法奠定了基础。从 1972 年起，斯坦福大学的 Ferziger 和 Reynolds 的团队开始对 LES 做深入系统的研究。多年来，人们相继提出了改进涡黏模型、两项涡黏模型、涡拉伸模型、混合模型、梯度模型、尺度依赖模型等。近年来，我国学者在 LES 亚格子模型研究中取得了重要进展。清华大学崔桂香团队基于精确能量传输方程提出理性亚格子模式。中国科学技术大学陆夕云团队发展了一类无需密度加权平均的 LES 方法及相关的亚格子模型，可有效模拟高速湍流和界面湍流问题。何国威等提出的考虑时空关联的 LES 模型，能够同时预测能量谱决定的空间统计量和时间统计量。

LES 所需网格数大约与$Re^{13/7}$成正比，且大部分网格消耗于湍流边界层内区。用壁面解析 LES（WRLES）求解内层（边界层厚度的约 10% 以下）所需网格数几乎与 DNS 同一量级。根据 Piomelli 估算，在工程与环境流动的高雷诺数条件下，超过 99% 的计算资源都用于求解内层（图 8-3）。近壁区模拟成为限制 LES 进一步应用于高雷诺数工程湍流问题的瓶颈。《2030CFD 愿景规划：革命性计算航空科学发展之路》（NASA）、*Vision 2020* 和 *Flight Path 2050*（欧盟）等规划中都认为，仅依靠 RANS 方程模拟方法的进步难以推进工程湍流研究发展，而未来大范围使用 LES 方法进行工程计算似乎也不太现实。

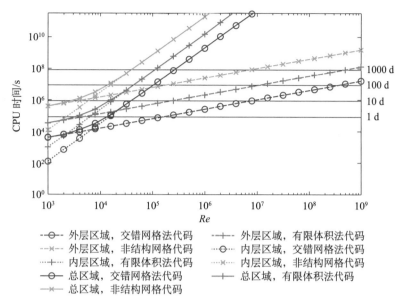

图 8-3　采用不同格式 LES 模拟平板湍流发展边界层流动所需的 CPU 时间

　　壁模型 LES（WMLES）方法提供了最有前景的技术。WMLES 的基本思想是：直接求解外区含能涡，内区对动量传输有贡献的涡由于所采用的网格非常粗糙而无法求解，因而从整个动力系统中移除，提高大涡模拟的效率。但此时如果继续应用无滑移边界条件，将获得不正确的速度廓线和壁面应力，因此，需要将壁面应力与外区可解尺度速度相关联或在雷诺平均意义下对内区动量传输进行求解，作为外区湍流大涡模拟的边界条件。目前已经发展了许多大涡模拟壁模型。大致上可分为混合 RANS/LES 模型和壁面应力模型两类。在混合 RANS/LES 模型中通过修正长度尺度或使用混合函数切换内层的 RANS 和外层的 LES。壁面应力模型则通过假定速度廓线代数求解壁面应力或通过局部求解简化 RANS 方程获得壁面应力等。混合 RANS/LES 模型方法的一个最主要的缺点是"人工缓冲层"和平均速度剖面与对数区不匹配及深入 LES 区域的人工物理结构的问题，我国学者陈十一等提出的基于物理限制的约束大涡模拟（CLES）方法，即在整个求解域均采用大涡模拟，但在壁面附近利用 RANS 模式得到的雷诺应力对亚格子应力加以约束，从而确保速度分布及湍流应力在边界层过渡区的匹配过渡。

（三）近期研究重点

1. 亚格子模型

最广泛使用的亚格子涡黏模型是根据能量平衡方程构造的，它能够正确预测能量谱决定的空间统计量。在极高雷诺数条件下，这些亚格子模型并不能获得令人满意的预测结果。如在中低雷诺数湍流模拟中表现很好的动力Smagorinsky 模式，其动力系数的导出前提是两次滤波的滤波尺度均位于湍流 $-5/3$ 惯性子区。然而，对于高雷诺数壁湍流数值模拟，近壁网格较粗、可与湍流积分尺度相当时，这一前提条件并不成立。同时，在过去的多年大涡模拟模型研究主要集中于湍流的空间尺度且只考虑物理量的耗散，而没有关注湍流的时间演化及忽略空间反向散射（backscatter）现象。也就是说，湍流亚格子模型不能反映湍流时间和空间尺度的动态耦合特征。为正确预测时间尺度，应采用时空关联的方法发展亚格子模型。基于湍流结构的时空关联特性将是未来几十年湍流大涡模拟研究的新的重要方法。

LES 能捕捉到湍流的较大尺度结构，这些结构的时空演化规律直接影响着湍流能量的产生机理和输运特性，对力、热、物质的非定常输运起着决定作用。尽管小尺度湍流结构存活时间短，含能低，但对大尺度结构有不可忽略的逆向作用。忽略了小尺度脉动的影响将不能真实反映湍流结构的时空演化特征。同时，力、热、物质的输运也能够显著改变不同尺度湍流结构特性。一个典型的例子就是环境、能源和化工等领域普遍涉及的湍流多相流输运问题。因此，复杂条件下、包含多物理过程的湍流统计性质与湍流结构的变化、亚格子湍动能与特征时间尺度的重构对于发展面向工程、环境等实际问题的亚格子模型至关重要。

2. 壁模型

WMLES 方法是高雷诺数湍流模拟最有前景的技术，但 WMLES 中还有一些重要的建模问题：基于壁面应力模型的 LES 总是不能正确计算离壁第一点流动，即便完美的壁面应力模型在欠分辨的 LES 中也会出现误差。实际应用中，WMLES 常常要求以粗网格准确预测平均速度廓线。这种要求显然还要依赖于数值离散格式、网格分辨率、近壁处理方法甚至是 LES 亚格子模型本身。但目前尚无对数区不匹配的健壮解决方案。最近基于最优控制理论的壁面应力预测方法得到发展，但该类模型还需定量化 LES 中的滤波宽度与隐含壁面模型之间的联系对模拟结果准确性的影响。绝大多数 LES 壁模型都是针对具有"规范"物理效应的流动进行的。在平衡应力模型的基础上，通过考虑浮力、内区结构倾角、外区湍流结构、压力梯度项、惯性项及粗糙子层、辐射等因素的影响，可以不断修正模型，以包含更为复杂的近壁物理和非平衡过程。对于在内层发生更多额外物理效应的流动，现有壁模型还需要进一步推广，如将壁面应力模型扩展至被动标量输运模型给出壁面质量和温度通量，并考虑化学反应、多相流等。

　　LES 壁模拟的目的是消除内区快速变化的小尺度湍流，因此，壁面应力模型中不包含任何壁面应力脉动、压力或速度的高频信息。但是，这些不可解尺度上的近壁脉动对于精确预测力、热、声、混合、燃烧、辐射和流动-结构相互作用的物理现象非常重要。最近，研究人员基于外区大/超大尺度结构对内区流动幅值调制规律提出了预测近壁黏性区湍流脉动的模型，模型已被证实对高雷诺数的壁湍流近壁脉动具有很高的预测精度，能较为准确地预测高阶统计量及谱。单向耦合情况下，含小尺度脉动的壁模型与 WMLES 发展方程之间不存在耦合，而仅作为后处理单元改进 WMLES 近壁预测结果。但对一些涉及流固结构/热相互作用、燃烧、颗粒运动等可能表现出双向耦合的问题，近壁物理过程受小尺度脉动强烈影响，同时近壁物理过程又影响外部流动。

　　3. 高精度高效计算方法

　　现今广泛应用的计算流体力学（CFD）方法大多只有二阶空间离散精度，在湍流多尺度、宽频域问题的研究中，数值耗散和色散的大小需要得到严格的控制，使得传统二阶精度的方法难以满足要求。比如，极高雷诺数 LES 滤波尺度接近积分尺度因而不能保证两次滤波的动力系数；二阶精度有限差分格式模拟时由于耗散大，外区结构的捕捉不尽如人意。再如，基于六阶紧致格式所提出的 WMLES 近壁修正方法在二阶精度有限体积模拟中不能取得较好效果。考虑鲁棒性和成本，高阶数值格式依旧是湍流数值仿真的近期发展重点。同时，一些新的非传统方法，如更适用于大规模并行的格子玻尔兹曼方法等，也逐渐应用至高雷诺数湍流数值模拟中。

　　湍流 DNS 和 LES 对空间网格规模与时间推进步数的要求极高，计算量极大。以往研究中，高性能计算（HPC）往往通过在大规模 CPU 集群上做并行计算来实现，节点间采用 MPI、ZeroMQ（0MQ）、Hadoop 等方式进行数据通信。针对特定计算任务，现在已经发展出了如图形处理器（GPU）、现场可编程门阵列（FPGA）及片上异构处理器。这些硬件的发明极大地推动了高性能并行计算的发展，使得传统受限于 CPU 计算能力的特定类型计算可以在相同能耗下获得数十倍的性能提升。同时许多开发框架，如 OpenACC、CUDA、OpenCL 等异构并行计算工具已经逐步应用到湍流模拟加速中。此外，研究人员也开始尝试使用神经网络机器学习方法训练大涡模拟壁模型。

二、复杂几何边界流动

（一）需求情况

复杂流动是极端力学的重要特征，复杂流动模拟是研究极端力学的重要途径。本节所指的复杂几何边界流动是指具有非平直边界或难以通过单一坐标变换转换为平直边界的流动。复杂几何边界流动涉及复杂几何形状边界和复杂运动边界两个方面。复杂几何边界流动是众多工业和自然流动的共同特征，研究、发展适用于复杂流动的物理化学模型和数值模拟方法成为学术界和工业界的共同目标[12]。结合连续介质力学基本原理、统计物理学方法及现代人工智能模拟技术，发展极端条件下多相复杂流动的模拟和预测方法，对相关工业过程的优化与环境污染的控制具有重要意义。

（二）研究现状

复杂几何边界流动与数值模拟的网格密切相关。日本太空发展署 Nakahashi[13] 按照所使用的网格类型将计算流体力学的发展分为三个阶段，如图 8-4 所示。第一个阶段是 20 世纪 70～80 年代。这一阶段计算流体力学多被用于在贴体结构网格上求解欧拉方程或雷诺平均方程，一般用于翼型或机翼等飞行器部件的气动性能分析和设计。第二个阶段是 90 年代至今，其间非结构网格被开始用于模拟复杂几何边界流动。第三个阶段是至今仍在发展之中的基于笛卡儿网格的复杂几何边界流动的数值模拟方法，特点是针对超计算机发展高效的算法和模型，主要用于大涡模拟或直接数值模拟，其目的是模拟复杂几何边界流动中的非定常特征。

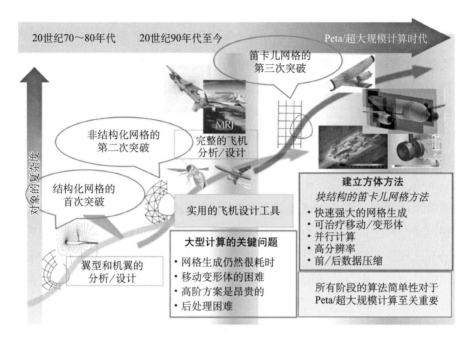

图 8-4　计算流体力学的发展阶段：基于结构网格的数值模拟（20 世纪 70～80 年代），基于非结构网格的数值模拟（20 世纪 90 年代至今），基于笛卡儿网格的数值模拟（正在发展中）[11]

　　除网格之外，复杂几何边界流动的数值模拟还涉及计算流体力学的物理模型、算法、网格生成、知识提取、综合分析和高性能计算等各个方面。美国 NASA 的《2030CFD 愿景规划：革命性计算航空科学发展之路》给出了计算流体力学在航空科学发展中的成就和所面临的详细的挑战[14]。张来平等[15]对国内外大规模并行计算的现状进行了综述，并探讨了包括复杂几何边界流动模拟在内的计算流体力学与超级计算机结合的发展趋势和面临的挑战。陈坚强[16]综述了数值风洞技术的发展，详细介绍了国家数值风洞工程的软件框架、并行技术、网格生成、数据分析、算法与模型等相关研究进展，并指出复杂几何边界流动是将来要考虑的重要内容。

（三）研究进展

1. 层流主导的复杂几何边界流动

仿生微型飞行器和水下航行器流动是典型的层流主导的复杂几何边界流

动。生物长期进化，形成了与流动环境相适应的外形，并发展出高超的驾驭流体的运动技能。昆虫、鸟类和蝙蝠是自然界三种可自主飞行的动物。目前，在昆虫飞行的非定常空气动力学机制方面已取得了重要的研究进展[17]。鸟类的飞行一般认为升力和阻力产生机制与飞机机翼类似。尽管鸟类翼面上气动力的平均和瞬时量可以直接测量，但翼面附近的流场仍然难以观测到。蝙蝠飞行的雷诺数、翼的形态和拍动方式与鸟类相近，但是蝙蝠翼的多自由度打开-折叠运动与鸟翼有很大差别。目前，对蝙蝠飞行的研究已达到和鸟类同样的水平，并且还发现了与前缘涡相关的非定常高升力机制。

水中生物采用多种方式推进，如摆动式、波动式、喷射式、划桨式。鱼类通常采用摆动式和波动式推进。采用升沉-俯仰扑翼可以近似模拟鱼类的这种运动方式。目前，有关扑翼的频率、振幅和刚度对效率和尾涡结构的影响已有比较深入的认识。但是有关鱼类游动水动力学测量和身体附近的流场观测仍然较少。水母的游动是喷射式推进的典型代表。关于尾涡结构与推进速度和推进效率的关系，已经有大量的研究工作。划桨式推进是一些水陆两栖动物采用的游动方式，也是仿生水下机器人经常采用的推进方式。

植物种子可以借助风力被动飞行，其中有自旋型和伞降型两类。槭树种子拥有类似直升机机翼的外形，在下落过程中由于气动力和重力的作用会自发产生自旋运动，由此产生的高升力可以使种子缓慢稳定地下降。目前，人们在槭树种子模型的风洞实验中观察了前缘涡的存在，由此还提出了利用自旋原理设计火星探测器着陆装置的构想。蒲公英种子上有冠毛结成的绒球，相当于一个多孔降落伞。最新实验观测表明，冠毛下部存在一个稳定的分离泡，大大提高了种子下落时的阻力。根据此原理设计的无能耗微型无人机将有可能用于遥感和空气监测。

2.湍流主导的复杂几何边界流动

航空飞行器周围的流动是典型的湍流主导的复杂几何边界流动。如何处理复杂几何边界实现空间离散是模拟该类流动的前提。实际中空间离散占整个工作量的70%，因此发展高效的网格生成技术成为复杂几何边界流动研究的重要方向。网格生成技术大体上分为结构网格技术与非结构网格技术。基于德劳内（Delaunay）方法和阵面推进方法非结构网格生成技术的推广，提高了计算流体解决复杂外形气动问题的能力。对于更为复杂的工程问题，上述网格技术仍不能满足需求。为此，重叠网格、混合网格及笛卡儿网格等被先后提出，并针对气动弹性和多体分离问题发展了动网格和嵌套网格技术。嵌套网格适用于大变形问题，能够实现多体分离、六自由度仿真的模拟。但嵌套网格技术存在洞点识别和流场插值的问题，影响着计算精度和大规模并行计算的效率。基于浸没边界的计算流体力学求解方法可以应对上述问题，能够均衡处理计算效率和复杂几何边界流动，但其在壁面附近的精度尚待提高。对于复杂流动而言，湍流往往主导着整个流动，因此湍流模拟方法的优劣是刻画复杂流动的关键。依据对湍流模拟的精细化程度，可采用前文所述的 RANS 方程方法、LES 方法和 DNS 方法。

3. 层流与湍流共同主导的复杂几何边界流动

湍流与颗粒的相互作用是典型的层流与湍流共同主导的流动。此类流动中的背景流动为湍流，颗粒周围的边界层为层流。对于颗粒两相湍流的描述，依据对离散相的描述方法不同，通常可以分为欧拉-拉格朗日方法和欧拉-欧拉方法。前者对连续的流体采用连续介质的欧拉方法描述，离散的颗粒采用跟踪颗粒轨迹的拉格朗日方法。后者把大量离散的颗粒和连续的流体看作相互渗透的连续介质，采用欧拉方法建立每一相的守恒方程和本构关系式。两相湍流的欧拉-拉格朗日方程和欧拉-欧拉方程的求解方法，与单相湍流类似，同样可采用 RANS、LES 和 DNS。LES 在较粗的网格获得大尺度的非定常湍流结构，特别适用于模拟湍流结构和颗粒相非均匀结构相互作用，其在解析精度和计算量方面相较于 DNS 和 RANS 达到平衡。LES 在单相的不可压缩湍流模拟中取得重大成功，但在两相湍流的预测中存在亟待解决的挑战性问题。

在颗粒两相湍流研究中，固体颗粒通常被模化为无体积的点颗粒。其中典型的工作是以均匀各向同性湍流和点颗粒为模型对浮游生物聚团机制的研究。后继研究通过改进点颗粒模型促进了浮游生物运动力学模型的发展，极大地改善了海洋生态系统模型化和理论化研究的状态，但点颗粒模型仅适用于模化特征尺度小于科尔莫戈罗夫尺度的浮游植物和鱼卵等，而无法应用于特征尺度大于科尔莫戈罗夫尺度的浮游动物。近期研究发现在卡门（Karman）旋流的实验中大颗粒与相同斯托克斯数下的点颗粒在湍流中的运动行为明显不同。静水中颗粒沉降运动行为与尾涡结构密切相关。大颗粒在湍流场的运动也产生尾涡，但大颗粒的运动行为与湍流场结构间的关系尚待研究。完全直接数值模拟或全尺度直接数值模拟是研究这一问题的有力工具。目前实现完全直接数值模拟的方法有任意拉格朗日-欧拉方法、格子玻尔兹曼方法、直接力/虚拟区域方法和浸入边界方法等。这些方法各具优缺点，均已成功地模拟了刚体大颗粒与湍流的相互作用。

（四）近期重点问题

1. 层流主导的复杂几何边界流动

以仿生推进为代表的层流流动主导的复杂几何边界流动的主要特征是非定常黏性流动占主导地位，其中的数值模拟方法、流动机理分析和理论模型等各方面都面临挑战。需重点开展的研究包括：基于测量运动学数据和真实几何外形的鸟类、蝙蝠飞行和鱼类游动的数值模拟，以准确捕获和分析生物飞行和游动中的非定常流动机理，并在此过程中发展黏性非定常流动分析的理论和模型；研究鱼类群游保持稳定队形和提高效率的控制机理，以及如何主动变形和被动变形的合理组合以提高仿鱼式推进的效率。基于真实外形的植物生物飞行、流场探测的数值模拟；利用探测到的局部流场数据进行尾迹的分类和聚类，并训练人工神经网格进行障碍物的类型识别、方位和距离推测。

2. 湍流主导的复杂几何边界流动

以航空航天飞行器为代表的湍流流动主导的复杂几何边界流动的主要特征是高雷诺数壁湍流。壁面模型化的大涡模拟方法（WMLES）是目前预测复杂流动最有效的工具之一。尽管 WMLES 方法研究取得了大量的进展，但目前在一些复杂流动的模拟方面，该方法仍然面临挑战。例如，现有的壁模型还不能刻画边界层内的不稳定性和感受性；对于壁面附近存在多物理过程的流动，现有模化壁面方法大多无法胜任。另一方面，空间离散精度是决定复杂流动模拟计算精度的另一个关键技术。当前，基于二阶精度的数值模拟方法在航空航天气动外形设计中取得了巨大的成功，但在模拟复杂非定常湍流问题甚至是最大升力系数等关键气动参数方面，与精细化设计要求仍有一定差距。因此，高保真度物理化学模型和高精度数值方法仍是准确模拟复杂流动现象的重点研究方向。此外，高质量网格生成一直是制约数值模拟计算效率的瓶颈。当前，针对复杂构型的网格自动生成技术尚未成熟，在遇到高保真外形的情况下仍需要过多的人工干预。对于二阶精度计算而言，一般质量的网格尚可满足要求，但对于高精度数值方法而言，网格质量将会成为影响其计算精度的关键因素之一。从网格生成效率、网格质量、计算精度、自动化程度及外形保真描述能力来看，混合类型网格将是一个重要发展方向，综合笛卡儿和非结构优点的混合网格生成技术将在未来数值模拟中发挥重要作用。

3. 层流与湍流共同主导的复杂几何边界流动

湍流与颗粒的相互作用是层流与湍流共同主导的复杂几何边界流动。为模拟大涡模拟无法解析的小尺度湍流场，需构建湍流大涡模拟未解尺度模型，建立多相湍流跨尺度模拟的桥梁，精准模拟湍流中的小尺度物理过程。其次，极端条件下多相湍流欧拉模拟方法也是近期需要重点研究的问题。基于连续介质理论的欧拉-欧拉多相流模型具有广泛的应用。在该模型中，大量离散的颗粒和连续的流体看作相互渗透的连续介质，采用欧拉方法建立每一相的守恒方程和本构关系式。在极端高温、高压条件，具有多相、多组分化学反应流动中，需要研究描述不同时空尺度耦合的模型。在多相湍流情况下，由于各相的非线性及相间相互作用的非线性，离散相的存在会对湍流能量级串过程产生调制作用。目前，多相湍流欧拉模拟多是借鉴基于单相湍流能量级串过程所发展的亚格子模型。单相湍流的亚格子模型能否直接应用于多相湍流欧拉方法的大涡模拟，以及发展相间非线性相互作用项的亚格子模型，是多相复杂流动需要研究的重要课题。此外，还需开展解析颗粒界面的直接数值模拟，实现多相湍流的跨尺度建模研究。

三、高超声速条件下极端流体力学的多尺度数值方法

（一）需求情况

极端流体力学广泛存在于临近空间飞行器气动力学和核工业可控核聚变等国防科学领域。近年来，世界各国争相开展天地往返飞行器、深空探测飞行器、弹道导弹及临近空间飞行器等高超声速飞行器研究，拓展了流体力学的研究范围。基于欧拉方程和纳维-斯托克斯方程的传统流体力学仅限于20 km以内的空间。在临近空间，一方面，气体分子的平均自由程增大，分

子碰撞频率下降，介质的连续性弱化；另一方面，临近空间再入飞行器通常具有高超声速，在迎风面形成流场梯度大、特征长度小的激波，从而导致在临近空间飞行器周围出现明显的非平衡、跨尺度、多尺度共存的复杂流场。在核工业及页岩气开采过程中，压缩点火引起物理量的剧烈复杂时空变化，流场的温度和压力变化可以达到几百万倍，流场的速度变化范围可以达到几十的马赫数，会形成辐射、激波、等离子体湍流等多物理耦合的复杂流场，非平衡效应和霍尔效应显著，对于数值方法提出了新的挑战。

（二）研究现状

纳维-斯托克斯方程是流体力学中普遍使用的控制方程，但对于高超声速、非平衡气体流动不够准确。针对多物理多尺度的极端流体力学现象的研究需要基于气体动理论。在动理学中，克努森数（Kn）是衡量气体稀薄程度的参数，也是联系宏观和微观的重要参数，其定义为气体分子的平均自由程 l 和流场特征长度 L 的比值，即 $Kn=\dfrac{l}{L}$。根据克努森数可以将气体流域划分为连续流域、滑移流域、过渡流域和自由分子流域。在 $Kn \leqslant 10^{-3}$ 的连续流域内，纳维-斯托克斯方程能够很好地描述流场的流动特性，连续流域内的计算流体力学的研究主要集中在发展高精度流体数值模拟方法和发展湍流模型两个方向。在近期的高阶格式研究中，基于气体动理学格式和两步四阶格式发展的高精度格式在精度和稳定性上都体现出了显著的优势[18]。在 $10^{-3} < Kn \leqslant 10^{-2}$ 的滑移流域内，常用的方法有纳维-斯托克斯方程加滑移边条件，以及 Burnett 方程、Grad-13 矩方程、R13 方程等矩方法。在 $10^{-2} < Kn \leqslant 10$ 的过渡流域和 $Kn>10$ 的自由分子流域，非平衡效应显著出现，基于宏观方程的数值方法如纳维-斯托克斯方程、矩方法难以准确描述该流域内的非平衡物理，因而在过渡和稀薄流域，通常需要求解动理学方程。求解动理学方程的稀薄气体动力学数值模拟主要有两类建模方法，其一为对流动物理过程进行直接模拟的方法，其二为数值离散求解动理学方程的方法。

直接模拟的方法中最为流行的是 G. A. Bird 发展的直接数值模拟蒙特卡罗（DSMC）方法。DSMC 方法对于高超声速问题的模拟具有很高的效率，但由于其解耦了迁移和碰撞，因而时间步长和网格尺寸都需要小于碰撞时间和平均自由程，大大降低了对于近平衡流动的模拟效率。离散速度法、谱方法等在内的数值离散求解动理学方程的方法在近几十年得到长足的发展。例如，谱方法通过将玻尔兹曼碰撞项投影到谱空间，将卷积型碰撞项解耦从而提高计算效率。基于离散速度的渐进保持（AP）格式的发展拓展了传统离散速度格式的适用流域，并应用到多组分气体、辐射输运等领域。

　　基于直接建模的思想，徐昆等提出和发展了统一气体动理学格式（unified gas-kinetic scheme，UGKS）[19]，郭照立等发展了离散统一气体动理学格式（DUGKS）[20]，刘畅等发展了统一气体波粒方法（UGKWP）[21]等。统一气体动理学格式一方面耦合宏观守恒量和微观分布函数的更新，另一方面由网格界面处的演化解构建数值通量，实现了从动理学方程向流体力学方程的自然过渡，能够准确捕捉多尺度复杂流场的流动物理。如图 8-5 所示，统一气体动理学格式能够准确模拟临近空间飞行器周围的多尺度流场[21]。统一气体动理学格式准确地描述了不同流域的物理过程，比如在光子输运中给出了从光学薄的光子自由传输到光学厚的光扩散过程的连续过渡。在计算精度和计算效率方面都体现出显著优势。

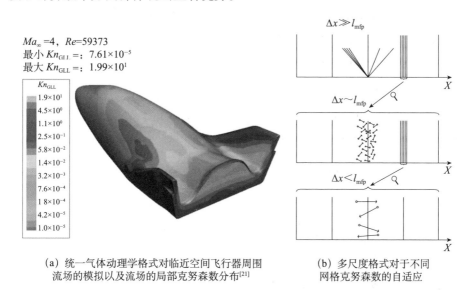

（a）统一气体动理学格式对临近空间飞行器周围　　（b）多尺度格式对于不同
　　流场的模拟以及流场的局部克努森数分布[21]　　　网格克努森数的自适应

图 8-5　统一气体动理学格式的应用

（三）主要进展

1. 直接建模思想

离散时空直接建模方法是在数值离散控制体上基于守恒律构建数值控制

方程，构建数值控制方程的过程中需要考虑流域变化对控制体界面数值通量的影响。数值通量的构造依据网格尺度上的演化过程，最为直接的是利用动理学微分方程在网格界面局部的积分解，即考虑了气体演化过程的时间累积效应，这是一种基于偏微分方程演化解的建模方法，而不是传统意义上对偏微分方程的直接离散[22]。在离散的物理空间控制体 Ω_{x_i} 和速度空间内控制体 Ω_{v_i} 上的微观控制方程为

$$f_{ij}^{n+1} = f_{ij}^n - \frac{1}{\left|\Omega_{ij}\right|}\int_{t^n}^{t^{n+1}}\oint_{\partial\Omega_{x_i}} \boldsymbol{v}_j\cdot\boldsymbol{n}f_{\partial\Omega_{x_i}}(t,\boldsymbol{v}_j)\mathrm{d}s\mathrm{d}t + \frac{\Delta t}{2}\left(Q_{ij}^n + Q_{ij}^{n+1}\right) \qquad (8\text{-}1)$$

$f_{\partial\Omega_{ij}}(t,\boldsymbol{v}_j)_k$ 是控制体界面 $\partial\Omega_{ij}$ 上随时间演化的分布函数。对微观控制方程速度空间求矩，可以得到宏观守恒量控制方程

$$\boldsymbol{W}_i^{n+1} = \boldsymbol{W}_i^n - \frac{1}{\left|\Omega_{x_i}\right|}\int_{t^n}^{t^{n+1}}\oint_{\partial\Omega_{x_i}} \boldsymbol{\Psi}\boldsymbol{v}\cdot\boldsymbol{n}f_{\partial\Omega_{x_i}}(t,\boldsymbol{v})\mathrm{d}s\varXi\mathrm{d}t \qquad (8\text{-}2)$$

微观控制方程（8-1）和宏观守恒方程（8-2）搭建了离散时空直接建模的框架，即一个是分布函数或粒子的演化，另一个是守恒量的演化。为了封闭上面的数值控制方程，以及在网格尺度上能够识别的物理解，需要根据动理学方程的积分解给出网格界面上随时间演化的分布函数，从而求得数值通量。

2. 统一气体动理学格式（UGKS）

在离散空间直接建模给出的控制方程（8-1）和（8-2）框架下，基于构建网格界面处的演化解来求得数值通量，从而得到统一气体动理学格式。气体在界面 $\boldsymbol{x}_0$ 处的演化是根据动理学方程的积分解给出

$$f(\boldsymbol{x}_0,t,\boldsymbol{v}) = \frac{1}{\tau}\int_0^t e^{\frac{t-t'}{\tau}}g(\boldsymbol{x}',t',\boldsymbol{v})\mathrm{d}t' - e^{\frac{t}{\tau}}f_0(\boldsymbol{x}_0,\boldsymbol{v}) \qquad (8\text{-}3)$$

这个演化解连接了自由分子流 f_0 到平衡态 g 的演化过程，其权重 $e^{\frac{t}{\tau}}$ 对从动理学尺度到流体力学尺度的建模起了重要的作用。如果想得到在时间尺度上更精确的物理过程，两体碰撞的玻尔兹曼碰撞过程也可以耦合在上面的演化解里面[23]。对初始分布函数和平衡态分布采用一定阶数的时空重构技术就可以得到相应精度的统一气体动理学格式。通量由平衡态分布贡献的平衡态通量和初始分布函数贡献的自由输运通量两部分构成。格式的多尺度通量随网格克努森数变化从而给出在不同网格分辨率下的不同尺度流动特性。

3. 统一气体动理学波粒格式（UGKWP）

UGKS 是基于离散坐标方法发展的确定性数值方法，在离散空间直接建模的框架下，采用统计学方法和模拟粒子离散速度空间可发展统一气体动理学波粒方法 [24]。该方法将流场演化过程中的所有粒子分为自由输运粒子和碰撞粒子，对于发生碰撞的粒子不需要严格解析其碰撞过程，而可以直接由动理学方程的积分解给出其最终满足的速度分布，从而实现多尺度建模。在 UGKWP 的粒子更新过程中，只追踪粒子的自由输运过程，并从更新的宏观量中依据碰撞粒子分布采样出自由输运的粒子，其余部分速度分布由解析的速度分布函数表示。与 UGKS 相同，在连续流域，UGKWP 的速度分布收敛到纳维–斯托克斯分布，同时数值通量将给出与纳维–斯托克斯方程一致的通量，这时自由粒子自动消失，格式回到计算连续流的气体动理学格式（gas-kinetic scheme），其效率远大于离散坐标方法。在自由分子流域，UGKWP 给出与无碰撞动理学方程一致的统计学粒子格式。UGKWP 的短处是模拟低速稀薄微流动，降低粒子的噪声，会使得计算量异常庞大，而对稀薄高超声速流，利用粒子的 UGKWP 要比保持速度离散空间的 UGKS 在效率和内存上有优势。

4. 统一气体动理学格式的应用

统一气体动理学格式的首次提出是用于多尺度气体输运问题的计算。在之后的十年中不断发展，在多尺度气体流动、微流动、高超声速气体输运问题的模拟及三维工程问题的计算中，体现出精度、稳定性及计算效率等方面的优势。在本小节中，我们将给出 UGKWP 在高超声速流场和辐射输运中的应用，以及 UGKS 在等离子体和气–固离散两相流中的应用。

1）高超声速问题

对于高超声速问题，可以给出 UGKWP 对经典的二维圆柱绕流问题的计算结果 [25] 及 UGKWP 对 X-38 型再入飞行器流场的模拟结果 [26]。模拟所采用的分子模型为氩气的 VHS 模型。二维圆柱绕流的来流马赫数为 $M=20$，克努森数为 $Kn=1.0, 10^{-4}$，见图 8-6。对于 $M=20$，$Kn=1.0$ 的算例，计算时间和内存消耗比传统 DSMC 方法的更低。而对于 $M=20$，$Kn=10^{-4}$ 的算例，UGKWP 的计算消耗基本与连续流域纳维–斯托克斯求解器的计算效率相当。

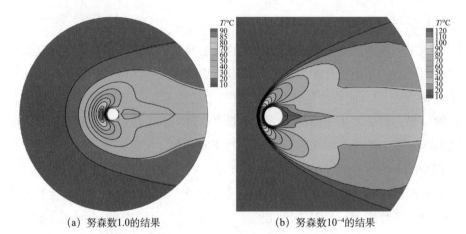

(a) 努森数1.0的结果　　　　　　　　　(b) 努森数10⁻⁴的结果

图 8-6　马赫数 20 的圆柱绕流问题的温度分布云图
UGKWP 解为黑线，参考解为云图

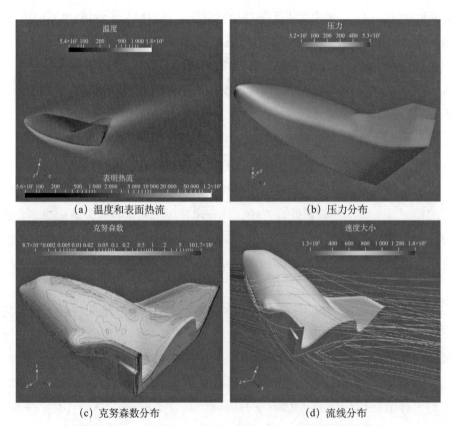

(a) 温度和表面热流　　　　　　　　　(b) 压力分布

(c) 克努森数分布　　　　　　　　　(d) 流线分布

图 8-7　X-38 型飞行器在马赫数 10 条件下的流场分布

对于 X-38 型高超声速飞行器模拟，来流马赫数为 $M=10$，飞行器攻角为 20°，计算网格量为 50 万，最小网格尺度为 0.001，见图 8-7。对于马赫数 $M=6$ 工况，计算时间为 1193 核时，内存为 35 GB；对于 $M=10$ 工况，计算时间为 4377 核时。

2）多尺度等离子体模拟

统一气体动理学格式还可以应用于多组分气体及在外力场作用下的流体。这里以等离子体为例来介绍 UGKS 在多尺度等离子体输运中的应用。统一气体动理学格式能够捕捉从无碰撞等离子体到磁流体在不同流域的等离子体流动物理，这里我们给出 UGKS 对朗道阻尼（图 8-8）和磁重联问题（图 8-9）的模拟。UGKS 不仅能够捕捉极限流域的物理解，同时能够为过渡流域内较为复杂的物理问题提供有效的研究方法，例如，对于磁场重联问题，UGKS 一方面能够在连续流域和无碰撞流域恢复宏观双流体模型和弗拉索夫（Vlasov）方程的结果，同时能够给出在适中克努森数和无量纲回旋半径流域的重联结果，从而为多尺度等离子体物理问题的研究提供有力的数值工具。

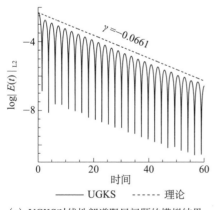

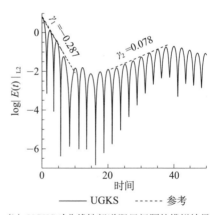

(a) UGKS对线性朗道阻尼问题的模拟结果　　(b) UGKS对非线性朗道阻尼问题的模拟结果

图 8-8　朗道阻尼模拟

3）多尺度气-固离散两相流模拟

颗粒相 UGKS 格式多尺度性质的核心在于其在微观分布函数演化方程和宏观量的演化方程中的数值通量由动理学方程界面处积分解构建，从而可以在稀薄颗粒流和连续流域分别给出颗粒自由输运和双流体方程对应的通量。

与颗粒相不同，气相网格界面积分解的初值由纳维-斯托克斯方程对应的一阶 CE 展开给出[27]。颗粒相和气相的演化相耦合，构成描述气-固离散两相流的多尺度数值格式 UGKS-Multiphase。图 8-10 给出 UGKS-Multiphase 对激波驱动的颗粒层实验的数值模拟，其中包括稀薄流域颗粒层厚度 2 mm 和连续流域颗粒层厚度 2 cm 的情况都能够与实验数据相吻合。

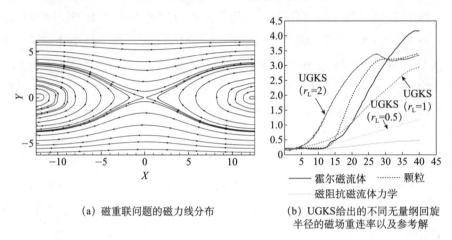

(a) 磁重联问题的磁力线分布　　　　(b) UGKS给出的不同无量纲回旋
　　　　　　　　　　　　　　　　　　半径的磁场重连率以及参考解

图 8-9　磁重联模拟

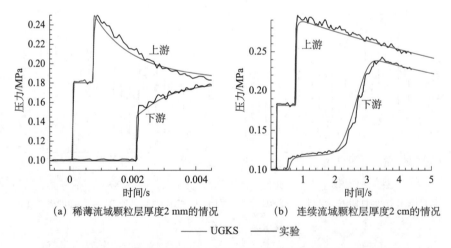

(a) 稀薄流域颗粒层厚度2 mm的情况　　(b) 连续流域颗粒层厚度2 cm的情况

—— UGKS　　—— 实验

图 8-10　激波驱动的颗粒层实验 UGKS 的数值模拟结果和实验数据的对比

4）多尺度光子输运模拟

根据离散时空直接建模方法，可以发展基于离散速度的 UGKS 和基于统计学粒子的 UGKWP，其多尺度性质的核心在于采用网格界面处动理学方程积分解构造数值通量。对于 Marshak 波问题，采用 UGKWP 计算，图 8-11 给出时间 $t=0.33,0.66,1.0$ 时刻的光子和物质温度分布。由于 Marshak 问题的吸收系数与温度相关，低温区为扩散流域，高温区为稀薄流域，UGKWP 在不同流域都能够和参考解吻合，同时计算效率高于隐式蒙特卡罗（IMC）。

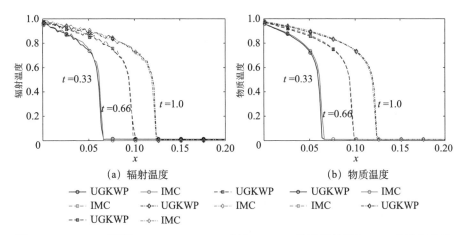

图 8-11 Marshak 问题 $t=0.33$, 0.66, 1.0 时刻 UGKWP 的计算结果与 IMC 方法的比较

（四）发展趋势与展望

传统的流体力学理论和数值方法都是基于连续介质假设，建立在单尺度的流体力学方程基础上。然而对于很多实际工程问题，特别是临近空间飞行器再入、可控核聚变及页岩气开发过程中，会遇到极端流体力学问题。一方面，气体稀薄程度强、流场梯度大，使得流场具有明显的非平衡和多尺度效应；另一方面，高温高压条件促使气体出现化学反应、电离、辐射等多物理效应耦合的复杂流场。传统流体力学理论和数值方法难以处理极端流体力学现象，发展多尺度、多物理耦合的流体力学理论和数值方法是未来流体力学发展的重要方向。

传统的偏微分方程数值解往往是从偏微分方程出发，通过一定的离散方法得到相应的数值格式，但偏微分方程都是在固定物理尺度上建模得到的方程，因而对其直接的离散不能改变其物理本质，只能发展出单尺度的方法，比如针对纳维-斯托克斯方程的各种算法和直接离散玻尔兹曼方程的 DVM 方法。离散时空直接建模思想是回到有限控制体上，把有限大小的控制体当成物理尺度，建立对应于此尺度上的离散演化方程，以及在时间步长尺度上的通过界面的数值通量。此格式的构建完全根据物理守恒律，以及在不同网格尺度上的传输过程。格式直接给出了在离散空间上物理量的演化方程和它的演化解。根据网格尺度和分子平均自由程的随区域变化的不同比值，实现了对不同流域的物理描述和直接的数值自适应，即在连续流域收敛到纳维-斯托克斯方程数值解，在稀薄流域收敛到动理学方程的解。在中间流域，由于多尺度建模中严格遵从物理守恒律和从非平衡态到平衡态满足熵增的演化规律，方法本身是可靠的。离散时空直接建模思想不仅为物理研究和工程应用提供了有力的数值方法，同时为包含湍流建模在内的建模难题提供了一个新的思路。

第五节　强非线性复杂系统的小波高精度仿真技术

一、需求情况

强非线性、强间断、强多场耦合与高度复杂的几何形态是诸多科学与工程问题的共性特征，相关问题普遍存在于国民经济与国防安全的各个领域。如高超声速飞行器几何外形往往非常复杂，在超声速飞行中会产生密度、压强等物理量出现明显突变的激波面，并且伴随着显著的气动弹性与气动热效应，是一个典型的强非线性复杂系统。又如诸多先进医疗器械、运载工具及清洁能源装置的核心部件——超导磁体也是一个异常复杂的非线性电磁结构系统。大型超导磁体的研制与制备涉及非线性、多场耦合、间断、加工成型等一系列棘手的基础力学问题[28]，被列入《国家中长期科学和技术发展规划纲要（2006—2020 年）》。此外，风沙运动也是一个典型的多场耦合强非线性系统，涉及近地表高雷诺数壁湍流、气沙二相流、复杂的地表地貌及沙粒碰撞与风沙电场等多种因素及它们之间的相互耦合。风沙灾害已经成为关系我国社会、经济可持续发展的重大环境问题之一。上述列举的高超声速飞行器、超导磁体与风沙运动均涉及强非线性、强多场耦合、强间断及高度复杂的几何形态。事实上，几乎所有的科学与工程问题都或多或少地存在上述特征。因此，发展可高效高精度处理此类问题的数值求解技术是解决诸多国家重大需求的方法保证。

二、研究现状

目前最常用的数值方法包括有限差分法、谱方法、有限元法和边界元法等，这些方法虽被成功地应用于许多问题的研究之中且取得了令人瞩目的成就，但在求解强非线性、强间断、多物理场强耦合或几何形态高度复杂的问题时仍面临着挑战。

虽然很多方法可以直接用于求解弱非线性问题，但如直接用于求解强非线性问题，则往往无法奏效，只能够针对具体问题通过辅以其他技巧来扩大方法在强非线性问题中的适用范围。究其根本原因在于几乎所有现存求解技术缺少封闭性，即微分方程中非线性项的展开格式中所保留的近似部分与舍掉的截断误差相互耦合，造成方法的有效性严重依赖于所研究的具体问题。此外，对于存在间断的问题，往往需在对应的局部采用极为细密的网格来分辨小尺度特征，而在其余区域则需采用较为稀疏的网格来控制问题求解的总计算量。因此，对于此类存在间断的问题，其网格划分是一项极具挑战的工作，尤其对于动态问题，目前仍然缺乏有效而普适的网格自适应生成技术。而对于多场耦合问题，由于受限于计算分析效率，往往使用单程耦合策略进行求解，这要求数值求解技术具有稳定高效的、保持耦合的接口，以便于不同物理场之间快速可靠的数据交换，甚至部分问题还要求数值方法具有极佳的计算效率以便完全联立进行求解[25]。

上述列举的强非线性、强间断、多物理场强耦合或高度复杂的几何形态的求解难度在数学上都可归结为如何在大尺度范围内准确地识别、定位、捕获及隔离小尺度的局部特征。如对于激波等强间断问题，其核心问题就在于准确地定位并分辨出激波面，对于局部大梯度问题及复杂的几何形态也如此，核心就在于有效地刻画出局部细节。而对于多场耦合问题中的数据交换，其难点也在于如何有效地传递这些局部细节特征[29]。

在局部信号的分辨与隔离中，近30年来发展起来的小波分析是一种非常理想的数学工具，其独特的时频局部性有效弥补了傅里叶分析完全不具备时域识别能力的缺陷。同时，小波基底还具有正交性、紧支性、光滑性与插值性等优良的数值特性，使得其在微分方程的数值求解中也展现出了非常明显的优势。如小波伽辽金法在梁板结构力学、弹塑性问题、多场耦合问题、断裂力学问题及流体力学中均表现出了较之有限元等传统方法更为优异的效率与精度[30]。

但现有小波基数值方法在复杂非线性系统的定量求解中也存在较大的局限。一方面，对于非线性问题，其仍然无法实现封闭求解；另一方面，由于小波逼近在边界附近存在数值失稳问题，其在非规则问题域的处理中极为烦琐低效。因此，还需发展相应的技术以期在保留小波分析自身优势的同时克服其自身的局限，从而形成一套可真正用于分析复杂非线性系统的有力工具[30]。

三、研究进展

鉴于小波分析在复杂系统处理中的独特优势，兰州大学周又和课题组自20世纪90年代中期便开始研究将小波分析用于微分方程的求解之中，成为国内外首批开展小波基数值方法研究的团队之一。通过20多年的持续研究，目前已在小波基础理论及其在微分方程求解中的应用方面取得了显著进展[31]。

（一）小波基础理论方面的进展

小波分析是在傅里叶分析的基础之上发展而来，因此小波的构造通常都是在频域空间进行，故而不够直观，不利于初学者学习。为此，周又和等发展了小波的代数构建方法，相较于数学家所提出的频域构造方式更为直观简洁。周又和等原创性地提出了小波广义高斯积分法，获得小波展开系数用特定点上函数值的近似表征格式。后来进一步推导给出了为使得单点小波广义高斯积分格式具有与小波逼近同阶代数精度，小波自身所需额外满足的关系。随后结合此关系与正交小波系数的一般性质独立构造了广义 Coiflet 正交小波，该小波具有一般正交小波的所有性质。值得指出的是，虽然国际上有学者在略早的时候也提出了广义 Coiflet 正交小波的概念，但其是基于插值性在频域构造的，而周又和等是从他们所建立的小波广义高斯积分法通过纯代数的方式构建的。因此，二者在原始出发点与技术途径上是完全不同的，属于同期各自独立发展的结果。同时，周又和等提出了基于泰勒展开的边界延拓技术与连接系数的高精度计算方法，有效地解决了这两个发展小波基数值方法所需攻克的基本问题，并成功地将小波伽辽金法应用于梁板结构的弯曲等高阶微分方程的求解之中。

（二）动力学问题小波分析方法的进展

拉普拉斯变换是数学中常用的一种积分变换，在许多工程技术和科学研究领域中都有着广泛的应用。但通常只有极少数系统的拉普拉斯变换或逆变换可以解析获得，其他均依赖于数值方法。周又和等基于小波分析建立了一套拉普拉斯变换与逆变换格式，该方法具有极为优良的稳定性，对辅助参数不敏感，无需矩阵求逆，可用较小的计算量获得一定区间内的高精度变换结果。此外，周又和等还提出了智能结构中位移的小波识别模式，有效解决了振动控制中因电信号分析与需通过矩阵求逆反演位移过于耗时而导致的非实时性的问题，并且从根本上避免了可能出现的反演矩阵不可逆的问题，也有效避免了常规控制方法中可能出现的控制失稳问题。这一小波控制模式被国内外学者直接引用运用于大型桁架等结构的振动控制之中，被评价为效率较之传统控制模式更高且不会发生控制失稳。

（三）非线性问题的小波封闭求解技术进展

针对现有数值方法普遍无法实现非线性项的封闭展开这一基本问题，周又和等基于其所建立的广义 Coiflet 小波给出了非线性项的封闭展开格式。不同于传统的将近似解直接代入非线性项以获得其近似格式的方式，在这一小波展开格式中将非线性项作为一新函数直接展开，然后再建立起非线性展开系数与原函数展开系数之间的显式关系，从而避免了截断误差由于非线性算子的作用而影响低阶近似解求解的问题，进而实现了非线性问题的封闭求解。大量的物理、固体力学与流体力学测试算例表明，这一小波封闭解法相较于常规方法具有更高的精度与效率，且格式高度统一，可一致求解弱/强非线性问题。国内学者直接使用这一方法定量研究了大范围轴向运动绳的非线性耦合振动，评价其比有限元等常规方法计算精度更高且分析速度更快。更为关键的是这一方法对问题不敏感，有效解决了同伦方法中一直以来所面临的基底函数选择难题。

（四）非规则域问题的小波局部增强求解技术进展

小波方法由于存在因级数截断引发的边界附近数值失稳与相关积分难以

估算等局限，长期以来对非规则域问题的适用性很差，导致小波方法在已展现出自己独到优势的情况下仍然未能引起足够的重视。针对这一问题，周又和等发展了适用于任意区域的边界延拓技术，并通过严密的数学分析指出边界延拓的实质是恢复因级数截断而丧失的边界附近的一致性。在此基础上，周又和等提出了一种小波多分辨插值伽辽金法。这一方法无需网格，其所需的节点分布可基于明确而宽松的规则全自动高效生成，并且不存在任何人工可调参数，非常简便高效。此外，基于小波多分辨分析，该方法还具备强大且稳健的局部细化能力。在线弹性问题包括线弹性断裂问题的定量分析中，该小波多分辨插值伽辽金法展现出了远高于有限元与无网格伽辽金法的计算精度与求解效率，以及稳健的奇异场捕获能力。

四、展望

（一）面临的主要挑战

小波基数值方法的研究总体上而言还处于方法的创建阶段，在基本方法的发展完善与验证方面都还有待进一步的深入研究。其次，现有的小波基方法还未形成体系，需进一步完善整合，从而形成一套可有效分析复杂非线性系统的定量方法。最后，为推动小波方法的实用化，必须实现软件化。上述基本问题的解决都还需攻克诸多关键技术，在基础技术、组织管理等方面都还面临着巨大的挑战。

（二）近期重点问题

近期应着重整合建立复杂系统的小波多分辨封闭求解技术，并发展与计算机辅助设计（CAD）的无缝对接技术。此外，应将方法进一步整合完善并扩展应用于大型超导磁体与风沙运动等复杂非线性系统的仿真分析之中，同时验证小波方法在复杂系统研究中的可行性与性能。最后，适时开始研究建立小波通用方法软件的整体架构，通过模块化的方式逐步发展完善软件包的功能，对各个模块进行测试并编制相关技术文件，为最终形成一个适用范围较广的专业分析计算软件奠定基础。

第六节　极端条件优化理论与方法

一、需求情况

航空、航天、兵器等领域中超大型结构的服役环境多具有超高承载、极端隔热、高强冲击等多物理场耦合特征。在此背景下会产生极限轻量化设计困难、巨量计算数据处理效率低、材料-结构-功能一体化智能设计软件缺失等一系列瓶颈问题。结构拓扑优化，旨在通过求解数学规划问题，寻找材料最优布局，从而在满足特定设计约束的同时，令所关心的结构性能达到最优[32]。结构拓扑优化可为产品创新设计提供系统的理性工具，已在许多工业装备设计问题中取得了巨大成功，并逐渐成为高精尖装备和新型先进材料/结构研发的重要手段。通常面向极端环境服役的装备设计比较缺乏相应的设计经验，而试验测试、验证的手段由于成本过高又难以保证实施。借助数值模拟，利用结构拓扑优化技术提升极端环境下的装备设计能力，具有极高经济与工程应用价值。

对于极端环境下超大型结构而言，其结构设计必须综合考虑复杂极端服役环境下的热稳定性、鲁棒性、可控制性及轻量化等需求。这就势必要使用比传统均质材料更加优异的热学和力学性质的非均质材料。极端环境下的结构拓扑优化设计也同样具有极大的挑战性。由于结构优化基于对结构性能的数值模拟，对真实物理过程模拟的可信度决定了优化设计结果的可信度。故首先需要发展极端环境下的正问题模拟。其次，由于优化设计一般为反问题求解，通常需要成百上千次迭代，这更对超大结构优化设计问题的可计算性提出了巨大挑战。此外，为达到极端优异的性能，需要通过优化设计充分发挥材料、结构及智能调控等跨尺度的协同作用。这无疑为现有优化设计理论与方法提出了全新的需求和挑战。

二、研究现状

在结构数值分析算法方面，目前已有多种方法用于求解复杂结构分析问题，如有限元法（FEM）、边界元法（BEM）及各种无网格方法。面对超大规模结构问题求解，并行计算技术的引入可有效提高结构分析的计算效率，即使在需要不断迭代求解的优化问题中，也可对总计算量进行有效的提高。

然而对于非均质材料，由于其所表现出的局部特性，我们通常难以保证其高计算精度要求。在精密光学、电子学零器件方面，结构的微尺度特征更加明显，其中多存在微米级零器件，而此级别零件的位置又与宏观结构变形息息相关，这就必须在建模时精确地描述这些跨尺度零器件。因此，结构的建模差异将极有可能引起较大的计算误差，从而导致局部响应不准确、结构性能精度低等问题。特别是在热振动问题及非线性问题中，通常需要多次迭代求解，耗费更多的计算资源。一类有效的求解方法为寻找细观结构的等效宏观性能。这需要使用严格的数学工具寻找原复杂多尺度问题的宏细观等效解耦描述，数学上统称类似的方法为均匀化方法[33]。相比之下，在局部区域或非均质材料区域进行网格细化，采用数值基函数作为映射关系，将材料信息传递至宏观尺度的并发多尺度方法在分析大型复杂结构上具有其特有的优势。这些方法已成功应用于求解非均质材料热-力耦合问题、热弹塑性问题、热弹性损伤、非线性材料热-力耦合问题及热-力耦合动力问题中，并在超高速飞行器热防护设计等工程中得到成功应用。

在数值仿真软件方面，目前我国使用的结构分析数值仿真计算机辅助工程（CAE）软件主要由欧美发达国家研发，代表性 CAE 软件有 ANSYS、MSC/NASTRAN、ABAQUS、iSIGHT 等。国内结构 CAE 软件开发起步于 20 世纪 70 年代，代表性工作有：①大连理工大学研发的多重多级子结构有限元程序 JIGFEX，随后推出的微机版本 DDJ，基于此发展的结构优化设计系统 MCADS，2007 年启动的新一代计算力学软件平台 SiPESC，均为我国 CAE 领域有影响力的自主软件平台；②中国航空研究院 623 所研制的面向航空结构分析的大型有限元系统 HAJIF，已形成了航空领域的专业软件模块；③北京大学推出的 SAP 系列结构分析程序，目前已在大型建筑设备、体育场馆设施等的结构受力与变形分析中得到多项应用；④中国科学院数学与系统科学研究院的有限元代码生成系统飞箭（FEPG）在教学科研乃至石油、水利等特殊行业也拥有一定的用户群；⑤郑州机械研究所有限公司的紫瑞 CAE 软件可与国外商用 CAD 软件无缝集成，实现通用三维结构有限元分析；⑥北京应用物理与计算数学研究所开发的数值计算并行框架 JASMIN 和 JAUMIN，具备了数万核并行计算能力。总体来说，我国在这方面有一定的开发基础，提出了系列具有自主特色的创新算法，已在计算精度与效率方面具备了优势。

在结构优化设计理论与算法方面，变密度法（SIMP）和水平集方法（LSM）是应用较为广泛、发展时间较长的优化方法。这两类方法分别用成千上万的像素点或高一维的水平集函数对结构进行描述。由于其对结构几何进行隐式描述，这两类方法均具有较强的结构拓扑描述能力，且数值实现简单。在已有的专用优化设计软件 OPTISTRUCT，或通用的 CAE 软件（如 ANSYS、ABAQUS）中，均已集成了包含上述方法的拓扑优化设计模块。上述结构优化方法已被成功应用于波音 737 机翼加筋结构等，不仅可以大大缩短设计周期，而且可以在保证结构力学性能的前提下，使结构重量大大降低，取得显著的收益。

三、研究进展

（一）显式结构拓扑优化新框架

虽然传统结构拓扑优化方法取得了巨大的成功，但由于其内在的隐式拓扑描述方式，存在诸多难以克服的缺陷，如无法与 CAD 系统无缝连接、优化结果需要烦琐的后处理进行几何重建、几何模型与分析模型耦合带来的三维问题计算量爆炸、难以精确定义和高效处理结构特征尺寸、悬挑角等制造性约束等。为了从根本上解决以上问题，我国学者提出了以移动可变形组件（MMC）法[34]为代表的显式拓扑优化方法。移动可变形组件法采用具有显式几何描述的组件作为拓扑优化的基元，以组件的中心点位置、长度、宽度、倾斜角等显式几何参数作为优化设计的变量，通过控制组件的移动、变形、覆盖、交叠实现结构拓扑优化。该方法可大幅减少拓扑优化的设计变量数和计算复杂度，优化结果可与 CAD 系统无缝连接，并且可方便处理制造相关的几何约束，有望破解极端环境下超大型结构优化中存在的诸多挑战性问题。

（二）极端环境下的复杂结构不确定性优化设计研究进展

近年来，研究者围绕构件级可靠度分析与优化的效率、精度和稳定性，在求解格式、迭代方法、寻优能力等方面取得了长足的进展。首先，面向认知不确定性和随机不确定性，研究者基于混沌控制理论和步长调节方法，发展了一系列可靠度分析高效算法[35]。提出了高效变循环寻优方法，旨在提高不确定性优化的计算效率和稳健性。此外，针对大型结构动力可靠度分析中面临的色散和耗散问题，研究者提出了基于间断有限元的概率密度演化法。面向复杂工程中常见的多设计点问题，研究者进一步发展了基于代理模型技术的全局可靠度优化方法，大幅提高可靠度分析与优化方法对复杂结构设计的适用性。

（三）先进功能材料-结构与空间可变体超结构

在可变体超结构研究方面，美国等西方国家起步较早，相关研究主要聚焦于变体机翼的设计。密歇根大学 Kota 教授将鸟濑鱼鳍的波形作为机械水翼系统的运动目标，通过拓扑优化技术发展了柔性水翼的仿生逆向设计方法[36]。NASA 正在开展"任务自适应数字化复合材料航空结构技术"（MADCAT）项目，在此期间完成了"积木式"柔性机翼小尺寸模型的设计和制造。实验证明，该类结构在非常低的质量密度下仍具有足够的强度和刚度，还可在气动载荷下按照特殊的设计产生连续光滑变形，有效提升了飞机的操纵性和经济性。

国内关于可变形机翼的研究起步较晚，近年来以军工类院校为代表的一些单位在相关研究方面取得了一定进展。其中，北航侧重于变体结构变形的分析计算及控制，探索了不同马赫数下自适应机翼偏角参数的变化规律；哈尔滨工业大学研究了柔性变体机翼机构的仿真及构型优化设计；南京航空航天大学则主要针对自适应机翼的驱动装置及驱动模式进行了深入探索；西北工业大学偏向于机翼机构的振动特性，针对其折叠与展开过程中的振动模态分析处理、根据自适应控制系统的特点发展了典型设计方案。西安电子科技大学研究了大型空间可展开天线机构的创新设计方案，并对薄膜边界形状进行了优化。

与此同时，具有精细微结构和特异性能的超材料研究也受到越来越多的关注[7]。特别的，三维金属点阵材料具有极高的比刚度和比强度；结构拓扑优化技术已经成功应用于系统性地设计具有最大等效刚度、负泊松比、最优屈曲性能、负膨胀效应等不同性能的超材料；基于拓扑相变理论的拓扑材料已被推广至经典力学系统；弹性波、声波的拓扑保护行为为设计新型波导元件和波动控制提供了全新的范式。近年来，材料-结构一体化的设计理念[37]正逐渐变为现实，这大大拓宽了结构的设计空间，从而为设计具有更加优异性能的结构提供了新方向。这一方向的研究较为前沿，主要集中于学术探索。

四、展望

（一）面临的力学挑战

1. 面向超大型结构综合建模、实时分析、优化和控制

空间超大型装备结构组成形式复杂，服役环境严苛。在多场耦合条件下可能会发生元器件松动、点阵结构开裂及复合材料脱层等损伤破坏。为了保障空间超大型装备的工作寿命，必须开展极端环境下结构及材料损伤机理的理论研究，形成典型损伤模式的理论模型，并发展相应数值分析和优化设计方法，实现对空间超大型结构损伤的有效预测。

此外，空间超大型装备复杂元器件众多、结构组成形式复杂，对其进行整体数值化建模分析需要精细的分辨率和巨大的计算量，难以实现实时模拟。因此需要充分发掘模型简化能力、实现数据高效处理，并进一步挖掘人工智能技术的应用。基于数据驱动和深度学习，发展适合超大型结构的自由度缩减技术，以较少自由度实现系统主要结构部件的整体仿真模拟，大幅提高计算模拟效率，为空间超大型装备的实时监测提供有力支撑。

2. 超大型结构高精度力-热耦合变形、振动数值模拟方法

空间极端的力热服役环境对航天器等超大型结构的高性能安全运行提出了苛刻的挑战，地面模拟空间热真空环境的试验费用昂贵、国内高精度变形测量手段尚不完善，导致直接在地面模拟太空环境进行全尺寸试验面临诸多限制，这使得面向航天器等超大型结构的高精度力-热耦合变形数值模拟方法成为解决相关问题的重要手段。其在计算力学基础理论方面仍然面临着诸多困难与挑战，例如：①由于丰富的宏细观多层级结构特征，必须考虑材料的细观异质性。然而在有限计算资源下，材料-结构多尺度分析问题在可计

算建模方面存在巨大挑战。②极端热辐射空间环境下的结构热变形及热振动问题，尚未建立高效、稳定收敛的多尺度有限元理论及求解体系。③空间应用中，某些高精度结构体需要在在轨运行期间保证极高的精度和稳定性，亟须发展热-力强耦合的协同分析和设计数值理论与实现技术。④求解上述具有多层级、多尺度、热-力强耦合特征的大型复杂结构时，为保证模拟精度，需发展超大规模的并行计算与优化设计理论，开发高性能计算平台与软件系统。

3. 多性能指标、多约束条件下高效显式拓扑优化设计理论与方法

由于极端环境下结构有效载荷的增加，对承载结构的承载能力和重量的要求越来越苛刻，而承载能力和重量互为敏感因素，两者如何平衡对结构的材料选择、构型设计等轻量化手段提出了更高要求。因此需要以工程力学理论为基础，综合考虑强度、刚度、振动、轻量化、防热、隔振等多物理场、多功能需求。而随着极端服役环境下结构越来越复杂，传统基于反复试错的结构设计流程已远不能满足型号研制需求，迫切需要开展多性能指标、多约束条件下基于工程力学数值模拟和数字化软装备的高效自动化设计。

极端服役环境下的装备不仅服役环境恶劣、服役工况复杂，且对结构性能和安全性要求较高。因此，与传统装备优化设计不同，此类系统在优化设计时，应综合考虑多服役环境的共同作用和多性能指标要求。另一方面，由于天基观测系统为大规模复杂系统，其设计精度要求较高，必须采用高分辨率的精细化建模，以达到技术成熟度5级、制造成熟度2级的要求。我国学者所提出的MMC显式拓扑优化方法将具有显式几何信息的组件作为设计基元，可利用较少的设计变量对不同物理场下的结构进行显式描述。这一特点尤其适用于采用不同结构响应分析方法求解多物理场结构优化设计问题；同时，其优化模型与分析模型完全解耦的特点也与大规模拓扑优化问题快速求解更加契合。但目前该方法主要应用于单个物理场下的零部件结构设计，对于多场、多约束下更为复杂的超大规模拓扑优化问题的求解效果仍需进一步研究。

4. 极端环境下的复杂结构不确定性优化设计

然而，面向极端环境的超大型装备结构，受限于巨大的计算量和有限的

研发周期，其不确定性优化设计主要存在以下挑战。

1）极小子样下的不确定性定量化研究

极端环境下超大型装备的不确定性量化，将面临输入样本数量稀少、信息非充分且来源多样化等一系列难点。亟须开展以下研究：结合数理统计、证据理论、模糊理论等，发展面向多源不确定性下非充分样本的高精度表征方法；发展基于模糊理论的不确定性建模方法，解决由于样本信息挖掘不充分带来的建模偏差问题；针对多源不确定因素共存问题，建立概率–模糊–区间多源不确定性量化模型，解决多源不确定性量化中建模过程之间的割裂及多层嵌套造成的精度和稳健性不足等问题。

2）大规模结构系统的不确定性响应和可靠度安全评定理论

大型结构非线性随机振动和动力可靠度分析计算代价极高，现有方法难以开展大规模结构系统的不确定性响应和可靠度安全评定。亟须开展以下研究：建立面向大规模结构系统的不确定性静动力响应的高效通用的概率积分方法；开展大型非线性结构不确定性量化和传播分析研究，建立考虑相关变量、结构体系的静动力可靠度安全评定理论；提出概率/非概率混合描述下结构不确定性响应和可靠性分析方法。

3）基于置信度的工程结构可靠度分析与优化

非充分样本下超大型结构的可靠度分析及优化，还将面临失效概率计算精度差、分析耗时巨大等挑战。亟须开展以下研究：通过引入基于置信估计的可靠度分析，量化非充分样本下结构可靠度指标的随机性；基于高斯过程回归及自适应边界抽样方法，发展具有混合精度的主动学习高斯过程预测模型；建立基于等几何分析的工程结构可靠度优化解耦算法，解决可靠度分析与优化的多层嵌套及灵敏度传递带来的高耗时问题。

5. 自主可控的超大型结构分析与优化软件系统

目前国内航天领域结构分析与设计协同研发中数值建模、转换、分析及优化设计软件尚无统一的体系平台，大多采用国外商业软件，体系之间也互不融合。我国学者现已取得一定的软件研发成果，但仍需要载体实现程序系统集成，从而构建更强劲、可持续的协同研发与创新应用能力。结合超大型结构性能分析的应用背景，应瞄准数值仿真CAE软件"卡脖子"现实局面，立足自主可控软件研发，构建结构数值仿真软件平台；同时确立工业领域示范效应，引领我国自主可控工业软件的发展。发展趋势是：①构建 CAE 软件平台的开放性软件体系结构，实现进一步的多类型功能/模块与软件集成，建立专业设计流程，拓展多类型数值算法等；②发展结构多功能有限元分析及优化核心算法的程序软件实现，针对复合材料结构、大规模结构、高性能计算等问题，研发多重多级子结构算法框架，提高构建综合响应分析与优化求解能力；③开发先进材料与结构的协同优化设计的软件功能平台，集成多类设计数据、开发专用计算模型与算法、集成定制模块/外部软件，实现协同设计；④面向多物理场耦合的结构创新构型集成优化计算功能，集成多学科仿真软件分析结构耦合响应，建立优化设计模型，探索多类型优化求解算法与技术；⑤开发基于数值仿真的结构力学性能数字孪生系统，建立基于力学性能的物理模型与结构有限元模型的映射机制，发展科学高效的结构健康评估技术。

（二）近期重点问题

1. 超大型高精度热-力耦合变形、热振动数值模拟

发展基于热-力强耦合作用的新型数值基函数，提高热变形数值模拟计算精度；建立考虑材料与结构的热容系数与质量系数的修正数值基函数，以提高热振动数值模拟精度；开展关于特殊几何结构的扩展多尺度有限元求解理论；发展扩展多尺度热-力耦合接触计算方法，解决在结构部件连接处宏观网格建模必须保证连续的弊端；发展商用软件在求解非线性材料热-力耦合问题时的多重多级子结构的建模、计算方法。

2. 多场耦合极端条件下复杂结构高效拓扑优化设计及 CAE/CAD 融合方法

从多维度优化结构性能，研究全新集成式的优化设计理论和方法。对优化理论从深度和广度上进行扩展，探讨结构在电磁场、热场、力场等方面优化问题的数学模型与相互耦合机制，系统地开展多场耦合条件下多目标优化的理论研究、模型建立与数值求解。研究结构拓扑的显式表达方式，从而大幅减少极端条件下结构拓扑优化的设计变量数目并实现结构优化模型与分析模型的完全解耦。对复杂结构几何特征进行自动化的提取和重构，实现拓扑优化与 CAD 系统的无缝融合及隐式-显式几何描述之间的自由转换。

3. 极端环境下多功能柔性可变体超材料-超结构一体化设计理论与方法

将传统超材料结构拓展为可变体机构，并引入作动器、传感器，使其具有自适应的变形能力及自主可调控性质；研究多物理场性能指标的耦合作用及高精度模拟方法。基于结构优化技术，发展可同时优化设计结构组元、作动器和传感器形状及布局的可变体超材料设计理论与方法。拓展已有的仅考虑刚度指标的材料-结构一体化设计方法，使之可以同时设计"宏观"结构布局及"微观"基元。结合结构拓扑优化技术，发展涉及多物理场耦合效应、几何非线性、时变性能的材料-结构一体化设计理论与方法。

4. 非充分样本下的多源不确定性量化方法

现有的三类主要模型无法合理表征各不确定性因素的变化规律，严重影响后续可靠度分析的计算精度及优化过程的稳健性。深入开展贫信息、非充分样本下的多源不确定性量化方法研究，是实现大型结构可靠度分析与优化的前提。其所需深入开展研究的关键科学问题包括：多层次数据的归类处理及量化表征，极小样本的不确定性建模、多源不确定性因素量化及其不确定性传播规律研究。

5. 极端条件下结构和多学科优化数值算法与软件集成技术

研究结构尺寸/形状/拓扑等多类型设计变量的统一灵敏度分析算法，研究高效结构优化的开放性算法框架；开发极端条件下面向大规模结构优化的并行计算技术与新型算法。研究开放性的优化算法库与优化工具库设计方案，开发优化算法库；研究实验设计软件工具设计框架，开发基于统计理论的正交实验、均匀实验等方法的工具库；开发近似模型工具库，包括多类型的响应面方法、径向基函数等；开发面向多学科集成优化的软件平台环境，建立优化流程建模、参数设置、算法计算、结果可视化的综合应用环境；研发支持异构多类型软件的软件集成技术。

6. 基于嵌入式数值仿真的极端条件下航天结构数字孪生与健康监测技术

建立结构有限元模型与物理模型的实测/计算数据的融合与相互映射的软件环境，实现基于有限元仿真的结构数字孪生场景；研究极端条件下航天结构面向综合力学响应的有限元模型修正技术，建立基于实测数据的结构多类型响应相关性计算的软件数据库与工具库；研究面向结构物理参数修正的高效灵敏度分析算法与软件实现技术，建立参数修正的优化模型，应用定期标准工况下服役结构实测数据实现有限元模型修正；建立极端条件下航天结构的基于多层次结构有限元模型群技术的综合在线/离线的多任务计算仿真，提供关键工况的仿真预示，建立极端条件下结构健康监测/完整性评估能力。

第七节　多场耦合力学仿真方法

一、需求情况

针对国家战略发展领域的多场耦合数值仿真软件是工业软件的重要组成部分，但是相关商业软件包几乎都被欧美国家垄断。我国每年在数值仿真软件使用许可费用上的花销高达上百亿，而且部分商用软件在敏感领域的核心技术对我国实施出口限制。随着美国战略重心转移，中国被视为其最具威胁的战略竞争对手，针对中国的技术封锁也将愈演愈烈。数值仿真技术是制约我国科技发展的"卡脖子"技术，因此要实现国外关键技术封锁的突破，必须发展具有完全自主知识产权的数值仿真技术，让技术不再受制于人。这不仅对于保障我国能源安全、国防技术等领域具有重要的科学意义，还对实现我国和平崛起和保障我国战略安全具有重要的战略意义。

二、研究现状

（一）力学多场耦合问题数值仿真基本方法研究现状

实际工程中力学多场耦合现象非常丰富，耦合机制也纷繁复杂，对于不同多场耦合问题进行数值仿真的方法也不尽相同，但基本途径都是分别对空间域和时间域进行离散，将微分方程转化为代数方程。在现有商业数值仿真软件中主要包括有限差分法、有限元法、有限体积法、边界元法、无网格法等[38]。

有限差分法是求解微分方程定解问题应用得最早和最成熟的数值计算方

法之一,常用于求解双曲型方程和抛物型问题。其缺点是要求差分网格规整,对不规则空间域进行有限差分时在不规则边界上的处理异常复杂。由于其边界适应性差的特点,现有商业数值仿真软件中很少利用其进行空间域的离散。此外,利用有限差分法对时间域进行离散需要考虑实际工程问题的特点选择不同的时间积分方案。时间域有限差分格式分为显式积分和隐式积分。常用的显式积分方案有向前欧拉差分法和中心差分法,常用的隐式积分方案有向后欧拉法、龙格-库塔法、纽马克(Newmark)法和 HHT 方法等[38]。

有限元法的基础是变分原理和加权余量法。采用不同的权函数和插值函数形式,便构成不同的有限元方法。不同的组合同样构成不同的有限元计算格式。对于权函数,应用得最广泛的是伽辽金法,其将权函数取为逼近函数中的基函数。有限元法具有以下优点:一是边界适应性好,可以处理几何形状非常复杂的问题;二是相比于其他数值仿真方法,边界条件处理直接方便;三是程序实现简单,计算机代码通用性强。但是有限元法直接用于高阶偏微分方程时需要满足高阶连续性条件,单元插值函数构造异常复杂,实际工程中常用混合有限元法以避免使用高阶单元,但是混合有限单元的使用会增加额外的计算量;再者,有限元法直接处理对流扩散方程等非椭圆型偏微分方程时会出现数值不稳定,需要引入额外的稳定性修正项。另外,对于间断问题,有限元法的计算结果经常无法满足精度要求,需要利用增强函数以实现扩展有限元法。最后,对于大变形等强非线性问题,有限元网格出现畸变时会导致求解过程不收敛。

有限体积法又称为控制体积法,是从物理量守恒这一个基本要求出发提出的,分为单元中心方式有限体积法和顶点中心有限体积法。有限体积法有如下优点:一是有限体积法从控制方程的积分形式出发,基本思路易于理解,并能得出直接的物理解释;二是可以处理复杂的边界;三是在流体力学的求解中相比于有限元法和间断有限元法等计算速度快、易于实现并行化。其缺点是求解精度不高,提高精度时需要花费巨大的计算时间代价,因此,对于计算精度要求较高的问题,常用有限差分法、有限元法和谱方法等代替。

边界元法主要特点包括:一是降低问题的维数,将计算域的边值问题通过包围计算域的边界积分方程来表示,从而降低了问题求解的空间维数;二是方程的阶数降低,输入数据量减少,极大降低了线性方程组的阶数;三是计算精度高。但是与有限元法、有限体积法等数值仿真方法相比，边界元法的缺点也很明显：一是求解高度依赖控制方程基本解的获取，对于很多非线性问题，基本解的求解往往异常复杂；二是边界元法的代数方程组中的系数矩阵为非对称的稠密矩阵，对于大型问题的求解非常困难，不利于实际工程应用。相比于有限差分法、有限体积法和有限元法，边界元法在实际工程中的应用要少得多。

无网格方法有多种不同的形态，如无网格伽辽金法、再生核粒子方法等。无网格方法与有限差分法、有限元法、有限体积法等数值仿真方法最根本的区别是其免除了定义在求解域内的网格，不受网格约束，可以任意地增加或者减少节点，克服了上述方法在求解一些问题时因为网格而引起的一些困难。其主要有以下优点：一是在求解精度要求比较高的局部区域内可以非常方便地增加节点以提高计算精度；二是由于节点间不受网格的拓扑连接，对于裂纹扩展等材料破坏失效问题和大变形等网格畸变问题，可以利用无网格方法很方便地进行处理；三是对于高阶偏微分方程组，无网格方法可以很容易地使权函数满足高阶连续性要求，避免了收敛性问题。相比于无网格方法的优点，其缺点也非常明显：一是节点比其他数值方法的单元中要多，导致其系数矩阵要稠密得多，再者刚度矩阵的计算涉及求逆运算，也在很大程度上增加了计算量；二是无网格方法的权函数不满足克罗内克条件，导致其对本质边界条件的处理需要利用拉格朗日乘子法引入，处理起来异常麻烦。

（二）典型力学多场耦合问题数值仿真研究现状

力-热耦合是自然界和实际工程中最常见也是最早引起科学家和工程师关注的多场耦合问题之一。对于结构中的力-热耦合问题，由于热传导方程和力学平衡方程都是椭圆型偏微分方程。常规的力-热耦合问题通常只需要考虑温度场对变形场的影响。对于这种单向力-热耦合问题，通常的数值仿真手段是先处理结构的传热问题，然后将温度场导入结构仿真模型，并将温度场作为温度等效载荷的方式存在以求解其对变形场的影响。对于受温度影响较大的材料，同时还需要计算温度场下材料的相关力学参数。这种先求解温度场分布然后求解结构变形场的途径称为力-热耦合问题间接求解方法，其特点是求解效率高。间接法求解力-热耦合问题需要关注的点是力-热模型转化，由于工程上对温度场和结构变形场通常有不同的精度要求，因此常采用不同的网格进行数值仿真，尤其是对于时变力-热耦合问题。实际工程中还有很多问题是力-热双向耦合的问题，如热冲击问题中。对于这种双向力-热耦合问题，需要采用直接耦合途径进行数值仿真，需利用同时包含温度和位移节点自由度的单元，同时求解温度场和结构变形场。其系数矩阵通常是非对称的，因此求解时间也会更长。流体介质中的力-热耦合问题需要考虑流速对热对流的影响，还需要考虑温度场对流场的影响。由于流体介质中的传热方程和力学控制方程都不是椭圆型偏微分方程，而是对流扩散方程，因此其数值仿真方法用得比较多的是有限体积法，但是也有商业软件中使用有限元法，如 SUPG 等。

力-电耦合问题一直受到工业界和学术界的极大关注。压电效应描述应变和电场之间的耦合，在压电材料当中，结构的变形会在材料中产生电极化；反之，当结构中存在电场时也会导致应力和应变的产生，是一种双向力-电耦合效应。随着微纳米材料与器件的迅猛发展，另一种力-电耦合效应即挠曲电效应也逐渐进入科学技术人员的视野，其描述材料中非均匀变形与电场的耦合，而且其经常与表面效应和应变梯度效应等受尺寸影响的效应共同存在。与压电效应相比，挠曲电效应具有两个明显的特点：一是挠曲电效应是一种普适的力-电耦合效应，其不但存在于压电材料中，在所有非压电电介质材料当中也存在；二是压电效应是尺寸相关的，在宏观尺度，压电效应非常微弱，甚至可以忽略不计，但是在微纳米尺度，挠曲电效应非常显著。压电效应的数学描述包括描述静电学的泊松方程和力学平衡方程，其数值仿真技术到目前已经非常成熟，对于通常的压电效应问题，有限元法可以非常精确和高效地进行数值模拟，在工程实际中诉诸有限元法对各种压电材料和器件进行设计也已成为常态。对于一些非常规问题，如裂纹扩展中压电效应等，通常用无网格方程能给出更令人满意的结果。但是目前商业软件当中压电效应的数值仿真模块均基于有限元法。微纳米尺度下，包含挠曲电效应和其他尺寸效应的力-电耦合问题数学描述为四阶偏微分方程组，其数值仿真方法目前并不成熟，还在探索当中。目前主要的方法有无网格方法、等几何分析和混合有限元法。无网格方法和等几何分析在处理强制边界条件时操作复杂，计算量也大。混合有限元法对于三维问题的强制边界条件的操作也较为复杂。混合有限元法保持了有限元法实现简单、处理边界条件容易等优势，但是需要引入额外的自由度，计算效率比通常的有限元法低，而且从数学上证明其收敛性也比较困难。

（三）研究进展

流-固耦合现象一直是力学工作者研究的热点问题。当流体流过结构时会产生分离现象，在结构体尾部产生交替脱落的涡旋，从而对结构体产生周期性的持续作用力。由于有限元法在固体力学中的广泛应用，结构分析的数值仿真方法已经比较成熟，流体分析方面虽然远没有结构分析成熟，但也可以使用有限体积法等计算出令人满意的结果。目前处理流-固耦合问题的数值计算方法分为流-固单向耦合分析与流-固双向耦合分析。流-固单向耦合方法适用于结构变形很小的流-固耦合问题，假设流体的边界不变，先进行流场分析，然后进行结构分析，从而完成流-固耦合分析。但是当结构的变形比较大时，流场的边界会随着结构的变形而发生改变，因此需要采用双向耦合数值仿真方法。其求解方法也分为强耦合求解和弱耦合求解。强耦合要求结构为弹性体，并考虑结构的惯性力同时求解流场和结构的变形。弱耦合求解则是一种迭代求解思路，即先求解流场，然后计算变形场，再考虑结构变形对流场边界的影响进行流场分析，不断迭代，以此实现流-固耦合问题数值求解。强耦合求解方法由于对实际工程中多数问题进行了简化故准确性较差；弱耦合求解方法的优点是可以充分利用已有成熟的流场分析方法和结构分析方法进行计算，只需要一个流场和结构场数据的交换平台，在实际工程问题中采用较多。

（四）展望与总结

1. 面临的力学挑战

在自然界和工程实际中力-化耦合行为是一种普遍的力学多场耦合现象，通常伴随着力学场对化学反应及物质扩散的影响，同时化学反应中不同的物质组分和分布又对材料的力学性能产生影响。对于力-化双向耦合问题需要同时求解力学场和化学场，理论上可以用有限元法、相场法、有限体积法等进行求解。目前基于有限元法的数值仿真技术在力-化耦合问题的模拟中研究和使用得比较多。同时考虑化学反应和物质扩散的力-化耦合问题中通常还伴随着界面移动和材料损伤等问题，因此典型的有限元法模拟力-化耦合问题时还需要结合水平集、扩展有限元等技术以更好地刻画界面移动和间断性等问题。在力-化耦合的数值仿真方面还有很大的发展空间，一方面由于不同的力-化耦合问题材料内部的物质组分、发生的化学反应和力-化学耦合不尽相同，因此建立数学模型比较困难；另一方面则是数学模型通常都很复杂，往往伴随着强非线性和间断性等数值处理比较有挑战性的问题。

2. 近期重点问题

数值仿真手段可以极大缩短研发周期、节约经济成本，在多场耦合问题中扮演着至关重要的角色。但是目前相关数值仿真软件几乎被西方发达国家所垄断，而国产软件几乎没有，使得力学多场耦合数值仿真成为制约我国科技进步与经济建设的"卡脖子"技术。因此实现多场耦合数值算法与仿真软件的完全自主知识产权是近期亟须解决的一个重点问题。对于力学多场耦合问题，针对不同物理场的分析如何结合各种数值仿真方法，开发求解速度快、精度高的力学多场耦合仿真平台是另一个重点问题。针对极端力学中的一些超常规问题，开发专有高效的数值仿真技术也将对我国国防经济建设具有重要意义。

第八节　本　章　小　结

力学是研究物质之间的相互作用及其引起的物质运动规律的科学，而任何物质的运动都不可避免地发生在特定的空间中。因此，其理论必然要建立在可靠的几何基础之上，极端力学既需要新的数学，也能够发展新的数学。在目前人类认知范围内，物质运动都发生在受限的空间中。相对平直的欧几里得空间而言，黎曼空间更普遍。因此，黎曼空间可能是极端力学空间形式的有力候选者之一；或者说，极端力学可能是流形上的力学；甚至，分形几何也可能成为极端力学的几何基础之一。物质之间的相互作用与其运动的关系由本构方程描述，因而本构方程是连续介质力学的核心问题。物质的本构方程既取决于物质本身，又依赖于环境和作用过程，因此本身就是一个复杂的问题。本构方程的建立和发展需要依靠理论、计算、实验手段的进步。经典本构方程建立在一系列公理基础上。然而，经典的公理体系本身带有强烈的时代印记，并且针对的是传统的简单物质。当今面对的物质体系及人类所关心的力学问题极大地超出了经典理论框架涵盖的范畴，因此，公理体系和本构关系理论都需拓展，极端力学为力学基础理论的发展提供了机遇。

许多材料和力学结构需要在极端条件下长时间运行，极端条件下有些关键的物理量和力学过程在现有的实验条件下进行实验观测代价高昂，甚至无法直接测量。原子尺度理论方法从微观尺度对物质在极端条件下的力学性质进行模拟研究，逐渐成为高新技术设备设计、制造乃至服役过程监测和数值仿真的重要手段，可以替代极端条件下一些难以进行的关键实验。因此，原子尺度理论方法是理解和揭示物质在极端条件下力学微观机理的重要方法。现有的原子尺度理论方法在研究极端条件下的力学性能和动力学响应方面已经建立了比较坚实的基础。未来的工作向着精细、定量预测物质在实际工况下的性能或动力学演化行为方向发展。围绕这一发展趋势，一方面需要对现有的理论工具进行改进和升级，将人工智能方法融合在现有的原子尺度理论方法中；同时在原子尺度理论基础上，建立基于连续尺度的模型，从而将原子尺度的基本原理推广到更大的尺度，解决材料在极端高压、高温和高应变率下动力学响应行为研究的问题。另一方面需要进一步加强原子尺度理论在冲击波微观结构、高压结构与相变、层裂与断裂等极端条件下的应用研究。

连接航空区域和航天区域的临近空间中气体密度和平均分子自由程有五个数量级的变化，飞行器在穿越临近空间的过程中，周围流场也会经历流域的剧烈变化。特别是，再入飞行器周围流场涉及流域变化、边界层转捩、黏性干扰效应、真实气体效应、稀薄气体效应及热化学非平衡过程等，这种多尺度、多物理耦合的极端流体力学现象对传统流体力学理论分析、实验测量和数值模拟都带来了巨大的挑战。临近空间中与高速飞行器有关的力学问题是典型的极端力学课题，其研究具有极其重要的科学意义和战略价值。基于连续介质假设、守恒定律，以及线性本构关系建立的传统流体力学纳维-斯托克斯方程对于高超声速、非平衡气体流动不够准确。对于多物理多尺度的极端流体力学现象的研究需要基于气体动理论。统一气体动理学格式实现了从动理学方程向流体力学方程的自然过渡，能够准确捕捉多尺度复杂流场的流动物理。除了临近空间飞行器再入之外，其他很多实际工程问题，例如可控核聚变及页岩气开发，都会涉及极端流体力学问题。传统流体力学理论和数值方法难以处理极端流体力学现象，发展多尺度、多物理耦合的流体力学理论和数值方法是未来流体力学发展的重要方向。

总之，极端力学的基础理论和数值计算方法都有着辉煌的发展前景，也意味着巨大的挑战和空前的机会。抓住机会，直面挑战，就可能将力学推进到新的阶段和高度。数值仿真在科学与工程问题的解决中发挥着重要且不可替代的作用，有时甚至是唯一可行的途径。极端条件下数值模拟与优化方法的发展在航空航天、雷达声呐、燃气轮机、核反应堆、深海潜航、超大结构等关乎国家国防技术、能源安全等的领域具有重要的科学意义，也对实现我国和平崛起和保障我国战略安全具有重要的战略意义，可为民生和国防基础设施建设提供坚实保障。本章介绍了极端环境下固体/流体模拟仿真与优化的系列研究现状与进展，并对极端环境下数值模拟与优化方法的发展趋势进行了展望。然而，极端条件下数值模拟与优化方法的发展仍面临巨大挑战，亟须更多科研工作者投身其中。

（1）高雷诺数湍流流动在自然界及工程领域普遍存在，其数值模拟仿真方法因具有更低成本及更广泛的适用性等特点，越来越成为流体力学和湍流的主力研究手段。但与高雷诺数相关的问题是对计算资源的极高需求。这需要从物理模型、计算方法与精度、高性能计算硬件设备与并行算法等方面的深入研究，为实现高雷诺数湍流准确预测提供理论和技术支持。

（2）强非线性、强间断、强多场耦合与高度复杂几何形态是科学与工程领域诸多挑战性问题的共性特征，相关问题普遍存在于航空航天、轨道交通、核聚变反应堆、国防武器等涉及国民经济与国防安全的各个领域。因此，发展新型数值分析技术一方面可以推动众多国家重大工程问题的解决，同时也可以此为契机发展我国自主可控的计算分析软件，破解目前缺乏自主分析软件这一涉及国民经济与国家战略安全的"卡脖子"问题。

（3）复杂流动模拟既是研究极端力学的重要途径，又是发展高性能国产软件的核心内容之一。本章所阐述的复杂流体模拟仿真问题可以与前述章节中的波浪与海岸的相互作用、飞行中的机翼结冰过程、燃烧与化学反应流动、风沙流动等复杂流动问题互补和耦合，共同构成极端力学中的复杂流动模拟的系统研究内容。

（4）航空、航天、兵器等领域超大型结构存在着超高承载、极端隔热、高强冲击、多尺度/多层级结构特征等复杂环境与结构特征。在此背景下会引发极限轻量化功能设计难、巨量数据计算处理效率低、材料–结构–功能一体化智能设计软件缺失等一系列瓶颈性问题。仍需发展先进的工程与科学计算理论、算法和软件工具，以期在超大规模复杂结构材料建模与计算方法上取得重大突破。

（5）工程材料与结构的超常规服役环境中通常伴随着高温、高压、强电磁场等多物理场之间复杂的相互作用与相互耦合。描述这些多场耦合问题的数学模型往往为复杂偏微分方程组的初边值问题，利用理论解析方法获取材料、结构、器件内部各物理量的精确分布几乎无法实现。因此，需要发展多场耦合数值仿真方法，以获取各物理场的精确数值解，为极端条件下多场耦合物理系统行为分析提供有效的预测工具。

本章参考文献

[1] Guo J, Yin Y, Hu X, et al. Self-similar network model for fractional-order neuronal spiking: implications of dendritic spine functions[J]. Nonlinear Dynamics, 2020, 100: 921-935.

[2] Guo J, Yin Y, Ren G. Abstraction and operator characterization of fractal ladder viscoelastic hyper-cell for ligaments and tendons[J]. Applied Mathematics and Mechanics, 2019, 40: 1429-1448.

[3] 武际可. 动脑筋·说力学 [M]. 北京: 高等教育出版社，2019.

[4] 武际可. 力学的几何化 [J]. 力学与实践, 2017, 39（4）: 323-332.

[5] Truesdell C, Noll W. The Nonlinear Field Theories of Mechanics[M]. Berlin: Springer, 1965.

[6] Eringen A C. Nonlocal Continuum Field Theories[M]. Berlin: Springer, 2002.

[7] 陶瑞宝. 物理学中的群论[M]. 北京:高等教育出版社, 2011.

[8] 黄昆. 固体物理学[M]. 韩汝琦, 改编. 北京:高等教育出版社, 1988.

[9] 党冠麟, 刘世伟, 胡晓东, 等. 基于CPU/GPU异构系统架构的高超声速湍流直接数值模拟研究[J]. 数据与计算发展前沿, 2020, 1: 105-116.

[10] Yang X I A, Zafar S, Wang J X, et al. Predictive large-eddy-simulation wall modeling via physics-informed neural networks[J]. Physical Review Fluids, 2019, 4(3): 034602.

[11] He G W, Jin G D, Yang Y. Space-time correlations and dynamic coupling in turbulent flows[J]. Annual Review of Fluid Mechanics, 2017, 49: 51-70.

[12] Chen S, Chen Y, Xia Z, et al. Constrained large-eddy simulation and detached eddy simulation of flow past a commercial aircraft at 14 degrees angle of attack[J]. Science China Physics, Mechanics and Astronomy, 2013, 56: 270-276.

[13] Nakahashi K. Aeronautical CFD in the age of petaflops-scale computing: From unstructured to cartesian meshes[J]. European Journal of Mechanics—B/Fluids, 2013, 40: 75-86.

[14] Slotnick J, Khodadoust A, Alonso J, et al. Cfd vision 2030 study: A path to revolutionary computational aerosciences[R]. NASA, Technical Report, 2014: 20140003093.

[15] 张来平, 邓小刚, 何磊, 等. E 级计算给 cfd 带来的机遇与挑战[J]. 空气动力学学报, 2016, 34(4): 405-417.

[16] 陈坚强. 国家数值风洞（NNW）工程关键技术研究进展[J]. 中国科学:技术科学, 2021,51(11): 1326-1347.

[17] 孙茂. 动物飞行的空气动力学[J]. 空气动力学学报, 2018, 36(1): 122-128.

[18] 江定武, 基于模型方程解析解的气体动理学算法研究[D]. 绵阳:中国空气动力研究与发展中心, 2016.

[19] Xu K. Direct Modeling for Computational Fluid Dynamics: Construction and Application of Unified Gas-kinetic Scheme[M]. Hackensack: World Scientic, 2015.

[20] Guo Z, Xu K, Wang R. Discrete unified gas kinetic scheme for all Knudsen number flows: Low-speed isothermal case[J]. Physical Review E, 2013, 88: 033305.1-033305.11.

[21] Jiang D, Li J, Mao M, et al. Implicit implementation of BGK-ns method and its application in complex flows[J]. Transactions of Nanjing University of Aeronautics & Astronautics, 2013, 30(S): 87-92.

[22] Liu C, Zhu Y, Xu K. Unified gas-kinetic wave-particle methods I: continuum and rarefied gas flow[J]. Journal of Computational Physics, 2020, 401: 108977.

[23] Liu C, Xu K, Sun Q, et al. A unified gas-kinetic scheme for continuum and rarefied flows Ⅳ: Full Boltzmann and model equations[J]. Journal of Computational Physics, 2016, 314: 305-340.

[24] Zhu Y, Liu C, Zhong C, et al. Unified gas-kinetic wave-particle methods. Ⅱ: Multiscale simulation on unstructured mesh[J]. Physics of Fluids, 2019, 31: 067105.

[25] Zhou Y H. Wavelet Numerical Method and Its Applications in Nonlinear Problems[M]. Singapore: Springer-Nature, 2021.

[26] Chen Y, Zhu Y, Xu K. A three-dimensional unified gas-kinetic wave-particle solver for flow computation in all regimes[J]. Physics of Fluids, 2020, 32: 096108.

[27] Xu K. A gas-kinetic BGK scheme for the Navier-Stokes equations and its connection with

artificial dissipation and Godunov method[J]. Journal of Computational Physics, 2001, 171: 289-335.

[28] 周又和, 王省哲. ITER 超导磁体设计与制备中的若干关键力学问题[J]. 中国科学:物理学 力学 天文学, 2013, 43: 1558-1569.

[29] Liu G R. Meshfree Methods: Moving Beyond the Finite Element Method[M]. 2nd ed. Boca Raton: CRC Press, 2009.

[30] 刘小靖, 王加群, 周又和, 等. 小波方法及其非线性力学问题应用分析[J]. 固体力学学报, 2017, 38: 287-311.

[31] Liu X J, Zhou Y H, Wang X M, et al. A wavelet method for solving a class of nonlinear boundary value problems[J]. Communications in Nonlinear Science and Numerical Simulation, 2013, 18: 1939-1948.

[32] Guo X, Cheng G D. Recent development in structural design and optimization[J]. Acta Mechanica Sinica, 2010, 26(6), 807-823.

[33] Bendsoe M P, Kikuchi N. Generating optimal topologies in structural design using a homogenization method[J]. Computer Methods in Applied Mechanics and Engineering, 1988, 71(2): 197-224.

[34] Guo X, Zhang W S, Zhong W L. Doing topology optimization explicitly and geometrically—A new moving morphable components based framework[J]. Journal of Applied Mechanics, 2014, 81(8): 081009.1-081009.12.

[35] Hao P, Wang Y, Liu C, et al. A novel non-probabilistic reliability-based design optimization algorithm using enhanced chaos control method[J]. Computer Methods in Applied Mechanics and Engineering, 2017, 318: 572-593.

[36] Trease B P, Lu K J, Kota S. Biomimetic compliant system for smart actuator-driven aquatic propulsion: preliminary results[J]. ASME International Mechanical Engineering Congress and Exposition, 2003, 37076: 43-52.

[37] Liu L, Yan J, Cheng G D. Optimum structure with homogeneous optimum truss-like material[J]. Computers and Structures, 2008, 86: 1417-1425.

[38] 陆金甫, 关治. 偏微分方程数值解法[M]. 2版. 北京:清华大学出版社, 2004.

编 撰 组

组长: 郭　旭　王建祥

成员: 阎　军　王士召　郁汶山　王　萍　刘小靖　朱一超　陈默涵

陈　军　刘　浩　耿华运　康　炜　殷雅俊　徐　昆　刘　畅

黄志龙　张文明　王林娟

关键词索引